岩土工程分析的新理论新方法

秦 荣 著

科 学 出 版 社

北 京

内 容 简 介

本书主要介绍岩土工程分析的新理论新方法。本书共二十章，主要阐述基本概念、结构与岩土工程的弹塑性本构关系、变分原理、样条函数方法、土体弹性静力分析的样条有限点法、土体弹性静力分析的 QR 法、土体弹塑性分析的样条有限点法、土体弹塑性分析的 QR 法、土体动力分析的样条有限点法、土体动力分析的 QR 法、岩土弹塑性应变理论、层状地基分析的 QR 法、结构与岩土工程不确定性分析的样条函数方法、结构与地基相互作用分析的 QR 法、桥梁结构与地基相互作用分析的 QR 法、高层建筑结构-基础-地基耦合体系分析的样条耦合法、地基极限分析的弹性调整 QR 法、岩土工程体系可靠度分析的弹性调整与塑性极限荷载法、固体损伤分析的 QR 法和高拱坝与地基相互作用分析的样条函数方法。本书内容丰富、新颖，富有创造性，对土力学、计算力学及岩土工程分析的研究有促进作用。

本书可供工程力学、土木工程、水利工程、地下工程及国防工程等领域的科技人员及高等院校有关专业的师生参考。

图书在版编目（CIP）数据

岩土工程分析的新理论新方法/秦荣著. —北京：科学出版社，2019.11
ISBN 978-7-03-063110-7

Ⅰ. ①岩…　Ⅱ. ①秦…　Ⅲ. ①岩土工程—研究　Ⅳ. ①TU4

中国版本图书馆 CIP 数据核字（2019）第 249247 号

责任编辑：童安齐 / 责任校对：陶丽荣
责任印制：吕春珉 / 封面设计：东方人华

科学出版社 出版
北京东黄城根北街 16 号
邮政编码：100717
http://www.sciencep.com
北京中科印刷有限公司 印刷
科学出版社发行　各地新华书店经销
*
2019 年 11 月第　一　版　开本：787×1092　1/16
2019 年 11 月第一次印刷　印张：16 3/4
字数：380 000

定价：120.00 元

（如有印装质量问题，我社负责调换〈中科〉）
销售部电话 010-62136230　编辑部电话 010-62135397-2052

前　　言

国内外许多学者对岩土工程分析的理论及方法做过研究，创立了岩土工程分析的有限元法。

作者针对岩土工程分析方法存在的问题，致力岩土工程分析的研究，创立了岩土工程分析的新理论新方法：①避开屈服曲面、加载曲面及流动法则，以及经典本构关系带来的诸多困难及严重缺陷，建立塑性应变增量向量与总应变增量向量的新关系，创立了新的弹塑性本构关系；②突破了传统的变分原理，利用加权残数法创立了岩土的新变分原理；③利用新的本构关系，将新的变分原理及样条函数方法结合起来创立了岩土工程分析的新方法，避免了有限元法带来的困难及局限性；④突破了传统算法，利用样条加权残数法创立了线性动力分析、非线性动力分析及非线性静力分析的新算法。

目前，国内外出版的有关岩土工程分析方法的书籍，主要介绍经典弹塑性本构关系（流动法则理论）及有限元法，本书主要介绍岩土工程分析的新理论新方法，重点介绍作者的创新成果。近年来，国内外有关科技人员利用本书作者的新理论新方法进行岩土工程分析方面的研究，证明了作者的新理论新方法不仅正确、可靠、精度高，而且计算非常简捷。

本书是在作者取得上述成果的基础上撰写而成，内容丰富、新颖，富有创造性，对促进岩土工程的科技进步有一定的促进作用。

20 世纪 70 年代以来，作者对结构工程及岩土工程做过许多研究，这些研究项目分别获得国家自然科学基金、广西自然科学基金、广西科学研究与技术开发计划项目等的资助，作者在此表示衷心感谢！

本书获得广西大学资助出版，特此表示感谢！

在本书写作过程中，作者得到许多同行的热情关照及大力支持；黄玉盈教授、李秀梅教授、文红老师为本书做了许多有益的工作，在此一并表示衷心感谢！

由于作者水平有限，书中不妥之处在所难免，敬请广大读者指正。

目　　录

第一章　基 本 概 念

1.1　岩土工程分析的基本方程

岩土工程很复杂，岩土工程中的基本方程与固体力学中的基本方程完全不同。本章以饱和土为例介绍岩土工程中常用的基本方程，且基于以下假定。

（1）土体是完全饱和的横观各向同性弹性体。

（2）土体的变形是微小的。

（3）土颗粒和孔隙水不可压缩。

（4）孔隙水相对于土骨架的渗流运动服从达西定律，其惯性力可不计。

1.1.1　土体平衡方程

天然饱和土体是由土颗粒（固相）和孔隙水（液相）组成的二相体。土颗粒相互接触或胶结形成土骨架，而水则存在于土骨架内（或颗粒间）的空隙中。在荷载作用下，土体中将产生应力，土骨架将发生位移或运动，而孔隙水在伴随土骨架运动的同时还作相对于土骨架的渗流运动。

现设如图 1.1 所示符合右手法则的坐标系（其中水平面 xOy 为横观各向同性面），考虑边长分别为 dx、dy、dz 的土微元体的平衡。

设 u、v、w 分别为微元体土骨架沿 x、y、z 正方向的位移分量；$\ddot{u}=\dfrac{\partial^2 u}{\partial t^2}$、$\ddot{v}=\dfrac{\partial^2 v}{\partial t^2}$、$\ddot{w}=\dfrac{\partial^2 w}{\partial t^2}$ 分别为相应的运动加速度；在微元体上作用的有总应力、体力和惯性力。总应力有六个分量，即 σ_x、σ_y、σ_z、τ_{xy}、τ_{yz}、τ_{zx}（图 1.1 中应力分量均为正）；体力方向向下，大小为 ρg（ρ 为土体密度，g 为重力加速度）；惯性力沿 x、y、z 三方向的分量依次为 $\rho\ddot{u}\mathrm{d}x\mathrm{d}y\mathrm{d}z$、$\rho\ddot{v}\mathrm{d}x\mathrm{d}y\mathrm{d}z$、$\rho\ddot{w}\mathrm{d}x\mathrm{d}y\mathrm{d}z$，作用方向与位移方向相反。此外，尚有孔隙水相对于土骨架的渗流运动惯性力，但根据上述假定（4），该项作用力忽略。

由 x 方向力平衡方程 $\sum F_x=0$，有

$$\left[\sigma_x-\left(\sigma_x+\frac{\partial\sigma_x}{\partial x}\mathrm{d}x\right)\right]\mathrm{d}y\mathrm{d}z+\left[\tau_{yx}-\left(\tau_{yx}+\frac{\partial\tau_{yx}}{\partial y}\mathrm{d}y\right)\right]\mathrm{d}z\mathrm{d}x$$
$$+\left[\tau_{zx}-\left(\tau_{zx}+\frac{\partial\tau_{zx}}{\partial z}\mathrm{d}z\right)\right]\mathrm{d}x\mathrm{d}y-\rho\ddot{u}\mathrm{d}x\mathrm{d}y\mathrm{d}z=0$$

整理可得

$$\frac{\partial\sigma_x}{\partial x}+\frac{\partial\tau_{yx}}{\partial y}+\frac{\partial\tau_{zx}}{\partial z}+\rho\ddot{u}=0 \tag{1.1a}$$

同理，由 $\sum F_y = 0$ 及 $\sum F_z = 0$ ，可得

$$\frac{\partial \sigma_y}{\partial y} + \frac{\partial \tau_{zy}}{\partial z} + \frac{\partial \tau_{xy}}{\partial x} + \rho \ddot{v} = 0 \tag{1.1b}$$

$$\frac{\partial \sigma_z}{\partial z} + \frac{\partial \tau_{xz}}{\partial x} + \frac{\partial \tau_{yz}}{\partial y} + \rho \ddot{w} - \rho g = 0 \tag{1.1c}$$

式（1.1a）～式（1.1c）即为土体的动力平衡方程，也可以称为土体的运动方程。

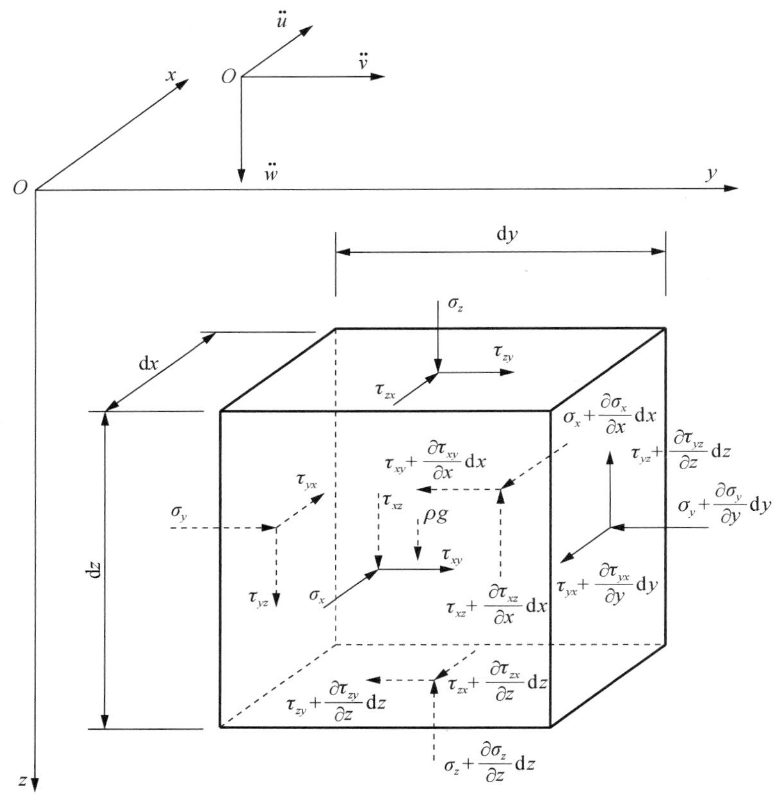

图 1.1　微元体应力符号规定

当惯性力为零，方程式（1.1a）～式（1.1c）即转化为静力平衡方程，即

$$\frac{\partial \sigma_x}{\partial x} + \frac{\partial \tau_{yx}}{\partial y} + \frac{\partial \tau_{zx}}{\partial z} = 0 \tag{1.2a}$$

$$\frac{\partial \sigma_y}{\partial y} + \frac{\partial \tau_{zy}}{\partial z} + \frac{\partial \tau_{xy}}{\partial x} = 0 \tag{1.2b}$$

$$\frac{\partial \sigma_z}{\partial z} + \frac{\partial \tau_{xz}}{\partial x} + \frac{\partial \tau_{yz}}{\partial y} - \rho g = 0 \tag{1.2c}$$

1.1.2　土体本构关系

土体的本构方程描述土骨架应力（即有效应力）与应变之间的关系，其一般式可表

示为

$$\{\sigma'\}=f(\{\varepsilon\}) \tag{1.3}$$

式中：$\{\sigma'\}=\begin{bmatrix}\sigma'_x & \sigma'_y & \sigma'_z & \tau_{xy} & \tau_{yz} & \tau_{zx}\end{bmatrix}^{\mathrm{T}}$，为土体有效应力向量；$\{\varepsilon\}=\begin{bmatrix}\varepsilon_x & \varepsilon_y & \varepsilon_z & \gamma_{xy} & \gamma_{yz} & \gamma_{zx}\end{bmatrix}^{\mathrm{T}}$，为土体应变向量。

对于横观各向同性线性弹性土体［1.1 节假定（1）］，由广义胡克定律可得相应的本构方程为

$$\begin{cases}\varepsilon_x=\dfrac{\sigma'_x}{E_h}-\mu_{hh}\dfrac{\sigma'_y}{E_h}-\mu_{vh}\dfrac{\sigma'_z}{E_h}\\ \varepsilon_y=\dfrac{\sigma'_y}{E_h}-\mu_{hh}\dfrac{\sigma'_x}{E_h}-\mu_{vh}\dfrac{\sigma'_z}{E_h}\\ \varepsilon_z=\dfrac{\sigma'_z}{E_v}-\mu_{hh}\dfrac{\sigma'_x}{E_h}-\mu_{vh}\dfrac{\sigma'_y}{E_h}\\ \gamma_{xy}=\dfrac{\tau_{xy}}{G_h}\qquad \gamma_{yz}=\dfrac{\tau_{yz}}{G_v}\qquad \gamma_{zx}=\dfrac{\tau_{zx}}{G_h}\end{cases} \tag{1.4}$$

式中：E_h、E_v为土体的水平向、竖向弹性模量；G_h、G_v为土体的水平向、竖向剪切模量；μ_{vh}为竖向应力引起水平向应变的泊松比。

从方程（1.4）可知，描述横观各向同性体共需七个弹性常数，但可以证明以下关系成立：

$$\begin{cases}\mu_{hv}=\dfrac{E_h}{E_v}\mu_{vh}\\ G_h=\dfrac{E_h}{2(1+\mu_{hh})}\\ G_v=\dfrac{E_hE_v}{E_h+E_v+2E_h\mu_{vh}}\end{cases} \tag{1.5}$$

式中：μ_{hv}为水平向应力引起竖向应变的泊松比。

因此，上述弹性常数中只有四个是独立的。通常可取E_h、E_v、μ_{hv}、μ_{hh}为基本的弹性常数，因为这些参数的测定相对而言较为容易，但需在排水条件下测得。

本构方程（1.4）可写成以下矩阵形式：

$$\{\sigma'\}=[D]\{\varepsilon\} \tag{1.6}$$

式中：$[D]$为弹性矩阵，即

$$[D]=\begin{bmatrix}d_{11} & & & & & \\ d_{12} & d_{11} & & \text{对} & & \\ d_{13} & d_{13} & d_{33} & & \text{称} & \\ & & & d_{44} & & \\ & 0 & & & d_{55} & \\ & & & & & d_{55}\end{bmatrix} \tag{1.7a}$$

其中

$$
\begin{cases}
d_{11}=\dfrac{n-\mu_{hv}^2}{(1-\mu_{hh})}E_{sa} \\
d_{12}=\dfrac{n\mu_{hh}+\mu_{hv}^2}{(1-\mu_{hh})^2}E_{sa} \\
d_{13}=\dfrac{\mu_{hv}}{1-\mu_{hh}}E_{sa} \\
d_{33}=E_{sa} \\
d_{44}=\dfrac{d_{11}-d_{12}}{2}=G_h \\
d_{55}=G_v
\end{cases} \tag{1.7b}
$$

式中：E_{sa}为横观各向同性土的（侧限）压缩模量，即

$$E_{sa}=\frac{E_v(1-\mu_{hh})}{1-\mu_{hh}-2n\mu_{vh}^2} \tag{1.7c}$$

$$n=\frac{E_h}{E_v} \tag{1.7d}$$

特别对于各向同性线弹性土（简称均质土），有

$$E_h=E_v=E \quad \mu_{hv}=\mu_{hh}=\mu \quad G_h=G_v=G \quad n=1$$

则本构方程变为

$$
\begin{cases}
\varepsilon_x=\dfrac{1}{E}[\sigma'_x-\mu(\sigma'_y+\sigma'_z)] \\
\varepsilon_y=\dfrac{1}{E}[\sigma'_y-\mu(\sigma'_z+\sigma'_x)] \\
\varepsilon_z=\dfrac{1}{E}[\sigma'_z-\mu(\sigma'_x+\sigma'_y)] \\
\gamma_{xy}=\tau_{xy}/G \\
\gamma_{yz}=\tau_{yz}/G \\
\gamma_{zx}=\tau_{zx}/G
\end{cases} \tag{1.8}
$$

相应的矩阵式仍如式（1.6）所示，其中弹性矩阵$[D]$转化为

$$
[D]=\begin{bmatrix}
d_1 & & & & & \\
d_2 & d_1 & & \text{对} & & \\
d_2 & d_2 & d_1 & & \text{称} & \\
 & & & d_3 & & \\
 & 0 & & & d_3 & \\
 & & & & & d_3
\end{bmatrix} \tag{1.9a}
$$

其中

$$\begin{cases} d_1 = E_s \\ d_2 = \dfrac{\mu}{1-\mu} E_s = \dfrac{E\mu}{(1+2\mu)(1-2\mu)} = \lambda \\ d_3 = G = \dfrac{E}{2(1+\mu)} \end{cases} \tag{1.9b}$$

$$E_s = \frac{E(1-\mu)}{(1+\mu)(1-2\mu)} = \lambda + 2G \tag{1.9c}$$

式中：E、μ、G、E_s、λ 分别为均质土的弹性模量、泊松比、剪切模量、压缩模量和拉梅常数，其中 E、μ 需由排水试验得到。

1.1.3 土体几何方程

描述应变分量 ε_x、ε_y、ε_z、γ_{xy}、γ_{yz}、γ_{zx} 与位移分量 u、v、w 之间关系的数学表达式称为几何方程。根据小应变假定以及应变以压缩为正的约定，可得土体的几何方程为

$$\begin{cases} \varepsilon_x = -\dfrac{\partial u}{\partial x}, & \gamma_{xy} = -\left(\dfrac{\partial u}{\partial y} + \dfrac{\partial v}{\partial x}\right) \\ \varepsilon_y = -\dfrac{\partial v}{\partial y}, & \gamma_{yz} = -\left(\dfrac{\partial v}{\partial z} + \dfrac{\partial w}{\partial y}\right) \\ \varepsilon_z = -\dfrac{\partial w}{\partial z}, & \gamma_{zx} = -\left(\dfrac{\partial w}{\partial x} + \dfrac{\partial u}{\partial z}\right) \end{cases} \tag{1.10}$$

1.1.4 土体有效应力原理

有效应力原理描述土体中的总应力与有效应力、孔隙水压力以及孔隙气压力之间的关系。对于饱和土体［1.1 节假定（1）］，有效应力原理由太沙基（Karl Terzaghi）首先提出，该原理表明饱和土中任一点的总应力为该点有效应力与孔隙水压力之和，数学表达式为

$$\begin{cases} \sigma_x = \sigma'_x + p \\ \sigma_y = \sigma'_y + p \\ \sigma_z = \sigma'_z + p \end{cases} \tag{1.11}$$

式中：p 为土体中孔隙水压力，简称为孔压。

1.1.5 孔隙流体平衡方程

建立土体平衡方程（1.1）或方程（1.2）时是将土颗粒和孔隙水合二为一来考虑的，即将土体作为整体来研究的。建立孔隙流体平衡方程则将土体按水力学中渗流模型来研究，即认为渗流区内全部空间场被流体所充满，不存在土骨架，仅考虑土骨架对渗流运动施加的阻力。

在渗流区取如图 1.2 所示的微元体，该微元体被流体（孔隙水）所充满。流体伴随土骨架以加速度 $\ddot{u}$、$\ddot{v}$、$\ddot{w}$ 运动，同时以流速 v_x、v_y、v_z 作相对于土骨架的渗流运动。一

般情况下，渗流的流速很小，因此渗流惯性力（即 $\rho_w\dot{v}_x$、$\rho_w\dot{v}_y$、$\rho_w\dot{v}_z$，作用方向与渗流方向相反）可忽略不计［1.1 节假定为（4）］，故需考虑的作用于微元体上的力有：孔压 p；重力引起的体力 $\rho_w g$（ρ_w 为水的密度）；土骨架运动所引起的惯性力 $\rho_w\ddot{u}$、$\rho_w\ddot{v}$、$\rho_w\ddot{w}$，作用方向与加速度方向相反（未在图 1.2 中示出）。

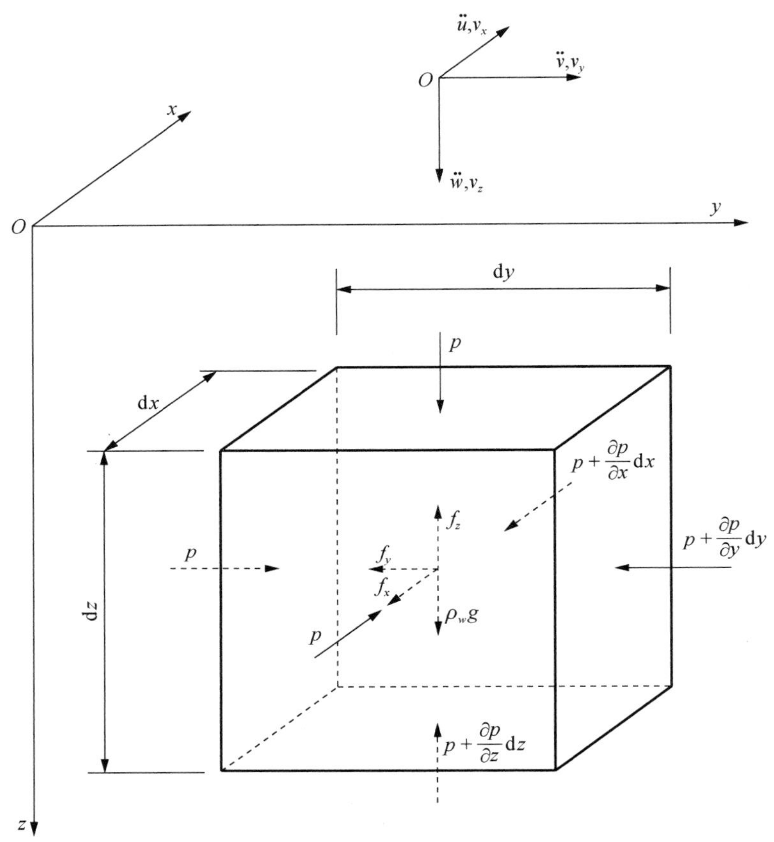

图 1.2　微元体渗流

由水力学可知，渗流阻力 $f=\rho_w gi$（i 为水力坡度），故有

$$\begin{cases} f_x=\rho_w gi_x=\rho_w g\dfrac{v_x}{k_h} \\ f_y=\rho_w gi_y=\rho_w g\dfrac{v_y}{k_h} \\ f_z=\rho_w gi_z=\rho_w g\dfrac{v_z}{k_v} \end{cases} \tag{1.12}$$

式中：k_h、k_v 分别为土体的水平向和竖向渗透系数。

先考虑 x 方向力的平衡，由 $\sum F_x=0$，有

$$\left[p-\left(p+\frac{\partial p}{\partial x}\mathrm{d}x\right)\right]\mathrm{d}y\mathrm{d}z-f_x\mathrm{d}x\mathrm{d}y\mathrm{d}z-\rho_w\ddot{u}\mathrm{d}x\mathrm{d}y\mathrm{d}z=0$$

另外，由 $\sum F_y = 0$ 和 $\sum F_z = 0$ 可得出与此类似的两个方程。将式（1.12）代入前述三个方程并化简整理，得

$$\begin{cases} \dfrac{\partial p}{\partial x} + \rho_w g \dfrac{v_x}{k_h} + \rho_w \ddot{u} = 0 \\ \dfrac{\partial p}{\partial y} + \rho_w g \dfrac{v_y}{k_h} + \rho_w \ddot{v} = 0 \\ \dfrac{\partial p}{\partial z} + \rho_w g \dfrac{v_z}{k_v} + \rho_w \ddot{w} - \rho_w g = 0 \end{cases} \tag{1.13}$$

这是忽略渗流惯性力的孔隙流体平衡方程，或称为渗流运动方程。若进一步略去土体运动惯性力，该方程即转化为达西定律。

1.1.6 渗流连续方程

渗流连续方程是由同一时间内流出土微元的水量等于该微元体积的变化量这一连续条件来建立的。

现取图 1.3 所示土微元体。设 q_x、q_y、q_z 分别为单位时间内通过 x、y、z 垂直的平面渗流量，则有

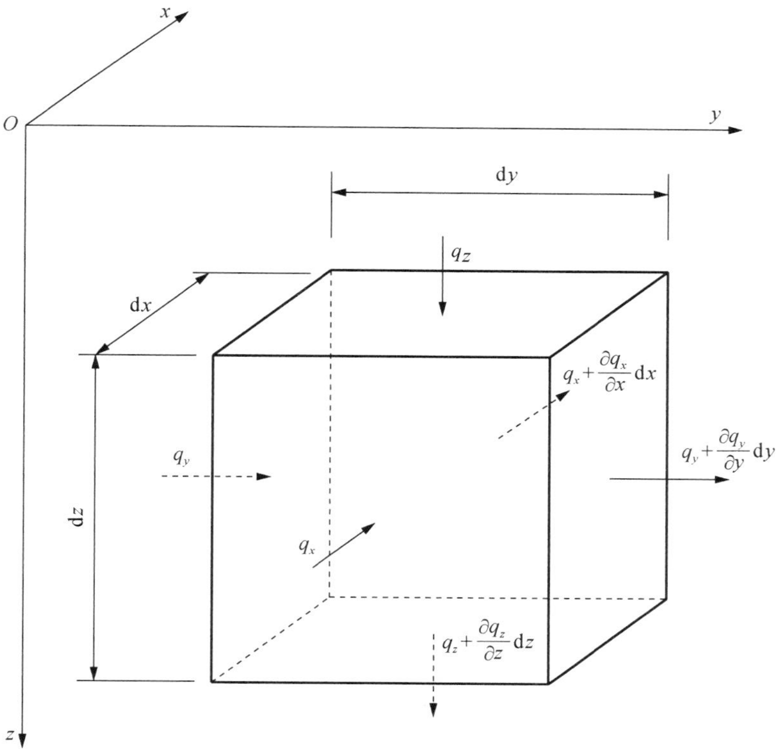

图 1.3 土微元体各平面渗流量

$$\begin{cases} q_x = v_x \mathrm{d}y\mathrm{d}z \\ q_y = v_y \mathrm{d}z\mathrm{d}x \\ q_z = v_z \mathrm{d}x\mathrm{d}y \end{cases} \tag{1.14}$$

Δt 时间内从微元体流出（净）水量 ΔQ 为

$$\Delta Q = \left[\left(q_x + \frac{\partial q_x}{\partial x}\mathrm{d}x\right) - q_x + \left(q_y + \frac{\partial q_y}{\partial y}\mathrm{d}y\right) - q_y + \left(q_z + \frac{\partial q_z}{\partial z}\mathrm{d}z\right) - q_z\right]\Delta t$$

$$= \left(\frac{\partial q_x}{\partial x}\mathrm{d}x + \frac{\partial q_y}{\partial y}\mathrm{d}y + \frac{\partial q_z}{\partial z}\mathrm{d}z\right)\Delta t$$

将式（1.14）代入上式，即得

$$\Delta Q = \left(\frac{\partial v_x}{\partial x}\mathrm{d}x + \frac{\partial v_y}{\partial y}\mathrm{d}y + \frac{\partial v_z}{\partial z}\mathrm{d}z\right)\mathrm{d}x\mathrm{d}y\mathrm{d}z\Delta t \tag{1.15}$$

Δt 时间内从微元体体积变化量 ΔV 为

$$\Delta V = \Delta\varepsilon_v \mathrm{d}x\mathrm{d}y\mathrm{d}z \tag{1.16}$$

式中：ε_v 为土体的体应变，即

$$\varepsilon_v = \varepsilon_x + \varepsilon_y + \varepsilon_z = -\left(\frac{\partial u}{\partial x} + \frac{\partial v}{\partial y} + \frac{\partial w}{\partial z}\right) \tag{1.17}$$

由连续条件，$\Delta Q = \Delta V$，得

$$\frac{\partial v_x}{\partial x} + \frac{\partial v_y}{\partial y} + \frac{\partial v_z}{\partial z} = -\frac{\partial}{\partial t}\left(\frac{\partial u}{\partial x} + \frac{\partial v}{\partial y} + \frac{\partial w}{\partial z}\right) \tag{1.18}$$

这就是渗流连续方程。

1.1.7 边界条件

固结问题的分析是岩土工程中最典型的有效应力分析，这里介绍求解 Biot 三维固结方程常见的边界条件。

（1）位移边界条件，即某边界上位移已知。例如，对于固定边界，其上位移为零，则该边界条件为

$$u = 0 \qquad v = 0 \qquad w = 0 \tag{1.19}$$

（2）应力边界条件，即某边界上面力已知。设作用于边界上的面力沿 x、y、z 三方向的分量（以沿坐标轴正向为正）分别为 F_x、F_y、F_z，该边界外法线与 x、y、z 轴正向的夹角分别为 α、β、γ，方向余弦分别为 l、m、n（$l = \cos\alpha$、$m = \cos\beta$、$n = \cos\gamma$），则该应力边界条件为

$$\begin{cases} l\sigma_x + m\tau_{yz} + n\tau_{zx} + F_x = 0 \\ m\sigma_y + n\tau_{zy} + l\tau_{xy} + F_y = 0 \\ n\sigma_z + l\tau_{xz} + m\tau_{yz} + F_z = 0 \end{cases} \tag{1.20}$$

由此可得

$$[L]^{\mathrm{T}}\{\sigma\} + \{F\} = 0 \tag{1.21}$$

其中

$$[L]=\begin{bmatrix} l & 0 & 0 \\ 0 & m & 0 \\ 0 & 0 & n \\ m & l & 0 \\ 0 & n & m \\ n & 0 & l \end{bmatrix} \tag{1.22}$$

$\{F\}$ 为面力向量，即

$$\{F\}=\begin{bmatrix} F_x & F_y & F_z \end{bmatrix}^{\mathrm{T}} \tag{1.23}$$

例如，对于常见的地表受垂直均布荷载 q 作用下的情况，取图 1.1 所示坐标系，$F_x=0$，$F_y=0$，$F_z=q$，$\alpha=\beta=90°$，$\gamma=180°$，$l=m=0$，$n=-1$，故由式（1.20）可得该边界（地表）的应力条件为

$$\tau_{zx}=\tau_{zy}=0 \qquad \sigma_z=q$$

（3）孔压（或流势）边界条件，即某边界上孔压或水头已知。例如，对于排水边界，其上孔压为零，则该边界条件为

$$p=0$$

（4）流速（或流量）边界条件，即某边界上法向流速（或比流量）已知。设边界上沿外法线方向的已知流速为 v_n，则流速边界条件为

$$lv_x+mv_y+nv_z=v_n \tag{1.24}$$

将达西定律式（5.29）代入上式可得

$$-\frac{k_h}{\gamma_w}\left(l\frac{\partial p}{\partial x}+m\frac{\partial p}{\partial y}\right)-\frac{k_v}{\gamma_w}n\frac{\partial p}{\partial z}=v_n \tag{1.25}$$

对于常见的不排水边界，其上 $v_n=0$，故该边界条件为

$$lk_h\frac{\partial p}{\partial x}+mk_h\frac{\partial p}{\partial y}+nk_v\frac{\partial p}{\partial z}=0 \tag{1.26}$$

1.2 岩土工程分析的基本方法

目前，岩土工程分析有两种基本方法，即总应力分析法和有效应力分析法[1-5]。

（1）总应力分析法，它与固体力学相同，利用平衡方程、本构方程、几何方程及边界条件可以建立静力控制方程。对于动力问题，将平衡方程改为动力方程，再加入初始条件即可求解。

（2）有效应力分析法，它是一个流固耦合问题，与固体力学不同，需要利用平衡方程、几何方程、本构方程、有效应力原理、孔隙流体平衡方程、渗流连续方程及有关边界条件建立控制方程。对于动力问题，将平衡方程改为动力方程，再加初始条件即可求解。在岩土工程中，固结分析是一个典型的有效应力分析方法。

1.3　饱和土固结问题

在压力作用下，饱和土孔隙中一部分水将随时间的迁延逐渐被挤出，同时孔隙体积随之缩小，这一过程称为饱和土的渗透固结，也可称为土体固结。

根据饱和土的有效应力原理，在饱和土的固结过程中任一时刻 t，有效应力 σ' 与孔压之和总是等于总应力 σ，即

$$\sigma' + p = \sigma \tag{1.27}$$

由式（1.27）可知，在加压的那一瞬间，由于 $p=\sigma$，$\sigma'=0$；在固结变形完全稳定时，$\sigma'=\sigma$，孔压 $p=0$。由此可知，只要土中孔压 p 还存在，就意味着土的固结尚未完成。饱和土的固结处理过程就是孔压消散及有效应力相应增长的过程。

饱和土固结的分析首先是由太沙基创立的，目前经常采用的是 Biot 固结方程。为此，这里介绍 Biot 三维固结方程。在 1.1 节的假定基础上，本节再作以下假定。

（1）除渗透性外，土体是均质的各向同性体。

（2）土体的渗透性不随空间及时间而变，渗透系数为常数。

（3）不计惯性力及体力。

在上述假定下，孔压为超静孔压，利用土体静力平衡方程式（1.2a）～式（1.2c）、本构方程式（1.6）、弹性矩阵[D]［式（1.9a）～式（1.9c）］、几何方程式（1.10）及有效应力原理式（1.11）联立求解可得下列方程：

$$\begin{cases} d_1\dfrac{\partial^2 u}{\partial x^2}+d_3\left(\dfrac{\partial^2 u}{\partial y^2}+\dfrac{\partial^2 u}{\partial z^2}\right)+\left(d_2+d_3\right)\left(\dfrac{\partial^2 v}{\partial x\partial y}+\dfrac{\partial^2 w}{\partial x\partial z}\right)-\dfrac{\partial p}{\partial x}=0 \\ d_1\dfrac{\partial^2 v}{\partial y^2}+d_3\left(\dfrac{\partial^2 v}{\partial x^2}+\dfrac{\partial^2 v}{\partial z^2}\right)+\left(d_2+d_3\right)\left(\dfrac{\partial^2 u}{\partial y\partial x}+\dfrac{\partial^2 w}{\partial y\partial z}\right)-\dfrac{\partial p}{\partial y}=0 \\ d_1\dfrac{\partial^2 w}{\partial z^2}+d_3\left(\dfrac{\partial^2 w}{\partial x^2}+\dfrac{\partial^2 w}{\partial y^2}\right)+\left(d_2+d_3\right)\left(\dfrac{\partial^2 u}{\partial z\partial x}+\dfrac{\partial^2 v}{\partial z\partial y}\right)-\dfrac{\partial p}{\partial z}=0 \end{cases} \tag{1.28}$$

另外，将式（1.13）化简并代入式（1.18），可得

$$\frac{1}{\gamma_w}\left(k_h\frac{\partial^2 p}{\partial x^2}+k_h\frac{\partial^2 p}{\partial y^2}+k_v\frac{\partial^2 p}{\partial z^2}\right)=\frac{\partial}{\partial t}\left(\frac{\partial u}{\partial x}+\frac{\partial v}{\partial y}+\frac{\partial w}{\partial z}\right) \tag{1.29}$$

式中：$\gamma_w=\rho_w g$，为孔隙水重度。

式（1.28）和式（1.29）即为著名的 Biot 三维静力固结方程，也是有效应力（静力）分析法典型的控制方程。

Biot 三维静力固结方程可写成下列形式：

$$\begin{cases} G\nabla^2 u-(\lambda+G)\dfrac{\partial\varepsilon_v}{\partial x}-\dfrac{\partial p}{\partial x}=0 \\ G\nabla^2 v-(\lambda+G)\dfrac{\partial\varepsilon_v}{\partial y}-\dfrac{\partial p}{\partial y}=0 \\ G\nabla^2 w-(\lambda+G)\dfrac{\partial\varepsilon_v}{\partial z}-\dfrac{\partial p}{\partial z}=0 \end{cases} \tag{1.30}$$

$$\frac{1}{\gamma_w}\left[k_h\left(\frac{\partial^2 p}{\partial x^2}+\frac{\partial^2 p}{\partial y^2}\right)+k_v\frac{\partial^2 p}{\partial z^2}\right]=-\frac{\partial\varepsilon_v}{\partial t} \tag{1.31}$$

其中

$$\begin{cases} \nabla^2=\dfrac{\partial^2}{\partial x^2}+\dfrac{\partial^2}{\partial y^2}+\dfrac{\partial^2}{\partial z^2} \\ \varepsilon_v=-\left(\dfrac{\partial u}{\partial x}+\dfrac{\partial v}{\partial y}+\dfrac{\partial w}{\partial z}\right) \end{cases} \tag{1.32}$$

上述式中：u、v、w 为土体任一点的位移；p 为孔隙压力；G 为剪切模量；λ 为拉梅常数。

Biot 固结理论比太沙基固结理论优越。后者对一维固结是精确的，计算结果与前者一致，后者对二维固结及三维固结是近似的，计算结果与前者不一致。因此，目前主要采用 Biot 固结理论分析岩土固结问题。如果饱和土层在渗透固结过程中，孔隙水只沿一个方向渗流，同时土颗粒也只朝一个方向位移，则这种固结称为一维固结。对于一维固结，可利用太沙基固结理论进行分析。

1.4 结　语

自 20 世纪 80 年代以来，作者致力于研究岩土工程，创立了岩土工程分析的新理论新方法[1-3]，其中包括下列新方法。

（1）总应力——样条有限点法。

（2）有效应力——样条有限点法。

（1）、（2）两种新方法是利用变分原理、基本方程及样条离散化创立的，基本方程包括弹性力学、塑性力学及非线性力学的基本方程。

（3）总应力——QR①法。

（4）有效应力——QR 法。

（3）、（4）两种新方法是利用单元总势能泛函、地基总势能泛函及样条离散化创立的，单元总势能泛函是利用变分原理建立的。

① QR（Qin Rong）法是本书作者于 20 世纪 80 年代初提出来的，是在样条有限点法和有限单元法的基础上发展起来的一种新方法。它是一种半数值半解析法，具有解析法未知量少、精度高的优点，而且与有限元法结合，其能利用有限元法的单元离散信息，使该算法具有通用性，从而拓宽了适用范围，目前已广泛应用于土木工程、岩土工程、桥梁工程等的结构分析及计算，同时也为力学及工程学开辟了新的研究方向。

（5）总应力——样条子域法。

（6）有效应力——样条子域法。

（5）、（6）两种新方法是利用样条子域及变分原理创立的。

（7）总应力——样条边界元法。

（8）总应力——样条加权残数法。

（9）有效应力——样条加权残函数。

（10）样条边界元——QR 法。

（11）样条边界元——能量配点法。

（12）样条无限元——QR 法。

（13）样条无限域——QR 法。

（7）～（13）七种新方法为结构及岩土工程分析开辟了新途径。

参 考 文 献

[1] 秦荣．样条无网格法[M]．北京：科学出版社，2012．

[2] 秦荣．结构塑性力学[M]．北京：科学出版社，2016．

[3] 杨小平．土力学[M]．广州：华南理工大学出版社，2001．

[4] 谢康和，周建．岩土工程有限元分析理论与应用[M]．北京：科学出版社，2002．

[5] 秦荣．样条无限元：QR 法及其应用[J]．工程力学，1997，14（增刊）：135-139．

第二章　结构与岩土工程的弹塑性本构关系

结构及岩土分析与结构材料及岩土的本构关系有密切关系。结构的材料是多种多样的，岩土也是很复杂的，不同的材料及岩土有不同的本构关系，因此在结构非线性力学中，研究材料本构关系是一个重要课题。目前，国内外对结构弹塑性分析主要采用传统的经典本构关系-流动法则理论，它依赖于流动法则，而流动法则又依赖于屈服曲面、强化准则及加载曲面。在复杂应力状态中，屈服曲面及加载曲面是否存在，现在还没有实验证实，同时流动法则会导致复杂的非线性应力-应变关系。因此，利用这种传统的经典本构关系分析结构弹塑性问题，不但计算非常复杂，而且难保逼真度，为结构弹塑性分析带来了很大的困难和缺陷。本构关系是结构非线性分析不可缺少的理论基础。评价一个本构关系的好坏，不仅要看它所反映客观的逼真度，还要看它在计算上是否经济方便。如果一个本构模型在计算上很复杂，难以实现，则这个模型的逼真度再好，也难以推广使用。由此可知，建立一个新的本构模型，必须同时考虑到理论上的严谨性、参数的易确定性及计算机实现的可能性。一个好的本构模型应在这三者之间达到最优的平衡状态。针对经典本构关系存在的问题，作者建立了新的本构关系[1-30]。这种新的本构关系避开了屈服曲面、加载曲面及流动法则，以及由经典本构关系带来的诸多困难及缺陷。本章介绍这种新的本构关系，建议在岩土工程中推广应用。

2.1　弹塑性应变增量理论

2.1.1　单向拉伸状态

图 2.1 是一个单向拉伸状态的应力应变曲线，其中 A 点为材料的弹性极限点或屈服极限点，也称初始弹性极限点或初始屈服点。材料在拉伸作用下应力-应变关系沿曲线 OAB 到达 B 点后，如果卸载，则卸载应力-应变关系沿直线 BD 下降，且 $BD//OA$。由此可知，当应力向量 $\boldsymbol{\sigma}$ 超过弹性极限或屈服极限向量 $\boldsymbol{\sigma}_s$ 时，材料的总应变向量为

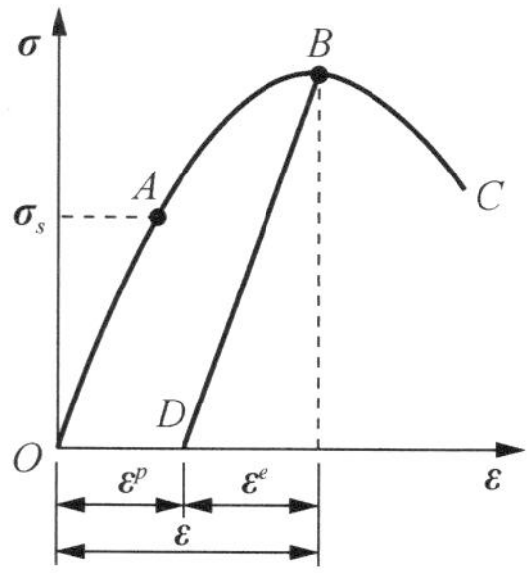

$$\boldsymbol{\varepsilon}=\boldsymbol{\varepsilon}^e+\boldsymbol{\varepsilon}^p \tag{2.1}$$

图 2.1　单向 $\boldsymbol{\sigma}$-$\boldsymbol{\varepsilon}$ 曲线

式中：$\boldsymbol{\varepsilon}^e$ 及 $\boldsymbol{\varepsilon}^p$ 分别为弹性应变向量及塑性应变向量，而应力向量可写成为

$$\boldsymbol{\sigma}=\boldsymbol{\sigma}_s+H(\boldsymbol{\varepsilon}^p) \tag{2.2}$$

式中：$H(\boldsymbol{\varepsilon}^p)$ 为强化函数，可以简写为 H，即 $H=H(\boldsymbol{\varepsilon}^p)$。

由此可得

$$\mathrm{d}\boldsymbol{\sigma}=\mathrm{d}\boldsymbol{\sigma}_s+H'\mathrm{d}\boldsymbol{\varepsilon}^p \tag{2.3}$$

式中：$\mathrm{d}\boldsymbol{\sigma}$、$\mathrm{d}\boldsymbol{\sigma}_s$及$\mathrm{d}\boldsymbol{\varepsilon}^p$分别为$\boldsymbol{\sigma}$、$\boldsymbol{\sigma}_s$及$\boldsymbol{\varepsilon}^p$的向量增量；$H'$为强化系数。如果采用线性强化弹塑性模型，则由式（2.3）可得

$$\boldsymbol{\sigma}=\boldsymbol{\sigma}_s+H'\boldsymbol{\varepsilon}^p \tag{2.4}$$

$$H'=\frac{\mathrm{d}\boldsymbol{\sigma}}{\mathrm{d}\boldsymbol{\varepsilon}^p} \tag{2.5}$$

当重新从 D 点开始加载时，应力-应变关系沿曲线 DBC 变化。不论加载曲线是 OAB 还是 DB，在 B 点的应力向量都是$\boldsymbol{\sigma}$，因此可以按路径 DB 来确定 B 点的应力状态。因为在 DB 段中的变形处于弹性状态，因此$\boldsymbol{\sigma}=E\boldsymbol{\varepsilon}^e$，由式（2.1）可得

$$\boldsymbol{\varepsilon}^p=\boldsymbol{\varepsilon}-\frac{\boldsymbol{\sigma}}{E} \tag{2.6}$$

式中：E 为弹性模量。

将式（2.4）代入式（2.6）可得

$$\boldsymbol{\varepsilon}^p=\frac{k}{1+kE}(E\boldsymbol{\varepsilon}-\boldsymbol{\sigma}_s) \tag{2.7}$$

其中

$$k=1/H' \qquad \boldsymbol{\sigma}_s=E\boldsymbol{\varepsilon}_s \tag{2.8}$$

式中：k 为材料系数。

将式（2.8）中的$\boldsymbol{\sigma}_s$代入式（2.7）可得

$$\boldsymbol{\varepsilon}^p=\frac{kE}{1+kE}(\boldsymbol{\varepsilon}-\boldsymbol{\varepsilon}_s) \tag{2.9}$$

这是塑性应变与总应变的关系（图 2.2）。如果采用向量增量形式，则

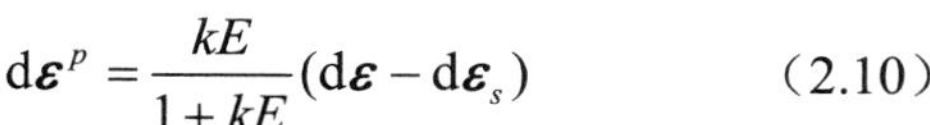

$$\mathrm{d}\boldsymbol{\varepsilon}^p=\frac{kE}{1+kE}(\mathrm{d}\boldsymbol{\varepsilon}-\mathrm{d}\boldsymbol{\varepsilon}_s) \tag{2.10}$$

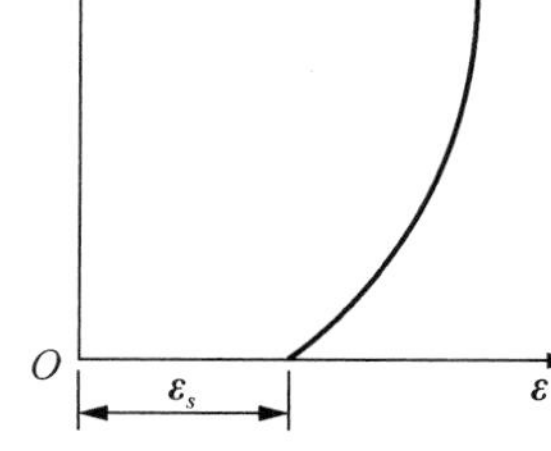

图 2.2　$\boldsymbol{\varepsilon}^p$-$\boldsymbol{\varepsilon}$ 关系

上述式中，$\mathrm{d}\boldsymbol{\varepsilon}$、$\mathrm{d}\boldsymbol{\varepsilon}^p$及$\mathrm{d}\boldsymbol{\varepsilon}_s$分别为$\boldsymbol{\varepsilon}$、$\boldsymbol{\varepsilon}^p$及$\boldsymbol{\varepsilon}_s$的向量增量，其中$\boldsymbol{\varepsilon}_s$为弹性极限应变或后继弹性极限应变向量（屈服应变向量或后继屈服应变向量）。在图 2.1 中，B 点为材料的后继弹性极限点或后继屈服极限点。由此可知，在加载过程中，加载路径超过 A 点后，经过加载路径 ABC 上的任何一点（除 A 点外）都是后继弹性极限点或后继屈服极限点。例如，如果设 BC 上有 B_1、B_2、B_3及 B_4点，则 B 点、B_1点、B_2点、B_3点、B_4点及 C 点都是后继弹性极限点或后继屈服极限点，即

$$B(\boldsymbol{\sigma}_s^B,\boldsymbol{\varepsilon}_s^B)=B(\boldsymbol{\sigma}^B,\boldsymbol{\varepsilon}^B)$$
$$B_1(\boldsymbol{\sigma}_s^{B_1},\boldsymbol{\varepsilon}_s^{B_1})=B_1(\boldsymbol{\sigma}^{B_1},\boldsymbol{\varepsilon}^{B_1})$$
$$B_2(\boldsymbol{\sigma}_s^{B_2},\boldsymbol{\varepsilon}_s^{B_2})=B_2(\boldsymbol{\sigma}^{B_2},\boldsymbol{\varepsilon}^{B_2})$$
$$C(\boldsymbol{\sigma}_s^C,\boldsymbol{\varepsilon}_s^C)=C(\boldsymbol{\sigma}^C,\boldsymbol{\varepsilon}^C)$$

由此可得

$$\begin{cases}\boldsymbol{\sigma}_s^B=E\boldsymbol{\varepsilon}_s^B=E\boldsymbol{\varepsilon}^B=\boldsymbol{\sigma}^B\\ \boldsymbol{\sigma}_s^{B_1}=E\boldsymbol{\varepsilon}_s^{B_1}=E\boldsymbol{\varepsilon}^{B_1}=\boldsymbol{\sigma}^{B_1}\\ \boldsymbol{\sigma}_s^C=E\boldsymbol{\varepsilon}_s^C=E\boldsymbol{\varepsilon}^C=\boldsymbol{\sigma}^C\end{cases} \tag{2.11}$$

式中：$\boldsymbol{\sigma}^B$ 及 $\boldsymbol{\sigma}^C$ 分别为加载路径 ABC 上 B 点及 C 点的应力向量。

2.1.2　简单加载状态

如果在加载过程中，结构内任一点的应力分量向量之间的比值保持不变，且按同一个参数单调增长，则这个加载称为简单加载，它符合简单加载定理[5]。在简单加载条件下的实验研究发现，等效应力向量 $\boldsymbol{\sigma}_i$ 及等效应变向量 $\boldsymbol{\varepsilon}_i$ 之间存在着几乎相同的关系，而与应力向量状态无关。因此，可以假定，结构在任何应力状态下，其等效应力向量与等效应变之向量间存在着唯一的关系，即

$$\boldsymbol{\sigma}_i = \Phi(\boldsymbol{\varepsilon}_i) \tag{2.12}$$

式中：$\Phi(\varepsilon_i)$ 为加载函数，具体形式由简单拉伸试验确定。这个假定称为单一曲线假定。

实际上，本书作者在验证单一曲线假设的试验中，并没有完全满足简单加载条件，因此可以认为，在偏离简单加载不大的情况下，单一曲线假设仍然适用。由此可以得出一个结论：只要是简单加载或偏离简单加载不大，任何应力状态的 $\boldsymbol{\sigma}_i$ - $\boldsymbol{\varepsilon}_i$ 曲线基本上与简单拉伸的 $\boldsymbol{\sigma}$ - $\boldsymbol{\varepsilon}$ 曲线相同，可以用 $\boldsymbol{\sigma}$ - $\boldsymbol{\varepsilon}$ 曲线表示 $\boldsymbol{\sigma}_i$ - $\boldsymbol{\varepsilon}_i$ 曲线。在空间受力状态，如果加载方式是简单加载，则各点的应力分量向量都遵循同一比例，即

$$\boldsymbol{\sigma}_{ij} = t\boldsymbol{\sigma}_{ij}^0 \qquad i,j = x,y,z \tag{2.13}$$

式中：t 为任一点应力分量向量 $\boldsymbol{\sigma}_{ij}$ 与已知应力分量向量 $\boldsymbol{\sigma}_{ij}^0$ 的比值，即 $t = \boldsymbol{\sigma}_{ij}/\boldsymbol{\sigma}_{ij}^0$，各点的同类应力-应变曲线都遵循同一曲线。

如果材料处于塑性状态，则由图 2.3 可得

$$\boldsymbol{\sigma}_{ij} = \boldsymbol{\sigma}_{ij}^s + H'_{ij}\boldsymbol{\varepsilon}_{ij}^p \qquad \boldsymbol{\varepsilon}_{ij} = \boldsymbol{\varepsilon}_{ij}^e + \boldsymbol{\varepsilon}_{ij}^p \tag{2.14}$$

式中：$\boldsymbol{\sigma}_{ij}$ 为应力分量向量；$\boldsymbol{\sigma}_{ij}^s$ 为弹性极限应力向量或屈服极限应力；$\boldsymbol{\varepsilon}_{ij}$ 为总应变向量；$\boldsymbol{\varepsilon}_{ij}^e$ 为弹性应变向量；$\boldsymbol{\varepsilon}_{ij}^p$ 为塑性应变向量；H'_{ij} 为强化系数，即

$$H'_{ij} = \frac{\mathrm{d}\boldsymbol{\sigma}_{ij}}{\mathrm{d}\boldsymbol{\varepsilon}_{ij}^p} \tag{2.15}$$

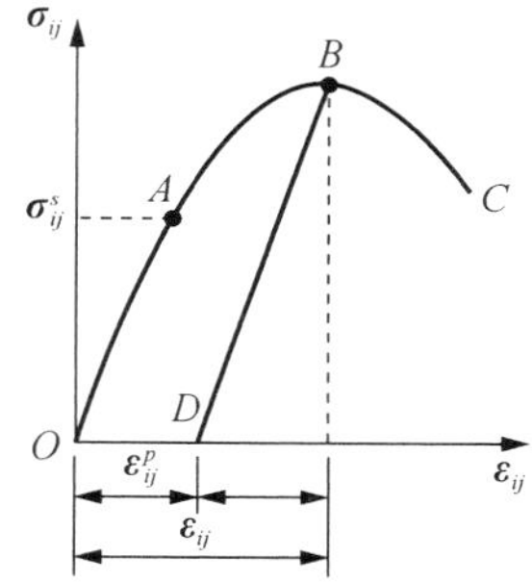

图 2.3　$\boldsymbol{\sigma}_{ij}$ - $\boldsymbol{\varepsilon}_{ij}$ 曲线

对于各向同性体，由广义胡克定律可得 B 点的应力分量向量为

$$\boldsymbol{\sigma}_{ij} = E\boldsymbol{\varepsilon}_{ij}^e + \mu(\boldsymbol{\sigma}_{xx} + \boldsymbol{\sigma}_{yy} + \boldsymbol{\sigma}_{zz} - \boldsymbol{\sigma}_{ij}) \qquad i \neq j$$

$$\boldsymbol{\sigma}_{ij} = G\boldsymbol{\varepsilon}_{ij}^e \qquad i \neq j \tag{2.16}$$

式中：$i,j = x,y,z$；E 为弹性模量；G 为剪切模量，即

$$G = \frac{E}{2(1+\mu)} \tag{2.17}$$

式中：μ 为泊松比。由上述可求出图 2.3 中 B 点的应力分量向量。

如果设 1、2 及 3 为空间应力问题的主应变向量方向，则可以证明，在简单加载情况下，主方向的塑性应变分量向量为

$$\boldsymbol{\varepsilon}_i^p = \frac{k_i E_i}{1 + k_i E_i}(\boldsymbol{\varepsilon}_i - \boldsymbol{\varepsilon}_i^s) \qquad i = 1,2,3 \tag{2.18}$$

式中：E_i 为 i 方向的弹性模量；$\boldsymbol{\varepsilon}_i^s$ 为 i 方向的弹性极限应变或后继弹性极限应变向量（屈

服应变分量向量或后继屈服应变分量向量）；$\boldsymbol{\varepsilon}_i=\boldsymbol{\varepsilon}_i^e+\boldsymbol{\varepsilon}_i^p$；$k_i=\dfrac{1}{H_i'}$，其中 H_i' 为 i 方向的强化系数，即 $H_i'=\dfrac{\mathrm{d}\boldsymbol{\sigma}_i}{\mathrm{d}\boldsymbol{\varepsilon}_i^p}$。如果固体为各向同性体，则 $\boldsymbol{\varepsilon}_i^s$ 可写为下列形式：

$$\boldsymbol{\varepsilon}_i^s=\frac{\boldsymbol{\varepsilon}_s-\mu(\boldsymbol{\sigma}_1^s+\boldsymbol{\sigma}_2^s+\boldsymbol{\sigma}_3^s-\boldsymbol{\sigma}_i^s)}{E} \tag{2.19}$$

式中：$i=1$，2，3；$\boldsymbol{\sigma}_1^s$、$\boldsymbol{\sigma}_2^s$ 及 $\boldsymbol{\sigma}_3^s$ 可写成下列形式：

$$\boldsymbol{\sigma}_1^s=\boldsymbol{\sigma}_s^B=E\boldsymbol{\varepsilon}_s^B=\sigma_1^B \quad \boldsymbol{\sigma}_2^s=\boldsymbol{\sigma}_s^B=E\boldsymbol{\varepsilon}_s^B=\boldsymbol{\sigma}_2^B \quad \boldsymbol{\sigma}_3^s=\boldsymbol{\sigma}_s^B=E\boldsymbol{\varepsilon}_s^B=\boldsymbol{\sigma}_3^B \tag{2.20}$$

式中：$\boldsymbol{\sigma}_s^B$ 及 $\boldsymbol{\varepsilon}_s^B$ 分别为屈服应力向量及屈服应变向量，或后继屈服应力极限向量及后继屈服应变极限向量（或后弹性极限向量）。

对于各向同性体，任意方向的塑性应变分量可以通过坐标变换获得

$$\begin{cases}\varepsilon_x^p=l_1^2\varepsilon_1^p+m_1^2\varepsilon_2^p+n_1^2\varepsilon_3^p\\ \varepsilon_y^p=l_2^2\varepsilon_1^p+m_2^2\varepsilon_2^p+n_2^2\varepsilon_3^p\\ \varepsilon_z^p=l_3^2\varepsilon_1^p+m_3^2\varepsilon_2^p+n_3^2\varepsilon_3^p\\ \gamma_{xy}^p=l_1l_2\varepsilon_1^p+m_1m_2\varepsilon_2^p+n_1n_2\varepsilon_3^p\\ \gamma_{yz}^p=l_2l_3\varepsilon_1^p+m_2m_3\varepsilon_2^p+n_2n_3\varepsilon_3^p\\ \gamma_{zx}^p=l_3l_1\varepsilon_1^p+m_3m_1\varepsilon_2^p+n_3n_1\varepsilon_3^p\end{cases} \tag{2.21}$$

式中：ε_x^p、ε_y^p、ε_z^p 为塑性正应变；γ_{xy}^p、γ_{yz}^p、γ_{zx}^p 为塑性剪应变；l_i、m_i 及 n_i 分别为 x_i 与主应力方向 1、2 及 3 之间的夹角余弦，$x_i=x,y,z$。

如果固体为各向同性体，则将式（2.18）代入式（2.21）可得

$$\boldsymbol{\varepsilon}^p=\frac{kE}{1+kE}(\boldsymbol{\varepsilon}-\boldsymbol{\varepsilon}^s) \tag{2.22}$$

其中

$$\begin{cases}\boldsymbol{\varepsilon}=[\varepsilon_x\quad \varepsilon_y\quad \varepsilon_z\quad \gamma_{xy}\quad \gamma_{yz}\quad \gamma_{zx}]^{\mathrm{T}}\\ \boldsymbol{\varepsilon}^p=[\varepsilon_x^p\quad \varepsilon_y^p\quad \varepsilon_z^p\quad \gamma_{xy}^p\quad \gamma_{yz}^p\quad \gamma_{zx}^p]^{\mathrm{T}}\\ \boldsymbol{\varepsilon}^s=[\varepsilon_x^s\quad \varepsilon_y^s\quad \varepsilon_z^s\quad \gamma_{xy}^s\quad \gamma_{yz}^s\quad \gamma_{zx}^s]^{\mathrm{T}}\end{cases}$$

$$\begin{cases}kE=kB\\ (1+kE)^{-1}=1/(1+kE)=(1+kB)^{-1}\end{cases} \tag{2.23}$$

式（2.23）的具体形式按各向同性处理。屈服应变或后继弹性应变极限 ε_{ij}^s 由式（2.24）确定为

$$\begin{cases}\varepsilon_x^s=l_1^2\varepsilon_1^s+m_1^2\varepsilon_2^s+n_1^2\varepsilon_3^s\\ \varepsilon_y^s=l_2^2\varepsilon_1^s+m_2^2\varepsilon_2^s+n_2^2\varepsilon_3^s\\ \varepsilon_z^s=l_3^2\varepsilon_1^s+m_3^2\varepsilon_2^s+n_3^2\varepsilon_3^s\\ \gamma_{xy}^s=l_1l_2\varepsilon_1^s+m_1m_2\varepsilon_2^s+n_1n_2\varepsilon_3^s\\ \gamma_{yz}^s=l_2l_3\varepsilon_1^s+m_2m_3\varepsilon_2^s+n_2n_3\varepsilon_3^s\\ \gamma_{zx}^s=l_3l_1\varepsilon_1^s+m_3m_1\varepsilon_2^s+n_3n_1\varepsilon_3^s\end{cases} \tag{2.24}$$

如果固体为正交各向异性体，则可以证明

$$\boldsymbol{\varepsilon}^p = (\boldsymbol{I} + [kB])^{-1}[kB](\boldsymbol{\varepsilon} - \boldsymbol{\varepsilon}^s) \tag{2.25}$$

其中

$$\begin{cases} [kB] = [A_1][kE][A_1]^{\mathrm{T}} \qquad \boldsymbol{\varepsilon}^s = [A_2]\{\varepsilon_{ij}^s\} \\ [kE] = \mathrm{diag}(k_1E_1, k_2E_2, k_3E_3, k_{12}G_{12}, k_{23}G_{23}, k_{31}G_{31}) \\ \boldsymbol{\varepsilon} = \boldsymbol{\varepsilon}^e + \boldsymbol{\varepsilon}^p \quad \boldsymbol{\varepsilon}^e = \boldsymbol{\varepsilon} - \boldsymbol{\varepsilon}^p \qquad \boldsymbol{\varepsilon} = [A_2]\{\varepsilon_{ij}\} \\ \boldsymbol{\varepsilon} = [\varepsilon_x \quad \varepsilon_y \quad \varepsilon_z \quad \gamma_{xy} \quad \gamma_{yz} \quad \gamma_{zx}]^{\mathrm{T}} \end{cases} \tag{2.26}$$

式中：$\boldsymbol{I}$ 为单位矩阵，其中$[A_1]$及$[A_2]$分别为

$$[A_1] = \begin{bmatrix} l_1^2 & m_1^2 & n_1^2 & l_1m_1 & n_1l_1 & m_1n_1 \\ l_2^2 & m_2^2 & n_2^2 & l_2m_2 & n_2l_2 & m_2n_2 \\ l_3^2 & m_3^2 & n_3^2 & l_3m_3 & n_3l_3 & m_3n_3 \\ 2l_1l_2 & 2m_1m_2 & 2n_1n_2 & l_1m_2 + l_2m_1 & n_1l_2 + n_2l_1 & m_1n_2 + m_2n_1 \\ 2l_2l_3 & 2m_2m_3 & 2n_2n_3 & l_2m_3 + l_3m_2 & n_2l_3 + n_3l_2 & m_2n_3 + m_3n_2 \\ 2l_3l_1 & 2m_3m_1 & 2n_3n_1 & l_3m_1 + l_1m_3 & n_3l_1 + n_1l_3 & m_3n_1 + m_1n_3 \end{bmatrix} \tag{2.27}$$

$$[A_2] = \begin{bmatrix} l_1^2 & m_1^2 & n_1^2 & 2l_1m_1 & 2n_1l_1 & 2m_1n_1 \\ l_2^2 & m_2^2 & n_2^2 & 2l_2m_2 & 2n_2l_2 & 2m_2n_2 \\ l_3^2 & m_3^2 & n_3^2 & 2l_3m_3 & 2n_3l_3 & 2m_3n_3 \\ l_1l_2 & m_1m_2 & n_1n_2 & l_1m_2 + l_2m_1 & n_1l_2 + n_2l_1 & m_1n_2 + m_2n_1 \\ l_2l_3 & m_2m_3 & n_2n_3 & l_2m_3 + l_3m_2 & n_2l_3 + n_3l_2 & m_2n_3 + m_3n_2 \\ l_3l_1 & m_3m_1 & n_3n_1 & l_3m_1 + l_1m_3 & n_3l_1 + n_1l_3 & m_3n_1 + m_1n_3 \end{bmatrix} \tag{2.28}$$

$$\left\{\varepsilon_{ij}^s\right\} = \left[\varepsilon_1^s \quad \varepsilon_2^s \quad \varepsilon_3^s \quad \gamma_{12}^s \quad \gamma_{23}^s \quad \gamma_{31}^s\right]^{\mathrm{T}}$$

由式（2.25）可简化为

$$\boldsymbol{\varepsilon}^p = [1 + kB]^{-1}(kB)(\boldsymbol{\varepsilon} - \boldsymbol{\varepsilon}^s) \tag{2.29}$$

其中

$$\begin{cases} (kB) = \mathrm{diag}(k_xE_x, k_yE_y, k_zE_z, k_{xy}G_{xy}, k_{yz}G_{yz}, k_{zx}G_{zx}) \\ [1 + kB]^{-1} = \mathrm{diag}\left(\dfrac{1}{1 + k_xE_x}, \dfrac{1}{1 + k_yE_y}, \cdots, \dfrac{1}{1 + k_{zx}G_{zx}}\right) \end{cases} \tag{2.30}$$

由图 2.3 可知，利用正交各向异性广义胡克定律可求出 B 点的应力分量向量为

$$\boldsymbol{\sigma}_{ij} = E_i\boldsymbol{\varepsilon}_{ij}^e + E_i\left(\frac{\mu_{1j}}{E_1}\boldsymbol{\sigma}_1 + \frac{\mu_{2j}}{E_2}\boldsymbol{\sigma}_2 + \frac{\mu_{3j}}{E_3}\boldsymbol{\sigma}_3 - \frac{\mu_{ij}}{E_i}\boldsymbol{\sigma}_i\right) \quad i = j \tag{2.31}$$

$$\boldsymbol{\sigma}_{ij} = \boldsymbol{G}_{ij}\boldsymbol{\sigma}_{ij}^e \quad i \neq j \quad i, j = 1,2,3$$

式中：μ_{ij} 为 i 方向应力引起 j 方向应变的泊松比。由上述可得

$$\begin{cases} \boldsymbol{\varepsilon}_{ij}^s = \boldsymbol{\varepsilon}_s - \left(\dfrac{\mu_{1j}}{E_1}\boldsymbol{\sigma}_1^s + \dfrac{\mu_{2j}}{E_2}\boldsymbol{\sigma}_2^s + \dfrac{\mu_{3j}}{E_3}\boldsymbol{\sigma}_3^s - \dfrac{\mu_{ij}}{E_i}\boldsymbol{\sigma}_i^j\right) \quad i = j \\ \boldsymbol{\varepsilon}_{ij}^s = \boldsymbol{\sigma}_{ij}^s / G_{ij} = r_{ij}^s = r_s \quad i \neq j \quad i, j = 1,2,3 \end{cases} \tag{2.32}$$

如果采用$\sigma = \boldsymbol{D}\varepsilon^e$，则可证明

$$\boldsymbol{\varepsilon}^p = (\boldsymbol{I} + [kD])^{-1}[kD](\boldsymbol{\varepsilon} - \boldsymbol{\varepsilon}^s) \tag{2.33}$$

其中

$$\begin{cases} [kD] = [A_1]k\boldsymbol{D}[A_1]^{\mathrm{T}} \\ k = \mathrm{diag}(k_1, k_2, k_3, k_{23}, k_{31}) \\ \boldsymbol{\sigma} = [\sigma_x \quad \sigma_y \quad \sigma_z \quad \tau_{xy} \quad \tau_{yz} \quad \tau_{zx}] \end{cases} \tag{2.34}$$

式中：$\boldsymbol{D}$为弹性矩阵；$\boldsymbol{I}$为单位矩阵。式（2.31）可简化为

$$\boldsymbol{\varepsilon}^p = (\boldsymbol{I} + k^*\boldsymbol{D})^{-1}k^*\boldsymbol{D}(\boldsymbol{\varepsilon} - \boldsymbol{\varepsilon}^s) \tag{2.35}$$

其中

$$k^* = \mathrm{diag}(k_x, k_y, k_z, k_{xy}, k_{yz}, k_{zx}) \tag{2.36}$$

由上述可知，式（2.18）、式（2.22）、式（2.25）、式（2.29）、式（2.33）及式（2.35）分别代表塑性应变向量与总应变向量的新关系。这种新关系称为弹塑性应变理论[1,5]。$\boldsymbol{\varepsilon}^s$可利用式（2.26）确定。

2.1.3　复杂加载状态

如果结构处于复杂加载状态，则可得

$$\mathrm{d}\boldsymbol{\varepsilon}^p = (\boldsymbol{I} + [kB])^{-1}[kB](\mathrm{d}\boldsymbol{\varepsilon} - \mathrm{d}\boldsymbol{\varepsilon}^s) \tag{2.37}$$

或

$$\mathrm{d}\boldsymbol{\varepsilon}^p = [1 + kB]^{-1}(kB)(\mathrm{d}\boldsymbol{\varepsilon} - \mathrm{d}\boldsymbol{\varepsilon}^s) \tag{2.38}$$

如果采用$\mathrm{d}\boldsymbol{\sigma} = \boldsymbol{D}\mathrm{d}\boldsymbol{\varepsilon}^e$，则

$$\mathrm{d}\boldsymbol{\varepsilon}^p = (\boldsymbol{I} + [kD])^{-1}[kD](\mathrm{d}\boldsymbol{\varepsilon} - \mathrm{d}\boldsymbol{\varepsilon}^s) \tag{2.39}$$

或

$$\mathrm{d}\boldsymbol{\varepsilon}^p = (\boldsymbol{I} + k^*\boldsymbol{D})^{-1}k^*\boldsymbol{D}(\mathrm{d}\boldsymbol{\varepsilon} - \mathrm{d}\boldsymbol{\varepsilon}^s) \tag{2.40}$$

式中：$\mathrm{d}\boldsymbol{\varepsilon}$、$\mathrm{d}\boldsymbol{\varepsilon}^e$、$\mathrm{d}\boldsymbol{\varepsilon}^p$及$\mathrm{d}\boldsymbol{\varepsilon}^s$分别为$\boldsymbol{\varepsilon}$、$\boldsymbol{\varepsilon}^e$、$\boldsymbol{\varepsilon}^p$及$\boldsymbol{\varepsilon}^s$的向量增量。

由上述可知，式（2.37）～式（2.40）代表塑性应变向量增量与总应变向量增量的新关系，这种关系称为弹塑性应变增量理论[1,5]。

2.1.4　应力-应变关系

如果结构处于弹塑性状态，则应力与应变关系为

$$\boldsymbol{\sigma} = \boldsymbol{D}\boldsymbol{\varepsilon} - \boldsymbol{\sigma}_0 \tag{2.41}$$

其中

$$\boldsymbol{\sigma}_0 = \boldsymbol{D}\boldsymbol{\varepsilon}^p$$

如果采用增量形式，则由式（2.41）可得

$$\mathrm{d}\boldsymbol{\sigma} = \boldsymbol{D}\mathrm{d}\boldsymbol{\varepsilon} - \mathrm{d}\boldsymbol{\sigma}_0 \tag{2.42}$$

其中

$$\mathrm{d}\boldsymbol{\sigma}_0 = \boldsymbol{D}\mathrm{d}\boldsymbol{\varepsilon}^p$$

式中：$\boldsymbol{D}$ 为弹性矩阵；$\boldsymbol{\varepsilon}^p$ 及 $\mathrm{d}\boldsymbol{\varepsilon}^p$ 由上述弹塑性应变理论的表达式确定。

2.2　热弹塑性应变增量理论

热弹塑性分析在工程中应用很广。实验证明，材料的弹性模量、泊松比、热膨胀系数及屈服应力等一般与温度有关，但某些材料，当温度在一定范围内变化时，上述物理量的改变并不显著，可以近似地看作与温度无关。本节介绍本书作者提出的热弹塑性本构关系。

2.2.1　材料性质与温度无关的本构关系

对于结构工程，如果采用弹塑性模型，则总应变向量为

$$\boldsymbol{\varepsilon}=\boldsymbol{\varepsilon}^e+\boldsymbol{\varepsilon}^p+\boldsymbol{\varepsilon}_T \tag{2.43}$$

式中：$\boldsymbol{\varepsilon}^e$、$\boldsymbol{\varepsilon}^p$ 及 $\boldsymbol{\varepsilon}_T$ 分别为结构的弹性应变向量、塑性应变向量及温度应变向量。由上述可得

$$\boldsymbol{\sigma}=\boldsymbol{D}\boldsymbol{\varepsilon}-\boldsymbol{\sigma}_0-\boldsymbol{\sigma}_T \tag{2.44}$$

式中：$\boldsymbol{\sigma}_0$ 为塑性变形引起的应力变量向量；$\boldsymbol{\sigma}_T$ 为温度变化引起的应力变量向量，即

$$\boldsymbol{\sigma}_0=\boldsymbol{D}\boldsymbol{\varepsilon}^p,\quad \boldsymbol{\sigma}_T=\boldsymbol{D}\boldsymbol{\varepsilon}_T \tag{2.45}$$

其中

$$\boldsymbol{\varepsilon}_T=\boldsymbol{\alpha}T \tag{2.46}$$

式中：T 为温度变化；$\boldsymbol{\alpha}$ 为热膨胀系数向量。

如果采用弹塑性应变理论，则

$$\begin{cases}\boldsymbol{\varepsilon}^p=[kB](\boldsymbol{\varepsilon}^e-\boldsymbol{\varepsilon}^s)\\ \boldsymbol{\varepsilon}^p=[kD](\boldsymbol{\varepsilon}^e-\boldsymbol{\varepsilon}^s)\end{cases} \tag{2.47}$$

因为 $\boldsymbol{\varepsilon}^e=\boldsymbol{\varepsilon}-\boldsymbol{\varepsilon}^p-\boldsymbol{\varepsilon}_T$，因此由式（2.47）可得

$$\begin{cases}\boldsymbol{\varepsilon}^p=(\boldsymbol{I}+[kB])^{-1}[kB](\boldsymbol{\varepsilon}-\boldsymbol{\varepsilon}_T-\boldsymbol{\varepsilon}^s)\\ \boldsymbol{\varepsilon}^p=(\boldsymbol{I}+[kD])^{-1}[kD](\boldsymbol{\varepsilon}-\boldsymbol{\varepsilon}_T-\boldsymbol{\varepsilon}^s)\end{cases} \tag{2.48}$$

上式可简化为

$$\begin{cases}\boldsymbol{\varepsilon}^p=[1+kB]^{-1}(kB)(\boldsymbol{\varepsilon}-\boldsymbol{\varepsilon}_T-\boldsymbol{\varepsilon}^s)\\ \boldsymbol{\varepsilon}^p=(\boldsymbol{I}+k^*\boldsymbol{D})^{-1}k^*\boldsymbol{D}(\boldsymbol{\varepsilon}-\boldsymbol{\varepsilon}_T-\boldsymbol{\varepsilon}^s)\end{cases} \tag{2.49}$$

由上述可知，式（2.48）～式（2.49）代表热塑性应变向量与总应变向量及温度应变向量的新关系，这种关系称为热弹塑性应变理论[1,5]。

如果采用增量形式，则

$$\begin{cases}\mathrm{d}\boldsymbol{\varepsilon}=\mathrm{d}\boldsymbol{\varepsilon}^e+\mathrm{d}\boldsymbol{\varepsilon}^p+\mathrm{d}\boldsymbol{\varepsilon}_T\\ \mathrm{d}\boldsymbol{\sigma}=\boldsymbol{D}\mathrm{d}\boldsymbol{\varepsilon}-\mathrm{d}\boldsymbol{\sigma}_0-\mathrm{d}\boldsymbol{\sigma}_T\end{cases} \tag{2.50}$$

其中

$$\mathrm{d}\boldsymbol{\sigma}_0=\boldsymbol{D}\mathrm{d}\boldsymbol{\varepsilon}^p\quad \mathrm{d}\boldsymbol{\sigma}_T=\boldsymbol{D}\mathrm{d}\boldsymbol{\varepsilon}_T\quad \mathrm{d}\boldsymbol{\varepsilon}_T=\boldsymbol{\alpha}\mathrm{d}\boldsymbol{T} \tag{2.51}$$

式中：$\mathrm{d}\boldsymbol{\sigma}$、$\mathrm{d}\boldsymbol{\varepsilon}$ 及 $\mathrm{d}\boldsymbol{T}$ 分别为应力向量、应变向量及温度向量的增量。由式（2.48）及式（2.49）可得

$$\begin{cases}\mathrm{d}\boldsymbol{\varepsilon}^p=(\boldsymbol{I}+[kB])^{-1}[kB](\mathrm{d}\boldsymbol{\varepsilon}-\mathrm{d}\boldsymbol{\varepsilon}_T-\mathrm{d}\boldsymbol{\varepsilon}^s)\\ \mathrm{d}\boldsymbol{\varepsilon}^p=(\boldsymbol{I}+[kD])^{-1}[kD](\mathrm{d}\boldsymbol{\varepsilon}-\mathrm{d}\boldsymbol{\varepsilon}_T-\mathrm{d}\boldsymbol{\varepsilon}^s)\end{cases} \tag{2.52}$$

上式可简化为

$$\begin{cases}\mathrm{d}\boldsymbol{\varepsilon}^p=[1+kB]^{-1}(kB)(\mathrm{d}\boldsymbol{\varepsilon}-\mathrm{d}\boldsymbol{\varepsilon}_T-\mathrm{d}\boldsymbol{\varepsilon}^s)\\ \mathrm{d}\boldsymbol{\varepsilon}^p=(\boldsymbol{I}+k^*\boldsymbol{D})^{-1}k^*\boldsymbol{D}(\mathrm{d}\boldsymbol{\varepsilon}-\mathrm{d}\boldsymbol{\varepsilon}_T-\mathrm{d}\boldsymbol{\varepsilon}^s)\end{cases} \tag{2.53}$$

由上述可知，式（2.52）及式（2.53）代表热塑性应变向量增量与总应变向量增量及温度应变向量增量的新关系。

2.2.2　材料性质与温度有关的本构关系

如果材料性质与温度有关，则弹性模量、泊松比、热膨胀系数都是温度 T 的函数，并且弹性极限应力或屈服应力也与温度有关。如果采用弹塑性模型，则

$$\mathrm{d}\boldsymbol{\varepsilon}=\mathrm{d}\boldsymbol{\varepsilon}^e+\mathrm{d}\boldsymbol{\varepsilon}^p+\mathrm{d}\boldsymbol{\varepsilon}_T \tag{2.54}$$

因为

$$\boldsymbol{\sigma}=\boldsymbol{D}\boldsymbol{\varepsilon}^e \tag{2.55}$$

所以

$$\boldsymbol{\varepsilon}^e=\boldsymbol{D}^{-1}\boldsymbol{\sigma} \tag{2.56}$$

由上式可得

$$\begin{cases}\mathrm{d}\boldsymbol{\varepsilon}_T=\boldsymbol{\alpha}\mathrm{d}\boldsymbol{T}+\dfrac{\partial\boldsymbol{\alpha}}{\partial T}\boldsymbol{T}\mathrm{d}\boldsymbol{T}\\ \mathrm{d}\boldsymbol{\varepsilon}^e=\dfrac{\partial\boldsymbol{D}^{-1}}{\partial T}\boldsymbol{\sigma}\mathrm{d}\boldsymbol{T}+\boldsymbol{D}^{-1}\mathrm{d}\boldsymbol{\sigma}\end{cases} \tag{2.57}$$

将式（2.57）代入式（2.54）可得

$$\mathrm{d}\boldsymbol{\sigma}=\boldsymbol{D}(\mathrm{d}\boldsymbol{\varepsilon}-\mathrm{d}\boldsymbol{\varepsilon}^p-\mathrm{d}\boldsymbol{\varepsilon}_T) \tag{2.58}$$

其中

$$\mathrm{d}\boldsymbol{\varepsilon}_T=\left(\boldsymbol{\alpha}+\frac{\partial\boldsymbol{D}^{-1}}{\partial T}\boldsymbol{\sigma}+\frac{\partial\boldsymbol{\alpha}}{\partial T}T\right)\mathrm{d}\boldsymbol{T}=\boldsymbol{\alpha}_T\mathrm{d}\boldsymbol{T} \tag{2.59}$$

$$\boldsymbol{\alpha}_T=\boldsymbol{\alpha}+\frac{\partial\boldsymbol{D}^{-1}}{\partial\boldsymbol{T}}\boldsymbol{\sigma}+\frac{\partial\boldsymbol{\alpha}}{\partial\boldsymbol{T}}\boldsymbol{T} \tag{2.60}$$

由此可得

$$\mathrm{d}\boldsymbol{\sigma}=\boldsymbol{D}(\mathrm{d}\boldsymbol{\varepsilon}-\mathrm{d}\boldsymbol{\varepsilon}^p)-\boldsymbol{c}\mathrm{d}\boldsymbol{T} \tag{2.61}$$

其中

$$\boldsymbol{c}=\boldsymbol{D}\left(\boldsymbol{\alpha}+\frac{\partial\boldsymbol{\alpha}}{\partial\boldsymbol{T}}\boldsymbol{T}+\frac{\partial\boldsymbol{D}^{-1}}{\partial\boldsymbol{T}}\boldsymbol{\sigma}\right)=\boldsymbol{D}\boldsymbol{\alpha}_T \tag{2.62}$$

如果采用热弹塑性应变理论，则

$$\boldsymbol{\sigma} = H(\boldsymbol{\varepsilon}^p, \boldsymbol{T}) + \boldsymbol{\sigma}^s \tag{2.63}$$

由此可得

$$\mathrm{d}\boldsymbol{\sigma} = H'\mathrm{d}\boldsymbol{\varepsilon}^p + \frac{\partial H}{\partial \boldsymbol{T}}\mathrm{d}\boldsymbol{T} + \mathrm{d}\boldsymbol{\sigma}^s \tag{2.64}$$

由式（2.61）及式（2.64）可得

$$\boldsymbol{D}(\mathrm{d}\boldsymbol{\varepsilon} - \mathrm{d}\boldsymbol{\varepsilon}^p) - \boldsymbol{c}\mathrm{d}\boldsymbol{T} = H'\mathrm{d}\boldsymbol{\varepsilon}^p + \frac{\partial H}{\partial \boldsymbol{T}}\mathrm{d}\boldsymbol{T} + \mathrm{d}\boldsymbol{\sigma}^s \tag{2.65}$$

由此可得

$$\begin{cases} \mathrm{d}\boldsymbol{\varepsilon}^p = (\boldsymbol{I} + [kB])^{-1}[kB](\mathrm{d}\boldsymbol{\varepsilon} - \mathrm{d}\bar{\boldsymbol{\varepsilon}}_T - \mathrm{d}\boldsymbol{\varepsilon}^s) \\ \mathrm{d}\boldsymbol{\varepsilon}^p = (\boldsymbol{I} + [kD])^{-1}[kD](\mathrm{d}\boldsymbol{\varepsilon} - \mathrm{d}\boldsymbol{\varepsilon}_T - \mathrm{d}\boldsymbol{\varepsilon}^s) \end{cases} \tag{2.66}$$

其中

$$\begin{cases} \mathrm{d}\bar{\boldsymbol{\varepsilon}}_T = \left(\boldsymbol{\alpha}_{T1} + B^{-1}\dfrac{\partial B}{\partial \boldsymbol{T}}\boldsymbol{\varepsilon}^s + B^{-1}\dfrac{\partial H}{\partial \boldsymbol{T}}\right)\mathrm{d}\boldsymbol{T} \\ \mathrm{d}\boldsymbol{\varepsilon}_T = \left(\boldsymbol{\alpha}_T + \boldsymbol{D}^{-1}\dfrac{\partial \boldsymbol{D}}{\partial \boldsymbol{T}}\boldsymbol{\varepsilon}^s + \boldsymbol{D}^{-1}\dfrac{\partial H}{\partial \boldsymbol{T}}\right)\mathrm{d}\boldsymbol{T} \end{cases} \tag{2.67}$$

$$\begin{cases} \boldsymbol{\alpha}_{T1} = \boldsymbol{\alpha} + \dfrac{\partial B^{-1}}{\partial \boldsymbol{T}}\boldsymbol{\sigma} + \dfrac{\partial \boldsymbol{\alpha}}{\partial \boldsymbol{T}}\boldsymbol{T} \\ B = \mathrm{diag}(E_x, E_y, E_z, G_{xy}, G_{yz}, G_{zx}) \end{cases} \tag{2.68}$$

由上述可将式（2.66）简化为

$$\begin{cases} \mathrm{d}\boldsymbol{\varepsilon}^p = [1 + kB]^{-1}(kB)(\mathrm{d}\boldsymbol{\varepsilon} - \mathrm{d}\bar{\boldsymbol{\varepsilon}}_T - \mathrm{d}\boldsymbol{\varepsilon}^s) \\ \mathrm{d}\boldsymbol{\varepsilon}^p = (\boldsymbol{I} + k^*\boldsymbol{D})^{-1}k^*\boldsymbol{D}(\mathrm{d}\boldsymbol{\varepsilon} - \mathrm{d}\hat{\boldsymbol{\varepsilon}}_T - \mathrm{d}\boldsymbol{\varepsilon}^s) \end{cases} \tag{2.69}$$

由上述可知，式（2.66）及式（2.69）代表热塑性应变向量增量与总应变向量增量及温度应变向量增量的新关系，这种新关系称为热弹塑性应变增量理论[1,5]。

上述弹塑性应变理论、弹塑性应变增量理论、热弹塑性应变理论及热弹塑性应变增量理论是本书作者于 1986 年以来创立的。

2.3　弹黏塑性应变增量理论

弹黏塑性模型由弹性元件 E、黏性元件 V 及塑性元件 P 混联构成。因为这种模型能较好地反映材料的力学特性，因此在塑性力学中应用很广，但传统的弹黏塑性理论对结构分析很困难，本节避开传统的弹黏塑性理论，创立了弹黏塑性应变理论。

2.3.1　单向应力状态

图 2.4 是一个一维的弹黏塑性模型。弹性元件 E 代表弹性性质，黏性元件 V 代表黏性性质，塑性元件 P 代表塑性性质。由图 2.4 可得

$$\boldsymbol{\varepsilon}=\boldsymbol{\varepsilon}^{e}+\boldsymbol{\varepsilon}^{vp} \tag{2.70}$$

$$\boldsymbol{\sigma}=E\boldsymbol{\varepsilon}^{e} \tag{2.71}$$

$$\boldsymbol{\sigma}=\boldsymbol{\sigma}^{v}+\boldsymbol{\sigma}^{p} \tag{2.72}$$

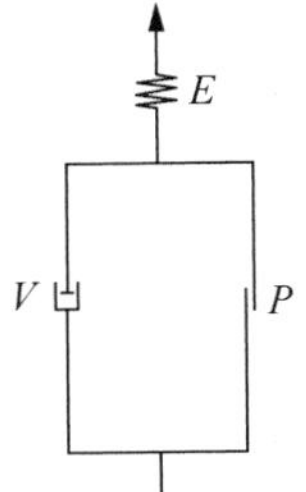

图 2.4　弹黏塑性模型

式中：$\boldsymbol{\sigma}$、$\boldsymbol{\sigma}^{v}$ 及 $\boldsymbol{\sigma}^{p}$ 分别为弹性元件、黏性元件及塑性元件的应力向量；$\boldsymbol{\varepsilon}$、$\boldsymbol{\varepsilon}^{e}$ 及 $\boldsymbol{\varepsilon}^{vp}$ 分别为总应变向量、弹性应变向量及黏塑性应变向量。因为塑性元件代表塑性性质，因此当 $\boldsymbol{\sigma}^{p}<\boldsymbol{\sigma}_{s}$ 时，塑性元件不会发生变形；当 $\boldsymbol{\sigma}^{p}\geqslant\boldsymbol{\sigma}_{s}$ 时，塑性元件发生变形。对于强化材料，如果 $\boldsymbol{\sigma}^{p}\geqslant\boldsymbol{\sigma}_{s}$，则塑性元件中的应力可写成形式

$$\boldsymbol{\sigma}^{p}=\boldsymbol{\sigma}_{s}+H'\boldsymbol{\varepsilon}^{vp} \tag{2.73}$$

因为黏性元件代表黏性性质，因此黏性元件的应力可写成

$$\boldsymbol{\sigma}^{v}=\eta\dot{\varepsilon}^{vp} \tag{2.74}$$

式中：η 为黏性系数；$\dot{\varepsilon}^{vp}$ 为应变率。将式（2.73）及式（2.74）代入式（2.72）可得

$$\boldsymbol{\sigma}=\boldsymbol{\sigma}_{s}+H'\boldsymbol{\varepsilon}^{vp}+\eta\dot{\varepsilon}^{vp} \tag{2.75}$$

将式（2.71）代入上式可得

$$\boldsymbol{\varepsilon}^{vp}=kE(\boldsymbol{\varepsilon}^{e}-\boldsymbol{\varepsilon}^{s})-k\eta\dot{\boldsymbol{\varepsilon}}^{vp} \tag{2.76}$$

将式（2.70）代入上式可得

$$\boldsymbol{\varepsilon}^{vp}=\frac{kE}{1+kE}(\boldsymbol{\varepsilon}-\boldsymbol{\varepsilon}^{s})-\frac{k\eta}{1+kE}\dot{\boldsymbol{\varepsilon}}^{vp} \tag{2.77}$$

它的增量形式为

$$\mathrm{d}\boldsymbol{\varepsilon}^{vp}=\frac{kE}{1+kE}(\mathrm{d}\boldsymbol{\varepsilon}-\mathrm{d}\boldsymbol{\varepsilon}^{s})-\frac{k\eta}{1+kE}\mathrm{d}\dot{\boldsymbol{\varepsilon}}^{vp} \tag{2.78}$$

如果设

$$\mathrm{d}\dot{\boldsymbol{\varepsilon}}^{vp}=\beta\dot{\boldsymbol{\varepsilon}}^{vp}=\frac{\beta\dot{\boldsymbol{\varepsilon}}^{vp}\Delta t}{\Delta t}=\frac{\beta\mathrm{d}\boldsymbol{\varepsilon}^{vp}}{\Delta t} \tag{2.79}$$

则将式（2.79）代入式（2.78）可得

$$\mathrm{d}\boldsymbol{\varepsilon}^{vp}=\frac{kE}{(1+kE)+\dfrac{\beta k\eta}{\Delta t}}(\mathrm{d}\boldsymbol{\varepsilon}-\mathrm{d}\boldsymbol{\varepsilon}^{s}) \tag{2.80}$$

这是黏塑性应变向量增量与总应变向量增量的新关系[1,5]。式（2.80）中 $\mathrm{d}\boldsymbol{\varepsilon}$、$\mathrm{d}\boldsymbol{\varepsilon}^{vp}$ 及 $\mathrm{d}\boldsymbol{\varepsilon}^{s}$ 分别为总应变向量、黏塑性应变向量增量及屈服应变的向量增量，β 是一个参数，可在 $0\leqslant\beta\leqslant0.3$ 范围内根据具体情况选定。

2.3.2　复杂应力状态

如果结构处于复杂应力状态，则

$$\mathrm{d}\boldsymbol{\varepsilon}^{vp}=[kB](\mathrm{d}\boldsymbol{\varepsilon}^{e}-\mathrm{d}\boldsymbol{\varepsilon}^{s})-[k\xi]\mathrm{d}\dot{\boldsymbol{\varepsilon}}^{vp} \tag{2.81}$$

其中

$$[kB]=[A_1][kE][A_1],\quad [k\xi]=[A_1][k\eta][A_1] \tag{2.82}$$

$$[k\eta]=\mathrm{diag}(k_1\eta,k_2\eta,k_3\eta,k_{12}\eta,k_{23}\eta,k_{31}\eta) \tag{2.83}$$

其余符号见式（2.23）～式（2.36）。将 $\mathrm{d}\boldsymbol{\varepsilon}^{e}=\mathrm{d}\boldsymbol{\varepsilon}-\mathrm{d}\boldsymbol{\varepsilon}^{vp}$ 代入式（2.81）可得

$$\mathrm{d}\boldsymbol{\varepsilon}^{vp}=(\boldsymbol{I}+[kA])^{-1}[kB](\mathrm{d}\boldsymbol{\varepsilon}-\mathrm{d}\boldsymbol{\varepsilon}^{s}) \tag{2.84}$$

其中

$$\begin{cases}[kA]=[kB]+\dfrac{\beta[k\xi]}{\Delta t}\\ \mathrm{d}\boldsymbol{\varepsilon}=[\mathrm{d}\varepsilon_x\quad \mathrm{d}\varepsilon_y\quad \mathrm{d}\varepsilon_z\quad \mathrm{d}\gamma_{xy}\quad \mathrm{d}\gamma_{yz}\quad \mathrm{d}\gamma_{zx}]^{\mathrm{T}}\end{cases} \tag{2.85}$$

如果采用 $\mathrm{d}\boldsymbol{\sigma}=\boldsymbol{D}\mathrm{d}\boldsymbol{\varepsilon}^{e}$，则可得

$$\mathrm{d}\boldsymbol{\varepsilon}^{vp}=(\boldsymbol{I}+[kC])^{-1}[kD](\mathrm{d}\boldsymbol{\varepsilon}-\mathrm{d}\boldsymbol{\varepsilon}^{s}) \tag{2.86}$$

其中

$$[kC]=[kD]+\frac{\beta[k\xi]}{\Delta t}$$

由式（2.36）及式（2.86）可得

$$\begin{cases}\mathrm{d}\boldsymbol{\varepsilon}^{p}=[I+kA]^{-1}(kB)(\mathrm{d}\boldsymbol{\varepsilon}-\mathrm{d}\boldsymbol{\varepsilon}^{s})\\ \mathrm{d}\boldsymbol{\varepsilon}^{p}=(\boldsymbol{I}+k^{*}\boldsymbol{C})^{-1}k^{*}\boldsymbol{D}(\mathrm{d}\boldsymbol{\varepsilon}-\mathrm{d}\boldsymbol{\varepsilon}^{s})\end{cases} \tag{2.87}$$

其中

$$\boldsymbol{C}=\boldsymbol{D}+\frac{\boldsymbol{I}\beta\eta}{\Delta t} \tag{2.88}$$

$$\begin{cases}[1+kA]^{-1}=\mathrm{diag}\left(\dfrac{1}{1+k_xA_x},\dfrac{1}{1+k_yA_y},\cdots,\dfrac{1}{1+k_{zx}A_{zx}}\right)\\ A_x=E_x+\dfrac{\beta\eta}{\Delta t},\cdots,A_{zx}=E_{zx}+\dfrac{\beta\eta}{\Delta t}\end{cases} \tag{2.89}$$

由上述可知，式（2.84）、式（2.86）及式（2.87）代表黏塑性应变向量增量与总应变向量增量的新关系，这种新关系称为弹黏塑性应变增量理论[1,5]。

2.3.3 应力-应变关系

如果结构处于弹黏塑性状态，则应力与应变有关系

$$\mathrm{d}\boldsymbol{\sigma}=\boldsymbol{D}\mathrm{d}\boldsymbol{\varepsilon}-\mathrm{d}\boldsymbol{\sigma}_0 \tag{2.90}$$

其中

$$\mathrm{d}\boldsymbol{\sigma}_0=\boldsymbol{D}\mathrm{d}\boldsymbol{\varepsilon}^{vp} \tag{2.91}$$

2.4 热弹黏塑性应变增量理论

2.4.1 材料性质与温度无关

如果结构处于复杂应力状态，则

$$\begin{cases}\mathrm{d}\boldsymbol{\varepsilon}^{vp}=(\boldsymbol{I}+[kA])^{-1}[kB](\mathrm{d}\boldsymbol{\varepsilon}-\mathrm{d}\boldsymbol{\varepsilon}_T-\mathrm{d}\boldsymbol{\varepsilon}^s)\\ \mathrm{d}\boldsymbol{\varepsilon}^{vp}=(\boldsymbol{I}+[kC])^{-1}[kD](\mathrm{d}\boldsymbol{\varepsilon}-\mathrm{d}\boldsymbol{\varepsilon}_T-\mathrm{d}\boldsymbol{\varepsilon}^s)\end{cases} \tag{2.92}$$

上式可简化为

$$\begin{cases}\mathrm{d}\boldsymbol{\varepsilon}^{vp}=[1+kA]^{-1}(kB)(\mathrm{d}\boldsymbol{\varepsilon}-\mathrm{d}\boldsymbol{\varepsilon}_T-\mathrm{d}\boldsymbol{\varepsilon}^s)\\ \mathrm{d}\boldsymbol{\varepsilon}^{vp}=(\boldsymbol{I}+k^*\boldsymbol{C})^{-1}k^*\boldsymbol{D}(\mathrm{d}\boldsymbol{\varepsilon}-\mathrm{d}\boldsymbol{\varepsilon}_T-\mathrm{d}\boldsymbol{\varepsilon}^s)\end{cases} \tag{2.93}$$

由上述可知，式（2.92）及式（2.93）代表热黏塑性应变向量增量与总应变向量增量及温度应变向量增量的新关系。

2.4.2 材料性质与温度有关

如果材料性质与温度有关，则

$$\begin{cases}\mathrm{d}\boldsymbol{\varepsilon}^{vp}=(\boldsymbol{I}+[kA])^{-1}[kB](\mathrm{d}\boldsymbol{\varepsilon}-\mathrm{d}\bar{\boldsymbol{\varepsilon}}_T-\mathrm{d}\boldsymbol{\varepsilon}^s)\\ \mathrm{d}\boldsymbol{\varepsilon}^{vp}=(\boldsymbol{I}+[kC])^{-1}[kD](\mathrm{d}\boldsymbol{\varepsilon}-\mathrm{d}\hat{\boldsymbol{\varepsilon}}_T-\mathrm{d}\boldsymbol{\varepsilon}^s)\end{cases} \tag{2.94}$$

上式可简化为

$$\begin{cases}\mathrm{d}\boldsymbol{\varepsilon}^{vp}=\left[\boldsymbol{I}+kA\right]^{-1}(kB)(\mathrm{d}\boldsymbol{\varepsilon}-\mathrm{d}\bar{\boldsymbol{\varepsilon}}_T-\mathrm{d}\boldsymbol{\varepsilon}^s)\\ \mathrm{d}\boldsymbol{\varepsilon}^{vp}=(\boldsymbol{I}+k^*\boldsymbol{C})^{-1}k^*\boldsymbol{D}(\mathrm{d}\boldsymbol{\varepsilon}-\mathrm{d}\hat{\boldsymbol{\varepsilon}}_T-\mathrm{d}\boldsymbol{\varepsilon}^s)\end{cases} \tag{2.95}$$

由上述可知，式（2.94）及式（2.95）代表热弹黏塑性应变向量增量与总应变向量增量及温度应变向量增量的新关系，这种关系被称为热弹黏塑性应变增量理论[1,5]。

2.4.3 统一的本构理论

如果采用全量形式，则

$$\begin{cases}\boldsymbol{\varepsilon}^{vp}=(\boldsymbol{I}+[kA])^{-1}[kB](\boldsymbol{\varepsilon}-\boldsymbol{\varepsilon}_T-\boldsymbol{\varepsilon}^s)\\ \boldsymbol{\varepsilon}^{vp}=(\boldsymbol{I}+[kC])^{-1}[kD](\boldsymbol{\varepsilon}-\boldsymbol{\varepsilon}_T-\boldsymbol{\varepsilon}^s)\end{cases} \tag{2.96}$$

上式可简化为

$$\begin{cases}\boldsymbol{\varepsilon}^{vp}=[1+kA]^{-1}(kB)(\boldsymbol{\varepsilon}-\boldsymbol{\varepsilon}_T-\boldsymbol{\varepsilon}^s)\\ \boldsymbol{\varepsilon}^{vp}=(\boldsymbol{I}+k^*\boldsymbol{C})^{-1}k^*\boldsymbol{D}(\boldsymbol{\varepsilon}-\mathrm{d}\boldsymbol{\varepsilon}_T-\boldsymbol{\varepsilon}^s)\end{cases} \tag{2.97}$$

式（2.96）及式（2.97）代表热弹黏塑性应变全量理论[1,5]，式（2.94）及式（2.95）代表热弹黏塑性应变增量理论，它们可以代表统一的本构理论，由此可以导出各类本构理论，式（2.94）及式（2.95）可变为弹黏塑性应变增量理论。如果$\eta=0$，则式（2.96）及式（2.97）可变为热弹塑性应变全量理论，式（2.94）及式（2.95）可变为热弹塑性应变增量理论。如果$T=\mathrm{d}T=\eta=0$，则式（2.96）及式（2.97）可变为弹塑性应变全量理论，式（2.94）及式（2.95）可变为弹塑性应变增量理论。如果$\eta=k=k^*=0$，则由式（2.94）及式（2.95）可知，$\boldsymbol{\varepsilon}^p=\boldsymbol{\varepsilon}^{vp}=\mathrm{d}\boldsymbol{\varepsilon}^p=\mathrm{d}\boldsymbol{\varepsilon}^{vp}=0$，故结构处于弹性状态。

由此可知，式（2.94）及式（2.96）代表统一本构理论[1,5]。

2.5　新的本构关系

如果将式（2.35）代入式（2.41），则可得

$$\boldsymbol{\sigma}=\boldsymbol{D}_{ep}(\boldsymbol{\varepsilon}+[\alpha]\boldsymbol{\varepsilon}^s) \tag{2.98}$$

式中：$\boldsymbol{\varepsilon}^s$为弹性极限应变（或屈服极限应变）或后继弹性极限应变（或后续屈服极限应变），可利用式（2.24）或式（2.26）确定。$\boldsymbol{D}_{ep}$为弹塑性矩阵，即

$$\boldsymbol{D}_{ep}=\boldsymbol{D}-\boldsymbol{D}_p \quad [\alpha]=k^*\boldsymbol{D} \tag{2.99}$$

其中$\boldsymbol{D}_p$为塑性矩阵，即

$$\boldsymbol{D}_p=\boldsymbol{D}(\boldsymbol{I}+k^*\boldsymbol{D})^{-1}k^*\boldsymbol{D} \tag{2.100}$$

它是由弹塑性应变理论建立的,不是由流动法则理论建立的,它是一个创新。将式(2.100)代入式（2.99）可得

$$\boldsymbol{D}_{ep}=\boldsymbol{D}(\boldsymbol{I}+k^*\boldsymbol{D})^{-1} \tag{2.101}$$

由上式可知，式（2.98）是一种新的本构关系。

如果采用增量形式，则由式（2.40）及式（2.42）可得

$$\mathrm{d}\boldsymbol{\sigma}=\boldsymbol{D}_{ep}(\mathrm{d}\boldsymbol{\varepsilon}+[\alpha]\mathrm{d}\boldsymbol{\varepsilon}^s) \tag{2.102}$$

这是增量形式的本构关系，也是一种新的本构关系。式（2.102）中$\mathrm{d}\boldsymbol{\varepsilon}$及$\mathrm{d}\boldsymbol{\varepsilon}^s$分别为$\boldsymbol{\varepsilon}$及$\boldsymbol{\varepsilon}^s$的增量向量。$\mathrm{d}\boldsymbol{\varepsilon}^s$由式（2.24）或式（2.26）的增量确定。

上述新的本构关系与流动法则理论不同。对于流动法则理论，式（2.102）中的$\mathrm{d}\boldsymbol{\varepsilon}^s$为0，$\boldsymbol{D}_p$由流动法则理论建立的，给结构弹塑性分析带来诸多的困难及缺陷。用本节新理论建立的$\boldsymbol{D}_p$比用流动法则理论建立的$\boldsymbol{D}_p$更加优越。

2.6　岩土塑性应变理论

与金属本构关系不同，岩土本构关系要求反映岩土摩擦变形机理，考虑静水压力、内摩擦角及内聚力的影响。本节介绍岩土弹塑性应变理论。

2.6.1 岩土总应力-弹塑性应变理论

岩土总应力-弹塑性应变理论与混凝土弹塑性应变理论相同。详见文献[28]的 10.5 节。利用总应力法分析岩土弹塑性问题时，可以采用这种理论建立的岩土弹塑性本构关系，实际上，也可以利用本章 2.1～2.5 节建立岩土本构关系。本书作者在第十一章详细介绍了岩土本构关系。

2.6.2 饱和土有效应力-弹塑性应变理论

在饱和土中，常采用有效应力法分析岩土弹塑性问题。此时可以利用岩土有效应力-弹塑性应变理论建立有效应力本构关系，详见文献[28]的 12.7 节、12.9 节或第十一章。

2.7 动力本构关系

研究结构双重非线性动力本构关系是一个非常复杂的问题，目前对其研究还不完善，这对结构非线性分析是一个大障碍。为了简便计算，特作下列处理。

（1）假设土体为小变形。

（2）弹塑性动态本构关系与应变率有密切关系。如果应变率较低，则可不考虑应变率的影响，采用静态本构关系进行弹塑性动力分析也可以得到较好的结果。由于与爆炸或冲击荷载相比，地震荷载引起的应变率极小，结构及岩土抗震分析可以利用静态本构关系。

对结构及岩土进行弹塑性动力响应分析时，可以采用弹黏塑性本构关系[8-10]。

（3）对岩土动力分析可采用内时本构关系及边界面本构关系，还可以用于岩土静力分析[8,29,30]。

2.8 结　　语

（1）本章介绍的结构塑性力学分析的新本构关系，是本书作者长期研究的成果，它避开了经典本构关系（流动法理论）带来的诸多困难及缺陷，突破了传统的经典本构关系。

（2）塑性动力学的本构关系与应变率有密切关系。如果应变率不大，可以不考虑应变率的影响，而采用静力学本构关系；如果应变率较大，可采用弹黏塑性本构关系[10]。

（3）本书作者指导的研究生及有关学者利用上述新的本构关系进行结构塑性力学分析，并利用 C 语言编制有关程序，计算许多例题，效果很好[13-27]。

参 考 文 献

[1] 秦荣．塑性力学中的新理论新方法[J]．广西科学，1994，1（1）：18-22.
[2] 秦荣．板壳弹塑性问题的样条有限点法[J]．力学学报，1989，21（增刊）：243-248.
[3] 秦荣．高层建筑结构弹塑性分析的新方法[J]．土木工程学报，1994，27（6）：3-10.
[4] 秦荣．结构本构关系[J]．广西科学，2002，9（4）：241-245.
[5] 秦荣．大型复杂结构非线性分析的新理论新方法[M]．北京：科学出版社，2011.
[6] 秦荣．板壳非线性分析的新理论新方法[J]．工程力学，2004，21（1）：9-14.
[7] 秦荣，朱旭辉，潘春宇．钢结构弹塑性分析的样条有限点法[J]．科学技术与工程，2009，9（8）：2019-2023.
[8] 秦荣．计算结构力学[M]．北京：科学出版社，2001.
[9] 秦荣．工程结构非线性[M]．北京：科学出版社，2006.
[10] 秦荣．计算结构非线性力学[M]．南宁：广西科学技术出版社，1999.
[11] 秦荣．智能结构力学[M]．北京：科学出版社，2005.
[12] 秦荣．智能结构分析的新理论新方法[M]．北京：科学出版社，2014.
[13] 谢开仲．大跨度钢管混凝土拱桥非线性动力分析的 QR 法[D]．南宁：广西大学，2002.
[14] 黄纽派．高层建筑结构弹塑性动力分析的 QR 法及工程应用[D]．南宁：广西大学，2002.
[15] 韦良．高层框架非线性分析的 QR 法[D]．南宁：广西大学，2002.
[16] 陈明．高层建筑连体结构地震反应分析的新方法研究[D]．南宁：广西大学，2009.
[17] 朱旭辉．连续刚构桥极限承载能力分析的新方法研究[D]．南宁：广西大学，2009.
[18] 苏金凌．高层混合结构分析与设计的新方法研究[D]．南宁：广西大学，2013.
[19] 林海瑛．钢筋混凝土高层连体结构非线性分析的 QR 法[D]．南宁：广西大学，2006.
[20] 周锡元．中国建筑结构抗震研究和实践 60 年[J]．建筑结构，2009（9）：1-4.
[21] 王振清．火灾下钢筋混凝土受弯构件的弹塑性分析[J]．武汉理工大学学报，2008，30（2）：66-69.
[22] 刘福林．加权余量法在塑性理论中的近期发展及应用[J]．计算结构力学及其应用，1993（3）：104-107.
[23] 李彬彬．考虑徐变的大体积混凝土温度应力有限元分析[J]．山西建筑，2007（21）：1，2.
[24] 李彬彬，等．多种因素耦合作用下的大体积混凝土温度应力仿真分析[J]．安徽建筑，2009（4）：136-138.
[25] 李双蓓，等．用 QR 法分析平面结构的弹塑性问题[J]．广西大学学报，1998（2）：176-180.
[26] 李双蓓，等．平面热弹塑性数值分析[J]．红水河，1998（2）：66-68.
[27] 覃继荣，等．一类新的弹塑性单刚及实例计算[J]．广西土木建筑，1998（2）：155-158.
[28] 秦荣．结构塑性力学[M]．北京：科学出版社，2016.
[29] 朱百里，沈珠江．计算土力学[M]．上海：上海科学出版社，1990.
[30] 谢康和，周健．岩土工程有限元分析理论与应用[M]．北京：科学出版社，2002.

第三章 变 分 原 理

变分原理是固体力学、结构力学及计算力学的理论基础，在理论及应用上都有重要的价值。自 20 世纪初 Ritz 法产生后进一步推动了对固体力学变分原理的研究及应用。20 世纪 50 年代胡海昌和鹫津久一郎先后建立了弹性力学的三类变量广义变分原理，该变分原理在国际上称为胡海昌-鹫津变分原理。之后，国内外对广义变分原理的研究和应用出现了一个高潮。此间钱伟长提出了利用拉格朗日乘子法建立广义变分原理的方法。有限元法产生后，国内外对变分原理的研究又出现了新的动向，即兴起对离散变分原理的研究。我国许多学者在变分原理及广义变分原理方面做出了重要的贡献。本书作者在上述研究工作的基础上，对变分原理和广义变分原理进一步深入研究，亦取得了不少新成果[1-14]。变分原理的内容是非常丰富的，本章主要介绍一些常用的变分原理作为建立结构力学新方法的理论基础。

3.1 加权残数法

本节以边值问题为例，其边界条件为

$$\begin{cases} L(u)-f=0 & \text{在}\varOmega\text{上} \\ G(u)-g=0 & \text{在}\varGamma_1\text{上} \\ H(u)-h=0 & \text{在}\varGamma_2\text{上} \end{cases} \tag{3.1}$$

式中：f、g 及 h 为已知函数；$\varOmega$ 为区域，$\varGamma$ 为 $\varOmega$ 的边界，而且 $\varGamma=\varGamma_1+\varGamma_2$。

如果 u 为正确解，则式（3.1）恒能满足。如果 u 为近似解 u^*，则式（3.1）不会满足，即

$$\begin{cases} L(u^*)-f=R & \text{在}\varOmega\text{上} \\ G(u^*)-g=R_1 & \text{在}\varGamma_1\text{上} \\ H(u^*)-h=R_2 & \text{在}\varGamma_2\text{上} \end{cases} \tag{3.2}$$

式中：R 为域内残数；R_1 及 R_2 分别为 $\varGamma_1$ 及 $\varGamma_2$ 的残数。

如果近似解与正确解 u 一致，则 $R=R_1=R_2=0$。为了使近似解 u^* 能尽量趋于正确解，必须使残数在整个区域内为最小。为此，应选择权函数使残数在某种平均意义下等于零，即

$$\int_\varOmega WR\mathrm{d}\varOmega+\int_{\varGamma_1}W_1R_1\mathrm{d}\varGamma+\int_{\varGamma_2}W_2R_2\mathrm{d}\varGamma=0 \tag{3.3}$$

式中：W 为内部权函数；W_1 及 W_2 分别为 $\varGamma_1$ 及 $\varGamma_2$ 的权函数。式（3.3）称为加权残数法的基本方程。利用式（3.3）可以建立变分原理及广义变分原理。

3.2　基 本 方 程

弹性力学应具有下列基本方程及边界条件。如果采用张量记号，则如下所述。

1. 弹性力学平衡方程

弹性力学平衡方程为

$$\sigma_{ij,j} + f_i = 0 \qquad \text{在}\Omega\text{内} \tag{3.4}$$

式中：σ_{ij} 为应力分量；f_i 为体力分量。

2. 几何方程

几何方程为

$$e_{ij} = \frac{1}{2}\left(u_{i,j} + u_{j,i}\right) \qquad \text{在}\Omega\text{内} \tag{3.5}$$

3. 本构方程

本构方程为

$$\begin{cases} \dfrac{\partial A}{\partial e_{ij}} = \sigma_{ij} & \text{在}\Omega\text{内} \\ \dfrac{\partial B}{\partial \sigma_{ij}} = e_{ij} & \text{在}\Omega\text{内} \end{cases} \tag{3.6}$$

式中：e_{ij} 及 σ_{ij} 分别为弹性体的位移、应变；A 及 B 分别为应变能密度及余能密度，可变为下列函数：$A = A(e_{ij})$，$B = B(\sigma_{ij})$。

4. 边界条件

（1）应力边界条件。

$$\sigma_{ij} n_j = \overline{p}_i \qquad \text{在}\Gamma_p\text{上} \tag{3.7}$$

（2）位移边界条件。

$$u_i - \overline{u}_i = 0 \qquad \text{在}\Gamma_u\text{上} \tag{3.8}$$

式中：$\Gamma = \Gamma_p + \Gamma_u$；$u_i$ 为弹性体的应力；$\overline{u}_i$ 及 $\overline{p}_i$ 分别为已知边界位移及已知边界应力。

3.3　最小势能原理

如果弹性体的 u_i、e_{ij} 满足式（2.5）所示的几何方程及式（2.8）所示的位移边界条件，则利用加权残数法可得

$$\int_\Omega \left(\sigma_{ij,j} + f_i\right)\delta u_i \mathrm{d}\Omega + \int_{\Gamma_p} \left(\overline{p}_i - \sigma_{ij} n_j\right)\delta u_i \mathrm{d}\Gamma = 0 \tag{3.9}$$

利用分部积分法可得

$$\int_{\Omega}\sigma_{ij,j}\delta u_i \mathrm{d}\Omega=\int_{\Gamma_p}\sigma_{ij}\delta u_i n_j \mathrm{d}\Gamma-\int_{\Omega}\sigma_{ij}\delta u_{i,j}\mathrm{d}\Omega \tag{3.10}$$

其中

$$\sigma_{ij}\delta u_{i,j}=\sigma_{ij}\delta e_{ij}=\delta A(e_{ij}) \tag{3.11}$$

将式（3.10）代入式（3.9）可得

$$\delta\Pi=0 \tag{3.12}$$

其中

$$\Pi=\int_{\Omega}[A(e_{ij})-f_i u_i]\,\mathrm{d}\Omega-\int_{\Gamma_p}\overline{p}_i u_i \mathrm{d}\Omega \tag{3.13}$$

由上述可知，在一切满足式（3.5）所示的几何方程及式（3.8）所示的边界位移u_i中，使式（3.13）所示泛函最小的u_i必为正确解。这是弹性理论中的最小势能原理。

3.4　广义变分原理

弹性理论广义变分原理可以利用拉格朗日乘子法建立，也可以利用加权残数法建立，作者利用加权残数法建立了弹性理论广义变分原理。

1. 第一种广义变分原理

如果u_i、e_{ij}及σ_{ij}是正确解，则式（3.4）～式（3.8）恒满足；如果u_i、e_{ij}及σ_{ij}是近似解，它们不满足式（3.4）～式（3.8），则由式（3.4）～式（3.8）可得

$$\begin{cases}\sigma_{ij,j}+f_i\neq 0 & \text{在}\Omega\text{内}\\ \sigma_{ij}-\dfrac{\partial A}{\partial e_{ij}}\neq 0 & \text{在}\Omega\text{内}\\ \left[\dfrac{\partial B}{\partial e_{ij}}-\dfrac{1}{2}\left(u_{i,j}+u_{j,i}\right)\right]+\left(2+\alpha\right)\left(e_{ij}-\dfrac{\partial B}{\partial e_{ij}}\right)\neq 0 & \text{在}\Omega\text{内}\\ u_i-\overline{u}_i\neq 0 & \text{在}\Gamma_u\text{内}\\ \overline{p}_i-\sigma_{ij}n_j\neq 0 & \text{在}\Gamma_p\text{内}\end{cases} \tag{3.14}$$

式中：α是一个任意的选定权参数，对于式（3.14），利用加权残数法可得

$$\begin{aligned}&\int_{\Omega}\left(\sigma_{ij,j}+f_i\right)\delta u_i \mathrm{d}\Omega+\int_{\Omega}\left(2+\alpha\right)\left(\sigma_{ij}-\frac{\partial A}{\partial e_{ij}}\right)\delta e_{ij}\mathrm{d}\Omega\\&+\int_{\Omega}\left\{\left[\frac{\partial B}{\partial e_{ij}}-\frac{1}{2}\left(u_{i,j}+u_{j,i}\right)\right]+\left(2+\alpha\right)\left(e_{ij}-\frac{\partial B}{\partial \sigma_{ij}}\right)\right\}\delta\sigma_{ij}\mathrm{d}\Omega\\&+\int_{\Gamma_u}\left(u_i+\overline{u}_i\right)\delta\left(\overline{p}_i-\sigma_{ij}n_j\right)\mathrm{d}\Gamma\\&+\int_{\Gamma_p}\left(\overline{p}_i-\sigma_{ij}n_j\right)\delta u_i \mathrm{d}\Gamma=0\end{aligned} \tag{3.15}$$

利用分部积分法由式（3.15）可得

$$\begin{aligned}&\delta\int_{\Omega}\left[B-(2+\alpha)\left(A+B-\sigma_{ij}e_{ij}\right)\right]\mathrm{d}\Omega\\&+\delta\int_{\Omega}\left(\sigma_{ij,j}+f_i\right)u_i\mathrm{d}\Omega-\delta\int_{\Gamma_u}\overline{u}_i\sigma_{ij}n_j\mathrm{d}\Gamma\\&+\delta\int_{\Gamma_p}\left(\overline{p}_i-\sigma_{ij}n_j\right)u_i\mathrm{d}\Gamma=0\end{aligned}\tag{3.16}$$

由此可得

$$\delta\Gamma_3=0\tag{3.17}$$

其中

$$\begin{aligned}\Gamma_3=&\int_{\Omega}\left[B-(2+\alpha)\left(A+B-\sigma_{ij}e_{ij}\right)\right]\mathrm{d}\Omega\\&+\int_{\Omega}\left(\sigma_{ij,j}+f_i\right)u_i\mathrm{d}\Omega-\int_{\Gamma_u}\overline{u}_i\sigma_{ij}n_j\mathrm{d}\Gamma\\&+\int_{\Gamma_p}\left(\overline{p}_i-\sigma_{ij}n_j\right)u_i\mathrm{d}\Gamma=0\end{aligned}\tag{3.18}$$

因为利用式（3.17）可以自然导出弹性力学的全部基本方程及全部边界条件，因此式（3.18）是一个三类变量（u_i、e_{ij}及σ_{ij}）的泛函，对应的变分原理是弹性理论的三类变量广义变分原理。这个变分原理有三类完全独立的变量，它们在变分中不受任何条件的约束，故这个变分原理是一种三类变量的无条件变分原理。由于式（3.18）中含有任选权参数α，可建立最优的广义变分原理及各种广义变分原理。

2. 第二种广义变分原理

如果u_i、e_{ij}及σ_{ij}是近似解，则

$$\begin{cases}\sigma_{ij,j}+f_i\neq 0 & \text{在}\Omega\text{内}\\ \sigma_{ij}-\dfrac{\partial A}{\partial e_{ij}}\neq 0 & \text{在}\Omega\text{内}\\ \left[e_{ij}-\dfrac{1}{2}\left(u_{i,j}+u_{j,i}\right)\right]+(1+\alpha)\left(e_{ij}-\dfrac{\partial B}{\partial e_{ij}}\right)\neq 0 & \text{在}\Omega\text{内}\\ u_i-\overline{u}_i\neq 0 & \text{在}\Gamma_u\text{内}\\ \overline{p}_i-\sigma_{ij}n_j\neq 0 & \text{在}\Gamma_p\text{内}\end{cases}\tag{3.19}$$

式中：α是一个任意的选定权参数，对于式（3.19），利用加权残数法可得

$$\begin{aligned}&\int_{\Omega}\left(\sigma_{ij,j}+f_i\right)\delta u_i\mathrm{d}\Omega+\int_{\Omega}(1+\alpha)\left(\sigma_{ij}-\frac{\partial A}{\partial e_{ij}}\right)\delta e_{ij}\mathrm{d}\Omega\\&+\int_{\Omega}\left\{\left[e_{ij}-\frac{1}{2}\left(u_{i,j}+u_{j,i}\right)\right]+(1+\alpha)\left(e_{ij}-\frac{\partial B}{\partial \sigma_{ij}}\right)\right\}\delta\sigma_{ij}\mathrm{d}\Omega\\&+\int_{\Gamma_u}\left(u_i-\overline{u}_i\right)\delta\left(\overline{p}_i-\sigma_{ij}n_j\right)\mathrm{d}\Gamma+\int_{\Gamma_p}\left(\overline{p}_i-\sigma_{ij}n_j\right)\delta u_i\mathrm{d}\Gamma=0\end{aligned}\tag{3.20}$$

利用分部积分法由式（3.20）可得

$$\begin{aligned}&\delta\int_{\Omega}\left\{A-\sigma_{ij}\left[e_{ij}-\frac{1}{2}\left(u_{i,j}+u_{j,i}\right)\right]+(1+\alpha)\left(A+B-\sigma_{ij}e_{ij}\right)-f_iu_i\right\}\mathrm{d}\Omega\\&+\delta\int_{\Gamma_u}\left(u_i-\overline{u}\right)_i\sigma_in_j\mathrm{d}\Gamma-\delta\int_{\Gamma_p}\overline{p}_iu_i\mathrm{d}\Omega=0\end{aligned}\tag{3.21}$$

由此可得

$$\delta\Pi_3=0\tag{3.22}$$

其中

$$\begin{aligned}\Pi_3=&\int_{\Omega}\left\{A-\sigma_{ij}\left[e_{ij}-\frac{1}{2}\left(u_{i,j}+u_{j,i}\right)\right]+(1+\alpha)\left(A+B-\sigma_{ij}e_{ij}\right)-f_iu_i\right\}\mathrm{d}\Omega\\&-\int_{\Gamma_u}\left(u_i-\overline{u}\right)_i\sigma_in_j\mathrm{d}\Gamma-\int_{\Gamma_p}\overline{p}_iu_i\mathrm{d}\Gamma=0\end{aligned}\tag{3.23}$$

因为利用式（3.22）可以自然地导出弹性力学的全部基本方程及全部边界条件，因此式（3.23）是一个三类变量（u_i、e_{ij}及σ_{ij}）的泛函，对应的变分原理是弹性理论的三类变量广义变分原理，这是一种三类变量的无条件变分原理。由于式（3.23）中含有任选权参数α，可以建立各种广义变分原理及最优的广义变分原理。

3. 等价定理

将式（3.18）及式（3.23）相加可得

$$\Pi_3+\Gamma_3=0\tag{3.24}$$

由此可知，Π_3与Γ_3是等价的，只差一个正负号。

由于α为任意选定的值，由式（3.18）及式（3.23）可以导出各种各样的三类变量广义变分原理的泛函。

由上述可知，上述两种广义变分原理是弹性力学的最普遍的变分原理，由此可以导出各种各样的广义变分原理及最优广义变分原理。

4. 带权参数变分原理

如果设

$$R=\Pi_i-\Gamma_i\tag{3.25}$$

则可建立新的泛函为

$$H_i=\Gamma_i+\zeta R\tag{3.26}$$

式中：ζ为权参数。将式（3.25）代入式（3.26）可得

$$H_i=\zeta\Pi_i+(1-\zeta)\Gamma_i\tag{3.27}$$

式中：Π_i是由势能出发建立的泛函；Γ_i是由余能出发建立的泛函，ζ在$0\leqslant\zeta\leqslant1$内取值。由上述可知，在数值计算过程中，可以通过人机对话选择ζ的最优值。

由式（3.27）可知，利用变分原理中的对偶原理，可以建立各种各样不同类型的权参数变分原理。

3.5　广义虚功原理

广义虚功原理是一个重要的原理，可以利用加权残数法建立[6]，也可以由文献[8]的23.4节直接推导出来。由广义虚功原理可以直接建立各种广义变分原理。

3.6　弹塑性变分原理

结构的弹塑性问题可以利用变分原理求解。由最小势能原理可知

$$\delta \Pi = 0 \tag{3.28}$$

式中：Π 为结构的总势能泛函，它可以写成下列形式：

$$\Pi = \frac{1}{2}\int_{\Omega}\left[\left(\boldsymbol{\varepsilon}-\boldsymbol{\varepsilon}^{p}\right)^{\mathrm{T}}\boldsymbol{\sigma}-2\boldsymbol{U}^{\mathrm{T}}\boldsymbol{q}\right]\mathrm{d}\Omega-\int_{\Gamma}\boldsymbol{U}^{\mathrm{T}}\overline{\boldsymbol{p}}\,\mathrm{d}\Gamma \tag{3.29}$$

其中

$$\boldsymbol{U}=\{u \quad v \quad w\}^{\mathrm{T}}$$

$$\boldsymbol{q}=\{q_x \quad q_y \quad q_z\}^{\mathrm{T}}$$

$$\overline{\boldsymbol{p}}=\{\overline{p}_x \quad \overline{p}_y \quad \overline{p}_z\}^{\mathrm{T}}$$

式中：$\boldsymbol{u}$、$\boldsymbol{v}$、$\boldsymbol{w}$ 为位移分量向量；$\boldsymbol{q}_x$、$\boldsymbol{q}_y$、$\boldsymbol{q}_z$ 为体力分量向量；$\overline{\boldsymbol{p}}_x$、$\overline{\boldsymbol{p}}_y$、$\overline{\boldsymbol{p}}_z$ 为面力分量向量。

将式（2.41）代入式（3.29）可得

$$\Pi = \frac{1}{2}\int_{\Omega}\left[\left(\boldsymbol{\varepsilon}^{\mathrm{T}}\boldsymbol{D}\boldsymbol{\varepsilon}-2\boldsymbol{\varepsilon}^{\mathrm{T}}\boldsymbol{\sigma}_0-2\boldsymbol{U}^{\mathrm{T}}\boldsymbol{q}\right)\right]\mathrm{d}\Omega-\int_{\Gamma}\boldsymbol{U}^{\mathrm{T}}\overline{\boldsymbol{p}}\,\mathrm{d}\Gamma+\Pi_p \tag{3.30}$$

式中：Π_p 为塑性变形引起的势能泛函，即

$$\Pi_p = \frac{1}{2}\int_{\Omega}\left(\boldsymbol{\varepsilon}^{p}\right)^{\mathrm{T}}\boldsymbol{D}\boldsymbol{\varepsilon}^{p}\mathrm{d}\Omega \tag{3.31}$$

由上述变分原理可以建立下列定理。

定理 1　如果将塑性变形引起的应变及应力作为初应变及初应力，则 $\delta\Pi = 0$ 中的总势能泛函可采用下列形式：

$$\Pi = \frac{1}{2}\int_{\Omega}\left(\boldsymbol{\varepsilon}^{\mathrm{T}}\boldsymbol{D}\boldsymbol{\varepsilon}-2\boldsymbol{\varepsilon}^{\mathrm{T}}\boldsymbol{\sigma}_0-2\boldsymbol{U}^{\mathrm{T}}\boldsymbol{q}\right)\mathrm{d}\Omega-\int_{\Gamma}\boldsymbol{U}^{\mathrm{T}}\overline{\boldsymbol{p}}\,\mathrm{d}\Gamma \tag{3.32}$$

而且 $\boldsymbol{\varepsilon}^{p}$ 可用式（2.29）或式（2.35）确定

定理 2　如果将定理 1 写成增量形式，则 $\delta\Pi = 0$ 中的总势能泛函可采用下列形式：

$$\Pi = \frac{1}{2}\int_{\Omega}\left(\mathrm{d}\boldsymbol{\varepsilon}^{\mathrm{T}}\boldsymbol{D}\mathrm{d}\boldsymbol{\varepsilon}-2\mathrm{d}\boldsymbol{\varepsilon}^{\mathrm{T}}\mathrm{d}\boldsymbol{\sigma}_0-2\mathrm{d}\boldsymbol{U}^{\mathrm{T}}\mathrm{d}\boldsymbol{q}\right)\mathrm{d}\Omega-\int_{\Gamma}\mathrm{d}\boldsymbol{U}^{\mathrm{T}}\mathrm{d}\overline{\boldsymbol{p}}\,\mathrm{d}\Gamma \tag{3.33}$$

而且 $\mathrm{d}\boldsymbol{\varepsilon}^{p}$ 可由下列关系确定：

$$\mathrm{d}\boldsymbol{\varepsilon}^{p}=[1+kB]^{-1}[kB]\left(\mathrm{d}\boldsymbol{\varepsilon}-\mathrm{d}\boldsymbol{\varepsilon}^{s}\right) \tag{3.34}$$

或

$$\mathrm{d}\boldsymbol{\varepsilon}^{p}=\left[1+k^{*}D\right]^{-1}k^{*}\boldsymbol{D}\left(\mathrm{d}\boldsymbol{\varepsilon}-\mathrm{d}\boldsymbol{\varepsilon}^{s}\right) \tag{3.35}$$

定理 3　如果将塑性变形引起的应变及应力作为总应变的函数，则 $\delta\varPi=0$ 中的总势能泛函可采用下列形式：

$$\varPi=\frac{1}{2}\int_{\varOmega}\left(\boldsymbol{\varepsilon}^{\mathrm{T}}\boldsymbol{D}^{*}\boldsymbol{\varepsilon}-2\boldsymbol{\varepsilon}^{\mathrm{T}}D_{0}\boldsymbol{\varepsilon}^{s}-2\boldsymbol{U}^{\mathrm{T}}\boldsymbol{q}\right)\mathrm{d}\varOmega-\int_{\varGamma}\boldsymbol{U}^{\mathrm{T}}\overline{\boldsymbol{p}}\,\mathrm{d}\varGamma \tag{3.36}$$

其中

$$\boldsymbol{D}^{*}=\left(\left[1+kB\right]^{-1}\right)^{\mathrm{T}}\boldsymbol{D}\left(\left[1+kB\right]^{-1}\right) \tag{3.37}$$

$$\boldsymbol{D}_{0}=\left(\left[1+kB\right]^{-1}\right)^{\mathrm{T}}\boldsymbol{D}\left(\left[1+kB\right]^{-1}\right) \tag{3.38}$$

或

$$\boldsymbol{D}^{*}=\left[\left(\boldsymbol{I}+k^{*}D\right)^{-1}\right]^{\mathrm{T}}\boldsymbol{D}\left[\left(\boldsymbol{I}+k^{*}\boldsymbol{D}\right)^{-1}\right] \tag{3.39}$$

$$\boldsymbol{D}_{0}=\left[\left(\boldsymbol{I}+k^{*}D\right)^{-1}\right]^{\mathrm{T}}\boldsymbol{D}\left[\left(\boldsymbol{I}+k^{*}\boldsymbol{D}\right)^{-1}k^{*}\boldsymbol{D}\right] \tag{3.40}$$

利用上述变分原理很容易建立结构及岩土的弹塑性刚度方程。当刚度方程建立之后，利用相应的算法即可求出结构及岩土的弹塑性解。

3.7　饱和土动力基本方程

饱和土弹塑性动力问题应有下列基本方程、边界条件及初始条件。如果采用张量符号表示，则如下所述。

1. 土体动力平衡方程

土体动力平衡方程为

$$\sigma_{ij,j}+X_{i}-c\dot{u}_{i}-\rho\ddot{u}_{i}=0 \tag{3.41}$$

式中：X_i 为土体体力分量；c 为阻尼系数；ρ 为土体单位体积的质量，称为土体的密度。

2. 土体几何方程

土体几何方程为

$$\boldsymbol{\varepsilon}_{i,j}=-\frac{1}{2}\left(\boldsymbol{u}_{i,j}+\boldsymbol{u}_{j,i}\right) \tag{3.42}$$

3. 土体弹塑性本构关系

土体弹塑性本构关系为

$$\sigma_{ij}'=a_{ijkl}\varepsilon_{kl}-\sigma_{ij0} \tag{3.43}$$

由此可得

$$\boldsymbol{\sigma}' = [D]\boldsymbol{\varepsilon} - \boldsymbol{\sigma}_0 \tag{3.44}$$

上述式中：a_{ijkl} 为土体弹性系数；$[D]$ 为土体弹性矩阵；$\boldsymbol{\sigma}'$ 为土体有效应力向量；$\boldsymbol{\sigma}_0$ 为土体初应力向量。

4. 土体有限效应力原理

土体有限效应力原理为

$$\sigma_{ij} = \sigma'_{ij} + p\delta_{ij} \tag{3.45}$$

式中：σ_{ij} 为土体总应力；σ'_{ij} 为土体有效应力；p 为孔隙水压力（水孔压）；δ_{ij} 为 Kronecker 符号。

5. 土孔隙中流体的动力平衡方程

土体孔隙中流体的动力平衡方程为

$$\dot{w} = -k_{ij}^{*}\left(p_i - \rho_f g_i + \rho_f \ddot{u}_i\right) \tag{3.46}$$

式中：ρ_f 为土体固体密度。

6. 土体渗流连续性方程

土体渗流连续性方程为

$$-\dot{\varepsilon}_{ii} + \dot{w}_{i,i} + \frac{\dot{p}}{\Gamma} = 0 \tag{3.47}$$

式中：Γ 为不排水体积模量，即

$$\Gamma = 1/\left[\frac{n}{K_f} + \frac{(1-n)}{K_s}\right] \tag{3.48}$$

式中：K_f 及 K_s 分别为土体中液体及固体颗粒的不排水体积模量；n 为孔隙率。

7. 土体边界条件

详见第一章。

8. 初始条件

初始条件为

$$\begin{cases} u_i\left(x_1, x_2, x_3, t_0\right) = 0 \\ \dot{u}_i\left(x_1, x_2, x_3, t_0\right) = 0 \\ \ddot{u}_i\left(x_1, x_2, x_3, t_0\right) = 0 \\ \dot{p}_i\left(x_1, x_2, x_3, t_0\right) = 0 \\ \ddot{p}_i\left(x_1, x_2, x_3, t_0\right) = 0 \end{cases} \tag{3.49}$$

由上述基本方程及边界条件，可以建立饱和土的弹塑性动力变分原理，详见本书第

九章及第十章。由这个变分原理可以建立饱和土弹塑性动力方程。作者在文献[9]的第二章中对瞬时变分原理有详细介绍。

参考文献

[1] 秦荣．计算结构力学[M]．北京：科学出版社，2001.
[2] 秦荣．智能结构分析的新理论新方法[M]．北京：科学出版社，2014.
[3] 秦荣．结构力学的样条函数方法[M]．南宁：广西人民出版社，1985.
[4] 秦荣．大型复杂结构非线性分析的新理论新方法[M]．北京：科学出版社，2011.
[5] 秦荣．压电热弹性瞬时广义变分原理[R]．南宁：广西大学，2006.
[6] 秦荣．结构塑性力学[M]．北京：科学出版社，2016.
[7] 秦荣．样条无网格法[M]．北京：科学出版社，2013.
[8] 秦荣．工程结构非线性[M]．北京：科学出版社，2006.
[9] 秦荣．计算结构动力学[M]．桂林：广西师范大学出版社，1997.
[10] 秦荣．计算结构非线性力学[M]．南宁：广西科学技术出版社，1999.
[11] 秦荣．加权残数法最新成果及其工程应用[M]．武汉：武汉工业大学出版社，1992.
[12] 秦荣．工程力学的理论及应用[M]．南宁：广西科学技术出版社，1992.
[13] 秦荣．板壳的概率变分原理[J]．工程力学，1989，6（4）：9-17.
[14] 秦荣．解析与数值结合的理论及其应用[M]．长沙：湖南大学出版社，1989.

第四章　样条函数方法

自 20 世纪 80 年代以来，作者致力于研究结构分析的新理论新方法，发现了将样条函数与加权残数法、变分原理、广义变分原理及积分方法结合起来，可另成新体系，创建各种独特的新的计算方法。

样条函数是现代函逼近的一个十分活跃的分支，是计算方法的重要基础且应用广泛，利用它可以创造出结构分析的新方法[1-12]。本章在简介样条函数的基础上，主要介绍本书作者创建的新方法。

4.1　B 样条函数

4.1.1　B 样条函数的构造方法

n 次 B 样条函数可以利用下列表达式确定，即

$$\phi_n(x)=\sum_{k=0}^{n+1}(-1)^k\binom{n+1}{k}\frac{(x-x_k)_+^n}{n!} \tag{4.1}$$

式中：x_k 为样条节点，即

$$x_k=k-\frac{n+1}{2} \tag{4.2}$$

二次项系数为

$$\binom{n+1}{k}=\frac{(n+1)!}{k!(n+1-k)!}\qquad 0!=1 \tag{4.3}$$

$(x-x_k)_+^n$ 称为截断单项式，对于任一正数 n，定义为

$$(x-x_k)_+^n=\begin{cases}(x-x_k)^n & \text{当} x-x_k\geqslant 0\\ 0 & \text{当} x-x_k<0\end{cases} \tag{4.4}$$

如果 n=3，则由式（4.1）可得三次 B 样条函数[图 4.1（a）、（b）]为

$$\phi_3(x)=\frac{1}{6}[(x+2)_+^3-4(x+1)_+^3+6x_+^3-4(x-1)_+^3+(x-2)_+^3] \tag{4.5}$$

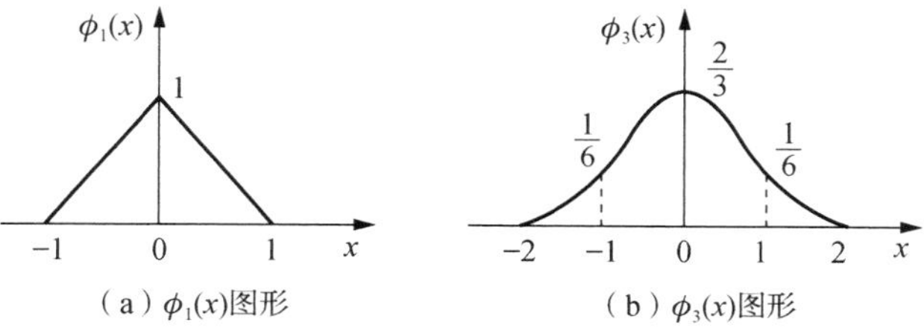

（a）$\phi_1(x)$图形　（b）$\phi_3(x)$图形

图 4.1　B 样条函数图形

由此可得

$$\phi_3(x)=\frac{1}{6}\begin{cases}(x+2)^3 & x\in[-2,-1]\\(x+2)^3-4(x+1)^3 & x\in[-1,\ 0]\\(2-x)^3-4(1-x)^3 & x\in[0,\ 1]\\(2-x)^3 & x\in[1,\ 2]\\0 & |x|\geqslant 2\end{cases}\tag{4.6}$$

如果 n=5，则由式（4.1）可得五次 B 样条函数为

$$\begin{aligned}\phi_5(x)=&\frac{1}{5!}[(x+3)_+^5-6(x+2)_+^5+15(x+1)_+^5\\&-20x_+^5+15(x-1)_+^5-6(x-2)_+^5+(x-3)_+^5]\end{aligned}\tag{4.7}$$

由此可得

$$\phi_5(x)=\frac{1}{120}\begin{cases}(x+3)^5 & x\in[-3,-2]\\(x+3)^5-6(x+2)^5 & x\in[-2,-1]\\(x+3)^5-6(x+2)^5+15(x+1)^5 & x\in[-1,\ 0]\\(3-x)^5-6(2-x)^5+15(1-x)^5 & x\in[0,\ 1]\\(3-x)^5-6(2-x)^5 & x\in[1,\ 2]\\(3-x)^5 & x\in[2,\ 3]\\0 & |x|\geqslant 3\end{cases}\tag{4.8}$$

由上述可知，本节介绍的 $\phi_n(x)$ 是一个均匀划分的样条函数，它是一个分段 n 次多项式。

4.1.2 B 样条函数的性质

（1）$\phi_n(x)$ 具有分段光滑性，它是一个分段的 n 次多项式。

（2）$\phi_n(x)$ 具有对称性，$\phi_n(x)=\phi_n(-x)$。

（3）$\phi_n(x)$ 具有紧凑性，局部非零（图 4.1）。

（4）$\phi_n(x)$ 具有（n-1）阶导数的可微性。

（5）$\phi_n(x)$ 符合展开定理，可以线性组合。

（6）$\phi_n(x)$ 具有平移性，$\phi_n(x+c)$ 与 $\phi_n(x)$ 之间只差一个平移。

4.1.3 B 样条函数的数值方法

1. $\phi_n(x)$ 的计算方法

n 次 B 样条函数可以利用式（4.1）来计算。

2. $\phi_n(x)$ 的求导及不定积分方法

$\phi_n(x)$ 的导数值及不定积分值可以利用下列表达式进行计算：

$$\phi_n^{(j)}(x)=\sum_{k=0}^{n+1}(-1)^k\begin{pmatrix}n+1\\k\end{pmatrix}\frac{(x-x_k)_+^{n-j}}{(n-j)!}\tag{4.9}$$

当 j 为正整数（j>0）时，则式（4.4）表示 $\phi_n(x)$ 的 j 阶导数；当 j 为负整数（j<0）时，

则式（4.5）表示 $\phi_n(x)$ 的 j 次积分；当 j=0 时，则式（4.9）就是 $\phi_n(x)$ 的本身。

3. B 样条函数的定积分方法

如果在区间[0, a]上分为 N 等份，则

$$\int_0^a \phi_n\left(\frac{x}{h}-i\right)\mathrm{d}x = h\int_{-i}^{N-i}\phi_n(t)\mathrm{d}t \tag{4.10}$$

$$\int_0^a x^m\phi_n\left(\frac{x}{h}-i\right)\mathrm{d}x = h^{m+1}\int_{-i}^{N-i}(t+i)^m\phi_n(t)\mathrm{d}t \tag{4.11}$$

式中：$t=\dfrac{x}{h}-i$，h 为分划步长，即

$$\begin{cases} 0 = x_0 < x_1 < x_2 \cdots < x_N = a \\ x_i = x_0 + ih \qquad h = x_{i+1} - x_i \end{cases} \tag{4.12}$$

4. $\phi_i(x)$ 的求导方法

如果 $\phi_i(x)=\phi_n\left(\dfrac{x}{h}-i\right)=\phi_n(t)$，则

$$\phi_i^{(j)}(x) = h^{-j}\phi_n^{(j)}(t) \qquad j>0 \tag{4.13}$$

4.1.4　样条函数值

样条函数值和导数值的计算结果见表 4.1～表 4.3。

表 4.1　$\phi_n(x)$ 的函数值

n	x						
	0	$\pm\frac{1}{2}$	±1	$\pm\frac{3}{2}$	±2	$\pm\frac{5}{2}$	±3
1	1	$\frac{1}{2}$	0	—	—	—	—
2	$\frac{3}{4}$	$\frac{1}{2}$	$\frac{1}{8}$	0	—	—	—
3	$\frac{2}{3}$	$\frac{23}{48}$	$\frac{1}{6}$	$\frac{1}{48}$	0	—	—
4	$\frac{115}{192}$	$\frac{11}{24}$	$\frac{19}{96}$	$\frac{1}{24}$	$\frac{1}{384}$	0	—
5	$\frac{11}{20}$	$\frac{841}{1920}$	$\frac{13}{60}$	$\frac{79}{1280}$	$\frac{1}{120}$	$\frac{1}{3840}$	0

表 4.2　$\phi_3(x)$ 及其导数的数值

x	0	$\pm\frac{1}{2}$	±1	$\pm\frac{3}{2}$	±2	$\pm\frac{5}{2}$	±3
$\phi_3(x)$	$\frac{2}{3}$	$\frac{23}{48}$	$\frac{1}{6}$	$\frac{1}{48}$	0	0	0
$\phi_3'(x)$	0	$\mp\frac{5}{8}$	$\mp\frac{1}{2}$	$\mp\frac{1}{8}$	0	0	0
$\phi_3''(x)$	−2	$-\frac{1}{2}$	1	$\frac{1}{2}$	0	0	0

表 4.3　$\phi_5(x)$ 及其导数的数值

x	0	$\pm\frac{1}{2}$	±1	$\pm\frac{3}{2}$	±2	$\pm\frac{5}{2}$	±3
$\phi_5(x)$	$\frac{11}{20}$	$\frac{841}{1920}$	$\frac{13}{60}$	$\frac{79}{1280}$	$\frac{1}{120}$	$\frac{1}{3840}$	0
$\phi_5'(x)$	0	$\mp\frac{77}{192}$	$\mp\frac{5}{12}$	$\mp\frac{75}{384}$	$\mp\frac{1}{24}$	$\mp\frac{1}{384}$	0
$\phi_5''(x)$	-1	$-\frac{11}{24}$	$\frac{1}{3}$	$\frac{9}{24}$	$\frac{1}{6}$	$\frac{1}{12}$	0
$\phi_5^{(3)}(x)$	0	$\pm\frac{7}{4}$	±1	$\mp\frac{3}{8}$	$\mp\frac{1}{2}$	$\mp\frac{1}{8}$	0
$\phi_3^{(4)}(x)$	6	1	-4	$-\frac{3}{2}$	1	$\frac{1}{2}$	0

4.2　样条基函数

基函数是建立新方法的一个重要基础，本节介绍样条基函数的构造方法。

4.2.1　广义参数法

广义参数法计算式为

$$\boldsymbol{w}=[\phi]\{a\} \tag{4.14}$$

式中

$$\{a\}=[a_{-1}\quad a_0\quad a_1\quad \cdots\quad a_{N+1}]^{\mathrm{T}}\qquad [\phi]=[\phi_{-1}\quad \phi_0\quad \phi_1\quad \cdots\quad \phi_{N+1}]$$

其中

$$\begin{cases}\phi_{-1}(x)=\varphi_3\left(\dfrac{x}{h}+1\right)\\ \phi_0(x)=\varphi_3\left(\dfrac{x}{h}\right)-4\varphi_3\left(\dfrac{x}{h}+1\right)\\ \phi_1(x)=\varphi_3\left(\dfrac{x}{h}-1\right)-\dfrac{1}{2}\varphi_3\left(\dfrac{x}{h}\right)+\varphi_3\left(\dfrac{x}{h}+1\right)\\ \phi_2(x)=\varphi_3\left(\dfrac{x}{h}-2\right)\\ \qquad\vdots\\ \phi_{N-2}(x)=\varphi_3\left(\dfrac{x}{h}-N+2\right)\\ \phi_{N-1}(x)=\varphi_3\left(\dfrac{x}{h}-N+1\right)-\dfrac{1}{2}\varphi_3\left(\dfrac{x}{h}-N\right)+\varphi_3\left(\dfrac{x}{h}-N-1\right)\\ \phi_N(x)=\varphi_3\left(\dfrac{x}{h}-N\right)-4\varphi_3\left(\dfrac{x}{h}-N-1\right)\\ \phi_{N+1}(x)=\varphi_3\left(\dfrac{x}{h}-N-1\right)\end{cases} \tag{4.15}$$

这组样条基函数有下列特点，即

$$\begin{cases}\phi_i(0)=0 \quad (i\neq -1) \quad \phi_i'(0)=0 \quad i\neq -1,0 \\ \phi_i(a)=0 \quad (i\neq N+1) \quad \phi_i'(a)=0 \quad i\neq N,N+1\end{cases} \tag{4.16}$$

因此，这组样条基函数对位移边界条件的处理很方便。

4.2.2　混合参数法

如果设 w_0 及 w_0' 分别为梁左端（x=0）处的挠度及转角，w_N 及 w_N' 分别为梁左端（x=a）处的挠度及转角，而 $a_1,a_2,\cdots,a_{N-1}$ 为任意参数，则有

$$\boldsymbol{w}=[\phi]\{a\} \tag{4.17}$$

其中

$$\{a\}=[w_0 \quad w_0' \quad a_1 \quad \cdots \quad a_{N-1} \quad w_N \quad w_N']^{\mathrm{T}}$$

$$[\phi]=[\phi_{-1} \quad \phi_0 \quad \phi_1 \quad \cdots \quad \phi_{N+1}]$$

$$\begin{cases}\phi_{-1}(x)=\dfrac{3}{2}\varphi_3\left(\dfrac{x}{h}\right) \\ \phi_0(x)=\dfrac{h}{2}\varphi_3\left(\dfrac{x}{h}\right)-2h\varphi_3\left(\dfrac{x}{h}+1\right) \\ \phi_1(x)=\varphi_3\left(\dfrac{x}{h}-1\right)-\dfrac{1}{2}\varphi_3\left(\dfrac{x}{h}\right)+\varphi_3\left(\dfrac{x}{h}+1\right) \\ \qquad\vdots \\ \phi_2(x)=\varphi_3\left(\dfrac{x}{h}-2\right) \\ \phi_{N-2}(x)=\varphi_3\left(\dfrac{x}{h}-N+2\right) \\ \phi_{N-1}(x)=\varphi_3\left(\dfrac{x}{h}-N+1\right)-\dfrac{1}{2}\varphi_3\left(\dfrac{x}{h}-N\right)+\varphi_3\left(\dfrac{x}{h}-N-1\right) \\ \phi_N(x)=2h\varphi_3\left(\dfrac{x}{h}-N-1\right)-\dfrac{h}{2}\varphi_3\left(\dfrac{x}{h}-N\right) \\ \phi_{N+1}(x)=\dfrac{3}{2}\varphi_3\left(\dfrac{x}{h}-N\right)\end{cases} \tag{4.18}$$

这组样条基函数具有下列特点：

$$\begin{cases}\phi_i(0)=0 \quad (i\neq -1) \qquad \phi_{-1}(0)=1 \\ \phi_i'(0)=0 \quad (i\neq 0) \qquad \phi_0(0)=1 \\ \phi_i(a)=0 \quad (i\neq N) \qquad \phi_N(a)=1 \\ \phi_i'(a)=0 \quad (i\neq N+1) \qquad \phi_{N+1}'(a)=1\end{cases} \tag{4.19}$$

由此可知，式（4.19）对处理梁的位移边界条件及位移连续条件都很方便。利用混合参数法可以构造各种各样的基函数，例如：

$$
\begin{cases}
\phi_{-1}(x)=\varphi_3\left(\dfrac{x}{h}+1\right)+\varphi_3\left(\dfrac{x}{h}\right)+\varphi_3\left(\dfrac{x}{h}-1\right) \\
\phi_0(x)=h\varphi_3\left(\dfrac{x}{h}-1\right)-h\varphi_3\left(\dfrac{x}{h}+1\right) \\
\phi_1(x)=2\varphi_3\left(\dfrac{x}{h}-1\right)-\varphi_3\left(\dfrac{x}{h}\right)+2\varphi_3\left(\dfrac{x}{h}+1\right) \\
\phi_i(x)=\varphi_3\left(\dfrac{x}{h}-i\right) \quad i=2,3,\cdots,\ N-2 \\
\phi_{N-1}(x)=2\varphi_3\left(\dfrac{x}{h}-N+1\right)-\varphi_3\left(\dfrac{x}{h}-N\right)+2\varphi_3\left(\dfrac{x}{h}-N-1\right) \\
\phi_N(x)=\varphi_3\left(\dfrac{x}{h}-N+1\right)+\varphi_3\left(\dfrac{x}{h}-N\right)+\varphi_3\left(\dfrac{x}{h}-N-1\right) \\
\phi_{N+1}(x)=h\varphi_3\left(\dfrac{x}{h}-N+1\right)-h\varphi_3\left(\dfrac{x}{h}-N-1\right)
\end{cases}
\tag{4.20}
$$

这组样条基函数也有式（4.19）的特点。

4.2.3　位移参数法

如果 $\phi_i(x)$ 满足关系

$$
\phi_i(x_j)=\delta_{ij}=\begin{cases}1 & i\neq j \\ 0 & i=j\end{cases}
\tag{4.21}
$$

则梁的挠度函数可采用形式

$$
w=\sum_{i=-1}^{N+1} w_i\phi_i(x)
\tag{4.22}
$$

式中：$\phi_i(x)$ 为样条基函数，即

$$
\begin{aligned}
\phi_i(x)=&\frac{10}{3}\phi_3\left(\frac{x-x_0}{h}-i\right)-\frac{4}{3}\phi_3\left(\frac{x-x_0}{h}-i+\frac{1}{2}\right)-\frac{4}{3}\phi_3\left(\frac{x-x_0}{h}-i-\frac{1}{2}\right) \\
&+\frac{1}{6}\phi_3\left(\frac{x-x_0}{h}-i+1\right)+\frac{1}{6}\phi_3\left(\frac{x-x_0}{h}-i-1\right)
\end{aligned}
\tag{4.23}
$$

式（4.23）满足式（4.21）所示的条件。利用差分法可得

$$
\begin{cases}
w_{-1}=w_1-2hw_0' \\
w_{N+1}=w_{N-1}+2hw_N'
\end{cases}
\tag{4.24}
$$

如果利用样条配点法，则可构造挠度函数

$$
w=[\phi]\{w\}
\tag{4.25}
$$

其中

$$
\begin{cases}
\{w\}=[w_0 \quad hw_0' \quad w_1 \quad \cdots \quad w_N \quad hw_N']^{\mathrm{T}} \\
[\phi]=[\phi_{3k}(x)][Q] \qquad k=-1,0,1,\cdots,N+1
\end{cases}
\tag{4.26}
$$

$$[Q]=[S]^{-1}\qquad \phi_{3k}(x)=\phi_3\left(\frac{x}{h}-k\right)$$

$$[\phi_{3k}(x)]=\left[\phi_3\left(\frac{x}{h}+1\right)\quad \phi_3\left(\frac{x}{h}\right)\quad \phi_3\left(\frac{x}{h}-1\right)\quad \cdots \quad \phi_3\left(\frac{x}{h}-N-1\right)\right]$$

$$[S]=\frac{1}{6}\begin{bmatrix} 1 & 4 & 1 & & & \\ -3 & 0 & 3 & 0 & & \\ & 1 & 4 & 1 & & \\ & \ddots & \ddots & \ddots & & \\ 0 & & 1 & 4 & 1 & \\ & & -3 & 0 & 3 & \end{bmatrix}_{(N+3)(N+3)} \tag{4.27}$$

式中：$[S]^{-1}$为$[S]$的逆矩阵，其中具体数字见文献[6]的 4.2.2 节。

如果式（4.25）中的位移向量为

$$\{w\}=[w_0 \quad w_0' \quad w_1 \quad \cdots \quad w_N \quad w_N']^{\mathrm{T}} \tag{4.28}$$

则

$$[S]=\frac{1}{6}\begin{bmatrix} 1 & 4 & 1 & & & \\ \dfrac{-3}{h} & 0 & \dfrac{-3}{h} & & & \\ & 1 & 4 & 1 & & \\ & \ddots & \ddots & \ddots & & \\ & & 1 & 4 & 1 & \\ & & \dfrac{-3}{h} & 0 & \dfrac{-3}{h} & \end{bmatrix}_{(N+3)(N+3)} \tag{4.29}$$

式（4.26）中的$[Q]$为式（4.29）的逆矩阵。

4.3　样条离散化

4.3.1　单样条离散化

图 4.2 是一个平板壳，如果对平板壳沿 x 方向进行非均匀划分（图 4.3），则

$$\begin{cases} 0=x_0<x_1<x_2\cdots<x_N=a \\ x_i=x_0+ih \quad h=x_{i+1}-x_i \end{cases} \tag{4.30}$$

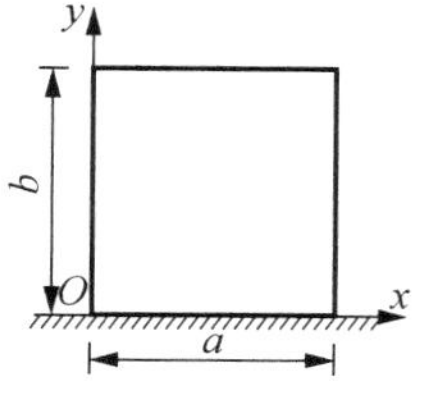

图 4.2　平板壳

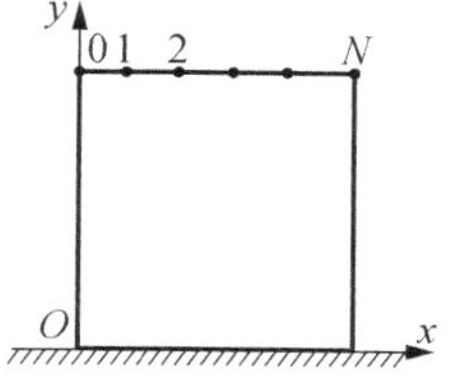

图 4.3　单样条离散化

这是单样条离散化。如果均匀划分，则

$$h = x_{i+1} - x_i = a / N$$

4.3.2　双样条离散化

如果对于平板壳，沿 x 及 y 方向进行非均匀划分（图 4.4），则

$$\begin{cases} 0 = x_0 < x_1 < x_2 \cdots < x_N = a & x_i = x_0 + ih_x \quad h_x = x_{i+1} - x_i \\ 0 = y_0 < y_1 < y_2 \cdots < y_M = b & y_j = y_0 + jh_y \quad h_y = y_{j+1} - y_j \end{cases} \tag{4.31}$$

这是双样条离散化。如果均匀划分，则

$$h_x = x_{i+1} - x_i = a / N \quad h_y = y_{j+1} - y_j = b / M$$

4.3.3　三样条离散化

如果物体沿三个方向进行不均匀划分（图 4.5），则

$$\begin{cases} 0 = x_0 < x_1 < x_2 \cdots < x_N = a & x_i = x_0 + ih_x \quad h_x = x_{i+1} - x_i \\ 0 = y_0 < y_1 < y_2 \cdots < y_M = b & y_j = y_0 + jh_y \quad h_y = y_{j+1} - y_j \\ 0 = z_0 < z_1 < z_2 \cdots < z_L = c & z_k = z_0 + kh_z \quad h_z = z_{k+1} - z_k \end{cases} \tag{4.32}$$

这是三样条离散化。

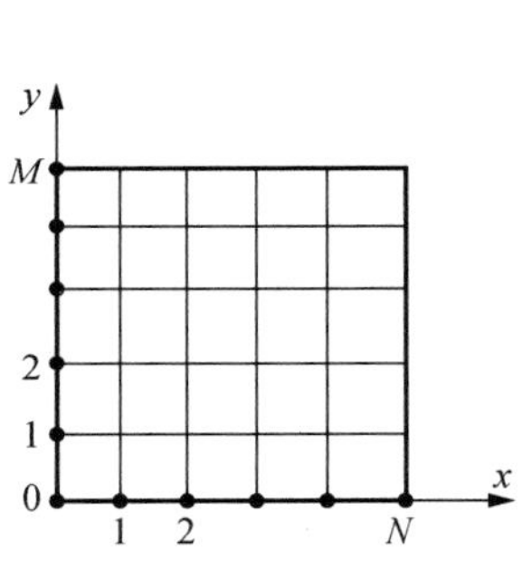

图 4.4　双样条离散化

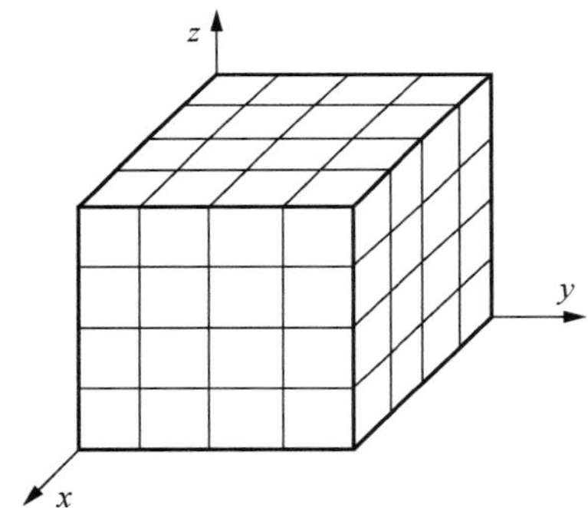

图 4.5　三样条离散化

如果对三维问题只沿 z 向进行样条离散化，其余两个方向采用连续函数，则这是单样条离散化，可将三维问题降为一维问题。

4.3.4　沿弧方向样条离散化

如果沿弧方向 s 进行分划（图 4.6），则

$$s_0 < s_1 < s_2 \cdots < s_N \quad s_i = s_0 + ih \quad h = s_{i+1} - s_i \tag{4.33}$$

如果样条结点 N 与样条结点 0 不重合，则称之为开形样条离散化（图 4.6）；如果样条结点 N 与样条结点 0 重合，则称之为闭形样条离散化（图 4.7）。式（4.33）中，s_i 为坐标值，h 为弧段。

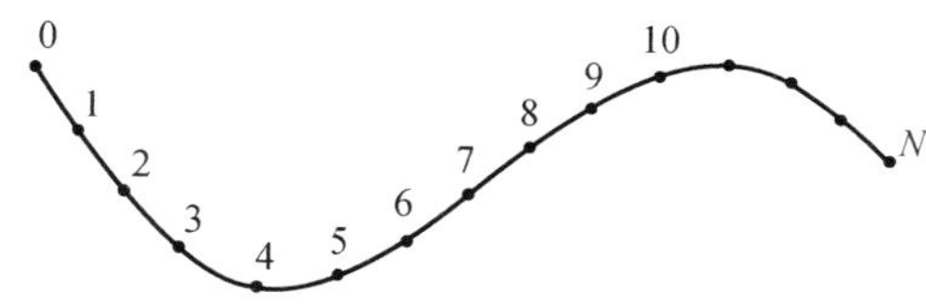

图 4.6　开形样条离散化

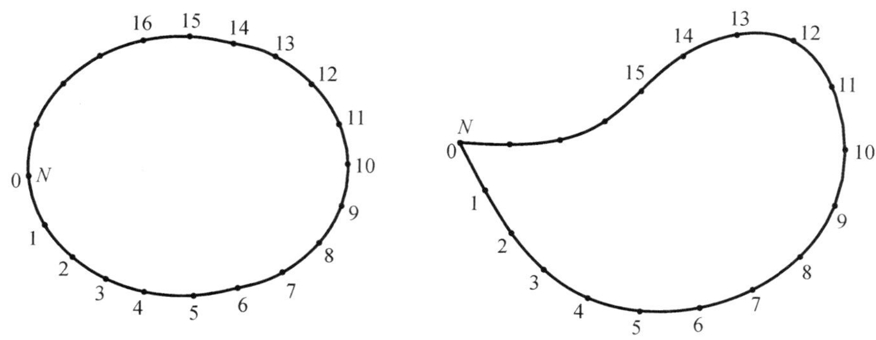

图 4.7　闭形样条离散化

4.4　非均匀划分问题

在实际工程中，常遇到非均匀划分问题。关于非均匀划分的 B 样条函数，文献[2] 1.6 节有所介绍。

如果在区间[0,*a*]（图 4.8）做非均匀划分

$$0 = x_0 < x_1 < x_2 < \cdots < x_N = a$$

则可建立非均匀样条离散化，由此可得

$$w = \sum_{i=-1}^{N+1} c_i \phi_i(x) \tag{4.34}$$

式中：$\phi_i(x)$ 为三次样条基函数，它应采用非均匀划分的样条基函数，见文献[2]第一章 1.6 节。为了计算简便，本节介绍利用均匀划分的样条基函数来分析非均匀划分问题。

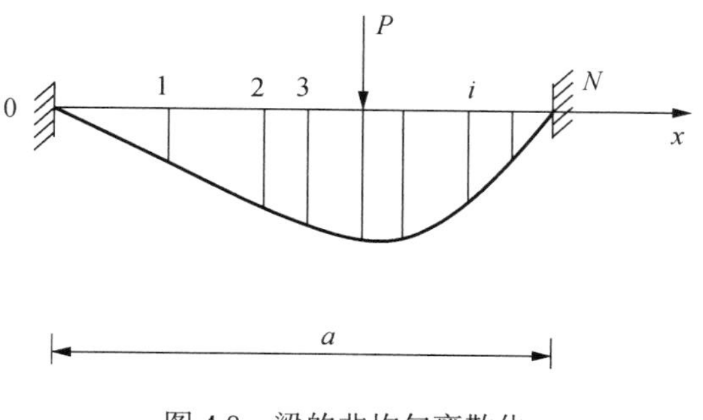

图 4.8　梁的非均匀离散化

关于均匀划分的样条函数，本章 4.1 节有介绍。例如，由式（4.18）可得

$$
\begin{cases}
\phi_{-1}(x)=\dfrac{2}{3}\varphi_3\left(\dfrac{x}{h_1}\right) \\
\phi_0(x)=\dfrac{1}{2}h_1\varphi_3\left(\dfrac{x}{h_1}\right)-2h_1\varphi_3\left(\dfrac{x}{h_1}+1\right) \\
\phi_1(x)=\varphi_3\left(\dfrac{x}{h_1}-1\right)-\dfrac{1}{2}\varphi_3\left(\dfrac{x}{h_1}\right)+\varphi_3\left(\dfrac{x}{h_1}+1\right) \\
\phi_i(x)=\varphi_3\left(\dfrac{x}{h_i}-i\right) \qquad i=2,3,\cdots,N-2 \\
\phi_1(x)=\varphi_3\left(\dfrac{x}{h_1}-1\right)-\dfrac{1}{2}\varphi_3\left(\dfrac{x}{h_1}\right)+\varphi_3\left(\dfrac{x}{h_1}+1\right) \\
\phi_{N-1}(x)=\varphi_3\left(\dfrac{x}{h_N}-N+1\right)-\dfrac{1}{2}\varphi_3\left(\dfrac{x}{h_N}-N\right)+\varphi_3\left(\dfrac{x}{h_N}-N-1\right) \\
\phi_N(x)=\dfrac{2}{3}\varphi_3\left(\dfrac{x}{h_N}-1\right) \\
\phi_{N+1}(x)=\dfrac{1}{2}h_N\varphi_3\left(\dfrac{x}{h_N}-N-1\right)-2h_N\varphi_3\left(\dfrac{x}{h_N}-N\right)
\end{cases}
\tag{4.35}
$$

式中：$h_i=x_i-x_{i-1}$。

$\varphi_3\left(\dfrac{x}{h_i}-i\right)$可以利用式（4.5）或式（4.6）进行计算。由式（4.5）可得

$$
\varphi_3\left(\frac{x}{h_i}-i\right)=\frac{1}{6}\left[\left(\frac{x}{h_i}-i+2\right)_+^3-4\left(\frac{x}{h_i}-i+1\right)_+^3+6\left(\frac{x}{h_i}-i\right)_+^3-4\left(\frac{x}{h_i}-i-1\right)_+^3+\left(\frac{x}{h_i}-i-2\right)_+^3\right]
\tag{4.36}
$$

$(x-x_k)_+^3$ 为截断单项式，由式（4.4）定义。由式（4.6）可得

$$
\varphi_3\left(\frac{x}{h_i}-i\right)=\frac{1}{6}
\begin{cases}
\left(\dfrac{x}{h_i}-i+2\right)^3 & x\in[-2,-1] \\
\left(\dfrac{x}{h_i}-i+2\right)^3-4\left(\dfrac{x}{h_i}-i+1\right)^3 & x\in[-1,0] \\
\left(2-\dfrac{x}{h_i}+i\right)^3-4\left(1-\dfrac{x}{h_i}+i\right)^3 & x\in[0,1] \\
\left(2-\dfrac{x}{h_i}+i\right)^3 & x\in[1,2] \\
0 & |x|\geqslant 2
\end{cases}
\tag{4.37}
$$

在图 4.9 中，横坐标轴 x 上面 0，1，2，3，…，8 表示均匀划分，步长为 h；下面 $x_0>x_1>x_2>\cdots>x_{11}$ 表示非均匀划分，步长不等，例如

$$h_1=x_1-x_0=h \qquad h_2=x_2-x_1=0.5h$$
$$h_3=x_3-x_2=h \qquad h_4=x_4-x_3=0.5h$$
$$h_5=x_5-x_4=0.5h \qquad h_6=x_6-x_5=h$$
$$h_7=x_7-x_6=0.5h \qquad h_8=x_8-x_7=0.5h$$
$$h_9=x_9-x_8=0.5h \qquad h_{10}=x_{10}-x_9=h$$
$$h_{11}=x_{11}-x_{10}=h$$

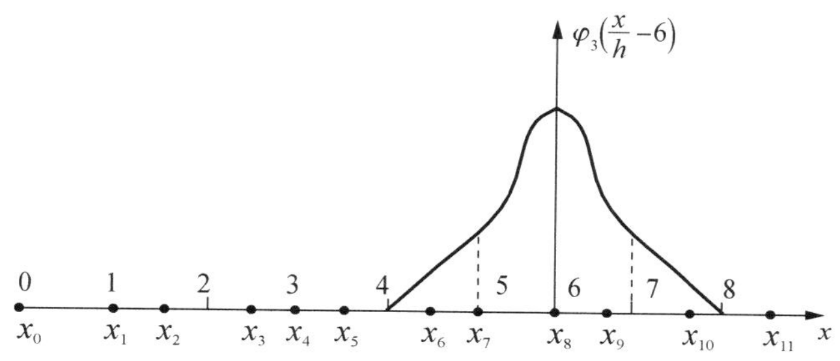

图 4.9　利用均匀划分样条函数分析非均匀划分问题

在实际工程中，利用均匀划分的样条函数分析非均匀划分问题不是唯一的方法，可以根据实际情况灵活应用，也就是说，在实际应用中应注意灵活性。

4.5　结构分析的新方法

自 20 世纪 80 年代以来，本书作者致力于研究结构分析的新理论新方法，创立结构力学的几种新方法如下所述。

（1）样条有限点法。

（2）样条加权残数法。

（3）样条边界元法。

（4）样条子域法。

（5）样条无网格法。

（6）结构动力反应分析的新算法。

上述新方法已在国内外公开发表，被引用很多，为结构分析开拓了新途径，且已用于工程结构线性及非线性分析，具有明显的社会效益及经济效益。

4.6　大型复杂结构分析的 QR 法

在结构设计中需要进行结构分析，为了方便读者，本章先介绍结构分析的 QR 法。

4.6.1　计算原理

图 4.10 是一个剪力墙，它是一个平板壳问题，任一点有 6 个位移分量为 u、v、w、θ_x、θ_y 及 θ_z。本节以图 4.10 为例介绍 QR 法的原理。

1. 样条离散化

如果对图 4.10 所示剪力墙进行单样条离散化（图 4.11），则整个剪力墙的位移函数为

$$\begin{cases} u=\sum_{m=1}^{r}[\phi]\{u\}_m X_m(y) \quad v=\sum_{m=1}^{r}[\phi]\{v\}_m Y_m(y) \quad w=\sum_{m=1}^{r}[\phi]\{w\}_m Z_m(y) \\ \theta_x=\sum_{m=1}^{r}[\phi]\{\theta_x\}_m \Theta_m(y) \quad \theta_y=\sum_{m=1}^{r}[\phi]\{\theta_y\}_m S_m(y) \quad \theta_z=\sum_{m=1}^{r}[\phi]\{\theta_z\}_m T_m(y) \end{cases} \tag{4.38}$$

式中：u、v 及 w 分别为 x、y 及 z 方向的位移分量；θ_x 表示绕 x 轴的转角；θ_y 表示绕 y 轴的转角；θ_z 表示绕 z 轴的转角。位移沿坐标轴正向为正，转角正负号按右手螺旋法则确定，矢量沿坐标轴正向为正，则

$$[\phi]=[\phi_0 \quad \phi_1 \quad \phi_2 \quad \cdots \quad \phi_N] \; \{A\}_m=[A_0 \quad A_1 \quad A_2 \quad \cdots \quad A_N]_m^{\mathrm{T}}$$

式中：A=u、v、w、θ_x、θ_y、θ_z；X_m、Y_m、Z_m、…、T_m 为正交函数或正交多项式，也可为板条函数；$\phi_i(x)$ 为样条基函数，可以满足关系

$$\phi_i(x_k)=\delta_{ik} \tag{4.39}$$

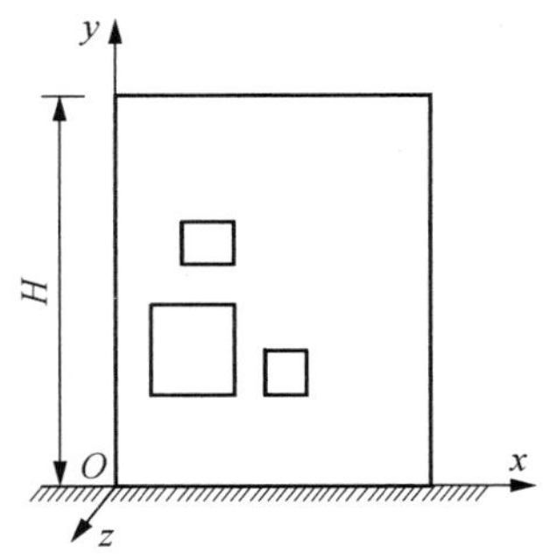

图 4.10　开洞剪力墙

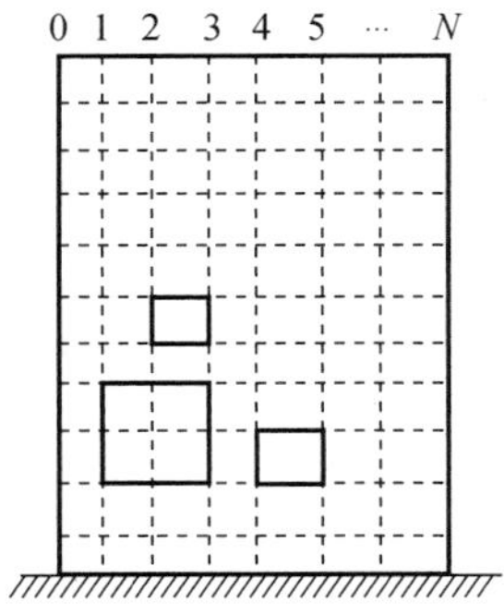

图 4.11　单样条离散化及网格

也可以不满足式（4.39）所示关系。当 i=k 时，$\delta_{ik}=1$；当 $i\neq k$ 时，$\delta_{ik}=0$。由式（4.38）可得

$$\boldsymbol{V}=[N]\{V\} \tag{4.40}$$

其中

$$\boldsymbol{V}=[u \quad v \quad \theta_z \quad w \quad \theta_x \quad \theta_y]^{\mathrm{T}} \qquad \{V\}=[\{V\}_0^{\mathrm{T}} \quad \{V\}_1^{\mathrm{T}} \quad \cdots \quad \{V\}_N^{\mathrm{T}}]^{\mathrm{T}}$$

$$[N]=[[N]_0 \quad [N]_1 \quad \cdots \quad [N]_N] \tag{4.41}$$

$$\begin{cases}[N]_m=[N_{0m} \quad N_{1m} \quad \cdots \quad N_{nm}] \qquad \{V\}_m=[V_{0m}^{\mathrm{T}} \quad V_{1m}^{\mathrm{T}} \quad \cdots \quad V_{Nm}^{\mathrm{T}}]^{\mathrm{T}} \\ \boldsymbol{V}_{im}=[u_{im} \quad v_{im} \quad z_{im} \quad \theta_{xim} \quad \theta_{yim} \quad \theta_{zim}]^{\mathrm{T}} \\ N_{im}=\mathrm{diag}(\phi_i X_m,\phi_i Y_m,\phi_i Z_m,\phi_i \Theta_m,\phi_i S_m,\phi_i T_m)\end{cases} \tag{4.42}$$

如果$\phi_i(x)$满足式（4.39）所示的条件，则式（4.38）可自动变为

$$\boldsymbol{V}_i=[N_i]\{V\} \qquad i=0,1,2,\cdots,N \tag{4.43}$$

其中

$$\begin{cases}\boldsymbol{V}_i=[u_i \quad v_i \quad \theta_{zi} \quad w_i \quad \theta_{xi} \quad \theta_{yi}]^{\mathrm{T}} \\ [N_0]=[[N]_0 \quad [0]_1 \quad [0]_2 \quad \cdots \quad [0]_N] \\ [N_1]=[[0]_0 \quad [N]_1 \quad [0]_2 \quad \cdots \quad [0]_N] \\ [N_i]=[[0]_0 \quad [0]_1 \quad \cdots \quad [N]_i \quad [0]_{i+1} \quad \cdots \quad [0]_N]\end{cases} \tag{4.44}$$

其余符号与式（4.42）相同，但$\phi_i=1$。

由上述可知，式（4.43）是式（4.40）的特例，包含在式（4.40）之中，对任意分划都适用。

2. 单元结点位移向量与结构样条结点位移向量的关系

如果将剪力墙划分为矩形网格或三角形网格（图4.11），则

$$\{V\}_e=[T][N]_e\{V\} \tag{4.45}$$

式中：$\{V\}_e$为单元结点位移向量；$\{V\}$为剪力墙样条结点位移向量；$[T]$为坐标变换矩阵。

如果单元为4结点矩形单元，则

$$\begin{cases}\{V\}_e=[\{V\}_A^{\mathrm{T}} \quad \{V\}_B^{\mathrm{T}} \quad \{V\}_C^{\mathrm{T}} \quad \{V\}_D^{\mathrm{T}}]^{\mathrm{T}} \\ [N]_e=[[N]_A^{\mathrm{T}} \quad [N]_B^{\mathrm{T}} \quad [N]_C^{\mathrm{T}} \quad [N]_D^{\mathrm{T}}]^{\mathrm{T}}\end{cases} \tag{4.46}$$

如果单元为3结点三角形单元，则

$$\begin{cases}\{V\}_e=[\{V\}_A^{\mathrm{T}} \quad \{V\}_B^{\mathrm{T}} \quad \{V\}_C^{\mathrm{T}}]^{\mathrm{T}} \\ [N]_e=[[N]_A^{\mathrm{T}} \quad [N]_B^{\mathrm{T}} \quad [N]_C^{\mathrm{T}}]^{\mathrm{T}}\end{cases} \tag{4.47}$$

如果单元为2结点梁单元，则

$$\{V\}_e=[\{V\}_A^{\mathrm{T}} \quad \{V\}_B^{\mathrm{T}}]^{\mathrm{T}} \qquad [N]_e=[[N]_A^{\mathrm{T}} \quad [N]_B^{\mathrm{T}}]^{\mathrm{T}} \tag{4.48}$$

式中：$\{V\}_A=[u_A \quad v_A \quad \theta_{zA} \quad w_A \quad \theta_{xA} \quad \theta_{yA}]^{\mathrm{T}}(A=A,B,C,D)$；$[N]_A$为$[N]$在$A$点的矩阵。

3. 单元的样条离散化泛函

单元的泛函为

$$\varPi_e=\frac{1}{2}\{V\}_e^{\mathrm{T}}[k]_e\{V\}_e-\{V\}_e^{\mathrm{T}}(\{f\}_e-[c]_e\{\dot{V}\}_e-[m]_e\{\ddot{V}\}_e) \tag{4.49}$$

式中：$[k]_e$、$[c]_e$、$[m]_e$及$\{f\}_e$分别为单元的刚度矩阵、阻尼矩阵、质量矩阵及荷载向量；$\{V\}_e$、$\{\dot{V}\}_e$及$\{\ddot{V}\}_e$分别为单元结点的位移向量、速度向量及加速度向量。将式（4.45）代入式（4.49）可得

$$\Pi_e = \frac{1}{2}\{V\}^{\mathrm{T}}[K]_e\{V\} - \{V\}^{\mathrm{T}}(\{F\}_e - [C]_e\{\dot{V}\} - [M]_e\{\ddot{V}\}) \tag{4.50}$$

其中

$$\begin{cases} [K]_e = [N]_e^{\mathrm{T}}([T]^{\mathrm{T}}[k]_e[T])[N]_e \quad [C]_e = [N]_e^{\mathrm{T}}([T]^{\mathrm{T}}[c]_e[T])[N]_e \\ [M]_e = [N]_e^{\mathrm{T}}([T]^{\mathrm{T}}[m]_e[T])[N]_e \quad [F]_e = [N]_e^{\mathrm{T}}([T]^{\mathrm{T}}\{f\}_e) \end{cases} \tag{4.51}$$

4. 结构的总样条离散化泛函

结构的总泛函可以由下述表达式确定：

$$\Pi = \sum_{e=1}^{M} \Pi_e \tag{4.52}$$

将式（4.50）代入式（4.52）可得

$$\Pi_e = \frac{1}{2}\{V\}^{\mathrm{T}}[K]\{V\} - \{V\}^{\mathrm{T}}(\{F\} - [C]\{\dot{V}\} - [M]\{\ddot{V}\}) \tag{4.53}$$

其中

$$[M] = \sum_{e=1}^{M}[M]_e \quad [C] = \sum_{e=1}^{M}[C]_e \quad [K] = \sum_{e=1}^{M}[K]_e \quad [F] = \sum_{e=1}^{M}[F]_e \tag{4.54}$$

5. 结构动力方程

利用变分原理可得结构动力方程

$$[M]\{\ddot{V}\} + [C]\{\dot{V}\} + [K]\{V\} = \{F\} \tag{4.55}$$

式中：$[M]$、$[C]$及$[K]$分别为结构的质量矩阵、阻尼矩阵及刚度矩阵；$\{\ddot{V}\}$、$\{\dot{V}\}$、$\{V\}$及$\{F\}$分别为结构样条结点的加速度向量、速度向量、位移向量及干扰力向量，它们是时间的函数。

如果结构处于静力状态，则荷载、位移及内力与时间无关，因此可得

$$[K]\{V\} = \{F\} \tag{4.56}$$

这是结构静力刚度方程。式中的$\{F\}$为荷载向量。

6. 求结构的位移及内力

利用式（4.56）求出$\{V\}$后，即可利用相应的公式求出结构的位移及内力。

上述分析结构的方法称之为 QR 法，这是本书作者 1984 年创立的新方法。由上述可知，QR 法虽然也划分有限元网格，但与有限元法不同。QR 法有下列特点。

（1）利用 QR 法建立的刚度方程及动力方程，其中未知量的数目与单元多少无关，只与样条结点及 r 有关，故刚度方程及动力方程中的未知量数目很少。

（2）QR 法建立刚度矩阵、质量矩阵、阻尼矩阵及干扰力向量时，不需要先扩张后叠加的手续。

（3）QR 法对任意复杂的结构都适用，可以包括各类单元的刚度矩阵、阻尼矩阵、质量矩阵及干扰力向量。

（4）如果单元是一个洞，则这个单元称为洞单元，它是一个虚单元，它的刚度矩阵、阻尼矩阵、质量矩阵及荷载向量、干扰力向量都为零。

（5）各类单元可以采用样条子域。

（6）位移函数的参数可采用位移参数或广义参数或混合参数。

由上述可知，QR 法是一个样条半解析法，集有限元法、有限条法及样条函数方法的优点于一体，不仅计算简便，而且精度高。由此可知，利用 QR 法分析高层建筑结构比有限元法及有限条法都优越，突破了它们的局限性。

4.6.2　高层复杂结构体系

图 4.12 为高层简体结构体系，外筒为框筒，内筒为核心筒，是一个三维结构空间体系，可以利用 QR 法分析它的内力及变形。利用 QR 法分析时，沿 z 方向进行单样条离散化，具体做法见文献[5]～[7]。

图 4.13 为高层复杂结构体系的平面图。这种结构是一种三维空间复杂结构体系，可以利用 QR 法分析它的内力及变形，具体做法与高层筒体结构体系相同。

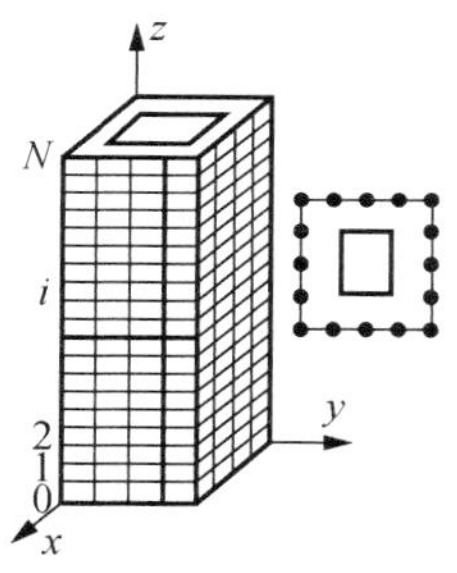

图 4.12　高层筒体结构

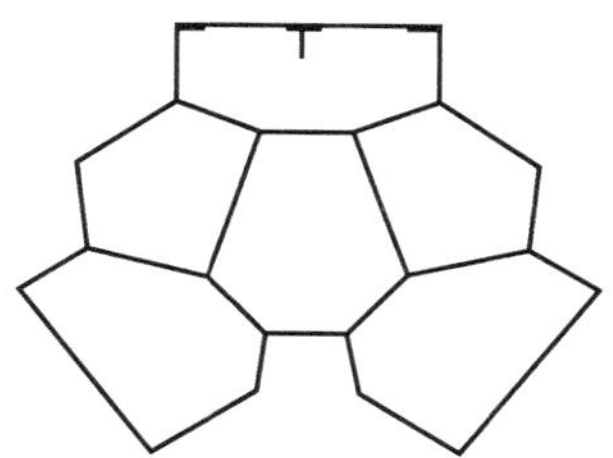

图 4.13　高层复杂结构平面

上述这些新方法可以用于岩土工程分析，本书作者及其研究生利用这些新方法分析岩土工程，编制有关程序，计算许多例题[8,9]，该新方法不仅计算工作比有限元法简便，精度也比有限元法高，为岩土工程结构分析开辟了一条新途径。

参 考 文 献

[1] 秦荣. 结构力学的样条函数方法[M]. 南宁：广西人民出版社，1985.
[2] 秦荣. 计算结构力学[M]. 北京：科学出版社，2012.
[3] 秦荣. 样条无网格法[M]. 北京：科学出版社，2011.
[4] 秦荣. 样条边界元法[M]. 南宁：广西科学技术出版社，1988.
[5] 秦荣. 大型复杂结构非线性分析的新理论新方法[M]. 北京：科学出版社，2011.
[6] 秦荣. 高层与超高层建筑结构[M]. 北京：科学出版社，2007.
[7] 秦荣. 超限高层建筑结构分析的 QR 法[M]. 北京：科学出版社，2010.

[8] 秦荣．结构塑性力学[M]．北京：科学出版社，2016．
[9] 邹万杰．结构与地基相互作用分析的 QR 法[D]．南宁：广西大学，2002．
[10] 秦荣．样条有限点法[J]．数值计算与计算机应用，1981，2（2）：64-81．
[11] 秦荣．有限点法[J]．固体力学学报，1984，5（2）：269-281．
[12] 秦荣．能量配点法及其应用[J]．工程力学，1984，1（1）：34-50．

第五章　土体弹性静力分析的样条有限点法

目前，岩土工程分析的基本方法有两类，即总应力分析方法和有效应力分析方法。前者同一般固体力学分析方法，后者同流-固体问题分析方法。20 世纪 80 年代以来，本书作者创立了岩土总应力——样条有限点法，有效应力——样条有限点法；总应力——QR 法，有效应力——QR 法；总应力——样条子域法，有效应力——样条子域法；总应力——样条加权残数法，有效应力——样条加权残数法；总应力——样条边界元法，有效应力——样条边界元法；总应力——样条伽辽金配点法，有效应力——样条伽辽金配点法；总应力——样条能量配点法，有效应力——样条能量配点法[1-6]。本章主要介绍岩土总应力——样条有限点法及有效应力——样条有限点法。

5.1　岩土总应力——样条有限点法

建立岩土总应力——样条有限点法与固体力学相同。本节以平面弹性土体地基为例来介绍总应力——样条有限点法的基本原理。

5.1.1　样条离散化

图 5.1 是一个平面弹性地基，假设它是一个弹性力学平面应力问题，如果对它沿 x 方向进行样条离散化（图 5.2），即

$$0 = x_0 < x_1 < x_2 < \cdots < x_N = a$$

$$x_i = x_0 + ih \qquad h = x_{i+1} - x_i = \frac{a}{N}$$

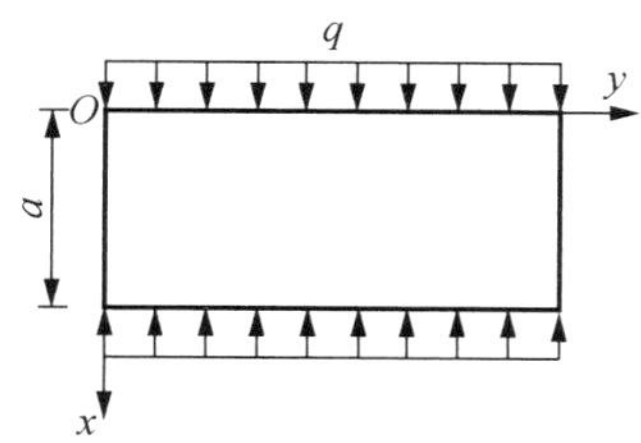

图 5.1　平面弹性地基

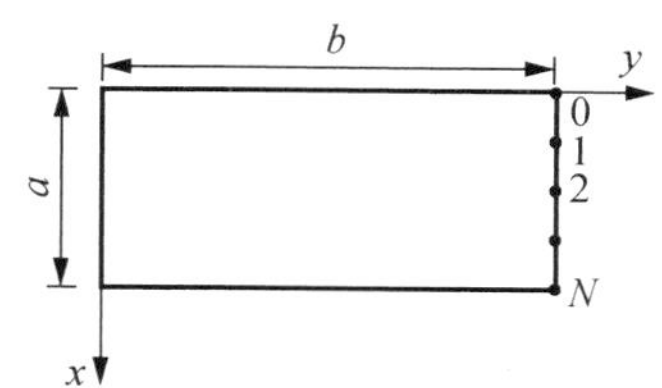

图 5.2　单样条离散化

则它位移的函数可采用形式为

$$\begin{cases} u = \sum_{m=1}^{r} [\phi] X_m \{u\}_m \\ v = \sum_{m=1}^{r} [\phi] Y_m \{v\}_m \end{cases} \tag{5.1}$$

其中

$$\begin{cases}\{u\}_m=[u_0\ u_1\ u_2\ \cdots\ u_N]_m^{\mathrm{T}}\\ \{v\}_m=[v_0\ v_1\ v_2\ \cdots\ v_N]_m^{\mathrm{T}}\\ [\phi]=[\phi_0\ \phi_1\ \phi_2\ \cdots\ \phi_N]\end{cases}$$

$\phi_i(x)$ 为三次样条函数，见第四章式（4.23）；X_m 和 Y_m 为正交函数或正交多项式，即

$$\begin{cases}X_m=\sum_{n=1}^{m}(-1)^{n-1}\dfrac{(m+n)!n}{(m-n)!(n+1)!(n-1)!}\left(\dfrac{y}{b}\right)^{n-1}\\ Y_m=X_m\end{cases}\tag{5.2}$$

由式（5.1）可得

$$\boldsymbol{V}=[N]\{\delta\}\tag{5.3}$$

其中

$$\begin{cases}\{\delta\}=[\{\delta\}_0^{\mathrm{T}}\ \{\delta\}_1^{\mathrm{T}}\ \cdots\ \{\delta\}_N^{\mathrm{T}}]^{\mathrm{T}}\\ \{\delta\}_i=[\delta_{i1}^{\mathrm{T}}\ \delta_{i2}^{\mathrm{T}}\cdots\ \delta_{ir}^{\mathrm{T}}]^{\mathrm{T}}\\ \boldsymbol{\delta}_{im}=[u_i\ v_i]_m^{\mathrm{T}}\quad i=0,1,2,\cdots,N\\ [N]=[[N]_0\ [N]_1\ \cdots\ [N]_N]\\ [N]_i=[N_{i1}\ N_{i2}\ N_{i3}\ \cdots\ N_{ir}]\\ N_{im}=\mathrm{diag}(\phi_i X_m,\phi_i Y_m)\quad i=0,1,2,\cdots,N\end{cases}\tag{5.4}$$

5.1.2 建立样条离散化总势能泛函

平面弹性地基的总势能泛函为

$$\varPi=\frac{1}{2}\int_0^a\int_0^b\boldsymbol{\varepsilon}^{\mathrm{T}}\boldsymbol{D}\boldsymbol{\varepsilon}\mathrm{d}x\mathrm{d}y-\int_0^b\boldsymbol{V}^{\mathrm{T}}\boldsymbol{q}\mathrm{d}y+\varPi_0\tag{5.5}$$

式中：$\varPi_0$ 为边界有关项的泛函，而且

$$\begin{cases}\boldsymbol{V}=[u\quad v]^{\mathrm{T}}\quad \boldsymbol{q}=[q\quad 0]^{\mathrm{T}}\\ \boldsymbol{\varepsilon}=[\varepsilon_x\ \varepsilon_y\ \gamma_{xy}]^{\mathrm{T}}\\ \varepsilon_x=u,_x\quad \varepsilon_y=v,_y\quad \gamma_{xy}=u,_y+v,_x\end{cases}\tag{5.6}$$

由此可得

$$\boldsymbol{\varepsilon}=[B]\{\delta\}\tag{5.7}$$

其中

$$\begin{cases}[B]=[[B]_0\quad [B]_1\quad\cdots\quad [B]_N]\\ [B]_i=[B_{i1}\quad B_{i2}\quad B_{i3}\quad\cdots\quad B_{ir}]\\ \boldsymbol{B}_{im}=\begin{bmatrix}\phi_1' X_m & 0\\ 0 & \phi_i Y_m'\\ \phi_i X_m' & \phi_i' Y_m\end{bmatrix}\end{cases}\tag{5.8}$$

式中：$[B]$ 为单元应变转换矩阵。

将式（5.3）及式（5.7）代入式（5.5）可得

$$\varPi=\frac{1}{2}\{\delta\}^{\mathrm{T}}[K]\{\delta\}-\{\delta\}^{\mathrm{T}}\{f\}\tag{5.9}$$

式中：$[K]$与$\{f\}$分别为平面弹性地基的刚度矩阵及荷载向量，即

$$\begin{cases}[K]=\int_0^a\int_0^b[B]^{\mathrm{T}}D[B]\mathrm{d}x\mathrm{d}y\\ \{f\}=\int_0^b[N]^{\mathrm{T}}q\mathrm{d}y\quad x=x_0\end{cases}\tag{5.10}$$

5.1.3　建立样条离散化刚度方程

利用变分原理可得$\delta\Pi=0$，由此可得

$$[K]\{\delta\}=\{f\}\tag{5.11}$$

这就是土体地基的刚度方程。

5.1.4　求地基的位移及应力

利用式（5.11）求出位移参数$\{\delta\}$后，即可由式（5.3）求出地基的位移向量，由公式（5.12）求出地基的应力向量为

$$\boldsymbol{\sigma}=\boldsymbol{D\varepsilon}=\boldsymbol{D}[B]\{\delta\}\tag{5.12}$$

由上述可知，总应力——样条有限点法与固体力学样条有限点法相同。利用样条有限点法可以分析三维空间问题及平面应变问题。对平面应变问题进行分析时，可以按下列方法建立平面应变问题的弹性矩阵，即将平面应力问题弹性矩阵中的E及μ分别换成$\dfrac{E}{1-\mu^2}$及$\dfrac{\mu}{1-\mu}$，可得平面应变的弹性矩阵。对三维空间问题分析时，可采用图5.3所示的单样条离散化，沿z方向进行均匀划分

$$0=z_0<z_1<z_2<\cdots<z_N=H$$

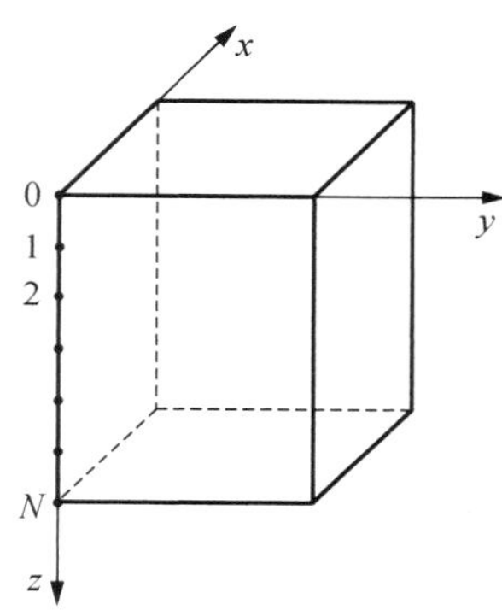

图5.3　单样条离散化

5.2　有效应力——样条有限点法

有效应力——样条有限点法与总应力——样条有限点法不同。本节以空间土体地基（图5.4）为例来介绍三维固结分析的有效应力——样条有限点法的基本原理。

5.2.1　空间样条离散化

如果地基是饱和土地基，而且沿z方向进行单样条离散化（图5.3），则它的位移函数及孔压函数可采用下列形式：

$$\begin{cases}u=\sum\limits_{m=1}^{r}\sum\limits_{n=1}^{s}[\phi]\{u\}_{mn}X_m(x)X_n(y)\\ v=\sum\limits_{m=1}^{r}\sum\limits_{n=1}^{s}[\phi]\{v\}_{mn}Y_m(x)Y_n(y)\\ w=\sum\limits_{m=1}^{r}\sum\limits_{n=1}^{s}[\phi]\{w\}_{mn}Z_m(x)Z_n(y)\end{cases}\tag{5.13}$$

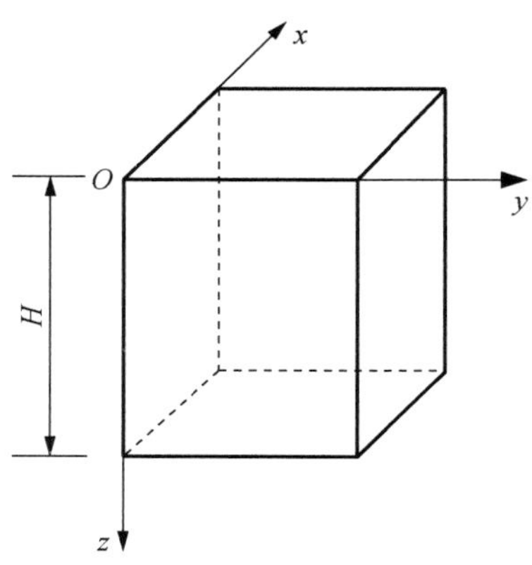

图 5.4　空间土体地基

$$p=\sum_{m=1}^{r}\sum_{n=1}^{s}[\phi]\{p\}_{mn}Z_m(x)Z_n(y) \tag{5.14}$$

式中：$[\phi]=[\phi_0\ \ \phi_1\ \ \phi_2\ \cdots\phi_N]$。

$$\boldsymbol{u}_{mn}=[u_0\ \ u_1\ \ u_2\ \cdots u_N]_{mn}^{\mathrm{T}}$$

$$\{A\}_{mn}=[A_0\ \ A_1\ \ A_2\ \cdots A_N]_{mn}^{\mathrm{T}} \qquad \boldsymbol{V}=[u\quad v\quad w]^{\mathrm{T}}$$

式中：$A=u$、v、w、p；$V(u_i$、v_i、$w_i)$为地基样条结点 i 的位移。

X_m、Y_m、Z_m、Θ_m 及 X_n、Y_n、Z_n、Θ_n 为正交函数，或正交多项式，或任意连续函数。在式（5.14）中，可以令 $Z_m=\Theta_m$，$Z_n=\Theta_n$，式（5.13）可以变为下列形式：

$$\boldsymbol{V}=[N]\{\delta\} \tag{5.15}$$

其中

$$\begin{cases}[N]=[[N]_{11}\quad [N]_{12}\quad \cdots\quad [N]_{1s}\quad \cdots\quad [N]_{r1}\quad [N]_{r2}\quad \cdots\quad [N]_{rs}]\\ [N]_{mn}=[\phi]\otimes[\varGamma]_{mn}=[\phi_0[\varGamma]_{mn}\quad \phi_1[\varGamma]_{mn}\quad \cdots\quad \phi_N[\varGamma]_{mn}]\\ [\varGamma]_{mn}=\mathrm{diag}(X_{mn},Y_{mn},Z_{mn})\qquad N_{imn}=\phi_i[\varGamma]_{mn}\\ X_{mn}=X_mX_n,\quad Y_{mn}=Y_mY_n,\quad Z_{mn}=Z_mZ_n\\ \{\delta\}=[\{\delta\}_{11}^{\mathrm{T}}\ \{\delta\}_{12}^{\mathrm{T}}\quad \cdots\quad \{\delta\}_{1s}^{\mathrm{T}}\quad \cdots\quad \{\delta\}_{r1}^{\mathrm{T}}\ \{\delta\}_{r2}^{\mathrm{T}}\quad \cdots\quad \{\delta\}_{rs}^{\mathrm{T}}]\\ \{\delta\}_{mn}=[\{\delta\}_0^{\mathrm{T}}\ \{\delta\}_1^{\mathrm{T}}\quad \cdots\quad \{\delta\}_z^{\mathrm{T}}]_{mn}^{\mathrm{T}}\\ \{\delta\}_{imn}=[u_i\quad v_i\quad w_i]_{mn}^{\mathrm{T}}\qquad\qquad i=0,1,2,\cdots,n\end{cases} \tag{5.16}$$

5.2.2　建立样条离散化总势能泛函

三维空间饱和土地基总势能泛函由 3.6 节可得

$$\varPi=\frac{1}{2}\int_{\varOmega}(\boldsymbol{\varepsilon}^{\mathrm{T}}[D]\boldsymbol{\varepsilon}+\boldsymbol{\varepsilon}^{\mathrm{T}}\{M\}\boldsymbol{p}-2\boldsymbol{V}^{\mathrm{T}}F)\mathrm{d}\varOmega-\int_{\varGamma}\boldsymbol{V}^{\mathrm{T}}\overline{q}^{*}\mathrm{d}\varGamma \tag{5.17}$$

式中：$\int_{\varOmega}$为饱和土地基的体积积分，$\mathrm{d}\varOmega=\mathrm{d}x\mathrm{d}y\mathrm{d}z$；$\int_{\varGamma}$为饱和土地基的边界积分；$\overline{q}^{*}$为边界应力条件，即 $\overline{q}^{*}=\sigma_{ij}n_j$；$\boldsymbol{\varepsilon}$ 为应变向量，对空间问题，有

$$\boldsymbol{\varepsilon}=[\varepsilon_x \quad \varepsilon_y \quad \varepsilon_z \quad \gamma_{xy} \quad \gamma_{yz} \quad \gamma_{zx}]^{\mathrm{T}}$$

$$\{M\}=[1 \quad 1 \quad 1 \quad 0 \quad 0 \quad 0]^{\mathrm{T}}$$

因此，可得

$$\boldsymbol{\varepsilon}=[B]\{\delta\} \tag{5.18}$$

其中

$$[B]=[[B]_{11} \quad [B]_{12} \quad \cdots \quad [B]_{1s} \quad \cdots \quad [B]_{r1} \quad [B]_{r2} \quad \cdots \quad [B]_{rs}] \tag{5.19}$$

$$\begin{cases}[B]_{mn}=[B_{0mn} \quad B_{1mn} \quad \cdots \quad B_{Nmn}] \\ \boldsymbol{B}_{imn}=-[\partial]\overline{\boldsymbol{N}}_{imn} \\ \overline{\boldsymbol{N}}_{imn}=[\phi_i X_{mn} \quad \phi_i Y_{mn} \quad \phi_i Z_{mn}]\end{cases} \tag{5.20}$$

式中：$[\partial]$为微分算子，有

$$[\partial]=\begin{bmatrix}\dfrac{\partial}{\partial x} & 0 & 0 \\ 0 & \dfrac{\partial}{\partial y} & 0 \\ 0 & 0 & \dfrac{\partial}{\partial z} \\ \dfrac{\partial}{\partial y} & \dfrac{\partial}{\partial x} & 0 \\ 0 & \dfrac{\partial}{\partial z} & \dfrac{\partial}{\partial y} \\ \dfrac{\partial}{\partial z} & 0 & \dfrac{\partial}{\partial x}\end{bmatrix} \tag{5.21a}$$

$$\boldsymbol{B}_{imn}=-[\partial]\overline{\boldsymbol{N}}_{imn}=-\begin{bmatrix}\dfrac{\partial}{\partial x}(\phi_i X_{mn}) & 0 & 0 \\ 0 & \dfrac{\partial}{\partial y}(\phi_i Y_{mn}) & 0 \\ 0 & 0 & \dfrac{\partial}{\partial z}(\phi_i Z_{mn}) \\ \dfrac{\partial}{\partial y}(\phi_i X_{mn}) & \dfrac{\partial}{\partial x}(\phi_i Y_{mn}) & 0 \\ 0 & \dfrac{\partial}{\partial z}(\phi_i Y_{mn}) & \dfrac{\partial}{\partial y}(\phi_i Z_{mn}) \\ \dfrac{\partial}{\partial z}(\phi_i X_{mn}) & 0 & \dfrac{\partial}{\partial x}(\phi_i Z_{mn})\end{bmatrix} \tag{5.21b}$$

如果将式（5.13）、式（5.14）及式（5.18）代入式（5.17），则可得三维饱和土地基的样条离散化总势能泛函为

$$\Pi=\frac{1}{2}\{\delta\}^{\mathrm{T}}[G]\{\delta\}+\{\delta\}^{\mathrm{T}}[G_c]\{p\}-\{\delta\}^{\mathrm{T}}\{f\} \tag{5.22}$$

其中

$$\{f\}=\int_{\Omega}[N]^{\mathrm{T}}F\mathrm{d}\Omega+\int_{\Gamma}[N]^{\mathrm{T}}\overline{q}^{*}\mathrm{d}\Gamma \tag{5.23}$$

$$\begin{cases}[G]=\int_{\Omega}[B]^{\mathrm{T}}[D][B]\mathrm{d}\Omega\\ [G_c]=\int_{\Omega}[B]^{\mathrm{T}}[M][N_p]\,\mathrm{d}\Omega=\int_{\Omega}[B]^{T}[N]\,\mathrm{d}\Omega\\ \{p\}=[\{p\}_{11}^{\mathrm{T}}\quad\{p\}_{12}^{\mathrm{T}}\quad\cdots\quad\{p\}_{1s}^{\mathrm{T}}\quad\cdots\quad\{p\}_{r1}^{\mathrm{T}}\quad\cdots\quad\{p\}_{rs}^{\mathrm{T}}]^{\mathrm{T}}\end{cases} \tag{5.24}$$

$$\begin{cases}[N_p]=[[N]_{11}\quad[N]_{12}\quad\cdots\quad[N]_{1s}\quad\cdots\quad[N]_{r1}\quad\cdots\quad[N]_{rs}]_p\\ [N]_{mn}=[N_{0mn}\quad N_{1mn}\quad\cdots\quad N_{Nmn}]_p\\ N_{imn}=\phi_i\Theta_m\Theta_n\qquad i=0,1,2,\cdots,N\\ \{p\}_{mn}=[p_0\quad p_1\quad p_2\quad\cdots\quad p_N]_{mn}^{\mathrm{T}}\end{cases} \tag{5.25}$$

另外，设$\Theta_m=Z_m$，$\Theta_n=Z_n$，有

$$\begin{cases}[N]=[[N]_{11}\quad[N]_{12}\quad\cdots\quad[N]_{1s}\quad\cdots\quad[N]_{r1}\quad\cdots\quad[N]_{rs}]\\ [N]_{mn}=[[N]_{0mn}\quad[N]_{1mn}\quad[N]_{2mn}\quad\cdots\quad[N]_{Nmn}]\\ [N]_{imn}=[\phi_i\Theta_m\Theta_n\quad\phi_i\Theta_m\Theta_n\quad\phi_i\Theta_m\Theta_n\quad0\quad0\quad0]^{\mathrm{T}}\end{cases} \tag{5.26}$$

由上述可知

$$[B]^{\mathrm{T}}\{M\}[N_p]=[B]^{\mathrm{T}}[N] \tag{5.27}$$

5.2.3　建立土体样条离散化静力平衡方程

对式（5.22）进行变分可得土体样条离散化静力平衡方程

$$[G]\{\delta\}+[G_c]\{p\}=\{f\} \tag{5.28}$$

式中：$[G]$为土体的样条离散化刚度矩阵；$[G_c]$为土体样条离散化耦合矩阵；$\{f\}$为土体样条离散化荷载向量；$\{\delta\}$为土体样条结点广义位移向量；$\{p\}$为土体样条结点孔压向量。

5.2.4　建立渗流样条离散化连续方程

由式（1.13）可以建立达西定律为

$$\begin{cases}v_x=-\dfrac{k_h}{\gamma_w}\dfrac{\partial p}{\partial x}\\ v_y=-\dfrac{k_h}{\gamma_w}\dfrac{\partial p}{\partial y}\\ v_z=-\dfrac{k_h}{\gamma_w}\dfrac{\partial p}{\partial z}\end{cases} \tag{5.29}$$

式中：$\gamma_w=\rho_w g$，为孔隙水重度。

将式（5.29）代入连续方程（1.18）并结合以上假定，即得

$$\frac{1}{\gamma_w}\left[k_h\left(\frac{\partial^2 p}{\partial x^2}+\frac{\partial^2 p}{\partial y^2}\right)+k_v\frac{\partial^2 p}{\partial z^2}\right]=\frac{\partial}{\partial t}\left(\frac{\partial u}{\partial x}+\frac{\partial v}{\partial y}+\frac{\partial w}{\partial z}\right) \tag{5.30}$$

式（5.30）是渗流连续方程，可以写成下列矩阵形式的连续方程：

$$\{M\}^{\mathrm{T}}[\partial][\bar{k}][\partial]^{\mathrm{T}}\{M\}p-\frac{\partial}{\partial t}\{M\}^{\mathrm{T}}[\partial]V=0 \tag{5.31}$$

其中

$$\{M\}=[1\quad 1\quad 1\quad 0\quad 0\quad 0]$$

$$\boldsymbol{V}=[u\quad v\quad w]$$

$$[\bar{k}]=\mathrm{diag}(k_h,k_h,k_v)/\gamma_w \tag{5.32}$$

孔压必须满足渗流连续方程。为此作者利用样条加权残数法建立了渗流样条离散化连续方程。因为利用加权残数法及分部积分法将微分方程可变为变分方程，因此对式（5.31）利用样条 Galerkin 法可得

$$\int_\Omega [N_p]^{\mathrm{T}}(\{M\}^{\mathrm{T}}[\partial]\dot{V}-\{M\}^{\mathrm{T}}[\partial][\bar{k}][\partial]^{\mathrm{T}}\{M\}p)\,\mathrm{d}\Omega+\int_\Gamma [N_p]^{\mathrm{T}}(\bar{v}_n-v_n)\mathrm{d}\Gamma=0 \tag{5.33}$$

式中：$\bar{v}_n$ 为边界流速已知值。

对式（5.33）左边的第二项进行分部积分可得

$$\begin{aligned}&-\frac{1}{\gamma_w}\int_\Omega\left[N_p\right]^{\mathrm{T}}\left(k_h\frac{\partial^2 p}{\partial x^2}+k_h\frac{\partial^2 p}{\partial y^2}+k_v\frac{\partial^2 p}{\partial z^2}\right)\mathrm{d}\Omega\\&=\frac{1}{\gamma_w}\int_\Omega\left(k_h\frac{\partial}{\partial x}\left[N_p\right]^{\mathrm{T}}\frac{\partial p}{\partial x}+k_h\frac{\partial}{\partial y}\left[N_p\right]^{\mathrm{T}}\frac{\partial p}{\partial y}+k_v\frac{\partial}{\partial z}\left[N_p\right]^{\mathrm{T}}\frac{\partial p}{\partial z}\right)\mathrm{d}\Omega\\&\quad-\int_\Gamma\left[N_p\right]^{\mathrm{T}}\left(\frac{k_h}{\gamma_w}l\frac{\partial p}{\partial x}+\frac{k_h}{\gamma_w}m\frac{\partial p}{\partial y}+\frac{k_v}{\gamma_w}n\frac{\partial p}{\partial z}\right)\mathrm{d}\Gamma\end{aligned} \tag{5.34}$$

设

$$v_n=-\left(\frac{k_h}{\gamma_w}l\frac{\partial p}{\partial x}+\frac{k_h}{\gamma_w}m\frac{\partial p}{\partial y}+\frac{k_v}{\gamma_w}n\frac{\partial p}{\partial z}\right) \tag{5.35}$$

将式（5.35）代入式（5.34）可得

$$\begin{aligned}&-\int_\Omega[N_p]^{\mathrm{T}}\{M\}^{\mathrm{T}}[\partial][\bar{k}][\partial]^{\mathrm{T}}\{M\}p\mathrm{d}\Omega\\&=\int_\Omega\{\nabla\}^{\mathrm{T}}[N_p]^{\mathrm{T}}[\bar{k}]\{\nabla\}[N_p]\{p\}\mathrm{d}\Omega+\int_\Gamma[N_p]^{\mathrm{T}}v_n\mathrm{d}\Gamma\end{aligned} \tag{5.36}$$

其中

$$\{\nabla\}=\left[\frac{\partial}{\partial x}\quad\frac{\partial}{\partial y}\quad\frac{\partial}{\partial z}\right]^{\mathrm{T}} \tag{5.37}$$

将式（5.36）代入式（5.33）第二项可将渗流连续方程变为变分方程，由此可得渗流样条离散化连续方程为

$$[G_c]^{\mathrm{T}}\{\dot{\delta}\}-[G_s]\{p\}=\{\bar{f}\} \tag{5.38}$$

式中：$[G_s]$ 为饱和土地基的渗流矩阵；$[G_c]$ 为饱和土地基的耦合矩阵；$\{\bar{f}\}$ 为饱和土样条结点的等效结点流量列阵（也称为样条结点的流量向量）；$\{\dot{\delta}\}$ 为 $\{\delta\}$ 对时间的导数，即

$$\begin{cases}[G_s]=\int_{\Omega}[B_s]^{\mathrm{T}}[\bar{k}][B_s]\mathrm{d}\Omega \\ [G_c]=\int_{\Omega}[B]^{\mathrm{T}}\{M\}[N_p]\mathrm{d}\Omega \\ \{\dot{\delta}\}=\dfrac{\partial}{\partial t}\{\delta\} \quad \{\overline{f}\}=\int_{\Gamma}[N_p]^{\mathrm{T}}\overline{v}_n\mathrm{d}\Gamma\end{cases} \tag{5.39}$$

其中

$$[B_s]=\{\nabla\}[N_p] \tag{5.40}$$

如果饱和土地基的边界不排水，则 $\overline{v}=0$，故 $\{\overline{f}\}=0$。

5.2.5 有效应力——样条有限点法的基本方程

式（5.28）及式（5.38）为有效应力——样条有限点法的基本方程，它们是饱和土的样条离散化三维固结方程。联立求解式（5.28）及式（5.38），即可求出饱和土的位移及孔压。

因为式（5.38）含有 $\{\delta\}$ 对时间 t 的一次导数项 $\{\dot{\delta}\}$，因此必须对式（5.28）及式（5.38）进行时间离散，才能获得求解饱和土的位移及孔压的线性方程组，为此假设

$$\begin{cases}\{\delta\}_{n+1}=\{\delta\}_n+\{\Delta\delta\} \\ \{p\}_{n+1}=\{p\}_n+\{\Delta p\} \\ \{f\}_{n+1}=\{f\}_n+\{\Delta f\}\end{cases} \tag{5.41}$$

式中：$\{\delta\}_{n+1}$ 及 $\{p\}_{n+1}$ 分别为时刻 t_{n+1} 的样条结点位移 $\{\delta\}$ 及孔压 $\{p\}$ 值；$\{\delta\}_n$ 及 $\{p\}_n$ 分别为时刻 t_n 的样条结点位移 $\{\delta\}$ 及孔压 $\{p\}$ 值，时段 $\Delta t=t_{n+1}-t_n$ 内的样条结点位移及孔压增量分别为 $\{\Delta\delta\}$ 及 $\{\Delta p\}$；$\{f\}_n$ 为时刻 t_n 的样条结点荷载向量 $\{f\}$；$\{\Delta f\}$ 为时段 Δt 的样条结点荷载向量的增量。将式（5.41）代入式（5.28）可得

$$[G]\{\Delta\delta\}+[G_c]\{\Delta p\}=\{\Delta f\} \tag{5.42}$$

其中

$$\{\Delta f\}=\int_{\Omega}[N]^{\mathrm{T}}\{\Delta F\}\mathrm{d}\Omega+\int_{\Gamma}[N]^{\mathrm{T}}\{\Delta\overline{q}^*\}\mathrm{d}\Gamma \tag{5.43}$$

在区间 $[t_n, t_{n+1}]$ 内，将式（5.38）两边对时间 t 进行积分可得

$$\int_{t_n}^{t_{n+1}}([G_c]^{\mathrm{T}}\{\dot{\delta}\}-[G_s]\{p\})\mathrm{d}t=\int_{t_n}^{t_{n+1}}\{\overline{f}\}\mathrm{d}t \tag{5.44}$$

积分可采用数值积分法，本节利用 Newton-Cotes 积分法，即

$$\begin{aligned}\int_{t_n}^{t_{n+1}}\{p\}\mathrm{d}t&=(t_{n+1}-t_n)[\theta\{p\}_{n+1}+(1-\theta\{p\}_n)] \\ &=\Delta t(\{p\}_n+\theta\{\Delta p\})\end{aligned} \tag{5.45}$$

由上述可得

$$[G_c]\{\Delta\delta\}-\theta\Delta t[G_s]\{\Delta p\}=\{\Delta\overline{f}\} \tag{5.46}$$

式中：$\{\Delta\overline{f}\}$ 为样条结点的等效流量增量列阵（或等效流量增量向量），即

$$\{\Delta\overline{f}\}=\Delta t(\{\overline{f}\}+[G_s]\{p\}_n) \tag{5.47}$$

θ 为积分常数，取值为 0.5～1，常用 0.5 或 2/3；如果取 $\theta < 0.5$，则计算结果可能不稳定。对于不排水边界，因为 $\{\overline{f}\}=0$，由此可得

$$\{\Delta\overline{f}\} = \Delta t[G_s]\{p\} \tag{5.48}$$

将式（5.42）及式（5.46）联立起来，即可获得饱和土三维固结样条有限点法方程为

$$[K]\{\Delta U\} = \{\Delta F\} \tag{5.49}$$

它是一个线性方程组，式中 $[K]$ 为饱和土样条离散三维固结矩阵，即

$$[K] = \begin{bmatrix} [G] & [G_c] \\ [G_c]^{\mathrm{T}} & -\theta\Delta t[G_s] \end{bmatrix} \tag{5.50}$$

$$\{\Delta U\} = [\{\Delta\delta\}^{\mathrm{T}} \quad \{\Delta p\}^{\mathrm{T}}]^{\mathrm{T}} \tag{5.51}$$

$$\{\Delta F\} = [\{f\}^{\mathrm{T}} \quad \{\overline{f}\}^{\mathrm{T}}]^{\mathrm{T}} \tag{5.52}$$

由上述可知，式（5.49）已考虑了应力边界条件及流速边界条件。本节利用最小势能原理建立平衡方程。如果位移函数满足位移边界条件，则应力边界条件自然满足；如果利用广义变分原理建立式（5.49），则所有边界条件会自然满足。

利用式（5.49）可求出 $\{\Delta\delta\}$ 及 $\{\Delta p\}$ 值。如果 $\{\delta\}_n$ 及 $\{p\}_n$ 已求得，由上述可得

$$\begin{cases} \{\delta\}_{n+1} = \{\delta\}_n + \{\Delta\delta\} \\ \{p\}_{n+1} = \{p\}_n + \{\Delta p\} \end{cases} \tag{5.53}$$

式中：$\{\delta\}_{n+1}$ 及 $\{p\}_{n+1}$ 分别为本时段 Δt 当前时刻 t_{n+1} 的位移及孔压；$\{\delta\}_n$ 及 $\{p\}_n$ 分别为样条结点本时段 Δt 前一时刻 t_n 的位移及孔压；$\{\Delta\delta\}$ 及 $\{\Delta p\}$ 分别为本时段 Δt 的位移增量及孔压增量。

5.2.6 求饱和土任意一点的应力

（1）本时段 Δt 有效应力增量。

饱和土任一点在时段 Δt 的有效应力增量为

$$\{\Delta\sigma'\} = [D]\{\Delta\varepsilon\} = [D][B]\{\Delta\delta\} \tag{5.54}$$

式中：$[D]$ 为弹性矩阵。

（2）求当前有效应力。

如果 $\{\sigma'\}_n$ 为本时段 Δt 前一时刻 t_n 的有效应力，则本时段 Δt 当前有效应力为

$$\{\sigma'\}_{n+1} = \{\sigma'\}_n + \{\Delta\sigma'\} \tag{5.55}$$

式中：$\{\Delta\sigma'\}$ 为本时段 Δt 的有效应力增量。

（3）求当前总应力。

如果求得本时段 Δt 当前结点孔压 p_{n+1} 及当前结点有效应力 $\{\sigma'\}_{n+1}$，则可求得本时段 Δt 的当前总应力为

$$\{\sigma\}_{n+1} = \{\sigma'\}_{n+1} + \{M\}p_{n+1} \tag{5.56}$$

上述是有效应力——样条有限点法的基本原理，这种方法是样条半解析法，可以将二维问题降为一维问题分析，也可以将三维问题降为一维问题分析。它是一类无网格法，不存在网格划分及重构、剖分协调及重构问题，也不存在闭锁现象，且收敛快，比有限元法优越。

5.3　有效应力——样条有限点法的算法

有效应力——样条有限点法的时间与荷载离散关系如图 5.5 所示，计算从第一个时段 $\Delta t = t_1 - t_0$ 开始。$t=0$ 时，各点的位移、孔压及应力一般都是已知的，例如各点的位移及孔压为 0，有效应力等于自重应力，即

$$
\begin{aligned}
\boldsymbol{V}_0 &= [u \quad v \quad w]^{\mathrm{T}}|_{t=0} = 0 \\
p_0 &= p|_{t=0} = 0 \\
\{\sigma'\}_0 &= [\sigma'_x \quad \sigma'_y \quad \sigma'_z \quad \tau_{xy} \quad \tau_{yz} \quad \tau_{zx}]^{\mathrm{T}}|_{t=0} \\
&= [k_0\sigma_{z0} \quad k_0\sigma_{z0} \quad \sigma_{z0} \quad 0 \quad 0 \quad 0]^{\mathrm{T}}
\end{aligned} \tag{5.57}
$$

式中：k_0 为静止土压力系数；σ_{z0} 为竖向自重应力。

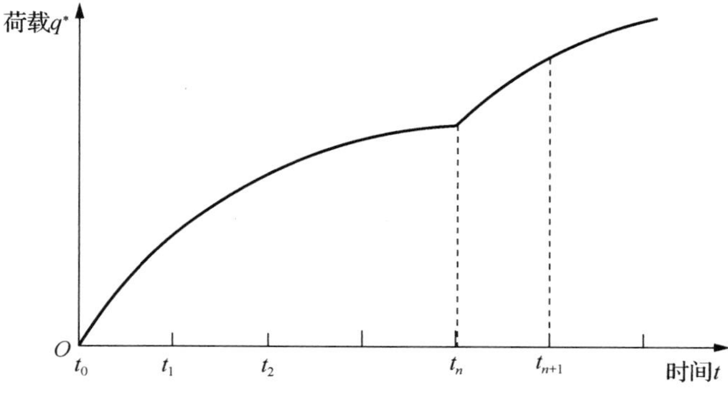

图 5.5　时间与荷载离散关系

有效应力——样条有限点法的算法可以如下步骤进行。

（1）利用式（5.52）建立第一时段的$\{\Delta F\}$列阵。

（2）利用式（5.50）建立第一时段的$[K]$矩阵。

（3）利用式（5.49）求第一时段的增量$\{\Delta U\}$。求解前先在式（5.49）中引入边界条件，然后利用波阵解法或半带宽存储解法求线性方程组（5.49），可得增量$\{\Delta U\}$值。

（4）利用式（5.53）求样条结点的第一时段当前位移$\{\delta\}_{n+1}$及当前孔压$\{p\}_{n+1}$值。

（5）利用式（5.54）及式（5.55）求第一时段任一点的当前有效应力。

（6）利用式（5.56）求第一时段的当前总应力。

（7）利用式（5.52）建立第二时段的$\{\Delta F\}$列阵。

（8）利用式（5.50）建立第二时段的$[K]$矩阵。

（9）利用式（5.49）求第二时段的增量$\{\Delta U\}$。求解前先引入边界条件，然后利用波阵解法或半带宽存储解法求解线性代数方程组（5.49），可得增量$\{\Delta U\}$值。

（10）利用式（5.53）求样条结点的第二时段当前位移$\{\delta\}_2$及当前孔压$\{p\}_2$。

（11）利用式（5.54）和式（5.55）求第二时段任一点的当前有效应力。

（12）利用式（5.56）求第二时段的当前总应力。

（13）利用式（5.52）建立第 $n+1$ 时段的 $\{\Delta F\}$ 阵列。重复步骤（8）～步骤（12），即可求出饱和土三维固结问题。

5.4　结　　语

本书作者指导的研究生利用样条有限点法及样条子域法分析土体地基，用 Fortran 语言编写了相应的计算程序，在计算机上计算诸多例题。计算结果表明，上述方法比有限元法优越，不仅计算简捷，精度也高[6]。

参考文献

[1] 秦荣．结构力学的样条函数方法[M]．南宁：广西人民出版社，1985．

[2] 秦荣．样条无网格法[M]．北京：科学出版社，2012．

[3] 秦荣．样条边界元法[M]．南宁：广西科学技术出版社，1988．

[4] 秦荣．结构塑性力学[M]．北京：科学出版社，2016．

[5] 邹万杰．结构与地基相互作用分析的 QR 法[D]．南宁：广西大学，2002．

[6] 许英姿．层状地基弹塑性分析的样条函数方法[D]．南宁：广西大学，1994．

第六章　土体弹性静力分析的 QR 法

QR 法是本书作者 20 世纪 90 年代创立的，主要用于岩土分析，创立了岩土工程弹性分析的总应力——QR 法及有效应力——QR 法。本章主要介绍土体弹性分析的总应力——QR 法及有效应力——QR 法[1-9]。

6.1　总应力——QR 法

建立岩土工程分析的总应力——QR 法与固体力学相同，本节以三维空间地基为例来介绍土体弹性分析的总应力——QR 法的基本原理。

6.1.1　空间样条离散化

如果地基是三维空间土体地基(图 5.4)，则可沿地基 z 方向进行单样条离散化(图 5.3)，即

$$0=z_0 < z_1 < z_2 < \cdots < z_N = H$$

$$z_i = z_0 + ih \qquad h= z_{i+1} - z_i = H / N$$

因此，它的位移函数可采用式（5.13）的形式，由此可得

$$\boldsymbol{V} = [N]\{\delta\} \tag{6.1}$$

$$\boldsymbol{V} = \begin{bmatrix} u & v & w \end{bmatrix}^{\mathrm{T}} \tag{6.2}$$

式中有关符号与 5.2 节相同，详见式（5.13）、式（5.15）及式（5.16）。

6.1.2　建立单元结点位移向量与岩土地基样条结点位移向量的转换关系

如果对空间地基按样条离散化划分网格（图 6.1），则这个六面体单元的结点位移向量为

$$\{V\}_e = [T][N]_e\{\delta\} \tag{6.3}$$

式中：$\{\delta\}$ 为整个地基的样条结点位移向量；$\{V\}_e$ 为单元结点位移向量；$[T]$ 为坐标转换矩阵。

由此可知，式(6.3)为单元结点位移向量与岩土地基样条结点位移向量的转换关系。对地基可划分为各类等参单元，如果单元为六面体 8 结点单元（图 6.1），则

$$\begin{cases} \{V\}_e = \left[\{V\}_1^{\mathrm{T}} \quad \{V\}_2^{\mathrm{T}} \quad \{V\}_3^{\mathrm{T}} \quad \cdots \quad \{V\}_8^{\mathrm{T}} \right]^{\mathrm{T}} \\ [N]_e = \left[[N]_1^{\mathrm{T}} \quad [N]_2^{\mathrm{T}} \quad [N]_3^{\mathrm{T}} \quad \cdots \quad [N]_8^{\mathrm{T}} \right]^{\mathrm{T}} \end{cases} \tag{6.4}$$

如果单元为六面体 20 结点等参单元，则

$$\begin{cases}\{V\}_e=\left[\{V\}_1^{\mathrm{T}}\quad\{V\}_2^{\mathrm{T}}\quad\{V\}_3^{\mathrm{T}}\quad\cdots\quad\{V\}_{20}^{\mathrm{T}}\right]^{\mathrm{T}}\\ [N]_e=\left[[N]_1^{\mathrm{T}}\quad[N]_2^{\mathrm{T}}\quad[N]_3^{\mathrm{T}}\quad\cdots\quad[N]_{20}^{\mathrm{T}}\right]^{\mathrm{T}}\end{cases}\tag{6.5}$$

式中：$\{V\}_i$ 为单元结点 i 的结点位移向量；$[N]_i$ 为 $[N]$ 在单元结点 i 的矩阵。

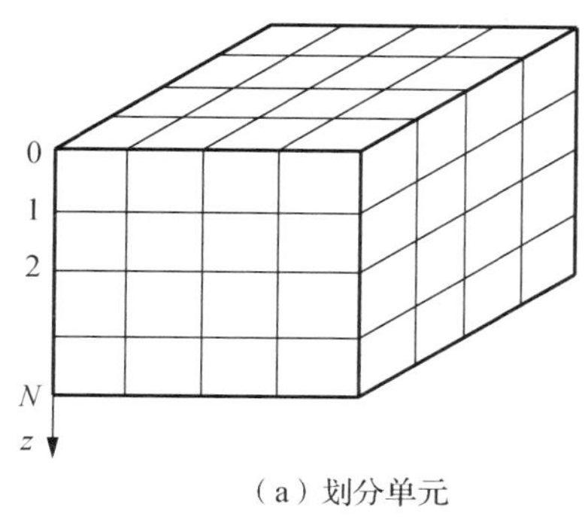

（a）划分单元

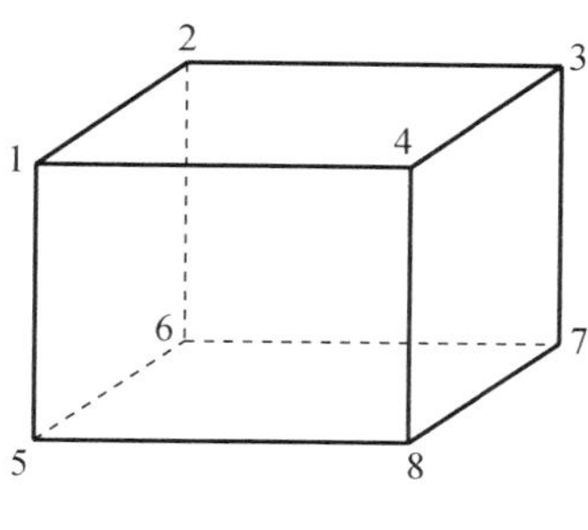

（b）六面体8节点单元

图 6.1　网格划分

6.1.3　建立单元总势能泛函

先将地基划分有限个单元，然后利用最小势能原理建立单元的总势能泛函为

$$\Pi_e=\frac{1}{2}\{V\}_e^{\mathrm{T}}[k]_e\{V\}_e-\{V\}_e^{\mathrm{T}}\{f\}_e\tag{6.6}$$

将式（6.3）代入式（6.6）可得

$$\Pi_e=\frac{1}{2}\{\delta\}^{\mathrm{T}}[K]_e\{\delta\}-\{\delta\}^{\mathrm{T}}\{F\}_e\tag{6.7}$$

其中

$$\begin{cases}[K]_e=[N]_e^{\mathrm{T}}[T]^{\mathrm{T}}[k]_e[N]_e\\ \{F\}_e=[N]_e^{\mathrm{T}}[T]^{\mathrm{T}}\{f\}_e\end{cases}\tag{6.8a}$$

式中：$[k]_e$ 及 $\{f\}_e$ 分别为单元的刚度矩阵及荷载向量，即

$$\begin{cases}[k]_e=\int_\Omega[B]^{\mathrm{T}}[D][B]\mathrm{d}\Omega\\ \{f\}_e=\int_\Omega\left[\bar{N}\right]^{\mathrm{T}}f\,\mathrm{d}\Omega+\int_\Gamma\left[\bar{N}\right]^{T}\bar{q}^*\mathrm{d}\Gamma\end{cases}\tag{6.8b}$$

式中：$[\bar{N}]$ 为单元形函数矩阵；$[B]$ 为单元应变转换矩阵[5]；$\bar{q}^*=\bar{F}$ 。

6.1.4　建立地基的样条离散化总势能泛函

如果地基划分为 M 个单元，则地基的总势能泛函可由下列表达式确定：

$$\Pi=\sum_{e=1}^{M}\Pi_e\tag{6.9}$$

将式（6.7）代入式（6.9）可得

$$\Pi = \frac{1}{2}\{\delta\}^{\mathrm{T}}[K]\{\delta\} - \{\delta\}^{\mathrm{T}}\{F\} \tag{6.10}$$

这是地基的样条离散化总势能泛函，其中

$$[K] = \sum_{e=1}^{M}[K]_e \qquad \{F\} = \sum_{e=1}^{M}\{F\}_e \tag{6.11}$$

6.1.5 建立地基的样条离散化刚度方程

利用变分原理可得

$$[K][\delta] = \{F\} \tag{6.12}$$

这是地基的样条离散化刚度方程，式(6.12)中$[K]$为地基的样条离散化总刚度矩阵，$\{F\}$为地基样条结点的荷载向量；$[\delta]$为地基样条结点的位移向量。

6.1.6 求地基的位移及应力

利用式（6.12）求出样条结点位移向量后，即可利用式（6.1）求出地基任一点的位移。然后利用相应的公式可求出地基任一点的应力，即

$$\boldsymbol{\sigma} = [D][B]_e[T][N]_e\{\delta\} \tag{6.13a}$$

式中：$[B]_e$为单元的应变转换矩阵；$\boldsymbol{\sigma}$为地基单元任一点的应力向量，即

$$\boldsymbol{\sigma} = \begin{bmatrix}\sigma_x & \sigma_y & \sigma_z & \tau_{xy} & \tau_{yz} & \tau_{zx}\end{bmatrix}^{\mathrm{T}} \tag{6.13b}$$

6.2 饱和土固结分析的有效应力——QR 法

饱和土地基的分析可以采用有效应力——QR 法。本节以三维饱和土地基为例介绍有效应力 QR 法的基本原理。

6.2.1 空间样条离散化

如果图 5.4 为空间土体地基，则可以对它沿 z 方向进行单向样条离散化（图 5.3），即

$$\begin{cases} 0 = z_0 < z_1 < z_2 < \cdots < z_N = H \\ z_i = z_0 + ih, \qquad h = z_{i+1} - z_i = \dfrac{H}{N} \end{cases}$$

因此，它的位移函数可采用式（5.13）的形式，孔压函数可采用式（5.14）的形式，由此可得

$$\boldsymbol{V} = [N]\{\delta\} \qquad \boldsymbol{p} = [N_p]\{p\} \tag{6.14}$$

式中：有关符号与第五章 5.2 节相同，详见式（5.13）～式（5.16）。

6.2.2　建立单元结点向量与地基样条结点向量的转换关系

如果三维空间向量按图 6.1 划分网格，则

$$\{V\}_e=[T][N]_e\{\delta\} \tag{6.15}$$

$$\{p\}_e=[T]\left[N_p\right]_e\{p\} \tag{6.16}$$

式中：$\{V\}_e$ 及 $\{p\}_e$ 分别为单元结点位移向量及单元结点孔压向量；$\{\delta\}$ 及 $\{p\}$ 分别为地基样条结点位移向量及地基样条结点孔压。如果单元为 8 结点六面体单元，则

$$\begin{cases}\{p\}_e=\left[\{p\}_1^{\mathrm{T}} \quad \{p\}_2^{\mathrm{T}} \quad \{p\}_3^{\mathrm{T}} \quad \cdots \quad \{p\}_8^{\mathrm{T}}\right] \\ \left[N_P\right]_e=\left[\left[N_P\right]_1^{\mathrm{T}} \quad \left[N_P\right]_2^{\mathrm{T}} \quad \left[N_P\right]_3^{\mathrm{T}} \quad \cdots \quad \left[N_P\right]_8^{\mathrm{T}}\right]^{\mathrm{T}}\end{cases} \tag{6.17}$$

式中：$\{P\}_i$ 为单元结点 i 的孔压；$\left[N_P\right]_i$ 为 $\left[N_P\right]$ 在单元结点 i 的矩阵。

6.2.3　建立单元总势能泛函

利用变分原理可得

$$\Pi_e=\frac{1}{2}\{V\}_e^{\mathrm{T}}[k]_e\{V\}_e+\{V\}_e^{\mathrm{T}}\left[k_c\right]_e\{p\}_e-\{V\}_e^{\mathrm{T}}\{f\}_e \tag{6.18}$$

$$\Pi_{se}=\{p\}_e^{\mathrm{T}}\left[k_c\right]_e^{\mathrm{T}}\{V\}_e^{\mathrm{T}}-\frac{1}{2}\{p\}_e^{\mathrm{T}}\left[k_s\right]_e\{p\}_e-\{p\}_e^{\mathrm{T}}\{\bar{f}\}_e \tag{6.19}$$

式中：$[k]_e$ 为单元刚度矩阵；$\left[k_c\right]_e$ 为单元耦合矩阵；$\left[k_s\right]_e$ 为单元渗流矩阵；$\{f\}_e$ 为单元荷载向量（或单元等效结点荷载列阵）；$\{\bar{f}\}_e$ 为单元流量向量（或单元等效结点流量）列阵，即

$$\begin{cases}[k]_e=\int_{\Omega}[B]_e^{\mathrm{T}}[D][B]_e\mathrm{d}\Omega \qquad \left[k_c\right]_e=\int_{\Omega}[B]_e^{\mathrm{T}}[M]\left[\bar{N}\right]_e\mathrm{d}\Omega \\ \left[k_s\right]_e=\int_{\Omega}\left[B_s\right]_e^{\mathrm{T}}\left[\bar{k}\right]\left[B_s\right]_e\mathrm{d}\Omega \qquad \{\bar{f}\}=\int_{\Gamma}\left[\bar{N}_p\right]_e^{\mathrm{T}}\bar{v}_n\mathrm{d}\Gamma \\ \{f\}_e=\int_{\Omega}\left[\bar{N}\right]_e^{\mathrm{T}}F\mathrm{d}\Omega+\int_{\Gamma}\left[\bar{N}\right]_e^{\mathrm{T}}\bar{q}^*\mathrm{d}\Gamma\end{cases} \tag{6.20}$$

其中

$$\begin{cases}\left[\overline{N}\right]_e=\left[N_1I \quad N_2I \quad N_3I \quad \cdots \quad N_8I\right] \qquad I=\mathrm{diag}(1,\ 1,\ 1) \\ \left[\overline{N_p}\right]_e=\left[N_1 \quad N_2 \quad N_3 \quad \cdots \quad N_8\right]\end{cases}$$

$$[B]_e=-[\partial]\left[\overline{N}\right]_e=\left[B_1 \quad B_2 \quad \cdots \quad B_8\right] \tag{6.21a}$$

$$\left[B_s\right]_e=\begin{bmatrix}\dfrac{\partial}{\partial x} & \dfrac{\partial}{\partial y} & \dfrac{\partial}{\partial z}\end{bmatrix}^{\mathrm{T}}\left[\bar{N}_p\right]_e \tag{6.21b}$$

$$\boldsymbol{B}_i=-[\partial]N_i \quad i=1,2,3,\cdots,8$$

$$\boldsymbol{B}_i = -[\partial]N_i = \begin{bmatrix} \frac{\partial N_i}{\partial x} & 0 & 0 \\ 0 & \frac{\partial N_i}{\partial y} & 0 \\ 0 & 0 & \frac{\partial N_i}{\partial z} \\ \frac{\partial N_i}{\partial y} & \frac{\partial N_i}{\partial x} & 0 \\ 0 & \frac{\partial N_i}{\partial z} & \frac{\partial N_i}{\partial y} \\ \frac{\partial N_i}{\partial z} & 0 & \frac{\partial N_i}{\partial x} \end{bmatrix} \quad i = 1,2,3,\cdots 8 \tag{6.21c}$$

如果将式（6.15）和式（6.16）代入式（6.18）和式（6.19），可得式（6.22）和式（6.23）

$$\Pi_e = \frac{1}{2}\{\delta\}^{\mathrm{T}}[K]_e\{\delta\} + \{\delta\}^{\mathrm{T}}[K_s]_e\{p\} - \{\delta\}^{\mathrm{T}}\{F\}_e \tag{6.22}$$

$$\Pi_{se} = \{p\}^{\mathrm{T}}[K_c]_e^{\mathrm{T}}\{\dot{\delta}\}^{\mathrm{T}} - \frac{1}{2}\{p\}^{\mathrm{T}}[K_s]_e\{\delta\}^{\mathrm{T}}\{p\} - \{p\}^{\mathrm{T}}\{\overline{F}\}_e \tag{6.23}$$

其中

$$\begin{cases} [K]_e = [N]_e^{\mathrm{T}}[T]^{\mathrm{T}}[k]_e[T][N]_e \quad [K_s]_e = [N_p]_e^{\mathrm{T}}[T]^{\mathrm{T}}[\bar{k}][T][N_P]_e \\ [K_c]_e = [N]_e^{\mathrm{T}}[T]^{\mathrm{T}}[k_c]_e[T][N_P]_e \\ \{F\}_e = [N]_e^{\mathrm{T}}[T]^{\mathrm{T}}\{f\}_e \quad \{\overline{F}\}_e = [N_P]_e^{\mathrm{T}}[T]^{\mathrm{T}}\{\bar{f}\}_e \end{cases} \tag{6.24}$$

6.2.4 建立饱和土地基样条离散化总势能泛函

如果将地基划分为 M 个单元，则地基总势能泛函为

$$\Pi = \frac{1}{2}\{\delta\}^{\mathrm{T}}[K]\{\delta\} + \{\delta\}^{\mathrm{T}}[K_c]_e\{p\} - \{\delta\}^{\mathrm{T}}\{f\} \tag{6.25}$$

$$\Pi_s = \{P\}^{\mathrm{T}}[K_c]\{\delta\} - \frac{1}{2}\{p\}^{\mathrm{T}}[K_s]\{p\} - \{p\}^{\mathrm{T}}\{\bar{f}\} \tag{6.26}$$

其中

$$\begin{cases} [K] = \sum_{e=1}^{M}[K]_e \quad [K_s] = \sum_{e=1}^{M}[K_s]_e \quad [K_c] = \sum_{e=1}^{M}[K_c]_e \\ \{f\} = \sum_{e=1}^{M}\{F\}_e \quad \{\bar{f}\} = \sum_{e=1}^{M}\{\overline{F}\}_e \end{cases} \tag{6.27}$$

6.2.5 建立三维固结有效应力——QR 法的基本方程

利用变分原理 $\delta\Pi=0$，可得

$$[K]\{\delta\}+[K_c]\{p\}=\{f\} \tag{6.28}$$

$$[K_c]^{\mathrm{T}}\{\delta\}-[K_s]\{p\}=\{\overline{f}\} \tag{6.29}$$

它们是有效应力——QR 法的基本方程，也称饱和土的三维固结 QR 法方程。联立求解式（6.28）及式（6.29）即可求出三维饱和土的位移及孔压。

6.2.6 三维固结方程的时间离散化

对三维固结方程的时间离散化，可采用第五章的方法，也可以采用样条离散化，本节仍采用第五章 5.2 节的方法，详见式（5.38）～式（5.49）。由上述可得

$$\begin{cases}[K]\{\Delta\delta\}+[K_c]\{\Delta p\}=\{\Delta f\}\\ [K_c]^{\mathrm{T}}\{\Delta\delta\}-\theta\Delta t[K_s]\{\Delta p\}=\{\Delta\overline{f}\}\end{cases} \tag{6.30}$$

由此可得

$$[H]\{\Delta U\}=\{\Delta F\} \tag{6.31}$$

这是饱和土三维固结 QR 法线性代数方程组，即

$$[H]=\begin{bmatrix}[K] & [K_c]\\ [K_c]^{\mathrm{T}} & -\theta\Delta t[K_s]\end{bmatrix} \tag{6.32}$$

$$\{\Delta U\}=\left[\{\Delta\delta\}^{\mathrm{T}}\quad\{\Delta p\}^{\mathrm{T}}\right]^{\mathrm{T}} \tag{6.33}$$

$$\{\Delta F\}=\left[\{\Delta f\}^{\mathrm{T}}\quad\{\Delta\overline{f}\}^{\mathrm{T}}\right]^{\mathrm{T}} \tag{6.34}$$

由上述可知，利用式（6.31）可求出饱和土时段 Δt 的位移向量增量 $\{\Delta\delta\}$ 及孔压向量增量 $\{\Delta p\}$。

6.2.7 求饱和土样条结点的当前位移及当前孔压

利用式（6.31）求出饱和土本时段 Δt 的 $\{\Delta\delta\}$ 及 $\{\Delta p\}$ 后，如果本时段 Δt 前一时刻的 $\{\delta\}_n$ 及 $\{p\}_n$ 为已知，则可求出样条结点的当前位移及当前孔压为

$$\{\delta\}_{n+1}=\{\delta\}_n+\{\Delta\delta\}\qquad\{p\}_{n+1}=\{p\}_n+\{\Delta p\} \tag{6.35}$$

6.2.8 求饱和土任意一点的应力

（1）求本时段 Δt 有效应力增量。

饱和土单元任一点内在时段 Δt 的有效应力增量可利用下列公式确定：

$$\{\Delta\sigma'\}=[D]\{\Delta\varepsilon\}=[D][B]_e\{\Delta V\}_e=[D][B][T][N]_e\{\Delta\delta\} \tag{6.36}$$

式中：$[D]$ 为弹性矩阵；$[B]_e$ 为单元的应变转换矩阵；$\{\Delta\delta\}$ 为本时段的样条结点位移向量增量。

（2）求当前有效应力。

如果$\{\sigma'\}_n$为本时段前一时刻的有效应力，则本时刻的当前有效应力为

$$\{\sigma'\}_{n+1} = \{\sigma'\}_n + \{\Delta\sigma'\} \tag{6.37}$$

（3）求当前的总应力。

如果求出本时段Δt的当前有效应力及当前孔压，则本时段的当前总应力为

$$\{\sigma\}_{n+1} = \{\sigma'\}_{n+1} + \{M\}\{p\}_{n+1} \tag{6.38}$$

6.3 有效应力——QR 法的算法

有效应力——QR 法的算法可以如下进行计算：一般从第一个时段Δt开始计算。如果第n个时段Δt计算完毕，则可按下列步骤计算第n+1 时段Δt的结果。

（1）利用式（6.34）建立第n+1 时段$\{\Delta F\}$列阵。

（2）利用式（6.32）建立第n+1 时段Δt的$[H]$矩阵。

（3）利用式（6.31）求第n+1 时段的增量$\{\Delta U\}$。求解在式（6.31）中引入边界条件，然后利用波阵算法求解线性代数方程组（6.31）可得$\{\Delta U\}$值。

（4）利用式（6.35）求样条结点的第n+1 时段Δt的当前位移$\{\delta\}_{n+1}$及当前孔压$\{p\}_{n+1}$值。

（5）利用式（6.36）及式（6.37）求任一点第n+1 时段Δt的当前有效应力$\{\sigma'\}_{n+1}$值。

（6）利用式（6.38）求任以点第n+1 时段Δt的当前总应力$\{\sigma\}_{n+1}$值。

作者指导的研究生利用 QR 法和有限元-映射无限元法分析岩土地基，用 Fortran 语言编制有关计算程序，并在计算机上计算大量例题。计算结果表明，QR 法比有限元法优越，不仅计算简捷，而且精度也高[5,6,8]。

6.4 土体的六面体 8 结点等参元

土体的六面体 8 结点等参元在文献[9]中有详细介绍，本节只做简介。

（1）N_i为单元形函数，详见文献[9]式（3.30）。

（2）$[\bar{N}]_e$为单元形函数矩阵，详见文献[9]的 4.2 节，即

$$\left[\bar{N}\right]_e = \left[\bar{N}\right] = \left[N_1 I \quad N_2 I \quad N_3 I \quad \cdots \quad N_8 I\right] \tag{6.39}$$

$$\left[\bar{N}_p\right]_e = \left[N_1 \quad N_2 \quad N_3 \quad \cdots \quad N_8\right] \tag{6.40}$$

其中

$$I = \mathrm{diag}(1, \quad 1, \quad 1) \tag{6.41}$$

（3）$[B]_e$为单元应变转换矩阵，详见文献[9] 4.3 节，即

$$[B]_e = [B] = -[\partial]\left[\bar{N}\right]_e = \left[B_1 \quad B_2 \quad \cdots \quad B_8\right] \tag{6.42}$$

（4）$[B_s]$为

$$\left[B_s\right]=\left\{\nabla\right\}\left[\bar{N}_p\right]_e \tag{6.43}$$

由上述可建立土体单元刚度矩阵及荷载向量，详见 6.2.3 节。

对于六面体 20 结点等参元的建立，可详见文献[4] 2.4 节。

在土体总应力分析法中，因为建立土体单元的方法与固体力学相同，因此建立单元应变转换矩阵可采用公式为

$$\left[B\right]_e=\left[\partial\right]\left[\bar{N}\right]_e \tag{6.44}$$

参考文献

[1] 秦荣．结构力学的样条函数方法[M]．南宁：广西人民出版社，1995.

[2] 秦荣．结构非线性力学[M]．南宁：广西科学技术出版社，1999.

[3] 秦荣．计算结构力学[M]．北京：科学出版社，2001.

[4] 秦荣．结构塑性力学[M]．北京：科学出版社，2016.

[5] 邹万杰．结构与地基相互作用分析的 QR 法[D]．南宁：广西大学，1998.

[6] 许英姿．层状地基弹塑性分析的样条函数方法[D]．南宁：广西大学，1994.

[7] 秦荣．工程力学的理论及应用[M]．南宁：广西科学技术出版社，1992.

[8] 燕柳斌．结构与岩土介质相互作用分析方法及其应用[D]．南宁：广西大学，2004.

[9] 谢康和，周健．岩土工程有限元分析理论与应用[M]．北京：科学出版社，2002.

第七章　土体弹塑性分析的样条有限点法

岩土工程弹塑性分析在土木工程、水利工程、地下工程、矿山工程及国防工程中应用很广。国内外对这方面做过许多研究。1986 年以来，作者致力研究岩土塑性力学，创立了岩土工程分析的新理论新方法[1-10]。本章主要介绍土体弹塑性分析的样条有限点法。

7.1　土体弹塑性总应力——样条有限点法

图 5.4 是一个三维空间土体地基，本节以图 5.4 为例来介绍土体弹塑性分析的总应力——样条有限点法。

7.1.1　样条初应力模型

1. 空间样条离散化

因为图 5.4 是一个三维空间土体地基，因此对它沿 z 方向进行单样条离散化，有

$$0 = z_0 < z_1 < z_2 < z_3 < \cdots < x_N = H$$

$$z_i = z_0 + ih \qquad h = z_{i+1} - z_i = \frac{H}{N}$$

所以，它的位移函数可采用式（5.13）的形式，可得

$$\boldsymbol{V} = [N]\{\delta\} \tag{7.1}$$

式中有关符号与 5.2 节相同，见式（5.3）～式（5.15）及式（5.16）。

2. 建立地基样条离散化总势能泛函

三维空间土体地基总势能泛函为

$$\varPi = \frac{1}{2}\int_{\varOmega}(\boldsymbol{\varepsilon}^{\mathrm{T}}[D]\boldsymbol{\varepsilon} - 2\boldsymbol{\varepsilon}^{\mathrm{T}}\boldsymbol{\sigma}_0 - 2\boldsymbol{V}^{\mathrm{T}}F)\mathrm{d}\varOmega - \int_{\varGamma}\boldsymbol{V}^{T}\overline{q}^{*}\mathrm{d}\varGamma \tag{7.2}$$

其中

$$\boldsymbol{\sigma}_0 = [D]\boldsymbol{\varepsilon}^{p} \tag{7.3}$$

式中：$\boldsymbol{\varepsilon}^{p}$ 为塑性应变向量；$\boldsymbol{\sigma}_0$ 为塑性变形引起的应力向量，详见第二章。式（7.2）中的符号与 5.2 节相同，详见式（5.17）～式（5.21）。

如果将式（5.18）及式（7.1）代入式（7.2）可得

$$\varPi = \frac{1}{2}\{\delta\}^{\mathrm{T}}[G]\{\delta\} - \{\delta\}^{\mathrm{T}}(\{f\} + \{f^{p}\}) \tag{7.4}$$

式中：$\{f^{p}\}$ 为塑性变形引起地基的样条离散化附加荷载向量，即

$$\{f^p\}=\int_\Omega [B]^{\mathrm{T}}\sigma_0 \mathrm{d}\Omega \tag{7.5}$$

式（7.4）中的$[G]$与$\{f\}$与式（5.23）相同。

3. 建立样条离散化弹塑性刚度方程

利用变分原理，由式（7.4）可得地基样条离散化弹塑性刚度方程

$$[G]\{\delta\}=\{f\}+\{f^p\} \tag{7.6}$$

式中：$[G]$为地基弹性状态的总刚度矩阵；$\{f\}$为地基弹性状态的荷载向量；$\{f^p\}$为地基的附加荷载向量；$\{\delta\}$为地基的样条结点位移向量。

4. 求地基的位移及应力

利用式（7.6）求出地基样条结点位移向量$\{\delta\}$后，即可求出地基任意一点的位移及应力

$$\boldsymbol{V}=[N]\{\delta\} \tag{7.7a}$$

其中

$$\boldsymbol{\sigma}=[S]\{\delta\}-\boldsymbol{\sigma}_0 \tag{7.7b}$$

$$[S]=[D][B] \tag{7.8}$$

由第二章可得

$$\boldsymbol{\sigma}_0=[D]_p(\boldsymbol{\varepsilon}-\boldsymbol{\varepsilon}^s) \tag{7.9}$$

式中：$\boldsymbol{\varepsilon}^s$为初始屈服应变向量或后继屈服应变向量；$[D]_p$为塑性矩阵，即

$$[D]_p=[D](1+kB)^{-1}(kB) \tag{7.10a}$$

或

$$[D]_p=[D](I+k^*[D])^{-1}k^*[D] \tag{7.10b}$$

其中有关符号详见第二章。

7.1.2　样条变刚度模型

1. 建立地基总势能泛函

在岩土工程弹塑性分析中，常采用变刚度法。现在以图 5.3 为例，利用样条有限点法建立样条变刚度法计算格式。由第三章可得地基总势能泛函

$$\Pi=\frac{1}{2}\int_\Omega [\boldsymbol{\varepsilon}^{\mathrm{T}}[D^*]\boldsymbol{\varepsilon}+2\boldsymbol{\varepsilon}^{\mathrm{T}}[D_0]\boldsymbol{\varepsilon}^s-2\boldsymbol{V}^{\mathrm{T}}\boldsymbol{F}\mathrm{d}\Omega-\int_\Gamma \boldsymbol{V}^{\mathrm{T}}\overline{q}^*\mathrm{d}\Gamma \tag{7.11}$$

其中

$$\begin{cases}[D^*]=[(1+kB)^{-1}]^{\mathrm{T}}[D][(1+kB)^{-1}]\\ [D_0]=[(1+kB)^{-1}]^{\mathrm{T}}[D][(1+kB)^{-1}](kB)\end{cases} \tag{7.12}$$

如果将式（5.18）及式（7.1）代入式（7.11），则可得

$$\Pi=\frac{1}{2}\{\delta\}^{\mathrm{T}}[G_{ep}]\{\delta\}-\{\delta\}^{\mathrm{T}}\{f^s\}-\{\delta\}^{\mathrm{T}}\{f\} \tag{7.13}$$

其中

$$\begin{cases}[G_{ep}]=\int_{\Omega}[B]^{\mathrm{T}}[D^{*}][B]\mathrm{d}\Omega \\ \{f^{s}\}=\int_{\Omega}[B]^{\mathrm{T}}[D_{0}]\varepsilon^{s}\mathrm{d}\Omega\end{cases} \tag{7.14}$$

2. 建立地基弹塑性刚度方程

利用变分原理可得地基样条离散化弹塑性刚度方程

$$[G_{ep}]\{\delta\}=\{f\}+\{f^{s}\} \tag{7.15}$$

3. 求地基的位移及应力

利用式（7.15）求出地基样条结点位移向量后，即可利用式（7.1）求出地基任意一点的位移。地基任一点的应力为

$$\boldsymbol{\sigma}=[D]\boldsymbol{\varepsilon}-\boldsymbol{\sigma}_{0} \tag{7.16}$$

其中

$$\boldsymbol{\sigma}_{0}=[D]\boldsymbol{\varepsilon}^{p}=[D]_{p}(\boldsymbol{\varepsilon}-\boldsymbol{\varepsilon}^{s}) \tag{7.17}$$

将式（7.17）代入式（7.16）可得地基任意一点的应力，即

$$\boldsymbol{\sigma}=[D_{ep}](\boldsymbol{\varepsilon}+[\bar{\alpha}]\boldsymbol{\varepsilon}^{s}) \tag{7.18}$$

其中

$$[D_{ep}]=[D](1+kB)^{-1} \qquad [\bar{\alpha}]=kB \tag{7.19}$$

式中：$[D_{ep}]$为弹塑性矩阵。

将式（5.18）代入式（7.18）可得

$$\sigma=[D_{ep}]([B]\{\delta\}+[\alpha]\varepsilon^{s}) \tag{7.20}$$

利用式（7.20）可求出地基任一点的应力。

由第二章可知，对于岩土，ε_{ij}^{s}可以利用下列公式确定：

$$\begin{cases}\varepsilon_{ij}^{s}=[\varepsilon_{s}-(\alpha+\mu+\alpha\mu)(\sigma_{xx}^{s}+\sigma_{yy}^{s}+\sigma_{zz}^{s}-\sigma_{ij}^{s})/E]/(1+\alpha)] & i=j \\ \varepsilon_{ij}^{s}=\sigma_{ij}^{s}/G=\tau_{s}/G & i\neq j\end{cases} \tag{7.21}$$

7.2　饱和土弹塑性有效应力——样条有限点法

7.2.1　样条初应力模型

1. 建立地基总势能泛函

如果图 5.4 是一个饱和土地基，则

$$\Pi=\frac{1}{2}\int_{\Omega}\Big[\Big(\boldsymbol{\varepsilon}^{\mathrm{T}}\big(\boldsymbol{\sigma}'+\{M\}\boldsymbol{p}\big)-2\boldsymbol{V}^{\mathrm{T}}F\Big)\Big]\mathrm{d}\Omega-\int_{\Gamma}\boldsymbol{V}^{\mathrm{T}}\overline{q}^{*}\mathrm{d}\Gamma \tag{7.22}$$

其中

$$\boldsymbol{\sigma}'=[D]\boldsymbol{\varepsilon}-\boldsymbol{\sigma}_0 \tag{7.23}$$

将式（7.23）代入式（7.22）可得

$$\Pi=\frac{1}{2}\int_{\Omega}\Big(\boldsymbol{\varepsilon}^{\mathrm{T}}[D]\varepsilon+2\boldsymbol{\varepsilon}^{\mathrm{T}}\{M\}\boldsymbol{p}-2\varepsilon^{\mathrm{T}}\boldsymbol{\sigma}_0-2\boldsymbol{V}^{\mathrm{T}}F\Big)\mathrm{d}\Omega-\int_{\Gamma}\boldsymbol{V}^{\mathrm{T}}\overline{q}^{*}\mathrm{d}\Gamma \tag{7.24}$$

2. 建立地基样条离散化总势能泛函

如果对地基沿 z 方向进行样条离散化（图 5.3），则地基的位移函数及孔压函数可采用式（5.13）及式（5.14）。

由此可得

$$\boldsymbol{V}=[N]\{\delta\}\qquad \boldsymbol{p}=[N]_p\{p\} \tag{7.25}$$

式中有关符号与 5.2 节相同，详见式（5.13）～式（5.16）、式（5.25）及式（5.24）～式（5.26）。将式（5.18）及式（7.25）代入式（7.24）可得

$$\Pi=\frac{1}{2}\{\delta\}^{\mathrm{T}}[G]\{\delta\}+\{\delta\}^{\mathrm{T}}[G_c]\{p\}-\{\delta\}^{\mathrm{T}}\{f^{p}\}-\{\delta\}^{\mathrm{T}}\{f\} \tag{7.26}$$

式中：$\{f^{p}\}$ 与式（7.5）相同，其余符号与式（5.23）～式（5.26）相同。

3. 建立地基刚度方程

利用变分原理 $\delta\Pi=0$ 可以建立平衡方程（或刚度方程）为

$$[G]\{\delta\}+[G_c]\{p\}=\{f\}+\{f^{p}\} \tag{7.27}$$

4. 建立渗流连续方程

孔压必须满足渗流连续方程。为此作者利用样条有限点法建立了渗流样条离散化连续方程。由式（5.38）可得

$$[G_c]^{\mathrm{T}}\{\dot{\delta}\}-[G_s]\{p\}=\{\overline{f}\} \tag{7.28}$$

联立求解式（7.27）及式（7.28）可求出饱和土地基的位移及孔压。因为式（7.28）有位移 $\{\delta\}$ 对时间 t 的一次导数 $\{\dot{\delta}\}$，因此还必须对式（7.27）及式（7.28）进行时间离散，才能获得位移及孔压的线性代数方程组。

5. 时间离散化

由第五章可得

$$[G]\{\Delta\delta\}+[G_c]\{\Delta p\}=\{\Delta f\}+\{\Delta f^{p}\} \tag{7.29}$$

$$[G_c]^{\mathrm{T}}\{\Delta\delta\}-\theta\Delta t[G_s]\{\Delta p\}=\{\Delta\overline{f}\} \tag{7.30}$$

如何建立式(7.29)及式(7.30)，详见式(5.39)～(5.46)。有关符号也详见式(5.39)～式（5.48）。由上述可得

$$[K]\{\Delta U\}=\{\Delta F\}+\{\Delta F^{p}\} \tag{7.31}$$

式中$[K]$与式（5.50）相同，$\{\Delta F\}$与式（5.51）相同。$\{\Delta F^{p}\}$为

$$\{\Delta F^{p}\}=\left[\{\Delta f^{p}\}^{\mathrm{T}} \quad \{0\}^{\mathrm{T}}\right]^{\mathrm{T}} \tag{7.32}$$

利用式（7.31）可求出地基的$\{\Delta\delta\}$及$\{\Delta p\}$值。当$\{\Delta\delta\}$及$\{\Delta p\}$求出后，利用相应的公式可求出地基任一点的位移、孔压及有效应力。由式（7.23）可得弹塑性有效应力增量

$$\{\Delta\sigma'\}=[D]_{cp}\left([B]\{\Delta\delta\}+[\alpha]\Delta\varepsilon^{s}\right) \tag{7.33a}$$

由此可得弹塑性有效应力

$$\{\sigma'\}_{n+1}=\{\sigma'\}_{n}+\{\Delta\sigma'\} \tag{7.33b}$$

上式中有关符号见式（7.20）～式（7.23）。由式（7.31）可得它的迭代公式为

$$\{\Delta U\}_{m+1}^{j+1}=[K]^{-1}\left(\{\Delta F\}_{m+1}+\{\Delta F^{p}\}_{m+1}^{j+1}\right) \tag{7.33c}$$

7.2.2　样条变刚度模型

1. 建立地基总势能泛函

由上述可得地基总势能泛函

$$\varPi=\frac{1}{2}\int_{\Omega}\left(\boldsymbol{\varepsilon}^{\mathrm{T}}[D^{*}]\boldsymbol{\varepsilon}+2\boldsymbol{\varepsilon}^{\mathrm{T}}\{M\}p+2\boldsymbol{\varepsilon}^{\mathrm{T}}[D_{0}]\boldsymbol{\varepsilon}^{s}-2\boldsymbol{V}^{\mathrm{T}}F\right)\mathrm{d}\Omega-\int_{\Gamma}\boldsymbol{V}^{\mathrm{T}}\overline{q}^{*}\mathrm{d}\Gamma \tag{7.33d}$$

如果将式（7.1）及式（5.18）代入式（7.33），则可得地基样条离散化总势能泛函

$$\varPi=\frac{1}{2}\{\delta\}^{\mathrm{T}}[G_{ep}]\{\delta\}+\{\delta\}^{\mathrm{T}}[G_{c}]\{p\}-\{\delta\}^{\mathrm{T}}\{f\}-\{\delta\}^{\mathrm{T}}\{f^{s}\} \tag{7.34}$$

2. 建立地基弹塑性平衡方程

利用变分原理可得

$$[G_{ep}]\{\delta\}+[G_{c}]\{p\}=\{f\}+\{f^{s}\} \tag{7.35}$$

式中：$[G_{ep}]$为地基弹塑性刚度矩阵，见式（7.13）；$\{f^{s}\}$与式（7.14）相同。

3. 建立渗流连续方程

渗流连续方程为

$$[G_{c}]^{\mathrm{T}}\{\dot{\delta}\}-[G_{s}]\{p\}=\{\overline{f}\} \tag{7.36}$$

4. 时间离散化

经过时间离散化，式（7.35）及式（7.36）变为

$$[G_{ep}]^{\mathrm{T}}\{\Delta\delta\}+[G_{c}]\{\Delta p\}=\{\Delta f\}+\{\Delta f^{s}\} \tag{7.37}$$

$$[G_{c}]^{\mathrm{T}}\{\Delta\delta\}-\theta\Delta t[G_{s}]\{\Delta p\}=\{\Delta\overline{f}\} \tag{7.38}$$

由上述可得

$$[K]\{\Delta U\}=\{\Delta F\}+\{\Delta F^{s}\} \tag{7.39}$$

其中

$$[K]=\begin{bmatrix}[G_{ep}] & [G_c]\\ [G_c]^{\mathrm{T}} & -\theta\Delta t[G_s]\end{bmatrix} \tag{7.40}$$

$$\{\Delta F\}=\left[\{\Delta f\}^{\mathrm{T}}\quad \{\Delta \overline{f}\}^{\mathrm{T}}\right]^{\mathrm{T}} \qquad \{\Delta F^s\}=\left[\{\Delta f^s\}\quad \{0\}^{\mathrm{T}}\right]^{\mathrm{T}} \tag{7.41a}$$

利用式（7.39）可求出$\{\Delta\delta\}$及$\{\Delta p\}$值。当$\{\Delta\delta\}$及$\{\Delta p\}$求出后，利用相应的公式可求出地基任一点的位移、孔压及有效应力。

利用式（7.39）可得

$$\{\Delta U\}_{m+1}^{j+1}=[K]^{-1}\left(\{\Delta F\}_{m+1}+\{\Delta F^s\}_{m+1}^{j+1}\right) \tag{7.41b}$$

7.3　总应力——样条有限点法的算法

对于岩土弹塑性刚度方程的解法，一般有两类，即初应力法及变刚度法，本节介绍增量初应力迭代法及增量变刚度迭代法[1,2]。

7.3.1　增量初应力迭代法

利用式（7.6）可得

$$\{\delta\}=[G]^{-1}\left(\{f\}+\{f^p\}\right) \tag{7.42}$$

将式（7.42）代入式（7.7）可得

$$\boldsymbol{\sigma}=[H]\left(\{f\}+\{f^p\}\right)-\boldsymbol{\sigma}_0 \tag{7.43}$$

其中

$$[H]=\boldsymbol{D}[B][G]^{-1} \tag{7.44}$$

将式（7.42）代入式（7.9）可得

$$\boldsymbol{\sigma}_0=[C]\left(\{f\}+\{f^p\}\right)-[D]_p\boldsymbol{\varepsilon}^s \tag{7.45}$$

其中

$$[C]=[D]_p[B][G]^{-1} \qquad [D]_p=[D]-[D_{ep}] \tag{7.46}$$

在增量迭代法中，式（7.42）～式（7.45）可写成形式

$$\{\Delta\delta\}_{n+1}^{j+1}=[G]^{-1}\left(\{\Delta f\}_{n+1}+\{\Delta f^p\}_{n+1}^{j+1}\right) \tag{7.47}$$

$$\{\Delta\sigma\}_{n+1}^{j+1}=[H]\left(\{\Delta f\}_{n+1}+\{\Delta f^p\}_{n+1}^{j+1}\right)-(\Delta\sigma_0)_{n+1}^{j+1} \tag{7.48}$$

$$\{\Delta\sigma_0\}_{n+1}^{j+1}=[C]\left(\{\Delta f\}_{n+1}+\{\Delta f^p\}_{n+1}^{j+1}\right)-[D]_p(\Delta\varepsilon^s)_{n+1}^{j+1} \tag{7.49}$$

其中

$$\begin{cases}(\Delta\varepsilon^s)_{n+1}^{j+1}=[D]^{-1}(\Delta\sigma)_{n+1}^{j}\\ \{\Delta f^p\}_{n+1}^{j+1}=\int_{\Omega}[B]^{\mathrm{T}}(\Delta\sigma_0)_{n+1}^{j}\,\mathrm{d}\Omega\end{cases} \tag{7.50}$$

式中：下标（n+1）表示荷载增量的次数；上标（j+1）表示每增加一级荷载增量后的迭

代次数。如果已加载 n 次，并获得$[\delta]_n$、$\boldsymbol{\sigma}_n$、$(\boldsymbol{\sigma}_0)_n$、$\{f\}_n$及$\{f^p\}_n$，则 n+1 级加载可按下列步骤进行计算。

（1）增加一级荷载增量，确定

$$\{\Delta f\}_{n+1}=\int_{\Gamma}[\boldsymbol{N}(x,y,0)]^{\mathrm{T}}\Delta\boldsymbol{q}_{n+1}\mathrm{d}\Gamma+\int_{\Omega}[N]^{\mathrm{T}}\Delta F\mathrm{d}\Omega \tag{7.51}$$

（2）利用式（7.50）确定附加荷载向量增量。

（3）利用式（7.48）计算各点的应力向量增量。

（4）计算各点的应力向量

$$(\boldsymbol{\sigma})_{n+1}^{j+1}=\boldsymbol{\sigma}_{n+1}^{j}+(\Delta\boldsymbol{\sigma})_{n+1}^{j+1} \tag{7.52}$$

（5）判断各点是否处于塑性状态。如果等效应力$\boldsymbol{\sigma}_i<\boldsymbol{\sigma}_s$，则土体处于弹性状态；如果等效应力$\boldsymbol{\sigma}_i\geqslant\boldsymbol{\sigma}_s$，则土体处于塑性状态。如果某点处于弹性状态，则$k_x=k_y=k_{xy}=0$，$k_z=k_{yz}=k_{zx}=0$，由此可知$\boldsymbol{\sigma}_0=0$，$\{f^p\}=\{0\}$。如果某点处于塑性状态，则$k_x\neq 0$，$k_y\neq 0$，$k_{xy}\neq 0$，$k_z\neq 0$，$k_{yz}\neq 0$，$k_{zx}\neq 0$，由此可知$\sigma_0\neq 0$，$\{f^p\}\neq\{0\}$。

（6）利用式（7.49）计算处于塑性状态各点的塑性应力增量，并确定

$$(\sigma_0)_{n+1}^{j+1}=(\sigma_0)_{n+1}^{j}+(\Delta\sigma_0)_{n+1}^{j+1} \tag{7.53}$$

（7）判断收敛性。如果$(\sigma_0)_{n+1}^{j+1}$与$(\sigma_0)_{n+1}^{j}$相差很小，则停止迭代运算，算出第 n+1 级荷载增量产生的结果，即

$$\begin{cases}\{\delta\}_{n+1}=\{\delta\}_n+\{\Delta\delta\}_{n+1}^{j+1}\\(\boldsymbol{\sigma})_{n+1}=(\boldsymbol{\sigma})_n+(\Delta\boldsymbol{\sigma})_{n+1}^{j+1}\\(\boldsymbol{\sigma}_0)_{n+1}=(\boldsymbol{\sigma}_0)_n+(\Delta\boldsymbol{\sigma}_0)_{n+1}^{j+1}\end{cases} \tag{7.54}$$

否则重复步骤（2）～步骤（7）直到收敛为止。

在迭代过程中，因为位移参数没有什么意义，因此只用式（7.48）～式（7.50）进行迭代运算，在迭代收敛后，利用式（7.47）一次性求出$\{\delta\}_{n+1}^{j+1}$值。

（8）如果第 n+1 级荷载增量刚好把全部荷载加完，则式（7.54）即为所求的弹塑性解。如果荷载还没有加完，再加一级荷载增量，重复步骤（1）～步骤（7）的运算，直到全部荷载加完收敛为止，即可获得结构弹塑性问题的解。

7.3.2　增量变刚度法

在增量法中，由式（7.15）及式（7.18）可得

$$[G_{ep}]\{\Delta\delta\}=\{\Delta f\}+\{\Delta f^s\} \tag{7.55}$$

$$\Delta\boldsymbol{\sigma}=[D_{ep}]\big([B]\{\Delta\delta\}+[\bar{\alpha}]\Delta\varepsilon^s\big) \tag{7.56}$$

由此可得

$$[G_{ep}(k)_{n-1}]\{\Delta\delta\}_n=\{\Delta f\}_n+\{\Delta f^s\}_n \tag{7.57}$$

$$\Delta\boldsymbol{\sigma}_n=[D(k)_{n-1}]_{ep}([B]\{\Delta\delta\}_n+[\bar{\alpha}]\Delta\varepsilon_n^s) \tag{7.58}$$

其中

$$[D(k)_{n-1}]_{ep}=[D][1+kB]_{n-1}^{-1} \tag{7.59a}$$

或

$$[D(k)_{n-1}]_{ep}=[D][I+k^*[D]]_{n-1}^{-1} \tag{7.59b}$$

利用式（7.57）及式（7.58）可求解结构弹塑性问题，具体计算步骤如下。

（1）对结构施加全部荷载$\{f\}$，按线弹性问题进行计算，可得

$$\{\delta\}=[G]^{-1}\{f\} \tag{7.60}$$

利用式（7.60）求出$\{\delta\}$后，即可求出应力向量$\boldsymbol{\sigma}$。

（2）求出各点的等效应力σ_i值，并取最大值$\sigma_{i\max}$。令$\alpha=\dfrac{\sigma_{i\max}}{\sigma_s}$，再对荷载$\dfrac{\{f\}}{\alpha}$进行弹性计算，把得到的应力、应变及位移作为结构初始屈服时之值，然后以$\{\Delta f\}$作为每一步加载的荷载增量，即

$$\{\Delta f\}_n=\frac{1}{n}\left(1-\frac{1}{\alpha}\right)\{f\} \tag{7.61}$$

式中：n为加载次数。

（3）加荷载增量$\{\Delta f\}_1$，由式（7.57）可知

$$[G_{ep}(k)_0]\{\Delta\delta\}_1=\{\Delta f\}_1+\{\Delta f^s\}_1 \tag{7.62}$$

$\{\Delta f^s\}_1$可由式（7.14）确定，由式（7.62）可得$\{\Delta\delta\}_1$，这时位移向量为

$$\{\delta\}_1=\{\delta\}_0+\{\Delta\delta\}_1$$

（4）计算应力向量。利用式（7.58）可得$(\Delta\sigma)_1$，这时各点的应力向量为

$$(\boldsymbol{\sigma})_1=(\boldsymbol{\sigma}_0)+(\Delta\boldsymbol{\sigma})_1$$

（5）计算等效应力σ_i值。

（6）判断结构各点是否处于塑性状态。如果某点处$\sigma_i<\sigma_s$，则该点处于弹性状态，故$k_x=k_y=k_{xy}=0$，$k_z=k_{yz}=k_{zx}=0$。如果某点处$\sigma_i\geqslant\sigma_s$，则结构处于塑性状态，故$k_x\neq0$，$k_y\neq0$，$k_{xy}\neq0$，$k_z\neq0$，$k_{yz}\neq0$，$k_{zx}\neq0$。

（7）加荷载增量$\{\Delta f\}_2$，由式（7.57）可知

$$[G_{ep}(k)_1]\{\Delta\delta\}_2=\{\Delta f\}_2+\{\Delta f^s\}_2 \tag{7.63}$$

$\Delta\{f^s\}_2$可由式（7.14）确定，由式（7.63）可得$\{\Delta\delta\}_2$，这时位移向量为

$$\{\delta\}_2=\{\delta\}_1+\{\Delta\delta\}_2$$

（8）计算应力向量。利用式（7.58）可得$(\Delta\boldsymbol{\sigma})_2$，这时各点的应力向量为

$$(\boldsymbol{\sigma})_2=(\boldsymbol{\sigma})_1+(\Delta\boldsymbol{\sigma})_2 \tag{7.64}$$

（9）计算等效应力σ_i值。

（10）判断结构各点是否处于塑性状态。

（11）加荷载增量$\{\Delta f\}_n$。利用式（7.57）可得$\{\Delta\sigma\}_n$，这时位移向量为

$$\{\delta\}_n=\{\delta\}_{n-1}+\{\Delta\delta\}_n$$

（12）计算应力向量。利用式（7.58）可得$(\Delta\boldsymbol{\sigma})_n$，这时各点的应力向量为

$$(\boldsymbol{\sigma})_n=(\boldsymbol{\sigma})_{n-1}+(\Delta\boldsymbol{\sigma})_n$$

（13）计算等效应力σ_i值。

（14）判断结构各点是否处于塑性状态。这个过程一直进行下去，直到全部荷载加完并收敛为止。最后得到的位移及应力即为所求的结果。

由于每一步加载，刚度矩阵 $[G_{ep}(k)_{n-1}]$ 都要根据该步加载前的 k 值重新建立，且每一步加载的刚度矩阵都有变化，故这个方法称为增量变刚度法。

7.3.3 增量变刚度迭代法

在增量迭代法中，式（7.57）及式（7.58）可变为

$$[G_{ep}(k)_n^j]\{\Delta\delta\}_n^{j+1}=\{\Delta f\}_n+\{\Delta f^s\}_n \tag{7.65}$$

$$(\Delta\boldsymbol{\sigma})_n^{j+1}=[D(k)_n^j]_{ep}\left([B]\{\Delta\delta\}_n^{j+1}+[\alpha](\Delta\varepsilon^s)_n^{j+1}\right) \tag{7.66}$$

其中

$$\begin{cases}(\Delta\varepsilon^s)_n^{j+1}=[D]^{-1}(\Delta\sigma)_n^j\\ [G_{ep}(k)_n^0]=[G_{ep}(k)_{n-1}]\qquad [D(k)_n^0]_{ep}=[D(k)_{n-1}]_{ep}\end{cases} \tag{7.67}$$

下标 n 表示施加荷载增量的次数，上标 j 表示每加一次荷载增量后的迭代次数。这种增量迭代法可按下列步骤计算。

（1）对土体施加全部荷载 $\{f\}$，做线弹性计算。

（2）求出各点的等效应力 σ_i 值，并取最大值 $\sigma_{i\max}$。令 $\alpha=\dfrac{\sigma_{i\max}}{\sigma_s}$，再对荷载 $\dfrac{\{f\}}{\alpha}$ 作弹性计算，把得到的应力及位移作为结构初始屈服时之值，然后以式（7.61）所示的 $\{\Delta f\}_n$ 作为每一步加载的荷载增量。

（3）施加荷载增量 $\{\Delta f\}_n$，即

$$\{\Delta f\}_n=\frac{1}{n}\left(1-\frac{1}{\alpha}\right)\{f\}$$

（4）利用式（7.14）确定刚度矩阵 $[G_{ep}(k)_n^j]$。

（5）利用式（7.65）求解 $\Delta\{\delta\}_n^{j+1}$，并算出

$$\{\delta\}_n^{j+1}=\{\delta\}_n^j+\{\Delta\delta\}_n^{j+1} \tag{7.68}$$

（6）利用式（7.66）计算各点应力向量的增量，并算出

$$(\boldsymbol{\sigma})_n^{j+1}=(\boldsymbol{\sigma})_n^j+(\Delta\boldsymbol{\sigma})_n^{j+1} \tag{7.69}$$

（7）计算各点的等效应力 σ_i 值。

（8）判断结构各点是否处于塑性状态。

（9）重复步骤（4）～步骤（8），如果 $\{\Delta\sigma\}_n^{j+1}$ 与 $\{\Delta\sigma\}_n^j$ 相差很小，则认为迭代运算收敛，即可停止迭代运算。

（10）如果第 n 级荷载增量正好将全部荷载加完，则式（7.68）及式（7.69）即为所求的弹塑性解。如果荷载还没有加完，再加一级荷载增量，重复步骤（3）～步骤（9）的运算，直到全部荷载加完并收敛为止，即可获得结构弹塑性问题的解。

7.4　饱和土有效应力——样条有限点法的算法

7.4.1　增量初应力模型的算法

一般从第一时段Δt开始计算（图 5.6）。计算可以按下列步骤进行。

（1）利用式（5.52）建立第一时段Δt的荷载向量增量$\{\Delta F\}$值。

（2）利用式（7.32）建立第一时段Δt的附加荷载向量增量$\{\Delta F^p\}$值。

（3）利用式（5.50）建立第一时段Δt的刚度矩阵$[K]$值。

（4）利用式（7.31）求第一时段Δt的增量$\{\Delta U\}$值，即先引入边界条件，然后利用波阵解法或半带宽存储解法求解线性代数方程式（7.31），可得第一时段Δt的增量$\{\Delta U\}$值，由此可得$\{\Delta\delta\}_1$及$\{\Delta p\}_1$值。

（5）利用式（5.53）求样条结点的第一时段当前位移$\{\delta\}_n$及当前孔压$\{p\}_n$值。

（6）利用式（7.33a）及式（7.33b）求地基任一点的第一时段当前有效应力值。

（7）利用式（5.56）求地基任一点的第一时段Δt当前总应力值。

（8）利用式（5.52）建立第n时段Δt的荷载向量增量$\{\Delta F\}$值。

（9）重复步骤（2）～步骤（7），第n时段Δt计算完毕，有关计算结果完全确定，即可按下列步骤计算第n+1时段Δt的结果。

（10）利用式（5.54）建立第n+1时段Δt的荷载向量增量$\{\Delta F\}$值。

（11）利用式（7.32）建立第n+1时段Δt的附加荷载向量增量$\{\Delta F^p\}$。

（12）利用式（5.50）建立第n+1时段Δt的刚度矩阵$[K]$。

（13）利用式（7.31）求第n+1时段Δt的增量$\{\Delta U\}$值。

（14）利用式（5.53）求样条结点的第n+1时段Δt当前位移$\{\delta\}_{n+1}$及当前孔压$\{p\}_{n+1}$值。

（15）利用式（7.33a）及式（7.33b）求地基任一点的第n+1时段有效应力值。

（16）利用式（5.56）求地基任一点第n+1时段总应力。

重复步骤（10）～步骤（16），即可求出饱和土三维固结问题的结果。

7.4.2　变刚度模型的算法

一般从第一时段Δt开始计算。如果第n时段Δt计算完毕，则可按下列步骤计算第n+1时段Δt的结果。

（1）利用式（7.41a）建立第n+1时段Δt的荷载向量增量$\{\Delta F\}$值。

（2）利用式（7.41a）建立第n+1时段Δt的荷载向量增量$\{\Delta F^s\}$值。

（3）利用式（7.40）建立第n+1时段Δt弹塑性刚度矩阵$[K]$。

（4）利用式（7.39）求第n+1时段Δt的增量$\{\Delta U\}$值。先引入边界条件，然后利用波阵解法或半带宽存储解法求解线性代数方程组（7.39），可得第 n+1 时段Δt的增量$\{\Delta U\}$值，由此可得$\{\Delta\delta\}$及$\{\Delta p\}$的值。

（5）利用式（5.53）求第n+1时段Δt当前位移及当前孔压，及

$$\{\delta\}_{n+1}=\{\delta\}_n+\{\Delta\delta\} \qquad \{p\}_{n+1}=\{p\}_n+\{\Delta p\} \tag{7.70}$$

（6）求第 n+1 时段 Δt 当前有效应力，即利用式（7.33a）和式（7.33b）

$$\{\sigma'\}_{n+1}=(\sigma')_n+\{\Delta\sigma'\} \tag{7.71}$$

（7）利用式（5.56）求第 n+1 时段 Δt 总应力，及

$$\{\sigma\}_{n+1}=(\sigma')_{n+1}+\{M\}p_{n+1} \tag{7.72}$$

重复步骤（1）～步骤（7），即可求出饱和土固结问题的结果。

7.4.3　增量初应力迭代法

一般从第一时段 Δt 开始计算。如果第 n 时段 Δt 计算完毕，则可按下列步骤计算第 n+1 时段 Δt 的结果。

（1）利用式（7.41a）建立第 n+1 时段 Δt 的荷载向量增量 $\{\Delta F\}_{n+1}$ 值。如果设下标 m+1 为荷载增量加载的次数，则

$$\{\Delta F\}_{m+1}=\frac{1}{\alpha}\{\Delta F\}_{n+1} \qquad \alpha=2,4,8,8 \tag{7.73}$$

（2）利用式（7.32）建立附加荷载向量增量

$$\{\Delta F^p\}_{m+1}^{j+1}=\left[\left(\{\Delta f^p\}_{m+1}^{j+1}\right)^{\mathrm{T}} \quad \{0\}^{\mathrm{T}}\right]^{\mathrm{T}} \tag{7.74}$$

其中

$$\{\Delta f^p\}_{m+1}^{j+1}=\int_\Omega [B]^{\mathrm{T}}(\Delta\sigma_0)_{m+1}^j \mathrm{d}\Omega \tag{7.75}$$

（3）利用式（5.50）建立矩阵 $[K]$ 值。

（4）利用式（5.53）求样条结点的位移向量增量 $\{\Delta\delta\}_{m+1}^{j+1}$ 及孔压向量增量 $\{\Delta p\}_{m+1}^{j+1}$ 值。

（5）利用式（5.54）求饱和土地基任一点的有效应力向量增量。

$$\{\Delta\sigma'\}_{m+1}^{j+1}=([D_{ep}])([B]\{\Delta\delta\}_{m+1}^{j+1}+[\bar{\alpha}](\Delta\boldsymbol{\varepsilon}^s)_{m+1}^{j+1}) \tag{7.76}$$

其中

$$[\bar{\alpha}]=(kB)=(k^*[D]) \qquad (\Delta\boldsymbol{\varepsilon}^s)_{m+1}^{j+1}=[D]^{-1}\{\Delta\sigma'\}_{m+1}^j \tag{7.77}$$

（6）计算地基任一点的有效应力向量值

$$\{\sigma'\}_{m+1}^{j+1}=\{\sigma'\}_{m+1}^j+\{\Delta\sigma'\}_{m+1}^{j+1} \tag{7.78}$$

（7）判断地基各点是否处于塑性状态。

（8）利用式（7.9）求处于塑性状态各点的塑性应力向量增量为

$$\{\Delta\sigma_0\}_{m+1}^{j+1}=([D]_P)([B]\{\Delta\delta\}_{m+1}^{j+1}-(\Delta\boldsymbol{\varepsilon}^s)_{m+1}^{j+1}) \tag{7.79}$$

由此可得

$$\{\sigma_0\}_{m+1}^{j+1}=\{\sigma_0\}_{m+1}^j+\{\Delta\boldsymbol{\sigma}_0\}_{m+1}^{j+1} \tag{7.80}$$

（9）判断收敛性。如果 $\{\sigma_0\}_{m+1}^{j+1}$ 与 $\{\sigma_0\}_{m+1}^j$ 相差很小，则停止迭代运算，算出第 m+1 级荷载增量产生的结果，即

$$\begin{cases}\{\delta\}_{m+1}=\{\delta\}_m+\{\Delta\delta\}\\ \{p\}_{m+1}=\{p\}_m+\{\Delta p\}\\ \{\sigma'\}_{m+1}=\{\sigma'\}_m+\{\Delta\sigma'\}\\ \{\sigma_0\}_{m+1}=\{\sigma_0\}_m+\{\Delta\sigma_0\}\end{cases} \tag{7.81}$$

否则重复步骤（1）～步骤（9）直到收敛为止，即可获得第 n+1 时段 Δt 的计算结果

$$\begin{cases}\{\delta\}_{n+1}=\{\delta\}_n+\{\Delta\delta\}\\ \{p\}_{n+1}=\{p\}_n+\{\Delta p\}\\ \{\sigma'\}_{n+1}=\{\sigma'\}_n+\{\Delta\sigma'\}\\ \{\sigma\}_{n+1}=\{\sigma'\}_{n+1}+\{M\}p_{n+1}\\ \{\sigma_0\}_{n+1}=\{\sigma_0\}_n+\{\Delta\sigma\}\end{cases} \tag{7.82}$$

（10）如果第 n+1 时段 Δt 刚好将全部时间分完，则停止计算。如果还没有分完，则再计算第 n+2 时段 Δt 的结果，直到全部时间分完及计算完毕，即可获得所求问题的结果。

7.4.4 增量变刚度迭代法

如果第 n 时段 Δt 计算完毕，即可按下列步骤计算第 n+1 时段 Δt 的结果。

（1）利用式（7.41a）建立荷载向量增量 $\{\Delta F\}_{n+1}$ 值。利用式（7.73）建立第 m+1 级荷载向量增量 $\{\Delta F\}_{m+1}$。

（2）利用式（7.41a）建立向量增量 $\{\Delta F^s\}_{m+1}$。

（3）利用式（7.40）建立矩阵 $[K]$。

（4）利用式（7.41b）求增量 $\{\Delta U\}_{m+1}^{j+1}$ 值，由此可得样条结点的位移 $\{\Delta\delta\}_{m+1}^{j+1}$ 及孔压 $\{\Delta p\}_{m+1}^{j+1}$ 值。

（5）利用式（7.76）及式（7.77），求饱和土地基任一点的有效应力向量增量。

（6）利用式（7.78）计算地基任一点的应力向量值。

（7）判断地基各点是否处于塑性状态。

（8）利用式（7.79）及式（7.80）计算地基处于塑性状态各点的塑性应力值。

（9）判断收敛性。如果 $\{\sigma_0\}_{m+1}^{j+1}$ 与 $\{\sigma_0\}_{m+1}^{j}$ 相差很小，则收敛，故停止迭代运算，利用式（7.81）算出第 m+1 级加载的结果。否则重复步骤（1）～步骤（9）直到收敛为止，即可获得第 n+1 时段 Δt 的结果。

（10）如果第 n+1 时段 Δt 刚好将时间分完，则停止计算。如果还没有分完，再计算第 n+2 时段 Δt 的结果，直到将全部时间分完及计算完毕，即可获得所求问题的结果。

7.5 结　　语

1985 年以来，本书作者指导研究生利用上述新理论新方法分析岩土工程、建筑工程、桥梁工程、地下工程及水利工程中的弹塑性问题，利用 Fortran 语言及 C 语言分别编制有关程序，计算诸多例题，其不仅计算简便，而且精确度比有限元法好。

（1）文献[7]利用上述新方法分析过土体地基的弹塑性问题，计算了诸多例题。计算结果表明，这些新方法不仅计算工作比有限元法简捷，而且精度比有限元法高，为土体弹塑性地基分析开拓了一条新途径。

（2）文献[8]利用样条函数方法分析、计算深梁、剪力墙及框架的弹塑性问题，文献[9]利用样条函数方法分析、计算钢筋混凝土结构的弹塑性问题，文献[10]利用样条有限点法分析、计算连续刚构桥结果的弹塑性问题，上述计算结果不仅比有限元法结果好，而且计算非常简便。

图 7.1 为深梁，它是一个平面应力问题。$a = 100\text{mm}$，$b = 400\text{mm}$，厚度为 1，集中力 $P = 1.2\text{kN}$，$E = 256\text{GPa}$，$\mu = 0$，$\sigma_s = 210\text{MPa}$，采用线性强化模型，$E_t = 0.2E$。利用弹塑性应变理论及样条有限点法算出的结果见表 7.1 及表 7.2。上述结果与弹塑性流动法则理论及有限元法算出的结果相差很小，但计算很简便。

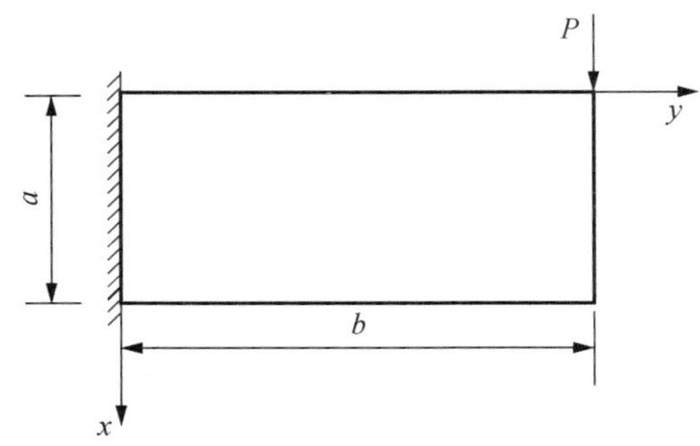

图 7.1　深梁

表 7.1　悬梁竖向位移　　（单位：mm）

方法	(x,y)				
	(100,0)	(100,100)	(100,200)	(100,300)	(100,400)
弹性解	0	0.100 77	0.349 73	0.697 27	1.106 10
弹塑性流动法则理论及有限元法（A）	0	0.109 30	0.368 38	0.726 05	1.145 00
弹塑性应变理论及样条有限点法（B）	0	0.111 08	0.370 21	0.728 72	1.151 02

表 7.2　悬臂梁 y 方向的应力分量　　（单位：MPa）

方法	(x,y)					
	(0,0)	(20,0)	(40,0)	(60,0)	(80,0)	(100,0)
弹性解	251.2383	144.1658	47.1729	−47.1729	−144.0493	−251.4866
A 法	225.8847	161.4683	51.9428	−51.9428	−159.8296	−229.4075
B 法	224.2561	163.1234	50.2165	−50.2165	−161.7413	−226.8912

参 考 文 献

[1] 秦荣．结构塑性力学[M]．北京：科学出版社，2016．

[2] 秦荣．计算结构非线性力学[M]．南宁：广西科学技术出版社，1999．

[3] 秦荣．计算结构力学[M]．北京：科学出版社，2001．

[4] 秦荣．板壳弹塑性问题的样条有限点法[J]．力学学报，1989，21（增刊）：243-248．

[5] 秦荣，何昌如．弹性地基薄板的静力及动力分析[J]．土木工程学报，1988，21（3）：71-78．
[6] 秦荣．弹塑性层状地基分析的样条子域法[J]．工程力学，1994，11（增刊）：244-251．
[7] 许英姿．层状地基弹塑性分析的样条函数方法[D]．南宁：广西大学，1994．
[8] 刘建秀．结构弹塑性分析及极限分析的样条函数方法[D]．南宁：广西大学，1989．
[9] 蒋卫纲．钢筋混凝土梁及剪力墙非线性的新方法[D]．南宁：广西大学，1993．
[10] 朱旭辉．连续刚构桥极限承载能力分析的新方法研究[D]．南宁：广西大学，2009．

第八章　土体弹塑性分析的 QR 法

QR 法是本书作者于 1984 年创立的，1986 年用于固体弹塑性分析[1]，1988 年以来用于岩土弹塑性分析，创立了岩土工程弹塑性分析的总应力——QR 法及有效应力——QR 法。本章主要介绍上述两种方法[1-16]。

8.1　土体弹塑性分析的总应力——QR 法

建立土体弹塑性分析的总应力——QR 法与固体力学相同。本章以三维空间土体地基（图 7.1）为例来介绍土体地基弹塑性分析的总应力——QR 法的基本原理。

8.1.1　样条初应力模型

1. 样条离散化

因为地基是三维空间土体地基（图 7.1），因此可沿地基 z 方向进行单样条离散化（图 7.2）为

$$0 = z_0 < z_1 < z_2 < z_3 < \cdots < x_N = H$$

$$z_i = z_0 + ih \qquad h = z_{i+1} - z_i = \frac{H}{N}$$

它的位移函数可采用第五章式（5.13）的形式，由此可得

$$\boldsymbol{V} = [N]\{\delta\} \tag{8.1}$$

式中有关符号与第五章 5.2 节相同，详见式（5.13）、式（5.15）及式（5.16），其中

$$\boldsymbol{V} = [u \quad v \quad w]^{\mathrm{T}} \tag{8.2}$$

2. 建立单元结点位移向量与地基样条结点位移的转换关系

由第六章式（6.3）可得

$$\{V\}_e = [T][N]_e\{\delta\} \tag{8.3}$$

这就是单元结点位移向量与地基样条结点广义位移的转换关系，式中符号与式(6.3)～式（6.5）相同。

3. 建立单元总势能泛函

利用最小势能原理可得单元的总势能泛函

$$\Pi_e = \frac{1}{2}\{V\}_e^{\mathrm{T}}[k]_e\{V\}_e - \{V\}_e^{\mathrm{T}}\{f^p\}_e - \{V\}_e^{\mathrm{T}}\{f\}_e \tag{8.4}$$

式中：$\{V\}_e$ 为单元结点位移向量；$\{f^p\}_e$ 为单元附加荷载向量。将式（8.4）代入式（8.3），可得

$$\Pi_e = \frac{1}{2}\{\delta\}^{\mathrm{T}}[K]_e\{\delta\} - \{\delta\}^{\mathrm{T}}\{F^p\}_e - \{\delta\}^{\mathrm{T}}\{F\}_e \tag{8.5}$$

其中

$$[K]_e = [N]_e^{\mathrm{T}}[T]^{\mathrm{T}}[K]_e[T][N]_e \tag{8.6}$$

$$[F^p]_e = [N]_e^{\mathrm{T}}[T]^{\mathrm{T}}\{f^p\}_e \tag{8.7}$$

$$\{F\}_e = [N]^{\mathrm{T}}[T]^{\mathrm{T}}\{f\}_e \tag{8.8a}$$

式中：$[K]_e$、$\{f\}_e$ 及 $\{f^p\}_e$ 分别为单元的刚度矩阵、荷载向量及附加荷载向量，即

$$\{k\}_e = \int_\Omega [B]_e^{\mathrm{T}}[D][B]_e \mathrm{d}\Omega \qquad \{f^p\}_e = \int_\Omega [B]_e^{\mathrm{T}}\sigma_0 \mathrm{d}\Omega \tag{8.8b}$$

4. 建立地基的样条离散化总势能泛函

如果地基划分为 M 个单元，则它的总势能泛函可以用下列表达式确定：

$$\boldsymbol{\Pi} = \sum_{e=1}^{M}\boldsymbol{\Pi}_e \tag{8.9}$$

将式（8.5）代入式（8.9）可得

$$\Pi = \frac{1}{2}\{\delta\}^{\mathrm{T}}[K]\{\delta\} - \{\delta\}^{\mathrm{T}}(\{f\} + \{f^p\}) \tag{8.10}$$

这是地基的样条离散化总势能泛函，式中

$$[K] = \sum_{e=1}^{M}[K]_e \qquad \{f\} = \sum_{e=1}^{M}\{F\}_e \qquad \{f^p\} = \sum_{e=1}^{M}\{F^p\}_e \tag{8.11}$$

5. 建立地基的样条离散化总刚度方程

利用变分原理 $\delta\Pi = 0$，可得

$$[K]\{\delta\} = \{f\} + \{f^p\} \tag{8.12}$$

这是地基的样条离散化总刚度方程。式中 $[K]$ 为地基的样条离散化刚度矩阵，$\{f\}$ 为地基样条结点的荷载向量，$\{f^p\}$ 为地基样条结点的附加荷载向量。

6. 求地基的位移及应力

利用式（8.12）求出地基样条结点位移向量 $\{\delta\}$ 后，即可利用式（8.1）求出地基任一点的位移，然后利用相应的公式求出地基任一点的应力，即

$$\boldsymbol{\sigma} = [D][B]_e[T][N]_e\{\delta\} - \boldsymbol{\sigma}_0 \tag{8.13a}$$

式中：$[B]_e$ 为单元的应变转换矩阵；$\boldsymbol{\sigma}_0$ 由塑性变形引起的应力，称之为初应力，即

$$\boldsymbol{\sigma}_0 = [D]\varepsilon^p = [D]_p(\boldsymbol{\varepsilon}_e - \boldsymbol{\varepsilon}^s) \tag{8.13b}$$

8.1.2　样条变刚度模型

1. 建立单元的变分方程

利用最小势能原理可建立单元的变分方程

$$\delta\Pi_e = \delta\{V\}_e^{\mathrm{T}}[k^p]_e\{V\}_e - \delta\{V\}_e{}^{\mathrm{T}}(\{f\}_e+\{f^s\}_e) = 0 \tag{8.14}$$

其中

$$[k^p]_e = \int_{\Omega e}[B]^{\mathrm{T}}[D^*][B]\mathrm{d}\Omega \tag{8.15}$$

$$\begin{cases}\{f^p\}_e = \int_{\Omega e}[B]^{\mathrm{T}}\boldsymbol{\sigma}_0\mathrm{d}\Omega \\ \{f^s\}_e = \int_{\Omega e}[B]^{\mathrm{T}}[D_0]_e\boldsymbol{\varepsilon}_s\mathrm{d}\Omega \\ \{f\}_e = \{\overline{R}\}_e + \int_{\Gamma e}[N]^{\mathrm{T}}\overline{q}^*\mathrm{d}\Gamma + \int_{\Omega e}[N]^{\mathrm{T}}\boldsymbol{F}\mathrm{d}\Omega\end{cases} \tag{8.16}$$

式中：$\boldsymbol{F}$ 为体力向量；$\overline{q}^*$ 为已知面力；$\{\overline{R}\}_e$ 为集中力向量；$[D]$ 为弹性矩阵，而且

$$\begin{cases}[D^*] = ([1+kB]^{-1})^{\mathrm{T}}[D]([1+kB]^{-1}) \\ [D_0] = ([1+kB]^{-1})^{\mathrm{T}}[D]([1+kB]^{-1}kB)\end{cases} \tag{8.17}$$

或

$$\begin{cases}[D^*] = [(I+k^*[D])^{-1}]^{\mathrm{T}}[D](I+k^*[D])^{-1} \\ [D_0] = [(I+k^*[D])^{-1}]^{\mathrm{T}}[D](I+k^*[D])^{-1}k^*[D]\end{cases} \tag{8.18}$$

式中有关符号详见第二章。

2. 建立单元样条离散化变分方程

将式（8.3）代入式（8.14）可得

$$\delta\Pi_e = \delta\{\delta\}^{\mathrm{T}}[K^p]_e\{\delta\} - \delta\{\delta\}^{\mathrm{T}}(\{F\}_e + \{F^s\}_e) = 0 \tag{8.19}$$

这就是单元样条离散化变分方程，式中

$$\begin{cases}[K^p]_e = [N]_e^{\mathrm{T}}[T]^{\mathrm{T}}[k^p]_e[T][N]_e \\ \{F^s\}_e = [N]^{\mathrm{T}}[T]^{\mathrm{T}}\{f^s\}_e \\ \{F\}_e = [N]^{\mathrm{T}}[T]^{\mathrm{T}}\{f\}_e\end{cases} \tag{8.20}$$

3. 建立地基样条离散化变分方程

地基的总势能的变分方程可采用下列形式：

$$\delta\Pi = \sum_{e=1}^{M}\delta\Pi_e = 0 \tag{8.21}$$

将式（8.19）代入式（8.21）可得地基样条离散化变分方程

$$\delta\Pi = \delta\{\delta\}^{\mathrm{T}}([K^p]\{\delta\} - \{f\} - \{f^s\}) = 0 \tag{8.22}$$

其中

$$\begin{cases} [K^p] = \sum_{e=1}^{M} [K^p]_e \\ \{f\} = \sum_{e=1}^{M} \{F\}_e \\ \{f^s\} = \sum_{e=1}^{M} \{F^s\}_e \end{cases} \tag{8.23}$$

4. 建立地基弹塑性刚度方程

由式（8.2）可得地基弹塑性刚度方程

$$[K^p]\{\delta\} = \{f\} + \{f^s\} \tag{8.24}$$

式中：$[K^p]$ 为地基的样条离散化弹塑性刚度方程；$\{f\}$ 为地基样条结点的荷载向量；$\{f^s\}$ 为地基样条结点的附加荷载向量。

5. 求地基任一点的位移及应力

由式（8.24）求出地基的样条结点位移向量 $\{\delta\}$ 后，即可利用式（8.2）求出地基任一点的位移向量，然后利用相应公式求出地基任一点的应力

$$\boldsymbol{\sigma} = (1+kB)^{-1}[D]([B]\{V\}_e + (kB)\boldsymbol{\varepsilon}^s) \tag{8.25}$$

由此可得

$$\boldsymbol{\sigma} = (1+kB)^{-1}([S]\{\delta\} + (kB)[D]\boldsymbol{\varepsilon}^s) \tag{8.26}$$

其中

$$[S] = [D][B][T][N]_e \tag{8.27}$$

8.2 饱和土有效应力——QR 法

饱和土地基的分析可以采用有效应力——QR 法。本节以三维饱和土空间地基为例来介绍有效应力——QR 法的基本原理。

8.2.1 样条初应力模型

1. 空间样条离散化

如果图 5.4 为三维饱和土空间地基，则可以对它沿 z 方向进行空间单样条离散化（图 5.3），即

$$0 = z_0 < z_1 < z_2 < z_3 < \cdots < x_N = H$$

$$z_i = z_0 + ih \qquad h = z_{i+1} - z_i = \frac{H}{N}$$

因此，它的位移函数可采用式（5.13）的形式，它的孔压函数可采用式（5.14）的形式，由此可得

$$\boldsymbol{V}=[N]\{\delta\} \qquad \boldsymbol{p}=[N_p]\{p\} \tag{8.28}$$

式中有关符号与 5.2 节相同，详见式（5.13）～式（5.16）。

2. 建立单元结点向量与地基样条结点向量的转换关系

由式（6.15）及式（6.16）可得

$$\{V\}_e=[T][N]_e\{\delta\} \tag{8.29}$$

$$\{p\}_e=[T][N_p]_e\{p\} \tag{8.30}$$

式中有关符号与式（6.15）及式（6.16）相同。

3. 建立单元总势能泛函

利用变分原理可得

$$\varPi_e=\frac{1}{2}\{V\}_e^{\mathrm{T}}[k]_e\{V\}_e+\{V\}_e^{\mathrm{T}}[k_c]_e\{p\}_e-\{V\}_e^{\mathrm{T}}(\{f\}_e+\{f^p\}_e) \tag{8.31}$$

$$\varPi_{se}=\{p\}_e^{\mathrm{T}}[k_c]_e^{\mathrm{T}}\{\dot{V}\}_e-\frac{1}{2}\{p\}_e^{\mathrm{T}}[k_s]_e\{p\}_e-\{p\}_e^{\mathrm{T}}\{\overline{f}\}_e \tag{8.32}$$

式中：$[k]_e$ 为单元刚度矩阵；$[k_c]_e$ 为单元耦合矩阵；$[k_s]_e$ 为单元渗流矩阵；$\{f\}$ 为荷载向量；$\{\overline{f}\}_e$ 为单元流量向量；详见式（6.20）及式（6.21）。

如果将式（8.29）及式（8.30）代入式（8.31）及式（8.32）可得

$$\varPi_e=\frac{1}{2}\{\delta\}^{\mathrm{T}}[K]_e\{\delta\}+\{\delta\}^{\mathrm{T}}[K_c]_e\{p\}-\{\delta\}^{\mathrm{T}}(\{F\}_e+\{F^p\}_e) \tag{8.33}$$

$$\varPi_{se}=\{p\}^{\mathrm{T}}[K_c]_e^{\mathrm{T}}\{\dot{\delta}\}-\frac{1}{2}\{p\}^{\mathrm{T}}[K_s]_e\{p\}-\{p\}^{\mathrm{T}}\{\overline{F}\} \tag{8.34}$$

式中有关符号与式（6.22）～式（6.24）相同。$\{F^p\}_e$ 为

$$\{F^p\}_e=[N]_e^{\mathrm{T}}[T]^{\mathrm{T}}\{f^p\}_e \tag{8.35}$$

4. 建立饱和土地基样条离散化总势能泛函

如果将地基划分为 M 个单元，则地基的总势能泛函为

$$\varPi=\frac{1}{2}\{\delta\}^{\mathrm{T}}[K]\{\delta\}+\{\delta\}^{\mathrm{T}}[K_c]\{p\}-\{\delta\}^{\mathrm{T}}(\{f\}+\{f^p\}) \tag{8.36}$$

$$\varPi_s=\{p\}^{\mathrm{T}}[K_c]\{\dot{\delta}\}-\frac{1}{2}\{p\}^{\mathrm{T}}[K_s]\{p\}-\{p\}^{\mathrm{T}}\{\overline{f}\} \tag{8.37}$$

式中有关符号与式（6.25）～式（6.27）相同。

5. 建立有效应力——QR 法的基本方程

利用变分原理 $\delta\varPi=0$ 可得

$$[K]\{\delta\}+[K_c]\{p\}=\{f\}+\{f^p\} \tag{8.38}$$

$$[K_c]^{\mathrm{T}}\{\dot{\delta}\}-[K_s]\{p\}=\{\overline{f}\} \tag{8.39}$$

它们是有效应力——QR 法的基本方程，也称饱和土的三维固结 QR 法基本方程。

联立求解式（8.38）及式（8.39），即可求出饱和土的位移及孔压。

6. 时间离散化

对于饱和土三维固结基本方程的时间离散化，仍采用 5.2 节的方法。由上述可得

$$[K]\{\Delta\delta\}+[K_c]\{\Delta p\}=\{\Delta f\}+\{\Delta f^p\} \tag{8.40}$$

$$[K_c]^{\mathrm{T}}\{\Delta\delta\}-\theta\Delta t[K_s]\{\Delta p\}=\{\Delta\overline{f}\} \tag{8.41}$$

式（8.40）及式（8.41）是一个线性代数方程组，由此可得

$$[H]\{\Delta U\}=\{\Delta F\}+\{\Delta F^p\} \tag{8.42}$$

这是饱和土三维固结 QR 法线性代数方程组，式中

$$[H]=\begin{bmatrix}[K] & [K_c]\\ [K_c]^{\mathrm{T}} & -\theta\Delta t[K_s]\end{bmatrix} \tag{8.43}$$

$$\{\Delta U\}=\left[\{\Delta\delta\}^{\mathrm{T}}\quad\{\Delta p\}^{\mathrm{T}}\right]^{\mathrm{T}} \tag{8.44}$$

$$\{\Delta F\}=\left[\{\Delta f\}^{\mathrm{T}}\quad\{\Delta\overline{f}\}^{\mathrm{T}}\right]^{\mathrm{T}} \tag{8.45}$$

$$\{\Delta F^p\}=\left[\{\Delta f''^{bp}\}^{\mathrm{T}}\quad\{0\}^{\mathrm{T}}\right]^{\mathrm{T}} \tag{8.46}$$

由上述可知，利用式（8.42）可求出饱和土地基的位移向量增量及孔压向量增量。当 $\{\Delta\delta\}$ 及 $\{\Delta p\}$ 求出后，利用相应公式可求出饱和土地基任一点的位移、孔压及有效应力。

关于如何求出饱和土地基任一点的位移、孔压、有效应力及总应力，详见 5.2 节、6.2 节、7.2.1 节及 7.4 节。

8.2.2 样条变刚度模型

1. 建立单元的变分方程

利用最小势能原理可以建立单元变分方程

$$\delta\Pi_e=\delta\{V\}_e^{\mathrm{T}}[k^p]_e\{V\}_e+\delta\{V\}_e^{\mathrm{T}}[k_c]_e\{p\}_e-\delta\{V\}_e^{\mathrm{T}}(\{f\}_e+\{f^s\}_e) \tag{8.47}$$

$$\delta\Pi_{se}=\delta\{p\}_e^{\mathrm{T}}[k_c]_e^{\mathrm{T}}\{\dot{V}\}_e-\delta\{p\}_e^{\mathrm{T}}[k_s]_e\{V\}_e-\{p\}_e^{\mathrm{T}}\{\overline{f}\}_e \tag{8.48}$$

式中有关符号与式（6.14）、式（8.31）及式（8.32）相同，如果将式（8.29）及式（8.30）代入式（8.31）及式（8.32），则可得

$$\delta\Pi_e=\delta\{\delta\}^{\mathrm{T}}[K^p]_e\{\delta\}+\delta\{\delta\}^{\mathrm{T}}[K_c]_e\{p\}-\delta\{\delta\}^{\mathrm{T}}(\{F\}_e+\{F^s\}_e) \tag{8.49}$$

$$\delta\Pi_{se}=\delta\{p\}^{\mathrm{T}}[K_c]_e\{\dot{\delta}\}-\delta\{p\}^{\mathrm{T}}[K_s]_e\{p\}-\delta\{p\}^{\mathrm{T}}\{\overline{F}\} \tag{8.50}$$

其中

$$\begin{cases}[K^p]_e=[N]_e^{\mathrm{T}}[T]^{\mathrm{T}}[k^p]_e[T][N]\\ \{F^s\}_e=[N]_e^{\mathrm{T}}\{T\}^{\mathrm{T}}\{f^s\}_e\\ \{F\}_e=[N]_e^{\mathrm{T}}[T]^{\mathrm{T}}\{f\}_e\\ \{\overline{F}\}_e=[N]_e^{\mathrm{T}}[T]_e^{\mathrm{T}}\{\overline{f}\}_e\end{cases} \tag{8.51}$$

式中：$\{f^s\}_e$ 与式（8.16）相同。

2. 建立饱和土地基样条离散化基本方程

利用变分原理 $\delta\Pi=0$ 可得

$$\delta\Pi=\sum_{e=1}^{M}\delta\Pi_e=0 \qquad \delta\Pi_s=\sum_{e=1}^{M}\delta\Pi_{se}=0 \tag{8.52}$$

将式（8.49）及式（8.50）代入式（8.52）可得

$$[K^p]\{\delta\}+[K_c]\{p\}=\{f\}+\{f^s\} \tag{8.53}$$

$$[K_c]^{\mathrm{T}}\{\dot{\delta}\}-[K_s]\{p\}=\{\overline{f}\} \tag{8.54}$$

$$\begin{cases}[K^p]=\sum_{e=1}^{M}[K^p]_e, & [K_c]=\sum_{e=1}^{M}[K_c]_e\\ [K_s]=\sum_{e=1}^{M}[K_s]_e, & \{f\}=\sum_{e=1}^{M}\{F\}_e\\ \{f^s\}=\sum_{e=1}^{M}\{F^s\}_e, & \{\overline{f}\}=\sum_{e=1}^{M}\{\overline{F}\}_e\end{cases} \tag{8.55}$$

3. 对基本方程时间离散化

对式（8.53）及式（8.55）进行时间离散化可得

$$[K^p]\{\Delta\delta\}+[K_c]\{\Delta p\}=\{\Delta f\}+\{\Delta f^s\} \tag{8.56}$$

$$[K_c]^{\mathrm{T}}\{\Delta\delta\}-\theta\Delta t[K_s]\{\Delta p\}=\{\Delta\overline{f}\} \tag{8.57}$$

式（8.56）及式（8.57）是一个线性代数方程组，由此可得

$$[H]\{\Delta U\}=\{\Delta F\}+\{\Delta F^s\} \tag{8.58}$$

其中

$$\{\Delta F\}=\left[\{\Delta f\}^{\mathrm{T}} \quad \{\Delta\overline{f}\}^{\mathrm{T}}\right]^{\mathrm{T}} \tag{8.59}$$

$$\{\Delta F^s\}=\left[\{\Delta f^s\}^{\mathrm{T}} \quad \{0\}^{\mathrm{T}}\right]^{\mathrm{T}} \tag{8.60}$$

$$[H]=\begin{bmatrix}[K] & [K_c]\\ [K_c]^{\mathrm{T}} & -\theta\Delta t[K_s]\end{bmatrix} \tag{8.61}$$

由上述可知，利用式（8.58）可求饱和土地基的位移向量增量 $\{\Delta\delta\}$ 及孔压向量增量 $\{\Delta p\}$。当 $\{\Delta\delta\}$ 与 $\{\Delta p\}$ 求出后，利用相应公式可求出饱和土地基任一点的位移、孔压及有效应力。

如何求出饱和土地基的任一点的位移、孔压、有效应力及其总应力，详见 5.2 节、6.2 节、7.2.1 节及 7.4 节。

有效应力向量为

$$\boldsymbol{\sigma}'=[D]\boldsymbol{\varepsilon}-\boldsymbol{\sigma}_0 \tag{8.62}$$

由此可得

$$\Delta\boldsymbol{\sigma}'=[D]\Delta\boldsymbol{\varepsilon}-\Delta\boldsymbol{\sigma}_0 \tag{8.63}$$

其中

$$\begin{cases}\boldsymbol{\sigma}'=\begin{bmatrix}\sigma'_x & \sigma'_y & \sigma'_z & \tau_{xy} & \tau_{yz} & \tau_{zx}\end{bmatrix}^{\mathrm{T}}=\{\sigma'\}\\ \boldsymbol{\sigma}=\begin{bmatrix}\sigma_x & \sigma_y & \sigma_z & \tau_{xy} & \tau_{yz} & \tau_{zx}\end{bmatrix}^{\mathrm{T}}=\{\sigma\}\\ \boldsymbol{\varepsilon}=\begin{bmatrix}\varepsilon_x & \varepsilon_y & \varepsilon_z & \gamma_{xy} & \gamma_{yz} & \gamma_{zx}\end{bmatrix}^{\mathrm{T}}=\{\varepsilon\}\\ \boldsymbol{\sigma}_0=\begin{bmatrix}\sigma_{0x} & \sigma_{0y} & \sigma_{0z} & \tau_{0xy} & \tau_{0yz} & \tau_{0zx}\end{bmatrix}^{\mathrm{T}}=\{\sigma_0\}\end{cases} \tag{8.64}$$

总应力向量为

$$\boldsymbol{\sigma}=\boldsymbol{\sigma}'+\{M\}p \tag{8.65}$$

其中

$$\{M\}=\begin{bmatrix}1 & 1 & 1 & 0 & 0 & 0\end{bmatrix}^{\mathrm{T}} \tag{8.66}$$

由式（8.26）可得

$$\{\sigma\}=(1+kB)^{-1}([S]\{V\}+(kB)[D]\{\varepsilon^s\}) \tag{8.67}$$

8.3　地基弹塑性分析的新算法

对岩土弹塑性刚度方程的解法，常有两类，即初应力迭代法及变刚度迭代法。本节以土体地基为例，先介绍增量初应力迭代法及增量变刚度迭代法，然后简介作者的新算法。

8.3.1　增量初应力迭代法

由式（8.12）可得

$$\{\Delta\delta\}_{n+1}^{j+1}=[K]^{-1}(\{\Delta f\}_{n+1}+\{\Delta f^p\}_{n+1}^{j+1}) \tag{8.68}$$

$$\begin{cases}\{\Delta f^p\}_{n+1}^{j+1}=\sum\limits_{e=1}^{M}[N]_e^{\mathrm{T}}[T]^{\mathrm{T}}\int_{\Omega e}[B]_e^{\mathrm{T}}\{\Delta\sigma_0\}_{n+1}^{j+1}\mathrm{d}\Omega\\ \{\Delta f\}_{n+1}=\sum\limits_{e=1}^{M}[N]_e^{\mathrm{T}}([T]^{\mathrm{T}}\{\Delta f\}_{e,n+1})\end{cases} \tag{8.69}$$

$$\{\Delta\sigma_0\}_{n+1}^{j+1}=(1+kB)^{-1}kB([\bar{H}](\{\Delta f\}_{n+1}+\{\Delta f^p\}_{n+1}^{j})-[D]\{\Delta\varepsilon^s\}_{n+1}^{j}) \tag{8.70}$$

$$\{\Delta\sigma\}_{n+1}^{j+1}=[\bar{H}](\{\Delta f\}_{n+1}+\{\Delta f^p\}_{n+1}^{j+1})-\{\Delta\sigma_0\}_{n+1}^{j+1} \tag{8.71}$$

$$\{\Delta\varepsilon^s\}_{n+1}^{j+1}=[D]^{-1}\{\Delta\sigma\}_{n+1}^{j+1} \tag{8.72}$$

其中

$$[S]=[D][B][T][N]_e \qquad [\bar{H}]=[S][K]^{-1} \tag{8.73}$$

这是增量初应力迭代法计算格式。上述式中：下角 n 为荷载增量的次数；上角 j 为每增加一级荷载后的迭代次数。如果已经求出 $\{\Delta V\}_{n+1}^{j}$、$\{\Delta f^s\}_{n+1}^{j}$、$\{\Delta\sigma\}_{n+1}^{j}$ 及 $\{\Delta\varepsilon^s\}_{n+1}^{j}$ 的值，则可根据下列步骤进行计算。

（1）利用式（8.70）求每个单元的塑性应力向量的增量 $\{\Delta\sigma_0\}_{n+1}^{j+1}$ 值。

（2）利用式（8.69）求$\{\Delta f^p\}_{n+1}^{j+1}$值。对于流动法则理论，则$\Delta\varepsilon^s=0$（下同）。

（3）利用式（8.71）求$\{\Delta\sigma\}_{n+1}^{j+1}$值。

（4）利用式（8.72）求$\{\Delta\varepsilon^s\}_{n+1}^{j+1}$值。

（5）求任一点面的应力向量

$$\{\sigma\}_{n+1}^{j+1}=\{\sigma\}_{n+1}^{j}+\{\Delta\sigma\}_{n+1}^{j+1} \tag{8.74}$$

（6）求等效应力σ_i值。

（7）判断各点是否处于塑性状态。如果等效应力$\sigma_i<\sigma_s$，则框架处于弹性状态；若等效应力$\sigma_i\geqslant\sigma_s$，则框架处于塑性状态。如果某点处于弹性状态，则$k=0$，由此可知$\{\sigma_0\}=\{0\}$，$\{f^p\}=\{0\}$。如果某点处于塑性状态，则$k\neq 0$，由此可知$\{\sigma_0\}\neq\{0\}$，$\{f^p\}\neq\{0\}$。

（8）判断收敛性。上角标j从0开始，重复步骤（1）～步骤（7）的运算。如果$\{\Delta\sigma\}_{n+1}^{j+1}$与$\{\Delta\sigma\}_{n+1}^{j}$之值差很小，即可停止迭代运算。由上述可知，因为在迭代过程中位移没有什么意义，因此式（8.68）不参加迭代运算，在迭代收敛后，利用式（8.68）一次求出$\{\Delta V\}_{n+1}$。算出第n+1级荷载增量产生的结果，即

$$\{\delta\}_{n+1}=\{\delta\}_n+\{\Delta\delta\}_{n+1}\qquad\{\sigma\}_{n+1}=\{\sigma\}_n+\{\Delta\sigma\}_{n+1} \tag{8.75}$$

（9）如果第n+1级荷载增量刚好把全部荷载加完，则式（8.75）即为所求的弹塑性解。如果荷载还没有加完，则再加一级荷载增量，确定荷载向量的增量$\{\Delta f\}_{n+2}$，重复步骤（1）～步骤（8）的运算，直到全部荷载加完或结构破坏为止，即可获得所求的弹塑性问题的解。

8.3.2　增量变刚度迭代法

由式（8.23）可知，$[K^p]$是一个变刚度矩阵。如果采用线性强化弹塑性模型，则

$$[K^p]=(1+kB)^{-1}[K](1+kB)^{-1}=(1+kB)^{-2}[K]$$

由式可得

$$(1+kB)^{-2}[K]\{\Delta\delta\}_n^{j+1}=\{\Delta f\}_n+\{\Delta f^s\}_n^j \tag{8.76}$$

$$\{\Delta\delta\}_n^{j+1}=(1+kB)^{-1}([S]\{\Delta\delta\}_n^{j+1}+kB[D]\{\Delta\varepsilon^s\}_n^j) \tag{8.77}$$

$$\begin{cases}(\{\Delta f^s\}_e)_n^{j+1}=(1+kB)^{-2}kB\int_{\Omega e}[B]_e^{\mathrm{T}}[D]\{\Delta\varepsilon^s\}_n^{j+1}\mathrm{d}\Omega\\ \{\Delta f^s\}_n^{j+1}=\sum\limits_{e=1}^{M}[N]_e^{\mathrm{T}}[T]^{\mathrm{T}}(\{\Delta f^s\}_e)_n^{j+1}\end{cases} \tag{8.78}$$

$$\{\Delta\varepsilon^s\}_n^{j+1}=[D]^{-1}\{\Delta\sigma\}_n^{j+1} \tag{8.79}$$

这是增量变刚度迭代法计算格式，可以按下列步骤计算。

（1）对结构施加全部荷载，按弹性计算出应力值。

（2）求等效应力值。

（3）按下列公式施加荷载增量$[\Delta f]_n$，即

$$\{\Delta f\}_n=\frac{1}{n}\left(1-\frac{1}{\alpha}\right)\{f\} \tag{8.80}$$

式中：$\alpha=\sigma_{i\max}/\sigma_s$；$\sigma_i$为各点的等效应力；$\sigma_{i\max}$为等效应力最大值。

（4）利用式（8.76）计算 $\{\Delta\delta\}_1^{j+1}$ 值。

（5）利用式（8.77）求应力向量的增量，并确定

$$\{\sigma\}_1^{j+1}=\{\sigma\}_1^{j}+\{\Delta\sigma\}_1^{j+1} \tag{8.81}$$

（6）利用式（8.79）求出 $\{\Delta\varepsilon^s\}_1^{j+1}$ 值。

（7）利用式（8.78）求出 $\{\Delta f^s\}_1^{j+1}$ 值。

（8）求等效应力 $\boldsymbol{\sigma}_i$ 值，如果 $\boldsymbol{\sigma}_i<\boldsymbol{\sigma}_s$，则 $k=0$，否则 $k\neq 0$。

（9）重复步骤（4）～步骤（8），直到 $\{\delta\}_1^{j+1}$ 与 $\{\delta\}_1^{j}$ 相差很小时，则停止迭代运算，即得第一级荷载增量产生的结果，将其记为 $\{V\}_1$ 及 $\{\sigma\}_1$。

（10）按式（7.80）施加荷载增量 $\{\Delta f\}_2$，重复上述步骤（4）～步骤（9），可得 $\{\Delta V\}_2$ 及 $\{\Delta\sigma\}_2$，由此可得

$$\{\delta\}_2=\{\delta\}_1+\{\Delta\delta\}_2 \quad \{\sigma\}_2=\{\sigma\}_1+\{\Delta\sigma\}_2 \tag{8.82}$$

（11）继续加载，每加一级荷载增量，重复步骤（4）～步骤（10），直到全部荷载加完为止，即得结构弹塑性问题的解

$$\{\delta\}_n=\{\delta\}_{n-1}+\{\Delta\delta\}_n \quad \{\sigma\}_n=\{\sigma\}_{n-1}+\{\Delta\sigma\}_n \tag{8.83}$$

如果不采用线性强化弹塑性模型，则变刚度迭代法见第七章。

8.3.3　新算法

（1）样条增量初应力迭代法，这是作者基于 1988 年利用样条加权残数法创立的新算法，详见文献[14] 8.4 节。

（2）样条增量变刚度迭代法，这是作者基于 1989 年利用样条加权残数法创立的新算法，详见文献[14]第八章。

8.4　饱和土地基弹塑性分析的新算法

饱和土地基弹塑性分析可采用有效应力——QR 法建模，这种模型的算法可采用第七章 7.4 节的算法，本节仿照 7.4 节介绍有效应力——QR 法的算法。

8.4.1　增量初应力模型的算法

一般从第一时段 Δt 开始计算。如果第 n 时段 Δt 计算完毕，计算结果已知，则可按下列步骤计算第 n+1 时段 Δt 的结果。

（1）利用式（8.45）建立第 n+1 时段荷载向量增量 $\{\Delta F\}_{n+1}$ 值。

（2）利用式（8.46）建立第 n+1 时段 Δt 的附加荷载向量增量 $\{\Delta F^p\}$ 的值。

（3）利用式（8.43）建立第 n+1 时段 Δt 时的矩阵 $[H]$ 值。

（4）利用式（8.42）求第 n+1 时段 Δt 的向量增量 $\{\Delta U\}$ 的值。求解前先引入边界条件，然后利用相应的方法求出 $\{\Delta U\}$ 值，由此可求出 $\{\Delta\delta\}$ 及 $\{\Delta p\}$ 的值。

（5）利用式（5.53）求样条结点的第 n+1 时段 Δt 当前位移 $\{\delta\}_{n+1}$ 及当前孔压 $\{p\}_{n+1}$ 值。

（6）利用式（7.33a）及式（7.33b）求地基任一点的第 n+1 时段 Δt 当前有效应力值。

（7）利用式（5.56）求地基任一点的第 n+1 时段 Δt 当前总应力值。

（8）重复步骤（1）～步骤（7），即可求出饱和土地基三维固结问题的结果。

8.4.2 增量变刚度模型的算法

一般从第一时段 Δt 开始计算。如果第 n 时段 Δt 计算完毕，则可按下列步骤计算第 n+1 时段 Δt 的结果。

（1）利用（8.59）建立地基第 n+1 时段 Δt 的荷载向量增量 $\{\Delta F\}_{n+1}$ 值。

（2）利用式（8.60）建立地基第 n+1 时段 Δt 的附加荷载向量增量 $\{\Delta F^s\}_{n+1}$ 值。

（3）利用式（8.61）建立地基第 n+1 时段 Δt 的矩阵 $[H]$ 值。

（4）利用式（8.58）求地基第 n+1 时段 Δt 的向量增量 $\{\Delta U\}$ 值。先引入边界条件，然后利用相应的方法求出 $\{\Delta U\}_{n+1}$ 值，由此可得 $\{\Delta\delta\}_{n+1}$ 及 $\{\Delta p\}_{n+1}$ 值。

（5）利用式（8.70）求地基第 n+1 时段 Δt 当前位移向量即当前孔压向量值。

（6）利用式（8.71）求地基第 n+1 时段 Δt 当前有效应力值。

（7）利用式（8.72）求地基第 n+1 时段 Δt 当前的总应力值。

（8）重复步骤（1）～步骤（7），即可求出地基三维固结问题的结果。

8.4.3 增量初应力迭代法

如果第 n 时段 Δt 计算完毕，则第 n+1 时段 Δt 可按下列步骤进行计算。

（1）利用式（8.45）建立地基第 n+1 时段 Δt 的荷载增量 $\{\Delta F\}_{n+1}$ 值。如果设下标 m+1 位荷载增量加载次数，则可利用式（7.73）建立荷载增量 $\{\Delta F\}_{m+1}$。

（2）利用式（8.46）建立地基第 m+1 次加载时的附加荷载增量 $\{\Delta F^p\}_{m+1}$ 值。

（3）利用式（8.43）建立第 m+1 次加载时的矩阵 $[H]$。

（4）利用式（8.42）求地基第 m+1 次加载时的 $\{\Delta U\}_{m+1}^{j+1}$ 值，即

$$\{\Delta U\}_{m+1}^{j+1}=[H]^{-1}(\{\Delta F\}_{m+1}+\{\Delta F^p\}_{m+1}^{j+1}) \tag{8.84}$$

由此可得地基样条结点的位移增量 $\{\Delta\delta\}_{m+1}^{i+1}$ 及孔压增量 $\{\Delta p\}_{m+1}^{i+1}$ 值。

（5）利用式（8.62）求饱和土地基任意一点的应力向量增量，即

$$\{\Delta\sigma\}_{m+1}^{j+1}=[S]\{\Delta\sigma\}_{m+1}^{j+1}-\{\Delta\sigma_0\}_{m+1}^{j} \tag{8.85}$$

其中

$$\{\Delta\sigma_0\}_{m+1}^{j}=(1+kB)^{-1}kB([S]\{\Delta\delta\}_{m+1}^{j+1}-[D]\{\Delta\varepsilon^s\}_{m+1}^{j}) \tag{8.86}$$

$$\{\Delta\varepsilon^s\}_{m+1}^{j}=[D]^{-1}\{\Delta\sigma\}_{m+1}^{j} \tag{8.87}$$

（6）求地基任一点的应力向量值

$$\{\sigma\}_{m+1}^{j+1}=\{\sigma\}_{m+1}^{j}+\{\Delta\sigma\}_{m+1}^{j+1} \tag{8.88}$$

（7）判断地基各点是否处于塑性状态。

（8）利用式（8.86）求处于塑性状态各点的塑性应力向量增量值，由

$$\{\Delta\sigma_0\}_{m+1}^{j+1}=(1+kB)^{-1}kB([S]\{\Delta\delta\}_{m+1}^{j+1}-[D]\{\Delta\varepsilon^s\}_{m+1}^{j+1}) \tag{8.89}$$

其中

$$\{\Delta\varepsilon^s\}_{m+1}^{j+1}=[D]^{-1}\{\sigma\}_{m+1}^{j+1} \tag{8.90}$$

由上述可得

$$\{\sigma_0\}_{m+1}^{j+1}=\{\sigma_0\}_{m+1}^{j}+\{\Delta\sigma_0\}_{m+1}^{j+1} \tag{8.91}$$

（9）判断收敛性。如果$\{\sigma\}_{m+1}^{j+1}$与$\{\sigma\}_{m+1}^{j}$相差很小，则停止迭代运算，算出第 m+1 级荷载增量产生的计算结果，可参考式（7.81）。重复步骤（1）～步骤（9），直到收敛为止，即可获得第 n+1 时段 Δt 的结果［参考式（8.82）］。

（10）如果第 n+1 时段 Δt 刚好将全部时间分完，则停止运算。如果没有分完，则计算第 n+2 时段 Δt 的结果，直到将全部时间分完及计算完毕，即可获得所求问题的结果。

8.4.4　增量变刚度迭代法

如果第 n 时段 Δt 计算完毕，则可按下列步骤计算第 n+1 时段 Δt 的结果。

（1）利用式（8.59）建立第 n+1 时段 Δt 的荷载向量增量$\{\Delta F\}_{n+1}$值。利用式（7.73）建立第 m+1 级荷载向量增量$\{\Delta F\}_{m+1}$值。

（2）利用式（8.60）建立第 m+1 级附加荷载向量增量$\{\Delta F^s\}$值。

（3）利用式（8.61）建立第 m+1 级增量加载时的矩阵$[H]$值。

（4）利用式（8.58）求向量增量$\{\Delta U\}_{m+1}^{j+1}$值，由此可得地基样条结点的位移向量增量$\{\Delta\delta\}_{m+1}^{j+1}$及孔压向量增量$\{\Delta p\}_{m+1}^{j+1}$值。

（5）利用式（8.62）求饱和土地基任意一点的应力向量增量，即

$$\{\Delta\sigma\}_{m+1}^{j+1}=[D_{ep}]([B][T][N]_e\{\delta\}_{m+1}^{j+1}+[\alpha]\{\Delta\varepsilon^s\}_{m+1}^{j}) \tag{8.92}$$

$$\{\sigma\}_{m+1}^{j+1}=\{\sigma\}_{m+1}^{j}+\{\Delta\sigma\}_{m+1}^{j+1} \tag{8.93}$$

其中

$$\{\Delta\varepsilon^s\}_{m+1}^{j}=[D]^{-1}\{\Delta\sigma\}_{m+1}^{j} \tag{8.94}$$

（6）利用式（8.93）求出$\{\Delta\varepsilon^s\}_{m+1}^{j+1}$值。

$$\{\Delta\varepsilon^s\}_{m+1}^{j+1}=[D]^{-1}\{\Delta\sigma\}_{m+1}^{j+1} \tag{8.95}$$

（7）利用式（8.60）求出$\{\Delta F^s\}_{m+1}^{j+1}$值，即

$$\{\Delta F^s\}_{m+1}^{j+1}=[(\{\Delta f^s\}_{m+1}^{j+1})^{\mathrm{T}}\{0\}^{\mathrm{T}}]^{\mathrm{T}} \tag{8.96}$$

其中

$$\{\Delta f^s\}_{m+1}^{j+1}=\sum_{e=1}^{M}[N]_e^{\mathrm{T}}[T]^{\mathrm{T}}(\{\Delta f^s\}_e)_{m+1}^{j+1} \tag{8.97}$$

$$(\{\Delta f^s\}_e)_{m+1}^{i+1}=\int_{\Omega e}[B]_e^{\mathrm{T}}[D_0]_e\boldsymbol{\varepsilon}^s\mathrm{d}\Omega \tag{8.98}$$

（8）求等效应力σ_i值。如果$\sigma_i<\sigma_s$，则$k=0$，否则$k\neq0$。

（9）重复步骤（4）～步骤（8），直到收敛，即可获得第 n+1 时段 Δt 的结果。

（10）如果第 n+1 时段 Δt 刚好将全部时间分完及算完，即获得所求问题的结果。如果还没有分完，则再计算第 n+2 时段 Δt 的结果，直到将全部时间分完及计算完毕，才能获得所求问题的结果。

8.4.5　新算法

1986 年以来，作者创立了一套新算法。

（1）样条递推法，见文献[14] 8.2 节。

（2）样条增量迭代法，见文献[14] 8.3 节。

（3）材料非线性分析的新算法，见文献[14] 8.4 节。

（4）双重非线性分析的新算法，见文献[14] 8.5 节。

8.5　过渡单元及过渡子域

结构开始处于弹性状态，随着外力的增大，有些单元处于弹性状态，有些单元处于部分塑性状态，有些单元全部处于塑性状态。处于塑性区邻近的弹性区的有些单元，在加载开始处于弹性状态，在加载过程中逐步进入塑性状态，这种单元称为过渡单元。对于这种过渡单元，在建立$\{f^p\}_e$时，可采用加权平均初应力为

$$\sigma_0^* = (1-m)\sigma_0 \tag{8.99}$$

其中

$$m = (\boldsymbol{\sigma}_s - \boldsymbol{\sigma}_i) / \Delta\boldsymbol{\sigma}_i \tag{8.100}$$

式中：σ_i、σ_s及$\Delta\sigma_i$分别为单元等效应力、屈服应力及等效应力增量，$0 \leqslant m \leqslant 1$。当单元处于弹性状态时，$m=1$，则$\boldsymbol{\sigma}_0^* = 0$；当单元处于塑性状态时，$m=0$，则$\boldsymbol{\sigma}_0^* = \sigma_0$；当单元处于过渡单元时，$0<m<1$，则$0<\sigma_0^*<\sigma_0$。

由上述可知，在初应力法中，对过渡单元，需要对初应力处理；在变刚度法中，对过渡单元，需要对变刚度处理，详见文献[16] 9.8.1 节。

8.6　计 算 例 题

1988 年以来，本书作者指导研究生利用上述新理论新方法，分析了岩土工程、结构工程、桥梁工程、地下工程等问题，利用 Fortran 语言及 C 语言分别编辑了有关计算程序，计算过许多例题，其不仅计算简便，而且精度很高。

（1）文献[6]利用 QR 法分析过层状地基弹塑性问题，以及用 Fortran 语言编辑了有关计算程序，计算过诸多有关土体地基弹塑性问题的例题，其不仅计算精度与有限元法非常接近，而且计算工作比有限元法简捷。

（2）文献[7]利用 QR 法分析过钢筋混凝土剪力墙及钢筋混凝土墙板非线性问题，文献[8]利用 QR 法分析过钢筋混凝土框支剪力墙非线性问题，编制过有关程序，计算一些例题，其计算结果与有限元法计算结果很接近，且用 QR 法计算非常简便。

（3）文献[9]利用 QR 法研究过钢筋混凝土深梁及钢筋混凝土墙板及钢筋混凝土剪力

墙非线性问题，利用 Fortran 语言编制了有关程序，计算诸多例题；文献[10]利用 QR 法研究了钢筋混凝土剪力墙非线性问题，利用 Matlab 编制了有关程序，上述计算结果与有限元计算结果进行了比较，证明 QR 法的精确、实用及简便快捷的特点。

（4）文献[11]利用塑性铰模型——QR 法分析框架塑性极限荷载；文献[12]利用 QR 法及新的本构关系分析高层建筑结构弹塑性问题，编制了有关程序；文献[14]利用弹性调整——QR 法分析过框架塑性极限问题及体系可靠度问题，利用 C 语言编制了有关计算程序，计算了许多例题。上述计算结果不仅计算精度比有限元法好，而且计算工作也比有限元法简捷。

（5）文献[15]和文献[16]利用有限元-映射无限元法分析并计算岩土地基非线性问题，效果很好，其算法比有限元法优越。

参考文献

[1] 秦荣．结构塑性力学[M]．北京：科学出版社，2016.
[2] 秦荣．样条无网格法[M]．北京：科学出版社，2012.
[3] 秦荣．高层建筑结构弹塑性分析的新方法[J]．土木工程学报，1994，27（6）：3-10.
[4] 秦荣．工程力学的理论及应用[M]．南宁：广西科学技术出版社，1992.
[5] 秦荣．钢筋混凝土非线性分析的新方法[J]．工程力学，1993，10（增刊）：147-151.
[6] 许英姿．层状地基弹塑性分析的样条函数方法[D]．南宁：广西大学，1994.
[7] 蒋卫纲．钢筋混凝土梁及剪力墙非线性分析的新方法[D]．南宁：广西大学，1993.
[8] 孙丹霞．钢筋混凝土框支剪力墙非线性分析的 QR 法[D]．南宁：广西大学，1994.
[9] 陈实．钢筋混凝土墙板非线性分析的 QR 法[D]．南宁：广西大学，1995.
[10] 王青．钢筋混凝土剪力墙非线性分析的 QR 法[D]．南宁：广西大学，2005.
[11] 李秀梅．高层框架分析的新方法研究[D]．南宁：广西大学，2008.
[12] 梁汉吉．高层建筑结构分析及其体系可靠度分析的新方法研究[D]．南宁：广西大学，2008.
[13] 苏金凌．高层混合结构分析与设计的新方法研究[D]．南宁：广西大学，2013.
[14] 秦荣．大型复杂结构非线性分析的新理论新方法[M]．北京：科学出版社，2011.
[15] 燕柳斌．结构与岩土介质相互作用分析方法[D]．南宁：广西大学，2004.
[16] 秦荣．计算结构力学[M]．北京：科学出版社，2001.

第九章　土体动力分析的样条有限点法

土体在动力荷载作用下，任一时刻土中各点会产生动力反应，即位移、速度、加速度、孔压、有效应力等动力反应，求解这些动力反应的过程，称之为土体动力分析。由此可知，饱和土的动力分析与固体力学中的动力分析不同，它是一个水土耦合问题，它的动力分析应采用有效应力法。如果土体中的孔压为零，则它的动力分析与固体力学相同，可以采用总应力分析法。目前，土体动力分析有两种基本方法，即总应力分析法及有效应力分析法。前者与固体力学相同，后者为流-固体耦合问题。目前，土体动力分析常采用有限元法，但其也存在很多缺陷，近 30 年来，国内外有许多学者致力于研究土体分析的新理论新方法，获得不少成果。

1985 年以来，作者致力于研究土体动力学，创立了总应力——动力样条有限点法，有效应力——动力样条有限点法；总应力——动力 QR 法，有效应力——动力 QR 法；总应力——动力加权残数法，有效应力——动力样条加权残数法；总应力——动力样条子域法，有效应力——动力样条子域法，为土体动力分析开辟了新领域[1-18]。本章主要介绍总应力——动力样条有限点法及有效应力——动力样条有限点法。土体动力分析包括下列四个问题：①研究动荷载的变化规律；②建立土体的动力模型；③创立新算法或选择合理的算法；④求解土体动力反应。

9.1　动 力 荷 载

在土体动力分析中，常遇到下列三类动力荷载。

（1）冲击荷载，如爆破或爆炸产生的荷载。这类荷载作用时间短，压力上升快，具有单脉冲作用，在动力分析时一般输入短暂的冲击波压力。

（2）地震荷载，它是一种有限往返作用次数的随机荷载。这类荷载是作用方向周期变化，脉冲幅值随机变化及往返作用次数有限，一般小于 1000 次。在动力分析时一般输入实测或算出的地震加速度。

（3）机械振动荷载，它是一类多次重复的微幅疲劳荷载，振幅及周期几乎不变，应变量较小，大约为 1×10^{-5} 或更小，往返作用次数较大，一般大于 1000 次。在动力分析时常输入已知频率的稳态周期力。

国内外科技人员经过长期深入研究发现，土体在第一类动力荷载作用下可能处于弹性、弹塑性及塑性范围；土体在第二类动力作用下也可能处于弹性、弹塑性及塑性范围；土体在第三类动力荷载作用下一般在弹性范围内工作。由此可知，在动力分析中，必须根据不同的动力荷载类型选择不同的动力模型。

长期以来，国内外科技人员还发现：地震波的传播以纵波最快，横波次之，面波最慢。横波及面波传到地面时振动最强烈，一般认为地震在地表面引起的破坏，主要来自横波及面波的传播。因此，在地震动力分析时，一般只考虑由基岩发生的横波沿土层向上传播的作用。这样可以简化动力分析工作。

9.2　土体总应力——动力样条有限点法

图 5.4 是一个三维空间土体地基，本节以图 5.4 为例来介绍土体弹塑性动力分析的总应力——动力样条有限点法。

9.2.1　样条初应力动力模型

1. 空间样条离散化

因为图 5.4 是一个空间土体地基，因此对它沿着 z 方向进行单样条离散化

$$0 = z_0 < z_1 < z_2 < z_3 < \cdots < x_N = H$$

$$z_i = z_0 + ih \qquad h = z_{i+1} - z_i = \frac{H}{N}$$

它的位移函数可采用式（5.13）的形式，由此可得

$$\boldsymbol{V} = [N]\{\delta\} \tag{9.1}$$

式中有关符号与 5.2 节相同，详见式（5.13）、式（5.15）及式（5.16）。

2. 建立样条离散化总势能泛函

由第三章可知，三维空间土体地基的动力总势能泛函为

$$\begin{aligned}\varPi = &\frac{1}{2}\int_\Omega [\boldsymbol{\varepsilon}^{\mathrm{T}}[D]\boldsymbol{\varepsilon} - 2\boldsymbol{\varepsilon}^{\mathrm{T}}\boldsymbol{\sigma}_0 - 2\boldsymbol{V}^{\mathrm{T}}(\boldsymbol{F} - [c]\dot{\boldsymbol{V}} - [m]\ddot{\boldsymbol{V}})]\mathrm{d}\Omega \\ &-\int_\Gamma \boldsymbol{V}^{\mathrm{T}}\overline{q}^*\mathrm{d}\Gamma - \int_\Gamma \boldsymbol{V}^{\mathrm{T}}[a]\dot{\boldsymbol{V}}\mathrm{d}\Gamma\end{aligned} \tag{9.2}$$

其中

$$\boldsymbol{\sigma}_0 = [D]\boldsymbol{\varepsilon}^p \tag{9.3}$$

$$[c] = \mathrm{diag}(c,c,c) \qquad m = \mathrm{diag}(\rho,\rho,\rho) \tag{9.4}$$

$$\dot{\boldsymbol{V}} = [\dot{u} \quad \dot{v} \quad \dot{w}]^{\mathrm{T}} \qquad \ddot{\boldsymbol{V}} = [\ddot{u} \quad \ddot{v} \quad \ddot{w}]^{\mathrm{T}} \tag{9.5}$$

上述式中：$[a]$为人工边界条件；其余符号可参考 7.1 节，详见式（7.1）～式（7.3）。

如果将式（9.1）及式（5.18）代入式（9.2）可得土体地基样条离散化总势能泛函

$$\varPi = \frac{1}{2}\{\delta\}^{\mathrm{T}}[G]\{\delta\} - \{\delta\}^{\mathrm{T}}\{f^p\} - \{\delta\}^{\mathrm{T}}(\{f\} + [C]\{\dot{\delta}\} - [M]\{\ddot{\delta}\}) \tag{9.6}$$

其中

$$\{f^p\} = \int_\Omega [B]^{\mathrm{T}}\boldsymbol{\sigma}_0\mathrm{d}\Omega$$

$$\{f\}=\int_{\Omega}[N]^{\mathrm{T}}F\mathrm{d}\Omega+\int_{\Gamma}[N]^{\mathrm{T}}\overline{q}^{*}\mathrm{d}\Gamma+\int_{\Gamma}[N]^{\mathrm{T}}[a][N]\{\dot{\delta}\}\mathrm{d}\Gamma \tag{9.7}$$

$$\begin{cases}[G]=\int_{\Omega}[B]^{\mathrm{T}}[D][B]\mathrm{d}\Omega\\[C]=\int_{\Omega}[N]^{\mathrm{T}}[C][N]\mathrm{d}\Omega=\int_{\Omega}[N]^{\mathrm{T}}c[N]\mathrm{d}\Omega\\[M]=\int_{\Omega}[N]^{\mathrm{T}}[m][N]\mathrm{d}\Omega=\int_{\Omega}[N]^{\mathrm{T}}\rho[N]\mathrm{d}\Omega\end{cases} \tag{9.8}$$

式中：c 为阻尼系数；ρ 为土体质量密度；其余符号与 7.1 节相同，详见式（7.4）。

3. 建立土体样条离散化弹塑性动力方程

利用瞬时变分原理 $\delta\Pi=0$ 可得

$$[G]\{\delta\}+[C]\{\dot{\delta}\}+[M]\{\ddot{\delta}\}=\{f\}+\{f^{p}\} \tag{9.9}$$

式中：$[G]$ 为土体的弹塑性刚度矩阵；$[C]$ 为土体的阻尼矩阵；$[M]$ 为土体的质量矩阵；$\{f\}$ 为土体的干扰力向量；$\{f^{p}\}$ 为附加荷载向量。

式（9.9）为土体样条离散化弹塑性动力方程，它是土体的一个新的动力模型。

4. 求土体的动力反应

土体的动力模型建立后，即可利用合适的算法求出土体的动力反应。

（1）求土体的动力反应 $\{\delta\}$ 、$\{\dot{\delta}\}$ 及 $\{\ddot{\delta}\}$ 值。

（2）求土体的应力反应值。

因为土体任意一点的应力向量为

$$\boldsymbol{\sigma}=[D]\boldsymbol{\varepsilon}-\boldsymbol{\sigma}_{0} \tag{9.10}$$

因此土体任意一点的应力向量增量为

$$\Delta\boldsymbol{\sigma}=[D]\Delta\boldsymbol{\varepsilon}-\Delta\boldsymbol{\sigma}_{0} \tag{9.11}$$

由此可得

$$\Delta\boldsymbol{\sigma}=[D]\{\Delta\varepsilon\}-\Delta\boldsymbol{\sigma}_{0} \tag{9.12}$$

土体第 n+1 时刻的应力向量为

$$\Delta\boldsymbol{\sigma}_{n+1}=\boldsymbol{\sigma}_{n}+\Delta\boldsymbol{\sigma} \tag{9.13}$$

上述式中：$\boldsymbol{\sigma}$ 、$\boldsymbol{\varepsilon}$ 与时间 t 有关。

由上述可知，如果塑性应变为零，即 $\boldsymbol{\varepsilon}^{p}=\mathbf{0}$ ，则上述弹塑性动力模型就变为弹性动力模型，上述弹塑性动力分析方法就变为弹性动力分析方法。

9.2.2　样条变刚度动力模型

在岩土工程中，弹塑性分析常采用变刚度法。现在以图 5.4 为例，利用样条有限点法建立样条变刚度法的计算格式。

1. 建立土体弹塑性总势能泛函

由第三章可知，由瞬时变分原理可得土体弹塑性总势能泛函为

$$\begin{aligned}\varPi &= \frac{1}{2}\int_{\varOmega}[\boldsymbol{\varepsilon}^{\mathrm{T}}[D^*]\boldsymbol{\varepsilon} + 2\boldsymbol{\varepsilon}^{\mathrm{T}}[D_0]\boldsymbol{\varepsilon}^s - 2\boldsymbol{V}^{\mathrm{T}}(\boldsymbol{F} - [c]\dot{\boldsymbol{V}} - [m]\ddot{\boldsymbol{V}})]\mathrm{d}\varOmega \\ &\quad - \int_{\varGamma}\boldsymbol{V}^{\mathrm{T}}\overline{q}^*\mathrm{d}\varGamma - \int_{\varGamma}\boldsymbol{V}^{\mathrm{T}}[a]\dot{\boldsymbol{V}}\mathrm{d}\varGamma\end{aligned} \tag{9.14}$$

式中有关符号与7.1.2节及9.1.1节相同，详见式（7.11）～式（7.14）及式（9.2）～式（9.8）。

2. 建立土体地基样条离散化弹塑性总势能泛函

如果将式（5.18）及式（9.1）代入式（9.14），则可得

$$\varPi = \frac{1}{2}\{\delta\}^{\mathrm{T}}[G]_{ep}\{\delta\} - \{\delta\}^{\mathrm{T}}\{f^s\} - \{\delta\}^{\mathrm{T}}(\{f\} + [C]\{\dot{\delta}\} - [M]\{\ddot{\delta}\}) \tag{9.15}$$

其中

$$\{f^s\} = \int_{\varOmega}[B]^{\mathrm{T}}[D_0]\varepsilon^s\mathrm{d}\varOmega \tag{9.16}$$

$$[G]_{ep} = \int_{\varOmega}[B]^{\mathrm{T}}[D^*][B]\mathrm{d}\varOmega \tag{9.17}$$

其余符号与7.1.2节及9.1.1节相同，详见式（7.11）～式（7.14）及式（9.6）～式（9.8）。

3. 建立土体地基样条离散化弹塑性动力方程

由第三章可知，利用瞬时变分原理$\delta\varPi = 0$可得

$$[G]_{ep}\{\delta\} + [C]\{\dot{\delta}\} + [M]\{\ddot{\delta}\} = \{f\} + \{f^s\} \tag{9.18}$$

这是土体地基样条离散化弹塑性动力方程，它是土体的一个新的动力模型，式中有关符号与7.1.2节及9.1.1节相同。

4. 求土体的动力反应

土体的动力模型建立后，即可利用合适的算法求出土体的动力反应。

（1）求土体的动力反应$\{\delta\}$、$\{\dot{\delta}\}$及$\{\ddot{\delta}\}$值。

（2）求土体的应力反应值。由式（9.11）可得

$$\Delta\boldsymbol{\sigma} = [D_{ep}]([B]\{\Delta\delta\} + [\alpha]\Delta\boldsymbol{\varepsilon}^s) \tag{9.19}$$

式中有关符号与7.1.2节相同详见式（7.20）。

9.3　土体总应力动力分析的新算法

结构动力反应分析的算法很多，各有优缺点。1981年以来，作者致力于研究结构工程及岩土工程的动力分析，不仅利用样条有限点法建立了新动力模型，而且利用样条加权残数法创立了一系列新算法[1-8]。本节主要介绍作者的新算法。

9.3.1　土体弹塑性动力方程

在9.2节中，式（9.9）及式（9.18）为土体弹塑性动力方程，它们是一种非线性动力方程，可以归结为下列一般形式：

$$\boldsymbol{M}(t)\ddot{U}+\boldsymbol{C}(t)\dot{U}+\boldsymbol{K}(t)U(t)=\boldsymbol{P}(t) \tag{9.20}$$

这是土体弹塑性动力方程，它是一种非线性动力模型。式（9.20）中，$\boldsymbol{M}$、$\boldsymbol{C}$ 及 $\boldsymbol{K}$ 分别为质量矩阵、阻尼矩阵及刚度矩阵，即

$$\begin{cases}\boldsymbol{M}(t)=\boldsymbol{M}(\ddot{U})=[M] & \boldsymbol{C}(t)=\boldsymbol{C}(U,\dot{U})=[C]\\ \boldsymbol{K}(t)=\boldsymbol{K}(U)=[G] & \boldsymbol{K}(t)=\boldsymbol{K}(U)=[G_{ep}]\end{cases} \tag{9.21}$$

式中：U、$\dot{U}$ 及 $\ddot{U}$ 分别为位移反应、速度反应及加速度反应；$\boldsymbol{P}(t)$ 为干扰力向量，即

$$U(t)=\{\delta\}\qquad \dot{U}(t)=\{\dot{\delta}\}\qquad \ddot{U}(t)=\{\ddot{\delta}\} \tag{9.22}$$

$$\begin{cases}\boldsymbol{P}(t)=\{f\}+\{f^{p}\}\\ \boldsymbol{P}(t)=\{f\}+\{f^{s}\}\end{cases} \tag{9.23a}$$

$$\boldsymbol{P}(t)=\{f\}+\{f^{\alpha}\}\qquad \alpha=p,s \tag{9.23b}$$

式（9.20）的增量动力方程为

$$\boldsymbol{M}(t)\Delta\ddot{U}(t)+\boldsymbol{C}(t)\Delta\dot{U}(t)+\boldsymbol{K}(t)\Delta U(t)=\Delta\boldsymbol{P}(t) \tag{9.24}$$

这是土体弹塑性增量动力方程，式中

$$\begin{cases}\Delta U(t)=U(t+\Delta t)-U(t) & \Delta\dot{U}(t)=\dot{U}(t+\Delta t)-\dot{U}(t)\\ \Delta\ddot{U}(t)=\ddot{U}(t+\Delta t)-\ddot{U}(t) & \Delta\boldsymbol{P}(t)=\boldsymbol{P}(t+\Delta t)-\boldsymbol{P}(t)\end{cases} \tag{9.25}$$

在实际问题中惯性力一般为加速度的线性函数，因此 $\boldsymbol{M}(t)$ 为常矩阵。如果阻尼力采用分段线性化，也可将 $\boldsymbol{C}(t)$ 当作常矩阵。由式（9.24）可得

$$\boldsymbol{M}\Delta\ddot{U}(t)+\boldsymbol{C}\Delta\dot{U}(t)+\boldsymbol{K}(t)\Delta U(t)=\Delta\boldsymbol{P}(t) \tag{9.26}$$

式中：$\boldsymbol{M}$ 及 $\boldsymbol{C}$ 为常矩阵，$\boldsymbol{K}(t)$ 与 $U(t)$ 有关。

如果 Δt 很小，则 $\boldsymbol{K}(t)$ 也可以当作常矩阵，故式（9.26）可变为

$$\boldsymbol{M}\Delta\ddot{U}+\boldsymbol{C}\Delta\dot{U}+\boldsymbol{K}\Delta U=\Delta\boldsymbol{P} \tag{9.27}$$

式中：$\boldsymbol{M}$、$\boldsymbol{C}$ 及 $\boldsymbol{K}$ 都是常矩阵，ΔU、$\Delta\dot{U}$、$\Delta\ddot{U}$ 及 $\Delta\boldsymbol{P}$ 与 t 有关。

如果土体为弹性动力问题，则它的动力方程为

$$\boldsymbol{M}\ddot{U}(t)+\boldsymbol{C}\dot{U}(t)+\boldsymbol{K}U(t)=\boldsymbol{P}(t) \tag{9.28a}$$

这是土体线性弹性动力方程，它是一个弹性动力模型。式（9.28a）中 $\boldsymbol{M}$、$\boldsymbol{C}$ 及 $\boldsymbol{K}$ 都是常矩阵，$\boldsymbol{P}(t)$ 为

$$\boldsymbol{P}(t)=\{f\} \tag{9.28b}$$

上述动力方程是以时间 t 为自变量的常微分方程，如果在时域 $[t_0,\ t_n]$ 内进行 3 次样条离散化，则它们的位移函数可采用下列形式：

$$U(t)=\sum_{j=-1}^{n+1}\boldsymbol{a}_j\phi_j(t) \tag{9.29a}$$

式中：$\phi_j(t)$ 为三次 B 样条函数。由式（9.29a）可得

$$U(t)=[\phi]\{a\} \tag{9.29b}$$

$$\begin{cases}[\phi]=\begin{bmatrix}\phi_{-1}(t) & \phi_0(t) & \phi_1(t) & \phi_2(t) & \cdots & \phi_{n+1}(t)\end{bmatrix}\\ \{a\}=\begin{bmatrix}a_{-1} & a_0 & a_1 & a_2 & \cdots & a_{n+1}\end{bmatrix}^{\mathrm{T}}\end{cases} \tag{9.29c}$$

如果将时域$[t_0, t_n]$划分为n个等时段Δt，则式（9.29a）可变为

$$U(t)=[a]\{\phi\} \tag{9.29d}$$

其中

$$\begin{cases}[a]=\begin{bmatrix} a_{-1} & a_0 & a_1 & a_2 & \cdots & a_{n+1} \\ a_{-1} & a_0 & a_1 & a_2 & \cdots & a_{n+1} \\ \vdots & \vdots & \vdots & \vdots & & \vdots \\ a_{-1} & a_0 & a_1 & a_2 & \cdots & a_{n+1} \end{bmatrix} \\ \{\phi\}=[\phi_{-1}(t) \quad \phi_0(t) \quad \phi_1(t) \quad \phi_2(t) \quad \cdots \quad \phi_{n+1}(t)]^{\mathrm{T}} \end{cases} \tag{9.29e}$$

由上述可得

$$\begin{cases}[a]=[\{a_{-1}\} \quad \{a_0\} \quad \{a_1\} \quad \{a_2\} \quad \cdots \quad \{a_{n+1}\}] \\ \{a_j\}=[a_j \quad a_j \quad \cdots \quad a_j]^{\mathrm{T}} \qquad j=-1,0,1,2,\cdots,n+1 \end{cases} \tag{9.29f}$$

对于时域$[t_0, t_n]$，上述表达式都成立。如果对时段$[t_j, t_{j+1}]$，$\Delta t=t_{j+1}-t_j$，则

$$\begin{cases}\{a\}=[a_{j-1} \quad a_j \quad a_{j+1} \quad a_{j+2}]^{\mathrm{T}} \\ [\phi]=[\phi_{j-1}(t) \quad \phi_j(t) \quad \phi_{j+1}(t) \quad \phi_{j+2}(t)] \\ \{\phi\}=[\phi_{j-1}(t) \quad \phi_j(t) \quad \phi_{j+1}(t) \quad \phi_{j+2}(t)]^{\mathrm{T}} \\ [a]=[a_{j-1} \quad a_j \quad a_{j+1} \quad a_{j+2}] \end{cases} \tag{9.29g}$$

由此可知

$$U(t)=[\phi(t)]\{a\}=[a]\{\phi(t)\} \tag{9.29h}$$

在弹塑性动力问题中，动力方程可归结为

$$\boldsymbol{K}(t)\Delta U=\Delta\boldsymbol{P}-\boldsymbol{C}\dot{U}-\boldsymbol{M}\ddot{U} \tag{9.30}$$

如果

$$\dot{U}=\dot{U}(t_j)+\Delta\dot{U} \qquad \ddot{U}=\ddot{U}(t_j)+\Delta\ddot{U} \tag{9.31}$$

则式（9.30）可变为

$$\boldsymbol{M}\Delta\ddot{U}+\boldsymbol{C}\Delta\dot{U}+\boldsymbol{K}(t)\Delta U=\Delta\boldsymbol{P}-\boldsymbol{C}\dot{U}(t_j)-\boldsymbol{M}\ddot{U}(t_j) \tag{9.32}$$

由此可得

$$\boldsymbol{M}\Delta\ddot{U}+\boldsymbol{C}\Delta\dot{U}+\boldsymbol{K}\Delta U=\Delta\boldsymbol{P}+[\boldsymbol{K}-\boldsymbol{K}(t)]\Delta U-\boldsymbol{C}\dot{U}(t_j)-\boldsymbol{M}\ddot{U}(t_j) \tag{9.33}$$

式中：$\boldsymbol{M}$、$\boldsymbol{C}$及$\boldsymbol{K}$为常矩阵。由此可知，在整个时域积分中，上式左边不需要修改，只修改右边。

9.3.2　样条递推算法

岩土非线性动力分析可采用增量法，如果Δt很小，则式（9.24）可做线性方程处理。这个方程的求解可采用样条直接积分法。在时段$[t_j, t_{j+1}]$内，由式（9.29a）可得

$$U(t)=\phi_{j-1}(t)\boldsymbol{a}_{j-1}+\phi_j(t)\boldsymbol{a}_j+\phi_{j+1}(t)\boldsymbol{a}_{j+1}+\phi_{j+2}\boldsymbol{a}_{j+2} \tag{9.34a}$$

式中：$\phi_j(t)$为3次B样条基函数，由此可得

$$\boldsymbol{U}(t)=[a]\{\phi\} \qquad \dot{\boldsymbol{U}}(t)=[a]\{\phi'\} \qquad \ddot{\boldsymbol{U}}(t)=[a]\{\phi''\} \tag{9.34b}$$

其中

$$[a]=[a_{j-1}\quad a_j\quad a_{j+1}\quad a_{j+2}]$$

$$\{\phi\}=[\phi_{j-1}(t)\quad \phi_j(t)\quad \phi_{j+1}(t)\quad \phi_{j+2}(t)]^{\mathrm{T}}$$

式中：ϕ' 及 ϕ'' 分别为 ϕ 对 t 的一阶导数及二阶导数。为了习惯，特定义为

$$[\phi]\{a\}=\phi_{j-1}(t)\boldsymbol{a}_{j-1}+\phi_j(t)\boldsymbol{a}_j+\phi_{j+1}(t)\boldsymbol{a}_{j+1}+\phi_{j+2}(t)\boldsymbol{a}_{j+2} \tag{9.34c}$$

由式（9.34a）及式（9.34c）可得

$$U(t)=[\phi]\{a\}\qquad \dot{U}(t)=[\phi']\{a\}\qquad \ddot{U}(t)=[\phi'']\{a\} \tag{9.34d}$$

其中

$$\{a\}=[a_{j-1}\quad a_j\quad a_{j+1}\quad a_{j+2}]^{\mathrm{T}}$$

$$[\phi]=[\phi_{j-1}\quad \phi_j\quad \phi_{j+1}\quad \phi_{j+2}]$$

$$\begin{cases}\phi_{j-1}(t)=\varphi_3(\tau+1)=\dfrac{1}{6}(1-\tau)^3 & \phi_j(t)=\varphi_3(\tau)=\dfrac{1}{6}[(2-\tau)^3-4(1-\tau)^3] \\ \phi_{j+1}(t)=\varphi_3(\tau-1)=\dfrac{1}{6}[(1+\tau)^3-4\tau^3] & \phi_{j+2}(t)=\varphi_3(\tau-2)=\dfrac{1}{6}\tau^3 \\ \phi'_{j-1}(t)=-(1-\tau)^2/(2h) & \phi'_j(t)=-(4-3\tau)\tau/(2h) \\ \phi'_{j+1}(t)=(1-\tau)(1+3\tau)/(2h) & \phi'_{j+2}(t)=\tau^2/(2h) \\ \phi''_{j-1}(t)=(1-\tau)/h^2 & \phi''_j(t)=(3\tau-2)/h^2 \\ \phi''_{j+1}(t)=(1-3\tau)/h^2 & \phi''_{j+2}(t)=\tau/h^2\end{cases} \tag{9.35}$$

$$\tau=(t-t_j)/h\qquad h=\Delta t=t_{j+1}-t_j$$

由上述可知，在 $t=t_j$ 时，则 $\tau=0$，因此

$$\begin{cases}U(t_j)=(a_{j-1}+4a_j+a_{j+1})/6 \\ \dot{U}(t_j)=(-a_{j-1}+a_{j+1})/(2h) \\ \ddot{U}(t_j)=(a_{j-1}-2a_j+a_{j+1})/h^2\end{cases} \tag{9.36}$$

在 $[t_j,\ t_{j+1}]$ 内，有

$$\begin{cases}\Delta U(t)=U(t)-U(t_j) \\ \Delta\dot{U}(t)=\dot{U}(t)-\dot{U}(t_j) \\ \Delta\ddot{U}(t)=\ddot{U}(t)-\ddot{U}(t_j)\end{cases} \tag{9.37}$$

将式（9.34d）及式（9.36）代入式（9.37），可得

$$\begin{cases}\Delta U(t)=a_{j-1}[(1-\tau)^3-1]/6+a_j[(2-\tau)^3-4(1-\tau)^3-4]/6 \\ \qquad\qquad +a_{j+1}[(1+\tau)^3-4\tau^3-1]/6+a_{j+2}\tau^3/6 \\ \Delta\dot{U}(t)=[a_{j-1}(2\tau-\tau^2)+a_j(3\tau^2-4\tau)+a_{j+1}(2\tau-3\tau^2)+a_{j+2}\tau^2]/(2h) \\ \Delta\ddot{U}(t)=[-a_{j-1}\tau+3a_j\tau-3a_{j+1}\tau+a_{j+2}\tau]/h^2 \\ \Delta\boldsymbol{P}(t)=\boldsymbol{P}(t)-\boldsymbol{P}(t_j)\end{cases} \tag{9.38}$$

将式（9.38）代入式（9.26），可得

$$
\begin{aligned}
R(\tau)= & \frac{1}{h^2}[\boldsymbol{M}\phi''_{j+2}(\tau)+\boldsymbol{C}(t_j)\phi'_{j+2}(\tau)h+\boldsymbol{K}(t_j)\phi_{j+2}(\tau)h^2]\boldsymbol{a}_{j+2} \\
& +\frac{1}{h^2}\{-3\boldsymbol{M}\phi''_{j+2}(\tau)+\boldsymbol{C}(t_j)[\phi''_{j+2}(\tau)-3\phi'_{j+2}(\tau)]h+\boldsymbol{K}(t_j)[\phi''_{j+2}(\tau)/2+\phi'_{j+2}(\tau) \\
& -3\phi_{j+2}(\tau)]h^2\}a_{j+1}+\frac{1}{h^2}\{3\boldsymbol{M}\phi''_{j+2}(\tau)+\boldsymbol{C}(t_j)[3\phi'_{j+2}(\tau)-2\phi''_{j+2}(\tau)]h \\
& +\boldsymbol{K}(t_j)[-2\phi'_{j+2}(\tau)+3\phi_{j+2}(\tau)]h^2\}a_j+\frac{1}{h^2}\{-\boldsymbol{M}\phi''_{j+2}(\tau)+\boldsymbol{C}(t_j)[\phi''_{j+2}(\tau)-\phi'_{j+2}(\tau)]h \\
& +\boldsymbol{K}(t_j)[-\phi''_{j+2}(\tau)/2+\phi'_{j+2}(\tau)-\phi_{j+2}(\tau)]h^2\}a_{j-1}-\boldsymbol{P}(t)+\boldsymbol{P}(t_j)
\end{aligned} \tag{9.39}
$$

其中

$$
\phi''_{j+2}(\tau)=\tau \qquad \phi'_{j+2}(\tau)=\tau^2/2 \qquad \phi_{j+2}(\tau)=\tau^3/6 \tag{9.40}
$$

由样条加权残数法可知

$$
\int_0^1 W(\tau)R(\tau)\mathrm{d}\tau=\{0\} \tag{9.41}
$$

式中：$W(\tau)$ 为权函数，可以适当选用。将式（9.39）代入式（9.41）可得时间步 $[t_j,\ t_{j+1}]$ 的计算格式为

$$
H_1a_{j+2}+H_2a_{j+1}+H_3a_j+H_4a_{j-1}=P_{j+1}(t) \tag{9.42}
$$

其中

$$
\begin{cases}
H_1=\alpha\boldsymbol{M}+\beta h\boldsymbol{C}(t_j)+\gamma h^2\boldsymbol{K}(t_j) \\
H_2=-3\alpha\boldsymbol{M}+(\alpha-3\beta)h\boldsymbol{C}(t_j)+(\alpha/2+\beta-3\gamma)h^2\boldsymbol{K}(t_j) \\
H_3=3\alpha\boldsymbol{M}+(3\beta-2\alpha)h\boldsymbol{C}(t_j)+(-2\beta+3\gamma)h^2\boldsymbol{K}(t_j) \\
H_4=-\alpha\boldsymbol{M}+(\alpha-\beta)h\boldsymbol{C}(t_j)+(-\alpha/2+\beta-\gamma)h^2\boldsymbol{K}(t_j)
\end{cases} \tag{9.43}
$$

$$
P_{j+1}(t)=h\int_{t_j}^{t_{j+1}}W(t)[\boldsymbol{P}(t)-\boldsymbol{P}(t_j)]\mathrm{d}t \tag{9.44}
$$

$$
\begin{cases}
\alpha=\int_0^1 W(\tau)\phi''_{j+2}(\tau)\mathrm{d}\tau \\
\beta=\int_0^1 W(\tau)\phi'_{j+2}(\tau)\mathrm{d}\tau \\
\gamma=\int_0^1 W(\tau)\phi_{j+2}(\tau)\mathrm{d}\tau
\end{cases} \tag{9.45}
$$

如果初始值 U_0、$\dot{U}_0$ 及 $\ddot{U}_0$ 为已知，则

$$
\begin{cases}
\boldsymbol{a}_{-1}=U_0-h\dot{U}_0+\dfrac{1}{3}h^2\ddot{U}_0 \\
\boldsymbol{a}_0=U_0-\dfrac{1}{6}h^2\ddot{U}_0 \\
\boldsymbol{a}_1=U_0+h\dot{U}_0+\dfrac{1}{3}h^2\ddot{U}_0
\end{cases} \tag{9.46}
$$

由上述可知，利用式（9.42）及式（9.46）可以很方便地求出广义参数 a_k 的值，即

利用式（9.46）求出 a_{-1} 、 a_0 及 a_1 后，可按递推公式（9.42）算出其余广义参数 a_k 。当 a_k 确定后，则可算出任一时刻 t_{j+1} 的动力响应。

$$\begin{cases}U(t_{j+1})=(a_j+4a_{j+1}+a_{j+2})/6\\ \dot{U}(t_{j+1})=(-a_j+a_{j+2})/(2h)\\ \ddot{U}(t_{j+1})=(a_j-2a_{j+1}+a_{j+2})/h^2\end{cases} \tag{9.47}$$

在非线性动力问题中，因为 $\boldsymbol{C}(t_j)$ 与 $\boldsymbol{K}(t_j)$ 与位移及速度有关，因此在每一个时间步长 Δt_j 计算中，除了计算出广义参数 a_k 外，还必须算出 U_{j+1} 、 $\dot{U}_{j+1}$ 及 $\ddot{U}_{j+1}$ ，把 U_{j+1} 及 $\dot{U}_{j+1}$ 代入 $\boldsymbol{C}(t_{j+1})$ 及 $\boldsymbol{K}(t_{j+1})$ 才能进行下一时间步长计算，广义参数递推运算不能单独进行。

上述求解非线性动力响应的方法是秦荣于 1982 年提出来的[3]，称为第三种递推算法。这是求解结构非线性增量动力方程的新算法。由上述可知，H_i 与权函数 $W(t)$ 有关，具体如下。

（1）样条配点法（3SCM-1）。

设权函数 $W(\tau)=\delta(\tau-1)$ ，则

$$\alpha=1 \qquad \beta=1/2 \qquad \gamma=1/6$$

（2）样条子域法（3SSM-2）。

设权函数 $W(\tau)=1$，则

$$\alpha=1/2 \qquad \beta=1/6 \qquad \gamma=1/24$$

（3）样条伽辽金法（3SGM-4）。

设权函数 $W(\tau)=\tau^3/6$ ，则

$$\alpha=4/5 \qquad \beta=1/3 \qquad \gamma=1/21$$

（4）样条矩阵法（3SMM-2）。

设权函数 $W(\tau)=\tau^i$ ，则

$$\alpha=\frac{1}{i+2} \qquad \beta=\frac{1}{2(i+3)} \qquad \gamma=\frac{1}{6(i+4)}$$

（5）样条最小二乘法。

设权函数

$$W(\tau)=h^2\frac{\partial R^{\mathrm{T}}(\tau)}{\partial \boldsymbol{a}_{j+2}}=\boldsymbol{M}^{\mathrm{T}}\phi''_{j+2}(\tau)+\boldsymbol{C}^{\mathrm{T}}(t_j)h\phi'_{j+2}(\tau)+\boldsymbol{K}^{\mathrm{T}}(t_j)h^2\phi_{j+2}(\tau)$$

则由式（9.45）可得

$$\alpha=\frac{1}{3}\boldsymbol{M}^{\mathrm{T}}+\frac{1}{8}h\boldsymbol{C}^{\mathrm{T}}(t_j)+\frac{1}{30}h^2\boldsymbol{K}^{\mathrm{T}}(t_j)$$

$$\beta=\frac{1}{8}\boldsymbol{M}^{\mathrm{T}}+\frac{1}{20}h\boldsymbol{C}^{\mathrm{T}}(t_j)+\frac{1}{60}h^2\boldsymbol{K}^{\mathrm{T}}(t_j)$$

$$\gamma=\frac{1}{30}\boldsymbol{M}^{\mathrm{T}}+\frac{1}{72}h\boldsymbol{C}^{\mathrm{T}}(t_j)+\frac{1}{252}h^2\boldsymbol{K}^{\mathrm{T}}(t_j)$$

上述方法是利用 3 次 B 样条函数建立的，也可以利用 5 次 B 样条函数建立有关方法[1]。

上述方法是条件稳定算法，稳定条件为

$$\Delta t \leqslant 0.2T_j \tag{9.48}$$

式中：T_j 为在$[t_j, t_{j+1}]$内分段线性化方程的周期。同样可以建立无条件稳定算法[8]。

上述各种算法是利用样条加权残数法构成的新算法。第三种样条递推算法可归结下列计算步骤。

（1）建立动力模型，见式（9.26）。

（2）已知初始值U_0、$\dot{U}_0$及$\ddot{U}_0$，利用式（9.46）可求出广义参数向量$\boldsymbol{a}_{-1}$、$\boldsymbol{a}_0$及$\boldsymbol{a}_1$值。

（3）求土体应力反应或内力反应。

（4）确定土体在$[t_0, t_1]$时段的质量矩阵、阻尼矩阵及刚度矩阵为

$$\boldsymbol{M}(t_0)=\boldsymbol{M}(U_0) \qquad \boldsymbol{C}(t_0)=\boldsymbol{C}(U_0,\dot{U}_0) \qquad \boldsymbol{K}(t_0)=\boldsymbol{K}(U_0) \tag{9.49}$$

（5）利用式（9.42）求广义参数向量$\boldsymbol{a}_2$的值。

（6）利用式（9.47）求土体动力反应U_1、$\dot{U}_1$及$\ddot{U}_1$值。

（7）利用土体应力反应或内力反应$\sigma_1=\sigma_0+\Delta\sigma_1$。

（8）确定土体在$[t_1, t_2]$时段的质量矩阵、阻尼矩阵及刚度矩阵。

$$\boldsymbol{M}(t_1)=\boldsymbol{M}(U_1) \qquad \boldsymbol{C}(t_1)=\boldsymbol{C}(U_1,\dot{U}_1) \qquad \boldsymbol{K}(t_1)=\boldsymbol{K}(U_1) \tag{9.50}$$

（9）利用式（9.42）求广义参数向量$\boldsymbol{a}_3$的值。

（10）利用式（9.47）求土体动力反应U_2、$\dot{U}_2$及$\ddot{U}_2$值。

（11）求土体应力反应或内力反应$\sigma_2=\sigma_1+\Delta\sigma_2$。

（12）确定土体在$[t_2, t_3]$时间段的质量矩阵、阻尼矩阵及刚度矩阵为

$$\boldsymbol{M}(t_2)=\boldsymbol{M}(U_2) \qquad \boldsymbol{C}(t_2)=\boldsymbol{C}(U_2,\dot{U}_2) \qquad \boldsymbol{K}(t_2)=\boldsymbol{K}(U_2)$$

（13）利用式（9.42）求广义参数向量$\boldsymbol{a}_4$的值。

（14）利用式（9.47）求土体动力反应U_3、$\dot{U}_3$及$\ddot{U}_3$值。

（15）求土体应力反应或内力反应$\sigma_3=\sigma_2+\Delta\sigma_3$。

（16）确定土体在$[t_j, t_{j+1}]$时间段的质量矩阵、阻尼矩阵及刚度矩阵为

$$\boldsymbol{M}(t_j)=\boldsymbol{M}(U_j) \qquad \boldsymbol{C}(t_j)=\boldsymbol{C}(U_j,\dot{U}_j) \qquad \boldsymbol{K}(t_j)=\boldsymbol{K}(U_j)$$

（17）利用式（9.42）求广义参数向量$\boldsymbol{a}_{j+2}$的值。

（18）利用式（9.47）求土体动力反应U_{j+1}、$\dot{U}_{j+1}$及$\ddot{U}_{j+1}$值。

（19）求土体应力反应或内力反应$\sigma_{j+1}=\sigma_j+\Delta\sigma_{j+1}$。

（20）重复步骤（16）～步骤（19）直到时段$[t_{m-1}, t_m]$运算完成为止，即可求出土体时域$[t_0, t_m]$的全部动力反应U_m、$\dot{U}_m$、$\ddot{U}_m$及σ_m。

应力反应增量为

$$\Delta\sigma_{j+1}=[D_{ep}]_{j+1}([B]_{j+1}\Delta U_{j+1}+[\alpha]_{j+1}\Delta\varepsilon^s_{j+1}) \tag{9.51}$$

9.3.3 几种新算法

对式（9.32）所示非线性动力方程求解的算法很多，本节只介绍作者提出的几种新算法[1]。

1. 样条切线刚度法

这种算法对式（9.32）中的$[K(t)]$采用切线刚度矩阵$[K_T(t)]$，假设在$[t_j,\ t_{j+1}]$内，$[K_T(t)]$取t_j处的$[K_T(t_j)]$值，而且在积分过程中保持常数，利用样条递推法可求出t_{j+1}时刻的动力反应$U(t_{j+1})$、$\dot{U}(t_{j+1})$及$\ddot{U}(t_{j+1})$。当求出t_{j+1}时刻的动力反应后，把$U(t_{j+1})$代入$[K_T(t_{j+1})]$作为时域$[t_{j+1},\ t_{j+2}]$的切线刚度矩阵，又可利用样条递推法求出t_{j+2}时刻的动力反应，反复下去，即可求出最后的结果。

2. 样条初始刚度法

在整个时间历程内，这种算法保持初始时刻的刚度矩阵不变。这时动力方程可采用式（9.33）所示的动力方程。由式（9.33）可得

$$\boldsymbol{M}\Delta\ddot{U}+\boldsymbol{C}\Delta\dot{U}+\boldsymbol{K}\Delta U=\boldsymbol{P}(t)-\boldsymbol{R}(t_j)+[\boldsymbol{K}-\boldsymbol{K}(t)]\Delta U-\boldsymbol{C}\dot{U}(t_j)-\boldsymbol{M}\ddot{U}(t_j) \tag{9.52}$$

式中：$\boldsymbol{K}$为初始刚度矩阵。上式等号左边与线性方程一样，在整个时域积分中不需要修改，只修改等号右边。利用样条加权残数法可得

$$H_1a_{j+2}+H_2a_{j+1}+H_3a_j+H_4a_{j-1}=P_{j+1}-R_{j+1}+F_{j+1} \tag{9.53}$$

式中

$$\begin{cases}P_{j+1}=h\int_j^{j+1}W(t)P(t)\mathrm{d}t\\ R_{j+1}=h\int_j^{j+1}W(t)R(t)\mathrm{d}t=\xi h^2R(t_j)\\ F_{j+1}=h\int_j^{j+1}W(t)\{[\boldsymbol{K}-\boldsymbol{K}(t)]\Delta U(t)-\boldsymbol{C}\dot{U}(t_j)-\boldsymbol{M}\ddot{U}(t_j)\}\mathrm{d}t\end{cases} \tag{9.54}$$

H_i由式（9.43）确定，其中

$$\begin{cases}\xi=\int_0^1W(\tau)\mathrm{d}\tau\\ F_{j+1}=[\gamma\boldsymbol{a}_{j+2}+(\alpha/2+\beta-3\gamma)\boldsymbol{a}_{j+1}+(-2\beta+3\gamma)\boldsymbol{a}_j\\ \qquad+(-\alpha/2+\beta-\gamma)a_{j-1}][\boldsymbol{K}-\boldsymbol{K}(t_j)]h^2-\xi[\boldsymbol{C}\dot{U}(t_j)+\boldsymbol{M}\ddot{U}(t_j)]\end{cases} \tag{9.55}$$

式（9.53）可以采用迭代法求解，它的迭代格式为

$$H_1a_{j+2}^{(k)}=F_{j+1}^{(k-1)}+P_{j+1}-\xi h^2R(t_j)-H_2a_{j+1}-H_3a_j-H_4a_{j-1} \tag{9.56}$$

其中

$$\begin{aligned}F_{j+1}^{(k-1)}=&[\gamma a_{j+2}^{(k-1)}+(\alpha/2+\beta-3\gamma)a_{j+1}+(-2\beta+3\gamma)a_j\\&+(-\alpha/2+\beta-\gamma)a_{j-1}][\boldsymbol{K}-\boldsymbol{K}(t_j)]h^2-\xi[\boldsymbol{C}\dot{U}(t_j)+\boldsymbol{M}\ddot{U}(t_j)]\end{aligned} \tag{9.57}$$

由上述可知，在时间$[t_j,\ t_{j+1}]$内，利用迭代法求出a_{j+2}、a_{j+1}、a_j及a_{j-1}后，即可求出$[t_j,\ t_{j+1}]$终点时刻t_{j+1}的动力反应。其余类推，即可求出最后结果。

3. 样条 Newton-Raphson 迭代法

在每个时间步长$\Delta t_{j+1}=t_{j+1}-t_j$内，因为$\boldsymbol{K}(t)$实际上不是常数，因此需要在$[t_j,t_{j+1}]$内

反复迭代才能逼近正确解。这时可采用 Newton-Raphson 迭代法求解结构非线性动力方程。土体动力方程可写成

$$\boldsymbol{K}(t)U(t)=\boldsymbol{P}(t)-\boldsymbol{C}\dot{U}(t)-\boldsymbol{M}\ddot{U}(t) \tag{9.58}$$

由 Newton-Raphson 迭代法可得

$$\boldsymbol{M}\ddot{U}_{j+1}+\boldsymbol{C}\dot{U}_{j+1}+\boldsymbol{K}_T\Delta U_{j+1}=\boldsymbol{P}(t_{j+1})-\boldsymbol{K}(t_{j+1})U_{j+1} \tag{9.59}$$

其中

$$\Delta U_{j+1}=U_{j+1}-U_j \qquad \boldsymbol{K}_T=\left.\frac{\partial\psi}{\partial \boldsymbol{U}}\right|_{U=\boldsymbol{U}_{j+1}} \tag{9.60}$$

$$\boldsymbol{\psi}=\boldsymbol{K}(t)U(t)-[\boldsymbol{P}(t)-\boldsymbol{M}\ddot{U}(t)-\boldsymbol{C}\dot{U}(t)] \tag{9.61}$$

将式（9.36）及式（9.38）代入式（9.59），可得

$$A_1a_{j+2}+A_2a_{j+1}+A_3a_j+A_4a_{j-1}=P(t_{j+1})-F(t_{j+1}) \tag{9.62}$$

其中

$$\begin{cases}A_1=\boldsymbol{M}+\dfrac{1}{2}h\boldsymbol{C}+\dfrac{1}{6}h^2\boldsymbol{K}_T\\ A_2=-2\boldsymbol{M}+\dfrac{1}{2}h^2\boldsymbol{K}_T\\ A_3=\boldsymbol{M}-\dfrac{1}{2}h\boldsymbol{C}-\dfrac{1}{2}h^2\boldsymbol{K}_T\\ A_4=-\dfrac{1}{6}h^2\boldsymbol{K}_T\\ F(t_{j+1})=\dfrac{1}{6}(a_{j+2}+4a_{j+1}+a_j)\boldsymbol{K}(t_{j+1})\end{cases} \tag{9.63}$$

式（9.62）可用迭代法求解，它的迭代格式为

$$\begin{cases}A_1^{(k-1)}a_{j+2}^{(k)}=\boldsymbol{P}_{j+1}-F_{j+1}^{(k-1)}-A_2^{(k-1)}a_{j+1}-\boldsymbol{A}_3^{(k-1)}a_j-A_4^{(k-1)}a_{j-1}\\ A_1^{(k-1)}=\boldsymbol{M}+\dfrac{1}{2}h\boldsymbol{C}+\dfrac{1}{6}h^2\boldsymbol{K}_T^{(k-1)} \qquad A_2^{(k-1)}=-2\boldsymbol{M}+\dfrac{1}{2}h^2\boldsymbol{K}_T^{(k-1)}\\ A_3^{(k-1)}=\boldsymbol{M}-\dfrac{1}{2}h\boldsymbol{C}-\dfrac{1}{2}h^2\boldsymbol{K}_T^{(k-1)} \qquad A_4^{(k-1)}=-\dfrac{1}{6}h^2\boldsymbol{K}_T^{(k-1)}\end{cases} \quad k=1,2,3,\cdots \tag{9.64}$$

$$\begin{cases}\boldsymbol{F}_{j+1}^{(k-1)}=\dfrac{1}{6}(a_{j+2}^{(k-1)}+4a_{j+1}+a_j)\boldsymbol{K}_T(U_{j+1}^{(k-1)})\\ \boldsymbol{K}_T^{(k-1)}=\left.\dfrac{\partial\psi}{\partial U}\right|_{U=\boldsymbol{U}_{j+1}^{(k-1)}}=\boldsymbol{K}_T(U_{j+1}^{(k-1)})\end{cases} \tag{9.65}$$

式中：j 代表第 j 个时间步长；k 代表第 k 次迭代。如果 $U_{j+1}^{(k)}$ 满足收敛条件，则停止迭代，完成了第 j 个时间步长的积分，并把算出的动力反应 $U_{j+1}^{(k-1)}$、$\dot{U}_{j+1}^{(k)}$、$\ddot{U}_{j+1}^{(k)}$ 及 $a_{j+2}^{(k)}$、a_{j+2}、a_j 作为下一个时间步长的初始值。其余类推。

上述算法称为样条 Newton-Raphson 迭代法，简称样条 NR 法，也称 NR-QR 法，它的计算步骤如下。

（1）如果初始值U_0、$\dot{U}_0$及$\ddot{U}_0$为已知，利用式（9.46）可求出广义参数a_{-1}、a_0及a_1值。

（2）求土体应力反应或内力反应σ_0。

（3）设$U_1^{(0)}=U_0$，则利用式（9.65）求出$K_T(U_1^{(0)})=K_{T1}^{(0)}$、$F_1^{(0)}$及$A_1^{(0)}$值。

（4）求广义参数向量$\boldsymbol{a}_2^{(k)}$的值，k=1,2,3,⋯。

（5）求土体动力反应$U_1^{(k)}$、$\dot{U}_1^{(k)}$及$\ddot{U}_1^{(k)}$值。

（6）求土体应力反应或内力反应$\sigma_1^{(k)}=\sigma_1^{(k-1)}+\Delta\sigma_1^{(k)}$。

（7）如果$U_1^{(k)}$满足收敛准则，则停止迭代，完成第一个时间步的时程分析。如果$U_1^{(k)}$不满足收敛准则，则重复步骤（3）～步骤（6）的迭代运算直到满足收敛准则为止。

（8）如果已经算出第 j 时间步$[t_{j-1},t_j]$的结果，现计算第 j+1 时间步$[t_j,t_{j+1}]$，则$U_{j+1}^{(0)}=U_j$。

（9）求出$K_T(U_{j+1}^{(k-1)})=K_T^{(k-1)}$、$F_{j+1}^{(k-1)}$及$A_{j+1}^{(k-1)}$值。

（10）求广义参数向量$\boldsymbol{a}_{j+2}^{(k)}$的值，$k$=1,2,3,⋯。

（11）求结构动力反应$U_{j+1}^{(k)}$、$\dot{U}_{j+1}^{(k)}$及$\ddot{U}_{j+1}^{(k)}$值。

（12）求土体应力反应或内力反应$\sigma_{j+1}^{(k)}=\sigma_{j+1}^{(k)}+\Delta\sigma_{j+1}^{(k)}$，式中

$$\Delta\sigma_{j+1}^{(k)}=[D_{ep}]_{j+1}^{(k)}([B]_{j+1}^{(k)}\Delta U_{j+1}^{(k)}+[\alpha]_{j+1}^{(k)}(\Delta\varepsilon^s)_{j+1}^{(k)}) \tag{9.66}$$

（13）如果$U_{j+1}^{(k)}$与$U_{j+1}^{(k-1)}$相差很小，则停止迭代，完成了第j+1 时间步$[t_j,t_{j+1}]$的时程分析。如果$U_{j+1}^{(k)}$与$U_{j+1}^{(k-1)}$相差很大，则重复步骤（9）～步骤（12）的迭代运算直到满足收敛准则为止。

（14）重复步骤（8）～步骤（13）的运算，直到第 m 个时间步$[t_{m-1},t_m]$运算完成为止。

（15）求出土体的动力反应。

4. 修正的样条 Newton-Raphson 迭代法

在同一个时间步长内，由于Δt很小，刚度矩阵一般变化不大，可以把式（9.59）及式（9.63）中的K_T当作常矩阵，式（9.62）的迭代格式为

$$A_1 a_{j+2}^{(k)}=P_{j+1}-F_{j+1}^{(k-1)}-(A_2 a_{j+1}+A_3 a_j+A_4 a_{j-1}) \tag{9.67}$$

计算步骤与样条 Newton-Raphson 迭代法相同。这个算法称为修正 NR-QR 法。

上述四种算法各有所长，对于弱非线性体系或计算动力反应历程短的体系，最好采用第一种算法或第二种算法。对于强非线性体系，宜采用第三种算法或第四种算法。

9.3.4 无条件稳定算法

在线性动力系统中稳定的算法可能在非线性动力系统中出现不稳定现象。影响算法稳定性的因素有二：①超越现象，它使算法发散；②人工阻尼，它抑制算法发散。由此可知，算法是否稳定，取决于上述两个因素谁占优势。总之，在非线性问题中，要选择无条件稳定的、无超越现象的、有一定人工阻尼的算法。在目前的算法中，最好选用

3SWRM-3 算法及 5SWRM-1 算法。3SWRM-3 算法及 5SWRM-1 算法是作者于 1986 年提出来的，它们是一种无条件稳定的算法，不仅比 Wilison-θ 法及 Newmark 法精度高、稳定性好，而且无超越现象[4,15,16]。详见文献[15]、文献[4]的第十四章及文献[16]的 8.4.4 节。

9.3.5　阻尼矩阵与刚度矩阵及质量矩阵的关系

如果已知岩土及结构的刚度矩阵$[K]$及质量矩阵$[M]$，则可求出岩土及结构的阻尼矩阵，即

$$[C]=\alpha[K]+\beta[M] \tag{9.68}$$

其中

$$\begin{cases}\alpha=\dfrac{2(\omega_j\xi_i-\omega_i\xi_j)}{\omega_j^2-\omega_i^2}\omega_i\omega_j\\ \beta=\dfrac{2(\omega_j\xi_j-\omega_i\xi_i)}{\omega_j^2-\omega_i^2}\end{cases} \tag{9.69}$$

式中：ξ_i 及 ξ_j 分别为第 i 振型及第 j 振型相应的阻尼比，可通过试验或实测结果来确定；ω_i 及 ω_j 分别为第 i 振型及第 j 振型的自振频率。在土体中，α 及 β 可采用

$$\alpha=\frac{\xi}{\omega}\qquad\beta=\xi\omega \tag{9.70}$$

9.3.6　人工边界条件

在土体动力分析中，可以将近于无限大的土体用一个人为边界来截断，取一有限大小的土体来分析。这种人为边界条件称为人工边界条件。关于人工边界条件，国内外有不少研究，取得了一些有用的成果，但还存在一些问题，如何给出人工边界条件，是目前尚未很好解决的一个重要研究课题。本节简介人工边界条件的现有的两种处理方法。

1. 简单的截断边界条件

对于比较软弱的土体，因为反射波能在土体中很快消散，因此可以采用与静力计算相同的处理方法。在离建筑物一定距离处，将土体截断，建立人工边界条件，设置刚性支座或辊轴支座或自由支座，一般视具体情况选择 5～10 倍建筑物直径处。

2. 黏滞边界条件

黏滞边界的思路：在人工边界上设置阻尼器，以吸收外传波的能量。由此可求出人工边界上各点的法向阻尼力及切向阻尼力。这种方法是 Lysmer 等提出的，建议边界法向反作用应力 σ 及反作用切向应力 τ 采用下列形式：

对水平底部边界

$$\sigma=a_h\rho v_p\dot{w}\qquad\tau=b_h\rho v_s\dot{u} \tag{9.71}$$

对竖向侧部边界

$$\sigma = a_v \rho v_p \dot{u} \qquad \tau = b_v \rho v_s \dot{w} \tag{9.72}$$

式中：$\dot{u}$ 及 $\dot{w}$ 分别为边界沿切向及法向的速度分量；v_p 及 v_s 分别为入射的压缩波及剪切波的波速；a_h、b_h 及 a_v、b_v 为无量纲参数；u 为水平位移；w 为竖向位移；ρ 为土体密度。

国内外科技人员研究发现，对于辐射在边界上 P 波、S 波及 R 波，各无量纲参数都可取 1。由于各参数取值为 1，与频率无关，这时相应的黏滞边界对调和振动及非调和振动都可以采用。

上述方法一般适用于在频域中求解。如果需要在时域中求解，应将人工边界尽可能取得远一些。由图 9.1 可得

$$\int_{\Gamma} \boldsymbol{V}^{\mathrm{T}}[a]\dot{\boldsymbol{V}}\mathrm{d}\Gamma = \sum_{n=1}^{5}\int_{\Gamma_n} \boldsymbol{V}^{\mathrm{T}}[a_n]\dot{\boldsymbol{V}}\mathrm{d}\Gamma \tag{9.73a}$$

其中

$$\begin{cases} [a_1] = \rho \mathrm{diag}(v_p, 0, v_s) \qquad [a_2] = \rho \mathrm{diag}(0, v_p, v_s) \\ [a_3] = \rho \mathrm{diag}(v_p, 0, v_s) \qquad [a_4] = \rho \mathrm{diag}(0, v_p, v_s) \\ [a_5] = \rho \mathrm{diag}(v_s, v_s, v_p) \end{cases} \tag{9.73b}$$

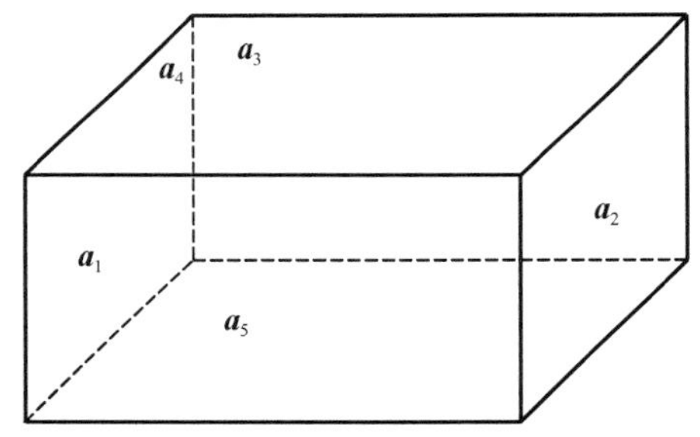

图 9.1　人工边界

9.3.7　饱和土的边界条件

因为饱和土为多孔两相介质，因此其边界条件除位移边界条件及应力边界条件外，还需要考虑孔隙流体相对于固体骨架的相对运动，即边界上的孔压及流体流量条件（详见第一章）。

（1）位移边界条件。已知边界位移 $\overline{u}_i$，则

$$u_i = \overline{u}_i \qquad i = x, y, z \tag{9.73c}$$

其中

$$u_x = u \qquad u_y = v \qquad u_z = w$$

（2）应力边界条件。如果边界上的面力 $\overline{q}_i^*$ 已知，则

$$\sigma_{ij} n_j = \overline{q}_i^* \qquad i, j = x, y, z \tag{9.73d}$$

（3）流势边界条件或孔压边界条件。如果边界上的孔压 $\overline{p}$ 已知，则

$$p=\overline{p} \tag{9.73e}$$

（4）流量边界条件或流速边界条件。如果边界上的流量 $\overline{q}$ 已知，则

$$-k_n\frac{\partial p}{\partial n}=\overline{q} \tag{9.73f}$$

这个边界条件称为流量边界条件，有

$$q_n=-k_n\frac{\partial p}{\partial n}=-\left(k_x^* l\frac{\partial p}{\partial x}+k_y^* m\frac{\partial p}{\partial y}+k_z^* n\frac{\partial p}{\partial z}\right) \tag{9.73g}$$

如果边界上的流速 $\overline{v}_n$ 已知，则

$$v_n=\overline{v}_n \tag{9.73h}$$

这个边界条件称为流速边界条件。由此可得

$$v_n=lv_x+mv_y+nv_z \tag{9.73i}$$

或

$$v_n=-\left(\frac{k_n}{\gamma_\omega}l\frac{\partial p}{\partial x}+\frac{k_n}{\gamma_\omega}m\frac{\partial p}{\partial y}+\frac{k_v}{\gamma_\omega}n\frac{\partial p}{\partial z}\right) \tag{9.73j}$$

9.4　饱和土有效应力——动力样条有限点法

9.4.1　基本假定

（1）土体变形是微小的。

（2）土体的固体颗粒不可压缩。

（3）土体饱和或接近饱和。如果土体非饱和，但孔隙气压力可以忽略不计。

（4）孔隙水流为层流，符合达西定律，渗透系数为常数。

（5）孔隙中渗流速度很小，不计其相对于土体骨架运动的惯性力。

本章基于上述假定及第三章来建立饱和土的新动力模型。

9.4.2　样条初应力动力模型

1. 建立饱和土总势能泛函

如果图 5.4 是一个空间饱和土体地基，则由第三章可得

$$\begin{aligned}\varPi=&\frac{1}{2}\int_\Omega[\boldsymbol{\varepsilon}^{\mathrm T}(\boldsymbol{\sigma}'+\{M\}p)-2\dot{\boldsymbol{V}}^{\mathrm T}(F-c\dot{V}-\rho\ddot{\boldsymbol{V}})]\mathrm{d}\Omega\\&-\int_\varGamma \boldsymbol{V}^{\mathrm T}\overline{q}^*\mathrm{d}\varGamma-\int_\varGamma \boldsymbol{V}^{\mathrm T}[a]\dot{V}\mathrm{d}\varGamma\end{aligned} \tag{9.74}$$

其中

$$\sigma'=[D]\varepsilon-\sigma_0 \qquad \overline{q}^*=\sigma_{ij}n_j \qquad i,j=x,y,z \tag{9.75}$$

式中：$\sigma_{ij}n_j$ 为张量形式，$[a]$ 详见式（9.73a）。

将式（9.75）代入式（9.74）可得

$$\begin{aligned}\Pi &= \frac{1}{2}\int_{\Omega}[\boldsymbol{\varepsilon}^{\mathrm{T}}[D]\boldsymbol{\varepsilon} + 2\boldsymbol{\varepsilon}^{\mathrm{T}}\{M\}p - 2\boldsymbol{\varepsilon}^{\mathrm{T}}\boldsymbol{\sigma}_0 - 2\boldsymbol{V}^{\mathrm{T}}(F - c\dot{V} - \rho\ddot{V})]\mathrm{d}\Omega \\ &\quad - \int_{\Gamma}\boldsymbol{V}^{\mathrm{T}}\overline{q}^{*}\mathrm{d}\Gamma - \int_{\Gamma}\boldsymbol{V}^{\mathrm{T}}[a]\dot{V}\mathrm{d}\Gamma\end{aligned} \tag{9.76}$$

2. 建立饱和土地基样条离散化总势能泛函

如果对地基沿 z 方向进行单样条离散化（图 5.3），则地基的位移函数及孔压函数可采用式（5.13）及式（5.14）的形式。由此可得

$$\boldsymbol{V} = [N]\{\delta\} \qquad \boldsymbol{p} = [N_p]\{p\} \tag{9.77}$$

式中有关符号与式（7.25）相同。将式（9.77）代入式（9.76），则

$$\begin{aligned}\Pi &= \frac{1}{2}\{\delta\}^{\mathrm{T}}[G]\{\delta\} + \{\delta\}^{\mathrm{T}}[G_c]\{p\} - \{\delta\}^{\mathrm{T}}\{f^{p}\} \\ &\quad - \{\delta\}^{\mathrm{T}}(\{f\} - [C]\{\dot{\delta}\} - [M]\{\ddot{\delta}\})\end{aligned} \tag{9.78}$$

式中有关符号详见式（7.26）及式（9.6）～式（9.8）。

3. 建立土体样条离散化动力方程

利用变分原理 $\delta\Pi = 0$ 可得

$$[G]\{\delta\} + [G_c]\{p\} + [C]\{\dot{\delta}\} + [M]\{\ddot{\delta}\} = \{f\} + \{f^{p}\} \tag{9.79}$$

这是饱和土的样条离散化动力方程。式中有关符号详见式（7.2）及式（9.9）。

4. 渗流连续方程

由 1.1.5 节及 1.1.6 节推广，可以建立饱和土动力分析中的土体孔隙渗流连续方程，即

$$-\frac{\partial}{\partial t}(\varepsilon_x + \varepsilon_y + \varepsilon_z) + \left(\frac{\partial \dot{w}_x}{\partial x} + \frac{\partial \dot{w}_y}{\partial y} + \frac{\partial \dot{w}_z}{\partial z}\right) + \dot{p}/\Gamma = 0 \tag{9.80}$$

式中：Γ 为不排水体积模量；w_i 为土中液体相对于土骨架的位移分量 $(i = x, y, z)$，即

$$[\dot{w}_x \quad \dot{w}_y \quad \dot{w}_z]^{\mathrm{T}} = -[k^{*}]\left(\left[\frac{\partial p}{\partial x} \quad \frac{\partial p}{\partial y} \quad \frac{\partial p}{\partial z}\right]^{\mathrm{T}} - \rho_f[g_x \quad g_y \quad g_z]^{\mathrm{T}} + \rho_l\ddot{V}\right) \tag{9.81}$$

这是土体孔隙中流体的动力平衡方程，式中

$$[k^{*}] = \mathrm{diag}[k_x^{*} \quad k_y^{*} \quad k_z^{*}] \tag{9.82}$$

式中：k_x^{*}、k_y^{*}、k_z^{*} 为有效渗透系数。由上述可得

$$\begin{cases} \dot{w}_x = -k_x^*\left(\dfrac{\partial p}{\partial x} - \rho_f g_x + \rho_f \ddot{\boldsymbol{u}}\right) \\ \dot{w}_y = -k_y^*\left(\dfrac{\partial p}{\partial y} - \rho_f g_y + \rho_f \ddot{\boldsymbol{v}}\right) \\ \dot{w}_z = -k_z^*\left(\dfrac{\partial p}{\partial z} - \rho_f g_z + \rho_f \ddot{\boldsymbol{w}}\right) \end{cases} \tag{9.83}$$

如果将式（9.83）代入式（9.80），则式（9.80）可变为下列形式：

$$\frac{\partial}{\partial t}\left(\frac{\partial u}{\partial x}+\frac{\partial v}{\partial y}+\frac{\partial w}{\partial z}\right)-\left(k_x^*\frac{\partial^2 p}{\partial x^2}+k_y^*\frac{\partial^2 p}{\partial y^2}+k_z^*\frac{\partial^2 p}{\partial z^2}\right)+\left(k_x^*\rho_f\frac{\partial g_x}{\partial x}\right.$$
$$\left.+k_y^*\rho_f\frac{\partial g_y}{\partial y}+k_z^*\rho_f\frac{\partial g_z}{\partial z}\right)-\left(k_x^*\rho_f\frac{\partial \ddot{u}}{\partial x}+k_y^*\rho_f\frac{\partial \ddot{v}}{\partial y}+k_z^*\rho_f\frac{\partial \ddot{w}}{\partial z}\right)+\frac{1}{\varGamma}\dot{p}=0 \tag{9.84}$$

由此可得

$$\{M\}^{\mathrm{T}}[\partial]\dot{V}-\{M\}^{\mathrm{T}}[\partial][k^*][\partial]^{\mathrm{T}}\{M\}p+\{M\}^{\mathrm{T}}[\partial][k^*]\rho_f\{g\}-\{M\}^{\mathrm{T}}[\partial][k^*]\boldsymbol{\rho}_f\ddot{V}+\frac{1}{\varGamma}\dot{p}=0 \tag{9.85}$$

式中

$$\{g\}=[g_x \quad g_y \quad g_z]^{\mathrm{T}} \qquad \boldsymbol{V}=[u \quad v \quad w]^{\mathrm{T}} \tag{9.86}$$

其余符号详见式（5.21）、式（5.31）及式（9.80）～式（9.84）。

利用加权残数法可得

$$\int_\Omega \delta\boldsymbol{p}^{\mathrm{T}}\Big(\{M\}^{\mathrm{T}}[\partial]\dot{V}-\{M\}^{\mathrm{T}}[\partial][k^*][\partial]^{\mathrm{T}}\{M\}p+\{M\}^{\mathrm{T}}[\partial][k^*]\rho_f\{g\}$$
$$-\{M\}^{\mathrm{T}}[\partial][k^*]\boldsymbol{\rho}_f\ddot{V}+\frac{1}{\varGamma}\dot{p}\Big)\mathrm{d}\Omega+\int_\varGamma \delta(\bar{q}-q_n)\mathrm{d}\varGamma=0 \tag{9.87}$$

对式（9.87）域Ω内积分第二项进行分部积分可得

$$\begin{aligned}
&-\int_\Omega \delta\boldsymbol{p}^{\mathrm{T}}(\{M\}^{\mathrm{T}}[\partial][k^*][\partial]^{\mathrm{T}}\{M\}\boldsymbol{p}\mathrm{d}\Omega \\
&=-\int_\Omega \delta\boldsymbol{p}^{\mathrm{T}}\left(k_x^*\frac{\partial^2 p}{\partial x^2}+k_y^*\frac{\partial^2 p}{\partial y^2}+k_z^*\frac{\partial^2 p}{\partial z^2}\right)\mathrm{d}\Omega \\
&=\int_\Omega\left(k_x^*\frac{\partial}{\partial x}(\delta\boldsymbol{p})^{\mathrm{T}}\frac{\partial p}{\partial x}+k_y^*\frac{\partial}{\partial y}(\delta\boldsymbol{p})^{\mathrm{T}}\frac{\partial p}{\partial y}+k_z^*\frac{\partial}{\partial z}(\delta\boldsymbol{p})^{\mathrm{T}}\frac{\partial p}{\partial z}\right)\mathrm{d}\Omega \\
&\quad-\int_\varGamma \delta\boldsymbol{p}^{\mathrm{T}}\left(k_x^* l\frac{\partial p}{\partial x}+k_y^* m\frac{\partial p}{\partial y}+k_z^* n\frac{\partial p}{\partial z}\right)\mathrm{d}\varGamma \\
&=\int_\Omega\left(k_x^*\frac{\partial}{\partial x}(\delta\boldsymbol{p})^{\mathrm{T}}\frac{\partial p}{\partial x}+k_y^*\frac{\partial}{\partial y}(\delta\boldsymbol{p})^{\mathrm{T}}\frac{\partial p}{\partial y}+k_z^*\frac{\partial}{\partial z}(\delta\boldsymbol{p})^{\mathrm{T}}\frac{\partial p}{\partial z}\right)\mathrm{d}\Omega \\
&\quad+\int_\varGamma \delta\boldsymbol{p}^{\mathrm{T}}q_n\mathrm{d}\varGamma
\end{aligned} \tag{9.88}$$

将式（9.88）代入式（9.87）可得

$$\int_{\Omega}\left(\delta\boldsymbol{p}^{\mathrm{T}}\{M\}^{\mathrm{T}}[\partial]\dot{V}+\left(k_x^*\frac{\partial}{\partial x}(\delta\boldsymbol{p})^{\mathrm{T}}\frac{\partial p}{\partial x}+k_y^*\frac{\partial}{\partial y}(\delta\boldsymbol{p})^{\mathrm{T}}\frac{\partial p}{\partial y}+k_z^*\frac{\partial}{\partial z}(\delta\boldsymbol{p})^{\mathrm{T}}\frac{\partial p}{\partial z}\right)\right.$$
$$\left.+\delta\boldsymbol{p}^{\mathrm{T}}\{M\}^{\mathrm{T}}[\partial][k^*]\rho_f\{g\}-\delta\boldsymbol{p}^{\mathrm{T}}\{M\}^{\mathrm{T}}[\partial][k^*]\rho_f\ddot{\boldsymbol{V}}+\delta\boldsymbol{p}^{\mathrm{T}}\frac{1}{\Gamma}\dot{p}\right)\mathrm{d}\Omega$$
$$+\int_{\Gamma}\delta\boldsymbol{p}^{\mathrm{T}}\overline{q}\mathrm{d}\Gamma=0 \tag{9.89}$$

如果将式（9.77）代入式（9.89）可得

$$[M_c]\{\ddot{\delta}\}+[G_c]\{\dot{\delta}\}-[G_s]\{p\}-[G_{s1}]\{\dot{p}\}=\{\overline{f}\} \tag{9.90}$$

这是饱和土动力连续方程，式中

$$\begin{cases}[M_c]=-\int_{\Omega}[N_P]^{\mathrm{T}}\{\nabla\}^{\mathrm{T}}\rho_f[k^*][N]\mathrm{d}\Omega\\ [G_c]=\int_{\Omega}[N_P]^{\mathrm{T}}\{\nabla\}^{\mathrm{T}}[N]\mathrm{d}\Omega\\ \{\nabla\}=\begin{bmatrix}\dfrac{\partial}{\partial x}&\dfrac{\partial}{\partial y}&\dfrac{\partial}{\partial z}\end{bmatrix}^{\mathrm{T}}\\ [G_s]=\int_{\Omega}[B_s]^{\mathrm{T}}[k^*]^{\mathrm{T}}[B_s]\mathrm{d}\Omega\qquad [G_{s1}]=\int_{\Omega}[N_P]^{\mathrm{T}}\boldsymbol{\Gamma}^{-1}[N_P]\mathrm{d}\Omega\\ \{\overline{f}\}=\int_{\Omega}[N_P]^{\mathrm{T}}\{\nabla\}^{\mathrm{T}}[k^*]\rho_f\{g\}\mathrm{d}\Omega-\int_{\Gamma}[N_P]^{\mathrm{T}}\overline{\boldsymbol{q}}\mathrm{d}\Gamma\end{cases} \tag{9.91}$$

式中：Γ 为不排水体积模量，详见 3.7 节。

5. 时间样条离散化

式（9.79）及式（9.90）是饱和土动力分析样条离散化控制方程，它是时间的一阶常微分方程组。

如果设 $t_{n+1}=t_n+\Delta t$，则

$$\begin{cases}\{\delta\}_{n+1}=\{\delta\}_n+\{\Delta\delta\},\qquad \{\dot{\delta}\}_{n+1}=\{\dot{\delta}\}_n+\{\Delta\dot{\delta}\}\\ \{\ddot{\delta}\}_{n+1}=\{\ddot{\delta}\}_n+\{\Delta\ddot{\delta}\},\qquad \{p\}_{n+1}=\{p\}_n+\{\Delta p\}\\ \{\dot{p}\}_{n+1}=\{\dot{p}\}_n+\{\Delta\dot{p}\}=\{\dot{p}\}_n+\{\Delta p\}/\Delta t\\ \{f\}_{n+1}=\{f\}_n+\{\Delta f\},\qquad \{f^p\}_n=\{f^p\}_n+\{\Delta f^p\}\\ \{\overline{f}\}_{n+1}=\{\overline{f}\}_n+\{\Delta\overline{f}\}\end{cases} \tag{9.92}$$

因此，由式（9.79）及式（9.90）可得饱和土增量动力控制方程

$$[M]\{\Delta\ddot{\delta}\}+[C]^{\mathrm{T}}\{\Delta\dot{\delta}\}+[G]\{\Delta\delta\}+[G_c]\{\Delta p\}=\{\Delta f\}+\{\Delta f^p\} \tag{9.93}$$

$$[M_c]\{\Delta\ddot{\delta}\}+[G_c]^{\mathrm{T}}\{\Delta\dot{\delta}\}-[G_s]\{\Delta p\}-[G_{s1}]\{\Delta p\}/\theta\Delta t=\{\Delta\overline{f}\} \tag{9.94}$$

式中：θ 为积分常数，其范围如下：

$$0.5\leqslant\theta\leqslant 1 \tag{9.95}$$

常用值为 0.5 或 0.667。由式（9.93）及式（9.94）可得

$$[\overline{M}]\{\Delta\ddot{U}\}+[\overline{C}]\{\Delta\dot{U}\}+[\overline{K}]\{\Delta U\}=\{\Delta F\}+\{\Delta F^{p}\} \tag{9.96}$$

这是一个饱和土样条动力模型，它是一个新动力模型，式中

$$\begin{cases}[\overline{M}]=\begin{bmatrix}[M] & [0]\\ [M_c] & [0]\end{bmatrix} \qquad [\overline{C}]=\begin{bmatrix}[C] & [0]\\ [G_c]^{\mathrm{T}} & [0]\end{bmatrix}\\ [\overline{K}]=\begin{bmatrix}[G] & [G_c]\\ [0] & -([G_s]+[G_{s1}]/\theta\Delta t)\end{bmatrix}\end{cases} \tag{9.97}$$

$$\{\Delta F\}=\left[\{\Delta f\}^{\mathrm{T}} \quad \{\Delta\overline{f}\}^{\mathrm{T}}\right]^{\mathrm{T}} \qquad \{\Delta F^{p}\}=\left[\{\Delta f\}^{\mathrm{T}} \quad \{0\}^{\mathrm{T}}\right]^{\mathrm{T}} \tag{9.98}$$

$$\begin{cases}\{\Delta U\}=\left[\{\Delta\delta\}^{\mathrm{T}} \quad \{\Delta p\}^{\mathrm{T}}\right]^{\mathrm{T}} \qquad \{\Delta\dot{U}\}=\left[\{\Delta\dot{\delta}\}^{\mathrm{T}} \quad \{\Delta\dot{p}\}^{\mathrm{T}}\right]^{\mathrm{T}}\\ \{\Delta\ddot{U}\}=\left[\{\Delta\ddot{\delta}\}^{\mathrm{T}} \quad \{\Delta\ddot{p}\}^{\mathrm{T}}\right]^{\mathrm{T}}\end{cases} \tag{9.99}$$

式（9.96）是饱和土动力分析的一般控制方程，在动力分析中，可以根据具体情况进行简化及变换形式。

根据假定（5），可以忽略孔隙水流的惯性力，令$[M_C]=0$，这样对饱和土动力分析非常简便。

利用式（9.96）可求出位移反应、速度反应、加速度反应及孔压反应，即$\{\delta\}$、$\{\dot{\delta}\}$、$\{\ddot{\delta}\}$及$\{p\}$值。

6. 求饱和土的动力反应

（1）求土体动力反应$\{\delta\}$、$\{\dot{\delta}\}$、$\{\ddot{\delta}\}$值。

$$\{\delta\}_{n+1}=\{\delta\}_n+\{\Delta\delta\} \tag{9.100}$$

（2）求孔压动力反应$\{p\}$及$\{\dot{p}\}$。

（3）求土体应力反应值。

$$\sigma'_{n+1}=\sigma'_n+\Delta\sigma' \tag{9.101}$$

其中

$$\Delta\sigma'=[D]\Delta\varepsilon-\Delta\sigma_0 \tag{9.102}$$

9.4.3　样条变刚度动力模型

1. 建立饱和土总势能泛函

由 7.2.2 节可得

$$\begin{aligned}\Pi=&\frac{1}{2}\int_{\Omega}[\boldsymbol{\varepsilon}^{\mathrm{T}}[D^{*}]\boldsymbol{\varepsilon}+2\boldsymbol{\varepsilon}^{\mathrm{T}}\{M\}p+2\varepsilon^{\mathrm{T}}[D_0]\varepsilon^{s}-2\boldsymbol{V}^{\mathrm{T}}(F-c\dot{V}-\rho\ddot{V})]\mathrm{d}\Omega\\&-\int_{\Gamma}\boldsymbol{V}^{\mathrm{T}}\overline{q}^{*}\mathrm{d}\Gamma-\int_{\Gamma}\boldsymbol{V}^{\mathrm{T}}[a]\dot{V}\mathrm{d}\Gamma\end{aligned} \tag{9.103}$$

如果将式（9.77）及式（5.18）代入式（9.103），则可得土体样条离散化总势能泛函

$$\Pi = \frac{1}{2}\{\delta\}^{\mathrm{T}}[G_{ep}]\{\delta\} + \{\delta\}^{\mathrm{T}}[G_c]\{p\} - \{\delta\}^{\mathrm{T}}\{f^s\} - \{\delta\}^{\mathrm{T}}(\{f\} - [C]\{\dot{\delta}\} - [M]\{\ddot{\delta}\}) \tag{9.104}$$

2. 建立土体弹塑性样条离散化动力平衡方程

利用变分原理可得

$$[G_{ep}]\{\delta\} + [C]\{\dot{\delta}\} + [M]\{\ddot{\delta}\} + [G_c]\{p\} = \{f\} + \{f^s\} \tag{9.105}$$

这是饱和土弹塑性离散化动力平衡方程。式中有关符号见式（7.35）及式（9.79）。

3. 渗流连续方程

由式（9.80）～式（9.90）可建立饱和土样条离散化连续方程，详见式（9.90）。

4. 建立土体弹塑性样条离散化动力模型

$$[\overline{M}]\{\Delta\ddot{U}\} + [\overline{C}]\{\Delta\dot{U}\} + [\overline{K}]\{\Delta U\} = \{\Delta F\} + \{\Delta F^s\} \tag{9.106}$$

这是饱和土弹塑性样条离散化动力模型，它是饱和土动力分析的新模型。式中

$$\begin{cases} [\overline{M}]=\begin{bmatrix} [M] & [0] \\ [M_c] & [0] \end{bmatrix} \qquad [\overline{C}]=\begin{bmatrix} [C] & [0] \\ [G_c]^{\mathrm{T}} & [0] \end{bmatrix} \\ [\overline{K}]=\begin{bmatrix} [G_{ep}] & [G_c] \\ [0] & -([G_s]+[G_{s1}]/\theta\Delta t) \end{bmatrix} \end{cases} \tag{9.107}$$

$$\{\Delta F\} = \left[\{\Delta f\}^{\mathrm{T}} \quad \{\Delta \overline{f}\}^{\mathrm{T}}\right]^{\mathrm{T}} \qquad \{\Delta F^s\} = \left[\{\Delta f^s\}^{\mathrm{T}} \quad \{0\}^{\mathrm{T}}\right]^{\mathrm{T}} \tag{9.108}$$

$$\begin{cases} \{\Delta U\} = \left[\{\Delta\delta\}^{\mathrm{T}} \quad \{\Delta p\}^{\mathrm{T}}\right]^{\mathrm{T}} \qquad \{\Delta\dot{U}\} = \left[\{\Delta\dot{\delta}\}^{\mathrm{T}} \quad \{\Delta\dot{p}\}^{\mathrm{T}}\right]^{\mathrm{T}} \\ \{\Delta\ddot{U}\} = \left[\{\Delta\ddot{\delta}\}^{\mathrm{T}} \quad \{\Delta\ddot{p}\}^{\mathrm{T}}\right]^{\mathrm{T}} \end{cases} \tag{9.109}$$

$$[G_{ep}] = \int_{\Omega} [B]^{\mathrm{T}}[D^*][B]\mathrm{d}\Omega \tag{9.110}$$

其中有关符号见式（7.11）及式（7.12）。

利用式（9.106）可求$\{\delta\}$、$\{\dot{\delta}\}$、$\{\ddot{\delta}\}$及$\{p\}$值。

5. 求饱和土动力反应

（1）求动力反应$\{\delta\}$、$\{\dot{\delta}\}$、$\{\ddot{\delta}\}$及$\{p\}$值。

（2）求应力反应值。

$$\boldsymbol{\sigma}'_{n+1} = \boldsymbol{\sigma}'_n + \Delta\boldsymbol{\sigma}' \tag{9.111}$$

其中

$$\Delta\sigma' = [D_{ep}]([B]\Delta\delta + [\alpha]\Delta\varepsilon^s) \tag{9.112}$$

9.5　饱和土有效应力动力分析的新算法

9.5.1　饱和土弹塑性动力方程

由式（9.106）可得

$$\boldsymbol{M}\Delta\ddot{U}+\boldsymbol{C}\Delta\dot{U}+\boldsymbol{K}\Delta U=\Delta\boldsymbol{P}(t) \tag{9.113}$$

这是饱和土弹塑性动力增量模型，式中

$$\begin{cases}\boldsymbol{M}=[\overline{M}], \quad \boldsymbol{C}=[\overline{C}], \quad \boldsymbol{K}=[\overline{K}]\\ \Delta\ddot{\boldsymbol{U}}=\{\Delta\ddot{U}(t)\}, \quad \Delta\dot{\boldsymbol{U}}=\{\Delta\dot{U}(t)\}, \quad \Delta U=\{\Delta U(t)\}\\ \Delta\boldsymbol{P}(t)=\Delta F(t)+\Delta F^{\alpha} \quad \alpha=p,s\end{cases} \tag{9.114}$$

其中

$$\Delta F(t)=\{\Delta F\}, \quad \Delta F^{\alpha}(t)=\{\Delta F^{\alpha}\} \tag{9.115}$$

式中有关符号见式（9.107）～式（9.110）。

9.5.2　样条递推算法

对于饱和土三维问题，由式（9.29）可得

$$U(t)=[\phi(t)]\{a\} \tag{9.116}$$

其中

$$[\phi(t)]=[\phi_{-1}(t) \quad \phi_0(t) \quad \phi_1(t) \quad \cdots \quad \phi_n(t) \quad \phi_{n+1}(t)] \tag{9.117}$$

$$\{a\}=[a_{-1} \quad a_0 \quad a_1 \quad \cdots \quad a_n \quad a_{n+1}]^{\mathrm{T}} \tag{9.118}$$

如果将时域$[t_0, t_n]$划分为 n 个等时段，则由式（9.29）可得

$$\boldsymbol{U}(t)=[a]\{\phi\} \tag{9.119}$$

其中

$$\begin{cases}[a]=\begin{bmatrix}a_{-1} & a_0 & a_1 & a_2 & \cdots & a_{n+1}\\ a_{-1} & a_0 & a_1 & a_2 & \cdots & a_{n+1}\\ \vdots & \vdots & \vdots & \vdots & & \vdots\\ a_{-1} & a_0 & a_1 & a_2 & \cdots & a_{n+1}\end{bmatrix}\\ \quad\;=\left[\{a_{-1}\} \quad \{a_0\} \quad \{a_1\} \quad \{a_2\} \quad \cdots \quad \{a_{n+1}\}\right]\\ \{\phi\}=[\phi_{-1}(t) \quad \phi_0(t) \quad \phi_1(t) \quad \phi_2(t) \quad \cdots \quad \phi_{n+1}(t)]^{\mathrm{T}}\end{cases} \tag{9.120}$$

可得

$$\{a_j\}=\left[a_j \quad a_j \quad a_j \cdots \quad a_j\right]^{\mathrm{T}} \quad j=-1,0,1,2,\cdots,n+1 \tag{9.121}$$

对于时域$[t_0, t_n]$，上述表达式都成立。如果对时段$[t_j, t_{j+1}]$，$\Delta t=t_{j+1}-t_j$，则

$$\{a\}=\left[a_{j-1} \quad a_j \quad a_{j+1} \quad a_{j+2}\right]^{\mathrm{T}}$$

$$[\phi]=[\phi_{j-1}(t) \quad \phi_j(t) \quad \phi_{j+1}(t) \quad \phi_{j+2}(t)]$$

$$\{\phi\}=[\phi_{j-1}(t) \quad \phi_j(t) \quad \phi_{j+1}(t) \quad \phi_{j+2}(t)]^{\mathrm{T}}$$

$$[a]=\left[a_{j-1} \quad a_j \quad a_{j+1} \quad a_{j+2}\right] \tag{9.122}$$

由上述可得

$$\boldsymbol{U}(t)=[a]\{\phi(t)\}=[\phi(t)]\{a\} \tag{9.123}$$

由 9.3.2 节可知，利用样条加权残数法可建立样条递推算法，即

$$H_1a_{j+2}+H_2a_{j+1}+H_3a_j+H_4a_{j-1}=P_{j+1}(t) \tag{9.124}$$

这是饱和土动力分析的新算法。式中有关符号详见 9.3.2 节。本节其他内容及算法详见 9.3.3 小节。

9.6　结　　语

1981 年以来，本书作者指导的研究生利用这些新理论新方法，对结构工程、桥梁工程及水利工程问题做过许多分析，对岩土工程也做过一些分析，利用 Fortran 语言及 C 语言编制了有关计算程序，对结构工程、岩土工程桥梁工程及水利工程计算了大量例题，这些例题表明，本章阐述的新理论新方法，不仅比有限元法计算简捷，而且精度也比有限元法更高，为结构工程、水利工程、桥梁工程及岩土工程开辟了一条新途径，详见文献[7]～[11]、文献[17]和[18]。

参 考 文 献

[1] 秦荣．无条件稳定动态加权残数法[J]．工程力学，1990，7（1）：1-7.
[2] 秦荣．结构力学的样条函数方法[M]．南宁：广西人民出版社，1985.
[3] 秦荣．结构动力反应的样条函数方法[J]．工程力学，1985，2（2）：52-53.
[4] 秦荣．样条无网格法[M]．北京：科学出版社，2012.
[5] 秦荣，何昌如．弹性地基薄板的静力及动力分析[J]．土木工程学报，1988，21（3）：71-80.
[6] 秦荣，何昌如．样条有限点法分析弹性地基扁壳[J]．广西大学学报，1988，13（3）：52-59.
[7] 许英姿．层状地基弹塑性分析的样条函数方法[D]．南宁：广西大学，1994.
[8] 邹万杰．结构与地基相互作用分析的 QR 法[D]．南宁：广西大学，1998.
[9] 何昌如．符拉索夫地基上结构物的样条函数方法[D]．南宁：广西大学，1985.
[10] 陈明．高层建筑连体结构地震反应分析的新方法研究[D]．南宁：广西大学，2009.
[11] 黄绍派．高层建筑弹塑性动力分析的 QR 法及其工程应用[D]．南宁：广西大学，2002.
[12] 朱百里，沈珠江．计算土力学[M]．上海：上海科学技术出版社，1990.
[13] 谢康和，周健．岩土工程有限元分析理论及应用[M]．北京：科学出版社，2002.
[14] 谢定义．动土力学[M]．北京：高等教育出版社，2011.
[15] 秦荣．计算结构动力学[M]．桂林：广西师范大学出版社，1997.
[16] 秦荣．结构塑性力学[M]．北京：科学出版社，2016.
[17] 燕柳斌．结构与岩土介质相互作用分析方法及其应用[D]．南宁：广西大学，2004.
[18] 王战营．水-坝-地基动力耦合问题的样条边界元-能量配点法[D]．南宁：广西大学，1987.

第十章　土体动力分析的 QR 法

20 世纪 80 年代初，作者致力于研究土体动力学，创立了土体分析的总应力——动力 QR 法及有效应力——动力 QR 法。1986 年开始分析土体弹性动力问题，1988 年开始分析土体弹塑性动力问题，为土体动分析开拓一条新途径[1-15]。本章主要介绍土体动力分析的总应力——动力 QR 法及有效应力——动力 QR 法。

10.1　总应力——动力 QR 法

建立土体动力分析的总应力——动力 QR 法与固体力学相同。本节以三维土体地基（图 5.4）为例来介绍土体总应力——动力 QR 法。

10.1.1　样条初应力法

1. 空间样条离散化

因为地基是三维空间土体地基（图 5.4），因此可沿着地基 z 方向进行单样条离散化（图 5.3），即

$$0 = z_0 < z_1 < z_2 < z_3 < \cdots < x_N = H$$

$$z_i = z_0 + ih \qquad h = z_{i+1} - z_i = \frac{H}{N}$$

它的位移函数可采用式（5.13）的形式，由此可得

$$\boldsymbol{V} = [N]\{\delta\} \tag{10.1}$$

其中

$$[N] = \mathrm{diag}\left([N_u],[N_v],[N_w]\right) \tag{10.2}$$

其余有关符号与 5.2 节相同。

2. 建立单元结点位移向量与地基样条结点位移向量的转换关系

由式（6.3）可得

$$\{V\}_e = [T][N]_e\{\delta\} \tag{10.3}$$

这就是单元结点位移与地基样条结点位移的转换关系。式中符号与式（6.9）相同。

3. 建立单元总势能泛函

利用最小势能原理可得单元总势能泛函

$$\Pi_e = \frac{1}{2}\{V\}_e^{\mathrm{T}}[k]_e\{V\}_e - \{V\}_e^{\mathrm{T}}\{f^p\} - \{V\}_e^{\mathrm{T}}(\{f\}_e - [c]\{\dot{V}\}_e + [m]_e\{\ddot{V}\}_e) \tag{10.4}$$

其中

$$[k]_e=\int_e[B]_e^{\mathrm{T}}[D][B]_e\mathrm{d}\Omega \qquad [m]_e=\int_e[\bar{N}]_e^{\mathrm{T}}\rho[\bar{N}]_e\mathrm{d}\Omega \tag{10.5}$$

$$\begin{cases}[c]_e=\int_e[\bar{N}]_e^{\mathrm{T}}c[\bar{N}]_e\mathrm{d}\Omega\\ \{f^p\}_e=\int_e[B]^{\mathrm{T}}\sigma_0\mathrm{d}\Omega\end{cases} \tag{10.6}$$

$$\{f\}_e=\{\bar{R}\}_e+\int_\Gamma[N]_e^{\mathrm{T}}\bar{q}^*\mathrm{d}\Gamma+\int_e[N]_e^{\mathrm{T}}\boldsymbol{F}\mathrm{d}\Omega+\int_\Gamma[N]_e^{\mathrm{T}}[a][N]\{\dot{V}\}_e\mathrm{d}\Gamma \tag{10.7}$$

上述式中：$[k]_e$ 为土体单元弹性刚度矩阵；$[c]_e$ 为单元阻尼矩阵；$[m]_e$ 为单元质量矩阵；$\{f\}_e$ 为单元荷载向量或干扰力向量；$\{f^p\}_e$ 为单元附加荷载（由塑性应变引起的）；$[a]$ 为人工边界条件，见式（9.73）；$\{V\}_e$、$\{\dot{V}\}_e$ 及 $\{\ddot{V}\}_e$ 分别为单元的位移向量、速度向量及加速度向量；$[N]_e$ 为单元形函数矩阵；$[B]_e$ 为单元应变转换矩阵。

如果将式（10.3）代入式（10.4）可得

$$\Pi=\frac{1}{2}\{\delta\}^{\mathrm{T}}[K]_e\{\delta\}-\{\delta\}^{\mathrm{T}}\{F^p\}_e-\{\delta\}^{\mathrm{T}}(\{F\}_e-[C]_e\{\dot{\delta}\}-[M]_e\{\ddot{\delta}\}) \tag{10.8}$$

其中

$$\begin{cases}[K]_e=[N]_e^{\mathrm{T}}[T]^{\mathrm{T}}[k]_e[T][N]_e\\ [C]_e=[N]_e^{\mathrm{T}}[T]^{\mathrm{T}}[c]_e[T][N]_e\\ [M]_e=[N]_e^{\mathrm{T}}[T]^{\mathrm{T}}[m]_e[T][N]_e\end{cases} \tag{10.9}$$

$$\{F^p\}_e=[N]_e^{\mathrm{T}}[T]^{\mathrm{T}}\{f^p\}_e \qquad \{F\}_e=[N]_e^{\mathrm{T}}[T]^{\mathrm{T}}\{f\}_e \tag{10.10}$$

上述式中，$[K]_e$、$\{f\}_e$ 及 $\{f^p\}_e$ 分别为单元的弹塑性刚度矩阵、荷载向量或干扰力向量及附加荷载向量。

4. 建立土体样条离散化总势能泛函

如果将地基划分为 m 个单元，则地基总势能泛函可采用下式确定：

$$\Pi=\sum_{e=1}^{m}\Pi_e \tag{10.11}$$

$$\Pi=\frac{1}{2}\{\delta\}^{\mathrm{T}}[K]\{\delta\}+\{\delta\}^{\mathrm{T}}[C]\{\delta\}+\{\delta\}^{\mathrm{T}}[M]\{\ddot{\delta}\}-\{\delta\}^{\mathrm{T}}(\{F^p\}+\{F\}) \tag{10.12}$$

这是地基样条离散化总势能泛函，式中

$$\begin{cases}[K]=\sum_{e=1}^{m}[K] \qquad [C]=\sum_{e=1}^{m}[C]_e \qquad [M]=\sum_{e=1}^{m}[M]_e\\ \{F\}=\sum_{e=1}^{m}\{F\}_e \qquad \{F^p\}=\sum_{e=1}^{m}\{F^p\}_e\end{cases} \tag{10.13}$$

5. 建立地基样条离散化动力方程

利用瞬时变分原理 $\delta\Pi=0$ 可得

$$[K]\{\delta\}+[C]\{\dot{\delta}\}+[M]\{\ddot{\delta}\}=\{F\}+\{F^p\} \tag{10.14}$$

这是地基样条离散化动力方程，它是一个新的动力模型，为岩土体地基动力分析开辟了一条新的途径。

利用式（10.14）可求出地基样条结点位移值。

6. 求地基任一点的位移及应力反应值

利用式（10.14）求出地基样条结点位移后，即可利用式（10.1）求出地基任意一点的位移反应。应力反应可以采用下列公式确定：

$$\sigma_{n+1}=\sigma_n+\Delta\sigma \tag{10.15}$$

其中

$$\Delta\sigma=[D][B][T][N]_e\{\Delta\delta\}-\Delta\sigma_0 \tag{10.16}$$

10.1.2 样条变刚度法

1. 建立单元变分方程

本节以图 5.4 为例。利用最小势能原理可建立单元的变分方程

$$\begin{aligned}\delta\Pi_e=&\delta\{V\}_e^{\mathrm{T}}[k^p]_e\{V\}_e-\delta\{V\}_e^{\mathrm{T}}\{f^s\}_e\\&-\delta\{V\}_e^{\mathrm{T}}(\{f\}_e-[c]_e\{\dot{V}\}_e-[m]_e\{\ddot{V}\}_e)\end{aligned} \tag{10.17}$$

其中

$$[k^p]_e=\int_e[B]_e^{\mathrm{T}}[D^*][B]_e\mathrm{d}\Omega \tag{10.18}$$

$$\{f^s\}_e=\int_e[B]_e^{\mathrm{T}}[D_0]\boldsymbol{\varepsilon}^s\mathrm{d}\Omega \tag{10.19}$$

$$\{f\}_e=\{\overline{R}\}_e+\int_{\Gamma e}[N]_e^{\mathrm{T}}\overline{q}^*\mathrm{d}\Gamma+\int_e[N]_e^{\mathrm{T}}F\mathrm{d}\Omega-\int_{\Gamma e}[N]_e^{\mathrm{T}}[a]\{\dot{V}\}_e\mathrm{d}\Gamma \tag{10.20}$$

式中其余符号见式（8.16）及式（8.17）。

2. 建立单元样条离散化变分方程

将式（10.3）代入式（10.17）可得

$$\delta\Pi_e=\delta\{\delta\}^{\mathrm{T}}[K^p]_e\{\delta\}-\delta\{\delta\}^{\mathrm{T}}\{F^s\}_e-\delta\{\delta\}^{\mathrm{T}}(\{F\}_e-[C]_e\{\dot{\delta}\}_e-[M]_e\{\ddot{\delta}\}) \tag{10.21}$$

其中

$$[K^p]_e=[N]_e^{\mathrm{T}}[T]^{\mathrm{T}}[k^p]_e[T][N]_e \tag{10.22}$$

$$\{F^s\}_e=[N]_e^{\mathrm{T}}[T]^{\mathrm{T}}\{f^s\}_e \tag{10.23}$$

3. 建立地基样条离散化总变分方程

地基总变分方程可采用下列表达式确定：

$$\delta\Pi=\sum_{e=1}^{m}\delta\Pi_e=0 \tag{10.24}$$

将式（10.21）代入式（10.24）可得

$$\delta\Pi=\delta\{\delta\}^{\mathrm{T}}\left([K^p]\{\delta\}-\{f^s\}\right)-\delta\{\delta\}^{\mathrm{T}}(\{f\}-[C]\{\dot{\delta}\}-[M]\{\ddot{\delta}\})=0 \tag{10.25}$$

其中

$$[K^p]=\sum_{e=1}^{m}[K^p]_e \qquad \{f^s\}=\sum_{e=1}^{m}\{F^s\}_e \tag{10.26}$$

4. 建立地基样条离散化动力方程

由式（10.25）可得

$$[M]\{\ddot{\delta}\}+[C]\{\dot{\delta}\}_e+[K]\{\delta\}=\{f\}+\{f^s\} \tag{10.27}$$

这是地基样条离散化动方程，它是一个新动力控制，为岩土动力分析开拓一条新途径。

利用式（10.27）可求出地基样条结点的位移。

5. 求地基的动力反应值

（1）求地基任意一点的位移反应、速度反应及加速度反应值。

（2）求地基任一点的应力反应值，即

$$\boldsymbol{\sigma}_{n+1}=\boldsymbol{\sigma}_n+\Delta\boldsymbol{\sigma} \tag{10.28}$$

其中

$$\Delta\boldsymbol{\sigma}=[D_{ep}][B]_e[T][N]_e\{\Delta\delta\}+[D_0]\Delta\boldsymbol{\varepsilon}^s \tag{10.29}$$

$$[D_{ep}]=(1+kB)^{-1}[D] \quad [D_0]=(1+kB)^{-1}kB[D] \tag{10.30}$$

10.1.3 新算法

1978 年以来，作者创立了结构分析动力反应的一系列新算法。作者在文献[1]～[3]、文献[13]及第九章中有详细介绍。

10.2 有效应力——动力 QR 法

饱和土地基动力分析可以采用有效应力——动力 QR 法，本节以饱和土三维空间地基为例来介绍有效应力——动力 QR 法。先介绍利用样条初应力法来建立动力模型，然后介绍利用样条变刚度法来建立动力模型，最后介绍作者创立的动力反应分析的新算法。

10.2.1 样条初应力模型

1. 空间样条离散化

如果图 5.4 为饱和土三维空间地基，则可以对它沿 z 方向进行空间单样条离散化，即

$$0=z_0<z_1<z_2<z_3<\cdots<x_N=H$$

$$z_i=z_0+ih \quad h=z_{i+1}-z_i=\frac{H}{N}$$

因此，地基的位移函数及孔压函数可采用式（5.13）及式（5.14）的形式，即

$$\boldsymbol{V}=[N]\{\delta\} \quad \boldsymbol{p}=[N_p]\{p\} \tag{10.31}$$

其中

$$[N]=\mathrm{diag}([N_u],[N_v],[N_w]) \tag{10.32}$$

其余符号见 5.2 节式（5.13）～式（5.16）。

2. 建立单元结点向量与地基样条结点向量的转换关系

由式（8.29）及式（8.30）可得

$$\{V\}_e=[T][N]_e\{\delta\} \quad \boldsymbol{p}_e=[T][N_p]_e\{p\} \tag{10.33}$$

式中有关符号与式（6.15）及式（6.16）同。

3. 建立单元总势能泛函

利用变分原理可得

$$\begin{aligned}\varPi_e=&\frac{1}{2}\{V\}_e^{\mathrm T}[k]_e\{V\}_e+\{V\}_e^{\mathrm T}[k_c]_e\{p\}_e-\{V\}_e^{\mathrm T}\{f^p\}_e\\&-\{V\}_e^{\mathrm T}(\{f\}_e-[c]_e\{\dot V\}_e-[m]_e\{\ddot V\}_e)\end{aligned} \tag{10.34}$$

$$\varPi_{se}=\{p\}_e^{\mathrm T}[k_c]_e^{\mathrm T}\{\dot V\}_e+\frac{1}{2}\{p\}_e^{\mathrm T}[k_s]_e\{p\}_e-\{p\}_e^{\mathrm T}(\{\bar f\}_e-[m_c]_e\{\ddot V\}_e) \tag{10.35}$$

式中：$[k]_e$ 为单元弹性刚度矩阵；$[k_c]_e$ 为单元耦合矩阵；$[k_s]_e$ 为单元渗透矩阵；$\{f\}_e$ 为单元荷载向量或干扰力向量；$\{\bar f\}_e$ 为单元流量向量，即

$$[k_s]_e=\int_e[\bar N_p]_e^{\mathrm T}\boldsymbol{\varGamma}^{-1}[\bar N_p]_e\mathrm d\varOmega+\int_e[B_s]^{\mathrm T}[k^*]_e[B_s]\mathrm d\varOmega \tag{10.36}$$

$$[m_c]_e=-\int_e[\bar N]_e^{\mathrm T}\{\nabla\}^{\mathrm T}\boldsymbol{\rho}_f[k^*]_e[\bar N]_e\mathrm d\varOmega \tag{10.37}$$

其余有关符号见第五章。$[\bar N]_e$ 见式（6.21）。

如果将式（10.33）代入式（10.34）及式（10.35），则

$$\begin{aligned}\varPi_e=&\frac{1}{2}\{\delta\}^{\mathrm T}[K]_e\{\delta\}+\{\delta\}^{\mathrm T}[K_c]\{p\}-\{\delta\}^{\mathrm T}\{F^p\}_e\\&-\{\delta\}^{\mathrm T}(\{F\}-[C]_e\{\dot\delta\}-[M]_e\{\ddot\delta\})\end{aligned} \tag{10.38}$$

$$\varPi_{se}=\{p\}^{\mathrm T}[K_c]_e^{\mathrm T}\{\dot\delta\}-\frac{1}{2}\{p\}^{\mathrm T}[K_s]_e\{p\}-\{p\}^{\mathrm T}(\{\bar F\}_e-[M_c]_e\{\ddot\delta\}) \tag{10.39}$$

其中

$$\begin{cases}[K_c]_e=[N]_e^{\mathrm T}[T]^{\mathrm T}[k_c]_e[T][N_p]_e\\ [K_s]_e=[N_p]_e^{\mathrm T}[T]^{\mathrm T}[k_s]_e[T][N_p]_e\\ [M_c]_e=[N_p]_e^{\mathrm T}[T]^{\mathrm T}[m_c]_e[T][N]_e\\ \{\bar F\}_e=[N_p]_e^{\mathrm T}[T]^{\mathrm T}\{\bar f\}_e\end{cases} \tag{10.40}$$

4. 建立饱和土空间样条离散化总势能泛函

如果将地基划分为 m 个单元，则地基空间样条离散化总势能泛函为

$$\Pi=\frac{1}{2}\{\delta\}^{\mathrm{T}}[K]\{\delta\}+\{\delta\}^{\mathrm{T}}[K_c]\{p\}-\{\delta\}^{\mathrm{T}}\{f^p\}$$
$$-\{\delta\}^{\mathrm{T}}(\{f\}-[C]\{\dot{\delta}\}-[M]\{\ddot{\delta}\}) \tag{10.41}$$

$$\Pi_s=\{p\}^{\mathrm{T}}[K_c]^{\mathrm{T}}\{\dot{\delta}\}-\frac{1}{2}\{p\}^{\mathrm{T}}[K_s]\{p\}-\{p\}^{\mathrm{T}}(\{\bar{f}\}-[M_c]\{\ddot{\delta}\}) \tag{10.42}$$

其中

$$\begin{cases}[K_c]=\sum_{e=1}^{m}[K_c]_e & [K_s]=\sum_{e=1}^{m}[K_s]_e\\ [M_c]=\sum_{e=1}^{m}[M_c]_e & \{\bar{f}\}=\sum_{e=1}^{m}\{\bar{F}\}_e\end{cases} \tag{10.43}$$

其余符号见式（10.13）。

5. 建立土体动力模型

利用变分原理 $\delta\Pi=0$ 可得

$$[M]\{\ddot{\delta}\}+[C]\{\dot{\delta}\}+[K]\{\delta\}+[K_c]\{p\}=\{f\}+\{f^p\} \tag{10.44}$$

$$[M_c]\{\ddot{\delta}\}+[K_c]^{\mathrm{T}}\{\dot{\delta}\}-[K_s]\{p\}=\{\bar{f}\} \tag{10.45}$$

式（10.44）及式（10.45）是饱和土空间样条离散化动力方程，它们是一种新动力模型。

$$[\bar{M}]\{\ddot{U}\}+[\bar{C}]\{\dot{U}\}+[\bar{K}]\{U\}=\{F\}+\{F^p\} \tag{10.46}$$

这是饱土样条初应力全量动力模型，式中

$$\begin{cases}[\bar{M}]=\begin{bmatrix}[M] & [0]\\ [M_c] & [0]\end{bmatrix} & [\bar{C}]=\begin{bmatrix}[C] & [0]\\ [K_c]^{\mathrm{T}} & [0]\end{bmatrix}\\ [\bar{K}]=\begin{bmatrix}[K] & [K_c]\\ [0] & -[K_s]\end{bmatrix} & \{F\}=\begin{Bmatrix}\{f\}\\ \{\bar{f}\}\end{Bmatrix} \quad \{F^p\}=\begin{Bmatrix}\{f^p\}\\ \{0\}\end{Bmatrix}\\ \{U\}=[\ \{\delta\}^{\mathrm{T}}\quad \{p\}^{\mathrm{T}}]^{\mathrm{T}}\end{cases} \tag{10.47}$$

为简化计算，可忽略孔隙水流的惯性力，令 $[M_c]=0$。这样计算非常简便。利用式（10.46）可求出地基样条结点的位移反应 $\{\delta\}$、速度反应 $\{\dot{\delta}\}$、加速度反应 $\{\ddot{\delta}\}$ 及孔压反应 $\{p\}$。由式（10.46）可得

$$[\bar{M}]\{\Delta\ddot{U}\}+[\bar{C}]\{\Delta\dot{U}\}+[\bar{K}]\{\Delta U\}=\{\Delta F\}+\{\Delta F^p\} \tag{10.48}$$

这是饱和土样条初应力增量动力模型。

6. 求地基动力反应

（1）求动力反应 $\{\delta\}$、$\{\dot{\delta}\}$ 及 $\{\ddot{\delta}\}$ 值。

（2）求孔压动力反应 $\{p\}$ 值。

（3）求应力反应值，有效应力为

$$\sigma'_{n+1}=\sigma'_n+\Delta\sigma' \tag{10.49}$$

其中

$$\Delta\sigma' = [D][B]_e[T][N]_e\{\Delta\delta\} - \Delta\sigma_0 \tag{10.50}$$

10.2.2 饱和土样条变刚度动力模型

1. 建立单元变分方程

利用变分原理可得

$$\begin{aligned}\delta\Pi_e &= \delta\{V\}_e^{\mathrm{T}}[k^p]_e\{V\}_e + \delta\{V\}_e^{\mathrm{T}}[k_c]_e\{p\}_e - \delta\{V\}_e^{\mathrm{T}}\{f^s\}_e \\ &\quad - \delta\{V\}_e^{\mathrm{T}}(\{f\}_e - [c]_e\{\dot{V}\}_e - [m]_e\{\ddot{V}\}_e)\end{aligned} \tag{10.51}$$

$$\delta\Pi_{se} = \delta\{p\}_e^{\mathrm{T}}[k_c]_e^{\mathrm{T}}\{\dot{V}\}_e - \delta\{p\}_e^{\mathrm{T}}[k_s]_e\{p\}_e - \delta\{p\}_e^{\mathrm{T}}(\{\bar{f}\}_e - [m_c]_e\{\ddot{V}\}_e) \tag{10.52}$$

有关符号详见 10.1.2 节及 10.2.1 节。如果将式（10.31）代入式（10.51）及式（10.52）可得

$$\begin{aligned}\delta\Pi_e &= \delta\{\delta\}^{\mathrm{T}}[K^p]_e + \delta\{\delta\}^{\mathrm{T}}[K_c]_e\{p\}_e - \delta\{\delta\}_e^{\mathrm{T}}\{F^s\}_e \\ &\quad - \delta\{\delta\}^{\mathrm{T}}(\{F\}_e - [C]_e\{\dot{\delta}\} - [M]_e\{\ddot{\delta}\})\end{aligned} \tag{10.53}$$

$$\delta\Pi_{se} = \delta\{p\}^{\mathrm{T}}[K_c]_e^{\mathrm{T}}\{\dot{\delta}\} - \delta\{p\}^{\mathrm{T}}[K_s]_e\{p\} - \delta\{p\}^{\mathrm{T}}(\{\bar{F}\}_e - [M_c]_e\{\ddot{\delta}\}) \tag{10.54}$$

式中有关符号详见 10.1.2 节。

2. 建立饱和土地基空间样条离散化动力方程

利用变分原理 $\delta\Pi = 0$ 可得

$$\delta\Pi = \sum_{e=1}^{m}\delta\Pi_e = 0 \qquad \delta\Pi_s = \sum_{e=1}^{m}\delta\Pi_{se} = 0 \tag{10.55}$$

将式（10.53）及式（10.54）代入式（10.55）可得

$$\delta\Pi = \delta\{\delta\}^{\mathrm{T}}([K^p]\{\delta\} + [K_c]\{p\} - \{F^s\} - (\{F\} - [C]\{\dot{\delta}\} - [M]\{\ddot{\delta}\}) = 0 \tag{10.56}$$

$$\delta\Pi_s = \delta\{p\}^{\mathrm{T}}([K_c]^{\mathrm{T}}\{\dot{\delta}\} - [K_s]\{p\}) - \delta\{p\}^{\mathrm{T}}(\{\bar{F}\} - [M_c]\{\ddot{\delta}\}) = 0 \tag{10.57}$$

由式（10.56）及式（10.57）可得

$$[M]\{\ddot{\delta}\} + [C]\{\dot{\delta}\} + [K]\{\delta\} + [K_c]\{p\} = \{f\} + \{f^s\} \tag{10.58}$$

$$[M_c]\{\ddot{\delta}\} + [K_c]\{\dot{\delta}\} - [K_s]\{p\} = \{\bar{f}\} \tag{10.59}$$

这是饱和土地基空间样条离散化全量动力方程。由此可得

$$[M]\{\Delta\ddot{\delta}\} + [C]\{\Delta\dot{\delta}\} + [K]\{\Delta\delta\} + [K_c]\{\Delta p\} = \{\Delta f\} + \{\Delta f^s\} \tag{10.60}$$

$$[M_c]\{\Delta\ddot{\delta}\} + [K_c]^{\mathrm{T}}\{\Delta\dot{\delta}\} - [K_s]\{\Delta p\} = \{\Delta\bar{f}\} \tag{10.61}$$

由上式可得

$$[\bar{M}]\{\ddot{U}\} + [\bar{C}]\{\dot{U}\} + [\bar{K}]\{U\} = \{F\} + \{F^s\} \tag{10.62}$$

$$[\bar{M}]\{\Delta\ddot{U}\} + [\bar{C}]\{\Delta\dot{U}\} + [\bar{K}]\{\Delta U\} = \{\Delta F\} + \{\Delta F^s\} \tag{10.63}$$

式（10.62）是饱和土样条变刚度全量动力模型，式（10.63）是饱和土样条变刚度增量动力模型，它们都是饱和土的新动力模型，为饱和土地基动力分析开辟了一条新途径。式中有关符号在本章都能查到。利用式（10.62）或式（10.63）可求出 $\{\delta\}$、$\{\dot{\delta}\}$、$\{\ddot{\delta}\}$ 及 $\{p\}$ 值。

3. 求地基动力反应

（1）求地基动力反应 $\{\delta\}$ 、$\{\dot{\delta}\}$ 及 $\{\ddot{\delta}\}$ 值。

（2）求孔压反应 $\{p\}$ 值。

（3）求动力反应有效应力

$$\boldsymbol{\sigma}'_{n+1} = \boldsymbol{\sigma}'_n + \Delta\boldsymbol{\sigma}' \tag{10.64}$$

其中

$$\Delta\boldsymbol{\sigma}' = [D_{ep}][B]_e[T][N]_e\{\Delta\delta\} + [D_0]\Delta\boldsymbol{\varepsilon}^s \tag{10.65}$$

10.3　饱和土弹塑性动力分析的新算法

10.3.1　饱和土弹塑性动力方程

式（10.63）是饱和土弹塑性动力增量方程，可以写成

$$\boldsymbol{M}\Delta\ddot{U} + \boldsymbol{C}\Delta\dot{\boldsymbol{U}} + \boldsymbol{K}\Delta\boldsymbol{U} = \Delta\boldsymbol{P} \tag{10.66}$$

$$\begin{cases} \Delta\ddot{\boldsymbol{U}}=\{\Delta\ddot{\boldsymbol{U}}(t)\} & \Delta\dot{\boldsymbol{U}}=\{\Delta\dot{\boldsymbol{U}}(t)\} & \Delta\boldsymbol{U}=\{\Delta\boldsymbol{U}(t)\} \\ \boldsymbol{M}=[\overline{M}] & \boldsymbol{C}=[\overline{C}] & \boldsymbol{K}=[\overline{K}] \\ \Delta\boldsymbol{P}=\{P(t)\} & \Delta\boldsymbol{P}=\Delta\boldsymbol{F}+\Delta\boldsymbol{F}^{\alpha} & \\ \Delta\boldsymbol{F}=\{\Delta\boldsymbol{F}(t)\} & \Delta\boldsymbol{F}^{\alpha}=\{\Delta\boldsymbol{F}^{\alpha}(t)\} & \alpha=p,s \end{cases} \tag{10.67}$$

对于初应力模型，$\boldsymbol{K}=[\overline{K}]$；对于变刚度模型，$\boldsymbol{K}=[\overline{K}(t)]$。

10.3.2　样条递推算法

土体非线性动力分析可采用增量法。如果 Δt 很小，则式（10.66）可作为线性方程处理。这个方程的求解可采用样条直接积分法。在时间 $[t_j,\ t_{j+1}]$ 内可得

$$U(t) = \phi_{j-1}a_{j-1} + \phi_j a_j + \phi_{j+1}a_{j+1} + \phi_{j+2}a_{j+2} \tag{10.68}$$

由此可得

$$U(t)=[a]\{\phi\} \qquad \dot{U}(t)=[a]\{\dot{\phi}\} \qquad \ddot{U}(t)=[a]\{\ddot{\phi}\} \tag{10.69}$$

其中

$$\begin{cases} [a]=\begin{bmatrix} a_{j-1} & a_j & a_{j+1} & a_{j+2} \end{bmatrix} \\ \{\phi\}=\begin{bmatrix} \phi_{j-1}(t) & \phi_j(t) & \phi_{j+1}(t) & \phi_{j+2}(t) \end{bmatrix}^{\mathrm{T}} \end{cases}$$

为了习惯，特定义

$$[\phi]\{a\} = \phi_{j-1}(t)a_{j-1} + \phi_j(t)a_j + \phi_{j+1}(t)a_{j+1} + \phi_{j+2}(t)a_{j+2} \tag{10.70}$$

由式（10.68）及式（10.69）可得

$$U(t)=[\phi]\{a\}, \qquad \dot{U}(t)=[\dot{\phi}]\{a\}, \qquad \ddot{U}(t)=[\ddot{\phi}]\{a\} \tag{10.71}$$

其中

$$\begin{cases}[\phi]=\left[\phi_{j-1}(t) \quad \phi_j(t) \quad \phi_{j+1}(t) \quad \phi_{j+2}(t)\right] \\ \{a\}=[a_{j-1} \quad a_j \quad a_{j+1} \quad a_{j+2}]^{\mathrm{T}}\end{cases} \tag{10.72}$$

$\phi_j(t)$、$\dot{\phi}_j(t)=\phi_j'(t)$ 及 $\ddot{\phi}_j(t)=\phi_j''(t)$，详见 9.3 节。在 $[t_j,\ t_{j+1}]$ 内，有

$$\begin{cases}\Delta U(t)=U(t)-U(t_j) \\ \Delta\dot{U}(t)=\dot{U}(t)-\dot{U}(t_j) \\ \Delta\ddot{U}(t)=\ddot{U}(t)-\ddot{U}(t_j) \\ \Delta P(t)=P(t)-P(t_j)\end{cases} \tag{10.73}$$

由 9.3 节的方法，可求出式（10.72）的表达式，其形式与式（9.38）相同。将式（9.38）代入式（10.65），可得残数方程

$$R(\tau)\neq 0 \tag{10.74}$$

这个方程与式（9.39）的形式相同。

样条加权残数法可得

$$\int_0^1 W(\tau)R(\tau)\mathrm{d}\tau=0 \tag{10.75}$$

式中：$W(\tau)$ 为权函数，可以适当选择。将式（9.39）代入式（9.41）可得时间步 $[t_j,t_{j+1}]$ 的计算格式

$$H_1a_{j+2}+H_2a_{j+1}+H_3a_j+H_4a_{j-1}=P_{j+1}(t) \tag{10.76}$$

其中

$$\begin{cases}H_1=\alpha\boldsymbol{M}+\beta h\boldsymbol{C}(t_j)+\gamma h^2\boldsymbol{K}(t_j) \\ H_2=-3\alpha\boldsymbol{M}+(\alpha-3\beta)h\boldsymbol{C}(t_j)+(\alpha/2+\beta-3\gamma)h^2\boldsymbol{K}(t_j) \\ H_3=3\alpha\boldsymbol{M}+(3\beta-2\alpha)h\boldsymbol{C}(t_j)+(-2\beta+3\gamma)h^2\boldsymbol{K}(t_j) \\ H_4=-\alpha\boldsymbol{M}+(\alpha-\beta)h\boldsymbol{C}(t_j)+(\alpha/2+\beta-\gamma)h^2\boldsymbol{K}(t_j)\end{cases} \tag{10.77}$$

$$\boldsymbol{P}_{j+1}(t)=h\int_{t_j}^{t_{j+1}}W(t)[P(t)-P(t_j)]\mathrm{d}t \tag{10.78}$$

$$\alpha=\int_0^1 W(\tau)\phi_{j+2}''(\tau)\mathrm{d}\tau \qquad \beta=\int_0^1 W(\tau)\phi_{j+2}'(\tau)\mathrm{d}\tau \qquad \gamma=\int_0^1 W(\tau)\phi_{j+2}(\tau)\mathrm{d}\tau \tag{10.79}$$

$$\phi_{j+2}''(\tau)=\tau \qquad \phi_{j+2}'(\tau)=\frac{1}{2}\tau^2 \qquad \phi_{j+2}(\tau)=\frac{1}{6}\tau^3 \tag{10.80}$$

式中其余有关符号见 9.3 节。

由上述可知，由式（10.76）可以建立结构动力反应分析的样条递推法。利用这个方法分析结构动力反应，不仅计算简便，而且精度也高，为结构动力反应分析开辟了一条新途径。本节其余内容详见 9.3 节。

10.4　人工边界条件

人工边界条件对岩土分析非常重要，其内容很多，本节只简介几点，供读者参考。

（1）黏滞边界条件。这个条件在 9.3.6 节做过一些介绍，本章不另介绍。

（2）QR 法与样条无限域结合，详见 16.3 节及文献[15] 3.11 节和 3.13 节。

（3）QR 法与无限元结合，详见第十四章。

10.5　结　　语

1984 年以来，作者指导的研究生利用上述新理论新方法分析岩土工程、结构工程、桥梁工程及水利工程，利用 Fortran 语言及 C 语言编制了有关计算程序，计算了大量岩土工程、结构工程、桥梁工程及水利工程方面的例题。这些例题表明 QR 法不仅计算比有限元法简捷，而且精度也比有限元法好，为岩土工程分析开辟了一条新的途径，详见文献[5]～[14]。

文献[12]利用有限元-映射无限元法分析过岩土地基动力问题，自编计算程序，计算了许多例题。文献[14]利用样条边界元-能量配点法分析过水-坝-地基动力耦合问题，自编计算程序，计算诸多例题。这些计算结果均证明了这些方法比有限元法优越，不仅计算简捷，而且精度也高。

参 考 文 献

[1] 秦荣．计算结构动力学[M]．桂林：广西师范大学出版社，1997．
[2] 秦荣．结构塑性力学[M]．北京：科学出版社，2016．
[3] 秦荣．计算结构非线性力学[M]．南宁：广西科学技术出版社，1999．
[4] 秦荣．高层与超高层建筑结构[M]．北京：科学出版社，2007．
[5] 邹万杰．结构与地基相互作用分析的 QR 法[D]．南宁：广西大学，1998．
[6] 许英姿．层状地基弹塑性分析的样条函数方法[D]．南宁：广西大学，1994．
[7] 李革．单桩与土相互作用的分析方法[D]．南宁：广西大学，1995．
[8] 陈明．高层建筑连体结构地震反应分析的新方法研究[D]．南宁：广西大学，2009．
[9] 黄绍派．高层建筑弹塑性动力分析的 QR 法及其工程应用[D]．南宁：广西大学，2002．
[10] 张建民．大跨度钢管混凝土拱桥承载能力与施工控制研究[D]．广州：华南理工大学，2001．
[11] 谢开仲．钢管大跨度混凝土拱桥非线性动力分析的 QR 法[D]．南宁：广西大学，2005．
[12] 燕柳斌．结构与岩土介质相互作用的方法及应用[D]．南宁：广西大学，2004．
[13] 秦荣．样条无网格法[M]．北京：科学出版社，2012．
[14] 王战营．水-坝-地基动力耦合问题的样条边界元-能量配点法[D]．南宁：广西大学，1987．
[15] 秦荣．计算结构力学[M]．北京：科学出版社，2001．

第十一章　岩土弹塑性应变理论

岩土本构关系与金属本构关系不同，要求反映岩土摩擦变形机理，考虑静水压力、内摩擦角及内聚力的影响。本章主要介绍岩土弹塑性应变理论[1-9]。首先介绍总应力——弹塑性应变理论，然后介绍有效应力——弹塑性应变理论。

11.1　应力-应变曲线

图 2.3 示出岩土受力作用的应力-应变曲线，其中 A 点为材料的屈服极限点，也称初始屈服点。岩土在加载过程中的应力-应变关系沿曲线 OAB 到达 B 点后，如果卸载，则卸载应力-应变关系沿直线 BD 下降，且 $BD//OA$（小变形情况）。

由此可知，当应力 σ_{ij} 超过屈服极限 σ_{ij}^{s} 时，材料的总应变为

$$\varepsilon_{ij}=\varepsilon_{ij}^{e}+\varepsilon_{ij}^{p} \tag{11.1}$$

式中：ε_{ij}^{e} 及 ε_{ij}^{p} 分别为弹性应变及塑性应变，而应力可写成

$$\sigma_{ij}=\sigma_{ij}^{s}+H_{ij}(\varepsilon_{ij}^{p})-\alpha I_{1} \tag{11.2}$$

式中：α 为常数；σ_{ij}^{s} 为屈服应力；I_{1} 为应力第一不变量，即

$$I_{1}=\sigma_{xx}+\sigma_{yy}+\sigma_{zz} \tag{11.3}$$

α 和 σ_{ij}^{s} 与岩土的内聚力及内摩擦角有关，如果对混凝土，则见式（11.29）。

由式（11.2）可得

$$\mathrm{d}\sigma_{ij}=\mathrm{d}\sigma_{ij}^{s}+H_{ij}'\mathrm{d}\varepsilon_{ij}^{p}-\alpha\mathrm{d}I_{1} \tag{11.4}$$

式中：$\mathrm{d}\sigma_{ij}$、$\mathrm{d}\sigma_{ij}^{s}$ 及 $\mathrm{d}\varepsilon_{ij}^{p}$ 分别为 σ_{ij}、σ_{ij}^{s} 及 ε_{ij}^{p} 的增量；$\mathrm{d}I_{1}$ 为 I_{1} 的增量。如果采用线性强化弹塑性模型，则由式（11.4）可得

$$\sigma_{ij}=\sigma_{ij}^{s}+H_{ij}'\varepsilon_{ij}^{p}-\alpha I_{1} \tag{11.5}$$

式中：H_{ij}' 为材料的强化系数，即

$$H_{ij}'=\frac{\mathrm{d}\sigma_{ij}}{\mathrm{d}\varepsilon_{ij}^{p}} \tag{11.6}$$

由式（11.5）可得

$$(1+\alpha)\sigma_{ij}=\sigma_{ij}^{s}+H_{ij}'\varepsilon_{ij}^{p}-\alpha(\sigma_{xx}+\sigma_{yy}+\sigma_{zz}-\sigma_{ij}) \tag{11.7}$$

当重新从 D 点开始加载时，应力-应变关系沿曲线 DBC 变化。不论加载曲线是 OAB 还是 DB，在 B 点的应力都是 σ_{ij}，因此可以按路径 DB 来确定 B 点的应力状态。因为在 DB 段中的变形处于弹性状态，因此 B 点的应力 σ_{ij} 可以按广义胡克定律确定。对于各向

同性体，由广义胡克定律可得

$$\begin{cases} \sigma_{ij} = E\varepsilon_{ij}^{e} + \mu\left(\sigma_{xx} + \sigma_{yy} + \sigma_{zz} - \sigma_{ij}\right) & i = j \\ \sigma_{ij} = G\varepsilon_{ij}^{e} & i \neq j \end{cases} \tag{11.8}$$

式中：$i, j = x, y, z$；E 为弹性模量；G 为剪切模量，即

$$G = E / 2(1+\mu)$$

式中：μ 为泊松比。在图 11.1 中，B 点是岩土材料的后继弹性极限点或后继屈服极限点。由此可知，在加载过程中，加载路径超过 A 点后，经过加载路径 ABC 上的任一点（除 A 点外）都是岩土材料的后继弹性极限点或后继屈服极限点，即 $B(\sigma_{ij}^{s}, \varepsilon_{ij}^{s})$。由式（11.17）及式（11.18）可得

$$\begin{cases} \varepsilon_{ij}^{s} = (\varepsilon_{s} - (\alpha + \mu + \alpha\mu)(\sigma_{xx}^{s} + \sigma_{yy}^{s} + \sigma_{zz}^{s} - \sigma_{ij}^{s}) / E\ ) / (1+\alpha) & i = j \\ \varepsilon_{ij}^{s} = \sigma_{ij}^{s} / G = \tau_{s} / G = \gamma_{s} & i \neq j \end{cases} \tag{11.9}$$

式中：$i, j = x, y, z$；ε_{s} 及 γ_{s} 为屈服应变极限（初始屈服应变极限）或后继屈服应变极限。岩土初始屈服应变极限 ε_{s} 可按 12.7 节指出的方法确定。混凝土初始屈服应变极限可由式（11.29）确定；初始屈服剪应变极限 γ_{s} 也可由式（11.29d）确定。

11.2 简单加载状态

如果在加载过程中，岩土内任一点的应力分量之间的比值保持不变，且按同一个参数单调增长，则这个加载称为简单加载，它符合简单加载定理[5]。由此可以得出一个结论：只要是简单加载或偏离简单加载不大，任何应力状态的等效应力 $\bar{\sigma}$ 与等效应变 $\bar{\varepsilon}$ 曲线与简单拉伸的 σ - ε 曲线相同，可以用 σ - ε 曲线表示 $\bar{\sigma}$ - $\bar{\varepsilon}$ 曲线，与应力状态无关。本节介绍简单加载状态的弹塑性应变理论。

如果材料处于塑性状态，则由图 11.1 可得

$$\sigma_{ij} = \sigma_{ij}^{s} + H_{ij}'\varepsilon_{ij}^{p} - \alpha I_{1} \qquad i,\ j = x, y, z \tag{11.10}$$

式中：σ_{ij} 为应力分量；σ_{ij}^{s} 为屈服极限（或后继屈服极限）；ε_{ij}^{p} 为塑性应变分量；α 为常数；I_{1} 为应力第一不变量；H_{ij}' 为强化系数，即

$$H_{ij}' = \frac{\mathrm{d}\sigma_{ij}}{\mathrm{d}\varepsilon_{ij}^{p}} \tag{11.11}$$

对于各向同性体，将式（11.8）代入式（11.10）可得

$$\varepsilon_{ij}^{p} = \frac{k_{ij}E_{ij}}{1 + k_{ij}E_{ij}}(\varepsilon_{ij} - \varepsilon_{ij}^{s}) \quad i, j = x, y, z \tag{11.12}$$

这是塑性应变与总应变的新关系。这种新关系称为弹塑应变理论。这种理论是秦荣于 1985 年创立的。式（11.2）中 ε_{ij}、ε_{ij}^{p} 及 ε_{ij}^{s} 分别为任意方向的总应变、塑性应变及屈服应变极限；E_{ij} 为任意方向的弹性模量或剪切模量；而 $k_{ij} = (1+\alpha) / H_{ij}'$，也是任意方向的，

$i,j=x,y,z$。如果结构材料为各向同性体，则

$$k_{ij}=k \quad E_{xx}=E_{yy}=E_{zz}=E \quad G_{xy}=G_{yz}=G_{zx}=G \tag{11.13}$$

式（11.12）中的ε_{ij}^s由式（11.9）确定。由式（11.9）可以建立主应力方向的屈服应变极限公式，即

$$\begin{cases}\varepsilon_{ij}^s=\left[\varepsilon_s-(\alpha+\mu+\alpha\mu)(\sigma_1^s+\sigma_2^s+\sigma_3^s-\sigma_i^s)/E\right]/(1+\alpha)\\ \varepsilon_{ij}^s=0 \quad i\neq j \quad i,j=1,2,3\end{cases} \tag{11.14}$$

式中：ε_s为屈服应变极限（或初始屈服应变极限）或后继屈服应变极限。

如果设 1、2 及 3 为空间应力问题的主应力方向，则可以证明，在简单加载情况下，主应力方向的塑性应变分量为

$$\varepsilon_i^p=\frac{k_iE_i}{1+k_iE_i}(\varepsilon_i-\varepsilon_i^s) \qquad i=1,2,3 \tag{11.15}$$

式中：E_i为i方向的弹性模量；ε_i^s为i方向的屈服极限应变或后继屈服极限应变，由式（11.14）确定；$\varepsilon_i=\varepsilon_i^e+\varepsilon_i^p$；$k_i=\dfrac{(1+\alpha)}{H_i'}$，其中$H_i'$为$i$方向的强化系数，即$H_i'=\dfrac{\mathrm{d}\sigma_i}{\mathrm{d}\varepsilon_i^p}$。

对于各向同性体，任意方向的塑性应变分量可以通过坐标变换获得

$$\begin{cases}\varepsilon_x^p=l_1^2\varepsilon_1^p+m_1^2\varepsilon_2^p+n_1^2\varepsilon_3^p\\ \varepsilon_y^p=l_2^2\varepsilon_1^p+m_2^2\varepsilon_2^p+n_2^2\varepsilon_3^p\\ \varepsilon_z^p=l_3^2\varepsilon_1^p+m_3^2\varepsilon_2^p+n_3^2\varepsilon_3^p\\ \gamma_{xy}^p=l_1l_2\varepsilon_1^p+m_1m_2\varepsilon_2^p+n_1n_2\varepsilon_3^p\\ \gamma_{yz}^p=l_2l_3\varepsilon_1^p+m_2m_3\varepsilon_2^p+n_2n_3\varepsilon_3^p\\ \gamma_{zx}^p=l_3l_1\varepsilon_1^p+m_3m_1\varepsilon_2^p+n_3n_1\varepsilon_3^p\end{cases} \tag{11.16}$$

式中：l_i、m_i及n_i分别为x_i与主应力方向 1、2 及 3 之间的夹角余弦，$x_i=x,y,z$。

如果固体为各向同性体，则将式（11.15）代入式（11.16）可得

$$\boldsymbol{\varepsilon}^p=\frac{kE}{1+kE}(\boldsymbol{\varepsilon}-\boldsymbol{\varepsilon}^s) \tag{11.17}$$

其中

$$\begin{cases}\boldsymbol{\varepsilon}=[\varepsilon_x \quad \varepsilon_y \quad \varepsilon_z \quad \gamma_{xy} \quad \gamma_{yz} \quad \gamma_{zx}]^{\mathrm{T}}\\ \boldsymbol{\varepsilon}^p=[\varepsilon_x^p \quad \varepsilon_y^p \quad \varepsilon_z^p \quad \gamma_{xy}^p \quad \gamma_{yz}^p \quad \gamma_{zx}^p]^{\mathrm{T}}\\ \boldsymbol{\varepsilon}^s=[\varepsilon_x^s \quad \varepsilon_y^s \quad \varepsilon_z^s \quad \gamma_{xy}^s \quad \gamma_{yz}^s \quad \gamma_{zx}^s]^{\mathrm{T}}\end{cases} \tag{11.18}$$

$$\begin{cases}kE=kB\\ (1+kE)^{-1}=1/(1+kE)=[1+kB]^{-1}\end{cases} \tag{11.19}$$

$$
\begin{cases}
\varepsilon_x^s = l_1^2\varepsilon_1^s + m_1^2\varepsilon_2^s + n_1^2\varepsilon_3^s \\
\varepsilon_y^s = l_2^2\varepsilon_1^s + m_2^2\varepsilon_2^s + n_2^2\varepsilon_3^s \\
\varepsilon_z^s = l_3^2\varepsilon_1^s + m_3^2\varepsilon_2^s + n_3^2\varepsilon_3^s \\
\gamma_{xy}^s = l_1 l_2\varepsilon_1^s + m_1 m_2\varepsilon_2^s + n_1 n_2\varepsilon_3^s \\
\gamma_{yz}^s = l_2 l_3\varepsilon_1^s + m_2 m_3\varepsilon_2^s + n_2 n_3\varepsilon_3^s \\
\gamma_{zx}^s = l_3 l_1\varepsilon_1^s + m_3 m_1\varepsilon_2^s + n_3 n_1\varepsilon_3^s
\end{cases}
\tag{11.20}
$$

由式（11.17）可写成下列形式，即

$$\varepsilon^p = [1+kB]^{-1}(kB)(\varepsilon - \varepsilon^s) \tag{11.21}$$

其中

$$
\begin{cases}
(kB) = \mathrm{diag}(k_x E_x, k_y E_y, k_z E_z, k_{xy} G_{xy}, k_{yz} G_{yz}, k_{zx} G_{zx}) \\
[1+kB]^{-1} = \mathrm{diag}\left(\dfrac{1}{1+k_x E_x}, \dfrac{1}{1+k_y E_y}, \cdots, \dfrac{1}{1+k_{zx} G_{zx}}\right)
\end{cases}
\tag{11.22}
$$

对于各向同性体，如果采用$\boldsymbol{\sigma} = \boldsymbol{D}\boldsymbol{\varepsilon}^e$，则可证明

$$\boldsymbol{\varepsilon}^p = (\boldsymbol{I} + k^*\boldsymbol{D})^{-1} k^* \boldsymbol{D}(\boldsymbol{\varepsilon} - \boldsymbol{\varepsilon}^s) \tag{11.23}$$

式中：$\boldsymbol{D}$为弹性矩阵；$\boldsymbol{I}$为单位矩阵；$\boldsymbol{\varepsilon}$、$\boldsymbol{\varepsilon}^s$及$k^*$分别为

$$
\begin{cases}
\boldsymbol{\varepsilon} = [\varepsilon_x \;\; \varepsilon_y \;\; \varepsilon_z \;\; \gamma_{xy} \;\; \gamma_{yz} \;\; \gamma_{zx}]^{\mathrm{T}} \\
\boldsymbol{\varepsilon}^s = [\varepsilon_x^s \;\; \varepsilon_y^s \;\; \varepsilon_z^s \;\; \gamma_{xy}^s \;\; \gamma_{yz}^s \;\; \gamma_{zx}^s]^{\mathrm{T}} \\
k^* = \mathrm{diag}(k_x, k_y, k_z, k_{xy}, k_{yz}, k_{zx})
\end{cases}
$$

由上述可知，式（11.12）、式（11.17）、式（11.21）及式（11.23）分别代表塑性应变与总应变之间的新关系。这种新关系称为弹塑性应变理论[1,5]。

11.3　复杂加载状态

如果各向同性体结构处于复杂加载状态，则由上述可得

$$\mathrm{d}\boldsymbol{\varepsilon}^p = [1+kB]^{-1}(kB)(\mathrm{d}\boldsymbol{\varepsilon} - \mathrm{d}\boldsymbol{\varepsilon}^s) \tag{11.24}$$

如果采用$\mathrm{d}\boldsymbol{\sigma} = \boldsymbol{D}\mathrm{d}\boldsymbol{\varepsilon}^e$，则

$$\mathrm{d}\boldsymbol{\varepsilon}^p = (\boldsymbol{I} + k^*\boldsymbol{D})^{-1} k^* \boldsymbol{D}(\mathrm{d}\boldsymbol{\varepsilon} - \mathrm{d}\boldsymbol{\varepsilon}^s) \tag{11.25}$$

式中：$\mathrm{d}\boldsymbol{\varepsilon}$、$\mathrm{d}\boldsymbol{\varepsilon}^e$、$\mathrm{d}\boldsymbol{\varepsilon}^p$及$\mathrm{d}\boldsymbol{\varepsilon}^s$分别为$\boldsymbol{\varepsilon}$、$\boldsymbol{\varepsilon}^e$、$\boldsymbol{\varepsilon}^p$及$\boldsymbol{\varepsilon}^s$的增量。

由上述可知，式（11.24）～式（11.25）代表塑性应变向量增量与总应变向量增量的新关系，这种关系称为弹塑性应变增量理论[1,5]。

11.4　应力-应变关系

如果岩土处于弹塑性状态，则应力与应变的关系为

$$\boldsymbol{\sigma}=\boldsymbol{D}\boldsymbol{\varepsilon}-\boldsymbol{\sigma}_0 \tag{11.26}$$

其中

$$\boldsymbol{\sigma}_0=\boldsymbol{D}\boldsymbol{\varepsilon}^p$$

如果采用增量形式，则由上述可得

$$\mathrm{d}\boldsymbol{\sigma}=\boldsymbol{D}\mathrm{d}\boldsymbol{\varepsilon}-\mathrm{d}\boldsymbol{\sigma}_0$$

其中

$$\mathrm{d}\boldsymbol{\sigma}_0=\boldsymbol{D}\mathrm{d}\boldsymbol{\varepsilon}^p$$

式中：$\boldsymbol{D}$ 为弹性矩阵；$\boldsymbol{\varepsilon}^p$ 及 $\mathrm{d}\boldsymbol{\varepsilon}^p$ 由 11.2 节的弹塑性应变理论的表达式确定。

由上述可知，利用弹塑性应变理论可以建立塑性力学新的本构关系。这种新的本构关系避开了传统本构关系（流动法则理论）的屈服曲面、加载曲面及流动法则，避免了传统本构关系（流动法则理论）对岩土塑性力学分析带来的诸多困难及缺陷。

11.5　岩土及混凝土屈服应力

岩土及混凝土屈服应力与岩土及混凝土的内聚力及内摩擦角有关。由文献[1]的 1.9 节可知，广义 Mises 条件的两个常数 α 及 k 可以根据下列情况确定[6-8]。

（1）如果圆锥面与莫尔-库仑条件受压子午线 $(\theta=60°)$ 相外接时，则

$$\alpha=\frac{2\sin\varphi}{\sqrt{3}(3-\sin\varphi)}\qquad k=\frac{6c\cos\varphi}{\sqrt{3}(3-\sin\varphi)} \tag{11.27a}$$

（2）如果圆锥面与莫尔-库仑条件受拉子午线 $(\theta=0°)$ 相外接时，则

$$\alpha=\frac{2\sin\varphi}{\sqrt{3}(3+\sin\varphi)}\qquad k=\frac{6c\cos\varphi}{\sqrt{3}(3+\sin\varphi)} \tag{11.27b}$$

如果 $\alpha=0$，则广义 Mises 条件可变为 Mises 条件。由上述可知，岩土及混凝土抗压初始屈服应力可由以下表达式确定：

$$\sigma_s=\sqrt{3}k=6c\cos\varphi/(3-\sin\varphi) \tag{11.28}$$

式中：σ_s 为屈服压应力；c 为岩土内聚力；φ 为岩土内摩擦角，由试验确定。根据试验结果，对某一混凝土，内聚力 c 可近似地取 $c=0.25f_c$；内摩擦角 φ 可取 $\varphi=32°\sim37°$；f_c 为岩土轴心抗压强度。例如，如果取 $c=0.25f_c,\varphi=35°$，则

$$\alpha=\frac{2\sin 35°}{\sqrt{3}(3-\sin 35°)}=0.273$$

$$k = \frac{6 \times 0.25 f_c \cos 35^\circ}{\sqrt{3}(3 - \sin 35^\circ)} = 0.2924 f_c$$

（2）岩土及混凝土抗压及抗拉强度。根据莫尔-库仑条件[6-8]可得

$$f_c = \frac{2c\cos\varphi}{1-\sin\varphi} \qquad f_t = \frac{2c\cos\varphi}{1+\sin\varphi} \tag{11.29a}$$

$$\frac{f_c}{f_t} = m = \frac{1+\sin\varphi}{1-\sin\varphi} \tag{11.29b}$$

式中：f_c为混凝土单轴抗压强；f_t为混凝土单轴抗拉强度。

（3）混凝土单轴受压力学性能。混凝土在单轴受压下的应力-应变曲线如图 11.2 所示。第一个阶段(Oa)，此时应力较小，大致在混凝土单轴抗压强度f_c的 $0.3f_c$以下，应力-应变关系基本上为线弹性关系，a 点可称为弹性极限。第二个阶段(ab)，此段非线性已很明显，混凝土开始出现塑性，b 点为破坏开始，称为临界点。b 点的应力称为临界应力，f_c为 0.8～0.9。第三个阶段(bc)，c 点的应力是应力峰值，为混凝土单轴抗压极限应力，称为混凝土单轴抗压强度(f_c)。第四阶段(cd)为下降段。最后破坏时的应变ε_u称为极限压应变，一般取$\varepsilon_u = 0.003$～0.004。对应f_c的应变ε_0，一般取$\varepsilon_0 = 0.002$。混凝土的泊松比，一般在 0.15～0.22，可取 0.20。

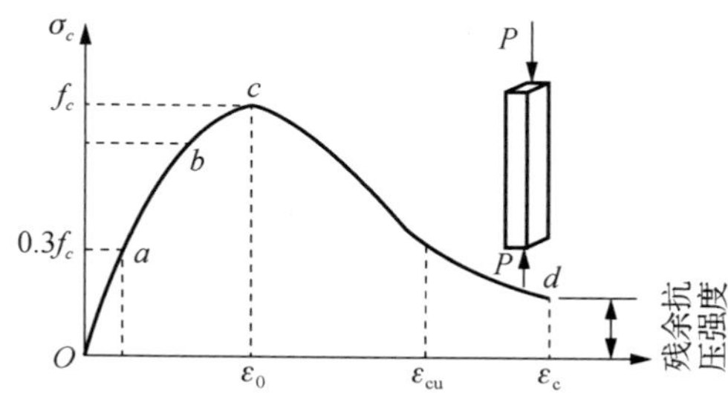

图 11.1　轴压混凝土构件的力学性能

初始屈服压应变为

$$\varepsilon_s = \sigma_s / E \tag{11.29c}$$

初始屈服剪应变为

$$\gamma_s = \tau_s / G \tag{11.29d}$$

初始屈服剪应力为

$$\tau_s = \sigma_s / \sqrt{3} \tag{11.29e}$$

对岩土也可以采用式（11.29）确定初始屈服极限应变ε_s。

11.6　总应力——弹黏塑性应变理论

11.1 节～11.5 节介绍了岩土总应力——弹塑性应变理论，下面简介岩土总应力——弹黏塑性应变理论。

由 2.3 节可得

$$\sigma = \sigma_s + H\varepsilon^{vp} + \eta^{-1}\dot{\varepsilon}^{vp} - \alpha I_1 \tag{11.30}$$

由 11.1 节～11.3 节可得

$$\mathrm{d}\varepsilon^{vp} = (1+[kA])^{-1}[kB](\mathrm{d}\varepsilon - \mathrm{d}\varepsilon^{s}) \tag{11.31}$$

式中有关符号见 11.1 节～11.3 节，其中 ε^s 由式（11.9）确定。

$$\mathrm{d}\varepsilon^{vp} = (I+[k^{*}C])^{-1}[k^{*}D](\mathrm{d}\varepsilon - \mathrm{d}\varepsilon^{s}) \tag{11.32}$$

式中有关符号见 11.1 节～11.3 节，其中 ε^s 由式（11.9）确定。

11.7　饱和土有效应力——弹塑性应变理论

饱和土有效应力——弹塑性应变理论，请参考 12.7 节。饱和土有效应力——弹黏塑性应变理论，可仿照 11.7.1 节及 12.7 节建立，本节不另介绍。

参考文献

[1] 秦荣．结构塑性力学[M]．北京：科学出版社，2016.
[2] 秦荣．计算结构非线性力学[M]．南宁：广西科学技术出版社，1999.
[3] 秦荣．高层与超高层建筑结构[M]．北京：科学出版社，2007.
[4] 秦荣．大跨度桥梁结构[M]．北京：科学出版社，2008.
[5] 秦荣．超限高层建筑结构分析的 QR 法[M]．北京：科学出版社，2010.
[6] 董哲仁．钢筋混凝土非线性有限元法原理与应用[M]．北京：中国铁路出版社，1993.
[7] 江见鲸，陈新征，叶列平．混凝土结构非线性有限元分析[M]．北京：清华大学出版社，2005.
[8] 何政，欧进萍．钢筋混凝土非线性分析[M]．哈尔滨：哈尔滨工业大学出版社，2007.
[9] 王青．钢筋混凝土剪力墙弹塑性分析的 QR 法[D]．南宁：广西大学，2005.

第十二章　层状地基分析的 QR 法

在岩土工程施工中，经常遇到层状地基。因此，自 1943 年以来，国内外对层状地基做过不少研究，获得一些有价值的成果，对层状地基的研究、应用有一定的推动作用。目前研究层状地基的科技人员越来越多，但在 1993 年以前的层状地基研究工作中，未见到有关层状地基弹塑性分析或层状地基弹黏塑性分析方面的研究论文。1992 年以来，作者致力于研究层状地基弹塑性分析，获得了一些新成果，创立了层状地基弹塑性分析的样条子域法及 QR 法。本章主要介绍层状地基分析的 QR 法[1-20]。

12.1　层状地基弹塑性分析

12.1.1　弹塑性应变理论

对于岩土，如果采用弹塑性模型，则总应变向量的增量为

$$\mathrm{d}\boldsymbol{\varepsilon} = \mathrm{d}\boldsymbol{\varepsilon}^e + \mathrm{d}\boldsymbol{\varepsilon}^p \tag{12.1}$$

由上述可知，应力与应变有下列关系：

$$\mathrm{d}\boldsymbol{\sigma} = [D]\mathrm{d}\boldsymbol{\varepsilon} - \mathrm{d}\boldsymbol{\sigma}_0 \tag{12.2}$$

其中

$$\begin{cases} \boldsymbol{\sigma} = [\sigma_x \quad \sigma_y \quad \sigma_z \quad \tau_{xy} \quad \tau_{yz} \quad \tau_{zx}]^{\mathrm{T}} \\ \boldsymbol{\varepsilon} = [\varepsilon_x \quad \varepsilon_y \quad \varepsilon_z \quad \gamma_{xy} \quad \gamma_{yz} \quad \gamma_{zx}]^{\mathrm{T}} \\ \mathrm{d}\boldsymbol{\sigma}_0 = [D]\mathrm{d}\boldsymbol{\varepsilon}^p \end{cases} \tag{12.3}$$

式中：$[D]$ 为弹性矩阵；$\boldsymbol{\varepsilon}^p$ 为塑性应变，由第二章可得

$$\begin{cases} \mathrm{d}\boldsymbol{\varepsilon}^e = [1 + kB]^{-1}(\mathrm{d}\boldsymbol{\varepsilon} + [kB]\mathrm{d}\boldsymbol{\varepsilon}^s) \\ \mathrm{d}\boldsymbol{\varepsilon}^p = [1 + kB]^{-1}[kB](\mathrm{d}\boldsymbol{\varepsilon} - \mathrm{d}\boldsymbol{\varepsilon}^s) \end{cases} \tag{12.4a}$$

或

$$\begin{cases} \mathrm{d}\boldsymbol{\varepsilon}^e = (\boldsymbol{I} + k^*[D])^{-1}(\mathrm{d}\boldsymbol{\varepsilon} + k^*[D]\mathrm{d}\boldsymbol{\varepsilon}^s) \\ \mathrm{d}\boldsymbol{\varepsilon}^p = (\boldsymbol{I} + k^*[D])^{-1}k^*[D](\mathrm{d}\boldsymbol{\varepsilon} - \mathrm{d}\boldsymbol{\varepsilon}^s) \end{cases} \tag{12.4b}$$

上述关系称为弹塑性应变理论，详见第二章。这种理论避免了弹塑性流动法则理论带来的诸多困难及严重缺陷，计算非常简便。

12.1.2　变分原理

如果把塑性变形引起的应力及应变作为总应变的函数，则 $\delta\Pi = 0$ 中的总势能泛函可变为

$$\Pi=\frac{1}{2}\int_{\Omega}(\mathrm{d}\boldsymbol{\varepsilon}^{\mathrm{T}}[D^*]\mathrm{d}\boldsymbol{\varepsilon}+2\mathrm{d}\boldsymbol{\varepsilon}^{\mathrm{T}}[D_0]\mathrm{d}\boldsymbol{\varepsilon}^s-2\mathrm{d}\boldsymbol{V}^{\mathrm{T}}\mathrm{d}q)\mathrm{d}\Omega-\int_{\Gamma}\mathrm{d}\boldsymbol{V}^{\mathrm{T}}p\mathrm{d}\Gamma \tag{12.5}$$

其中

$$\begin{cases}[D^*]=([1+kB]^{-1})^{\mathrm{T}}[D]([1+kB]^{-1})\\ [D_0]=([1+kB]^{-1})[D]([1+kB]^{-1}[kB])\end{cases} \tag{12.6a}$$

或

$$\begin{cases}[D^*]=[(\boldsymbol{I}+k^*[D])^{-1}]^{\mathrm{T}}[D][(\boldsymbol{I}+k^*[D])^{-1}]\\ [D_0]=[(\boldsymbol{I}+k^*[D])^{-1}]^{\mathrm{T}}[D][\boldsymbol{I}+k^*[D]^{-1}]k^*[D]\end{cases} \tag{12.6b}$$

利用上述变分原理很容易建立层状地基弹塑性刚度方程。

12.1.3　总应力——QR 法

图 12.1 为层状地基，它是一个平面应变问题，它的位移函数[3]为

$$\begin{cases}\boldsymbol{u}=\sum_{m=1}^{r}[\phi]X_m(y)\{u\}_m\\ \boldsymbol{v}=\sum_{m=1}^{r}[\phi]Y_m(y)\{v\}_m\end{cases} \tag{12.7}$$

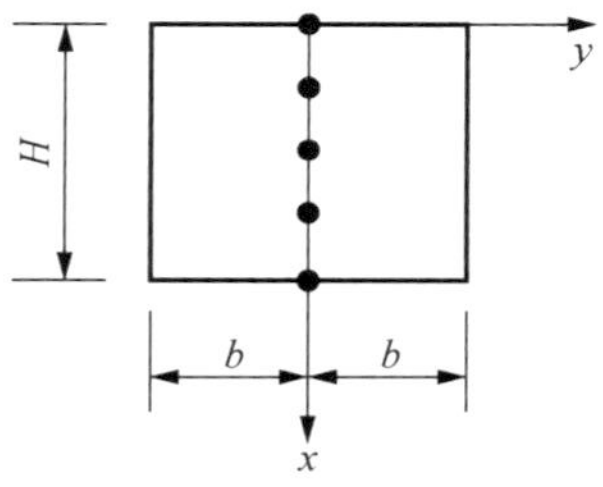

图 12.1　层状地基

其中

$$\begin{cases}\{u\}_m=[u_0\quad u_1\quad u_2\cdots u_N]_m^{\mathrm{T}}\\ \{v\}_m=[v_0\quad v_1\quad v_2\cdots v_N]_m^{\mathrm{T}}\\ [\phi]=[\phi_0\quad \phi_1\quad \phi_2\quad\cdots\phi_N]\end{cases}$$

$$\begin{cases}X_m=\sin\dfrac{m\pi(y+b)}{2b}\\ Y_m=\cos\dfrac{m\pi(y+b)}{2b}\end{cases}\quad（对竖向荷载适用） \tag{12.8a}$$

或

$$\begin{cases}X_m=\cos\dfrac{m\pi(y+b)}{2b}\\ Y_m=\sin\dfrac{m\pi(y+b)}{2b}\end{cases}\quad（对水平荷载适用） \tag{12.8b}$$

由式（12.7）可得

$$\begin{cases}\boldsymbol{V}=[N]\{\delta\}\\ \boldsymbol{V}=[u\quad v]^{\mathrm{T}}\end{cases} \tag{12.9}$$

$$\begin{cases}\{\delta\}=[\{\delta\}_1^{\mathrm{T}}\quad\{\delta\}_2^{\mathrm{T}}\quad\cdots\quad\{\delta\}_r^{\mathrm{T}}]\\ \{\delta\}_m=[\delta_0^{\mathrm{T}}\quad\delta_1^{\mathrm{T}}\quad\cdots\quad\delta_z^{\mathrm{T}}]_m^{\mathrm{T}}\\ \{N\}=[[N]_1\quad[N]_2\quad\cdots\quad[N]_r]\\ [N]_m=[N_1\quad N_2\quad\cdots\quad N_z]_m\\ [\delta]_{im}=[u_i\quad v_i]_m^{\mathrm{T}}\qquad N_{im}=\mathrm{diag}(\phi_iX_m,\phi_iY_m)\end{cases} \tag{12.10}$$

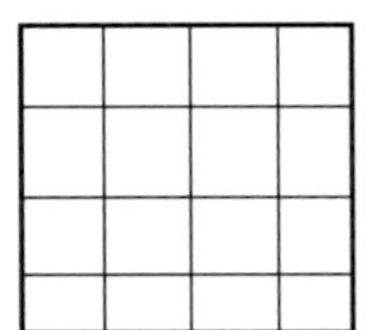
图 12.2　网格

如果把地基划分为 M 个矩形单元（图 12.2），则每个单元的总势能泛函为

$$\Pi_e = \frac{1}{2}\{V\}_e^{\mathrm{T}}[k]_e\{V\}_e - \{V\}_e^{\mathrm{T}}(\{f\}_e + \{f^p\}_e) \tag{12.11}$$

式中：$[k]_e$ 及 $\{f\}_e$ 分别为单元在弹性状态的刚度矩阵及荷载向量；$\{f^p\}_e$ 为塑性变形引起单元的附加荷载向量，即

$$\{f^p\}_e = t\int_e [B]_e^{\mathrm{T}}\boldsymbol{\sigma}_0 \mathrm{d}\Omega \tag{12.12}$$

由上述可得

$$\{V\}_e = [T][N]_e\{\delta\} \tag{12.13}$$

其中

$$\begin{cases}\{N\}_e = [[N]_A^{\mathrm{T}} \quad [N]_B^{\mathrm{T}} \quad [N]_C^{\mathrm{T}} \quad [N]_D^{\mathrm{T}}]^{\mathrm{T}} \\ \{V\}_e = [[V]_A^{\mathrm{T}} \quad [V]_B^{\mathrm{T}} \quad [V]_C^{\mathrm{T}} \quad [V]_D^{\mathrm{T}}]^{\mathrm{T}}\end{cases} \tag{12.14}$$

将式（12.13）代入式（12.11）可得

$$\Pi_e = \frac{1}{2}\{\delta\}^{\mathrm{T}}[G]_e\{\delta\} - \{\delta\}^{\mathrm{T}}(\{F\}_e + \{F^p\}_e) \tag{12.15}$$

其中

$$\begin{cases}[G]_e = [N]_e^{\mathrm{T}}[T]^{\mathrm{T}}[k]_e[T][N]_e \\ \{F\}_e = [N]_e^{\mathrm{T}}[T]^{\mathrm{T}}\{f\}_e \qquad \{F^p\}_e = [N]_e^{\mathrm{T}}[T]^{\mathrm{T}}\{f^p\}_e\end{cases} \tag{12.16}$$

整个地基的总势能泛函为

$$\Pi = \frac{1}{2}\{\delta\}^{\mathrm{T}}[G]\{\delta\} - \{\delta\}^{\mathrm{T}}(\{f\} + \{f^p\}) \tag{12.17}$$

其中

$$\begin{cases}[G] = \sum_{e=1}^{M}[G]_e \qquad \{f\} = \sum_{e=1}^{M}\{F\}_e \\ \{f^p\} = \sum_{e=1}^{M}\left[F^p\right]_e\end{cases} \tag{12.18}$$

利用变分原理可得地基的弹塑性刚度方程为

$$[G]\{\delta\} = \{f\} + \{f^p\} \tag{12.19}$$

由 8.1.2 节可得样条变刚度方程

$$[K^p]\{\delta\} = \{f\} + \{f^s\} \tag{12.20}$$

式中有关符号详见 8.1.2 节。式（12.20）在本节是根据平面应变问题建立的，而在 8.1.2 节是根据空间问题建立的，在应用中要注意这一点。如果 $\{\varepsilon^p\} = 0$，则式（12.19）变为层状地基弹性刚度方程。

单元任一点的应力向量为

$$\boldsymbol{\sigma} = [S]\{\delta\} - \boldsymbol{\sigma}_0 \tag{12.21}$$

其中

$$[S] = [D][B]_e[T][N]_e \tag{12.22}$$

利用上述基本方程可以求解地基的弹塑性问题。这种分析弹塑性地基的方法称为总应力——QR 法[6,20]。

12.1.4　地基弹塑性问题的算法

1. 增量初应力迭代法

在增量迭代法中，样条初应力法计算格式可写成

$$\{\Delta\delta\}_{n+1}^{j+1}=[G]^{-1}(\{\Delta f\}_{n+1}+\{\Delta f^{p}\}_{n+1}^{j+1}) \tag{12.23}$$

$$\{\Delta\sigma\}_{n+1}^{j+1}=[H](\{\Delta f\}_{n+1}+\{\Delta f^{p}\}_{n+1}^{j+1})-(1-m)\{\Delta\sigma_0\}_{n+1}^{j} \tag{12.24}$$

$$\{\Delta\sigma_0\}_{n+1}^{j+1}=[1+kB]^{-1}[kB]([H](\{\Delta f\}_{n+1}+\{\Delta f^{p}\}_{n+1}^{j})-[D]\{\Delta\varepsilon^{s}\}_{n+1}^{j}) \tag{12.25}$$

$$\{\Delta f^{p}\}_{n+1}^{j+1}=\sum_{e=1}^{M}[N]_e^{\mathrm{T}}[T]^{\mathrm{T}}\int_e[B]_e^{\mathrm{T}}(1-m)\{\Delta\sigma_0\}_{n+1}^{j}\mathrm{d}\Omega \tag{12.26}$$

有关符号详见第八章。

如果已加载 n 步，并获得 $\{\delta\}_n$、$\boldsymbol{\sigma}_n$、$(\boldsymbol{\sigma}_0)_n$、$\{f\}_n$ 及 $\{f^p\}_n$，则第 $(n+1)$ 加载步可按下列步骤进行计算。

（1）增加一级荷载增量，计算荷载增量向量。

（2）利用式（8.100）计算 m 值。

（3）利用式（12.26）计算附加荷载增量。

（4）利用式（12.25）计算应力增量，并求出各点的应力向量，即

$$(\boldsymbol{\sigma})_{n+1}^{j+1}=(\boldsymbol{\sigma})_{n+1}^{j}+(\Delta\boldsymbol{\sigma})_{n+1}^{j+1}$$

（5）计算等效应力 $\boldsymbol{\sigma}_j$ 值。

（6）判断各点是否屈服。

（7）利用式（12.25）计算塑性应力增量，并求出各点的塑性应力向量。

（8）判断收敛性。如果 $\{\Delta\boldsymbol{\sigma}_0\}_{n+1}^{j+1}$ 与 $\{\Delta\boldsymbol{\sigma}_0\}_{n+1}^{j}$ 相差很小，则可停止迭代运算，算出第 $(n+1)$ 级荷载产生的结果。否则，重复步骤（2）～步骤（7），直到收敛为止。

（9）如果第 $(n+1)$ 级荷载增量刚好把全部荷载加完，则停止计算。如果荷载还没有加完，再加一级荷载增量，重复步骤（1）～步骤（8）的运算，直到全部荷载加完并收敛或破坏为止，即可得地基弹塑性解。

位移向量的增量，待每个荷载步迭代收敛后，利用式（12.23）一次算出，不参加迭代运算。

2. 增量变刚度迭代法

详见第八章。

由上述可知，利用基于弹塑性应变理论的总应力——QR 法分析岩土工程弹塑性问题，可以避免传统理论及传统方法带来的诸多困难及缺陷。其不仅计算简便，而且精度也高，为岩土工程弹塑性分析开拓了一条新途径。

图 12.1 把地基当作有限地基模型来处理，实际上可以把地基当作半无限地基模型来处理（图 12.3）。

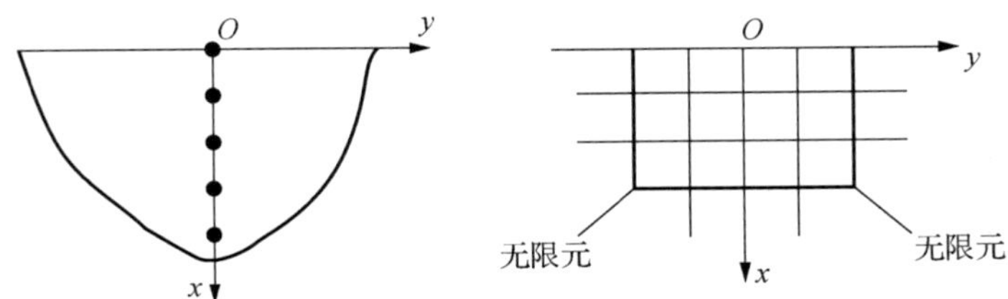

图 12.3　半无限地基模型

12.2　层状地基弹黏塑性分析

12.2.1　弹黏塑性理论

如果岩土采用弹黏塑性模型，则岩土的应力-应变关系为

$$\boldsymbol{\sigma}=[D]-\boldsymbol{\varepsilon\sigma}_0 \tag{12.27}$$

其中

$$\boldsymbol{\varepsilon}=\boldsymbol{\varepsilon}^e+\boldsymbol{\varepsilon}^{vp} \tag{12.28}$$

$$\boldsymbol{\sigma}_0=[D]\boldsymbol{\varepsilon}^{vp} \tag{12.29}$$

式中：$[D]$为弹性矩阵；$\boldsymbol{\varepsilon}^e$及$\boldsymbol{\varepsilon}^{vp}$分别为弹性应变向量及黏塑性应变向量；$\boldsymbol{\sigma}_0$为黏塑性变形引起的黏塑性应力向量，它的增量为

$$\Delta\boldsymbol{\sigma}_0=[D]\Delta\boldsymbol{\varepsilon}^{vp} \tag{12.30}$$

式中：$\Delta\boldsymbol{\varepsilon}^{vp}$为黏塑性应变向量的增量，可由下列表达式确定：

$$\Delta\boldsymbol{\varepsilon}^{vp}=\dot{\boldsymbol{\varepsilon}}^{vp}\Delta t \tag{12.31}$$

式中：$\dot{\boldsymbol{\varepsilon}}^{vp}$为黏塑性应变率向量。最简单的是选择黏塑性应变率仅取决于当前的应力，即

$$\dot{\boldsymbol{\varepsilon}}^{vp}=b(\boldsymbol{\sigma}) \tag{12.32}$$

由此可提出下列黏塑性应变率向量的表达式：

$$\dot{\boldsymbol{\varepsilon}}^{vp}=\gamma\left\langle\Phi(F)\right\rangle\frac{\partial Q}{\partial\sigma} \tag{12.33}$$

式中：Q为塑性势能。如果$Q\equiv F$，则上式变为

$$\dot{\boldsymbol{\varepsilon}}^{vp}=\gamma\left\langle\Phi(F)\right\rangle\frac{\partial F}{\partial\sigma} \tag{12.34}$$

式中：F为屈服函数。一般来说，屈服条件为

$$F=f\left(\boldsymbol{\sigma},\boldsymbol{\varepsilon}^{vp}\right)-A=0 \tag{12.35}$$

例如，如果岩土的屈服条件为

$$F=\alpha\boldsymbol{I}_1+\sqrt{3J_2}-k=0 \tag{12.36}$$

则

$$f=(\boldsymbol{\sigma},\boldsymbol{\varepsilon}^{vp})=\alpha\boldsymbol{I}_1+\sqrt{3J_2}\quad A=k \tag{12.37}$$

$\langle \Phi(F) \rangle$的定义为

$$\langle \Phi(F) \rangle = \begin{cases} 0 & F < 0 \\ \Phi(F) & F \geqslant 0 \end{cases} \tag{12.38}$$

式中：$\Phi(F)$ 有多种形式，最简单的形式为

$$\begin{cases} \Phi(F) = (F / A)^n \\ \Phi(F) = \exp[(F / A)m] - 1 \end{cases} \tag{12.39}$$

对于岩土类材料可取 $m = n = 1$。

如果采用 Drucker-Prager 屈服条件，则

$$\dot{\boldsymbol{\varepsilon}}^{vp} = \frac{\gamma}{A}(\alpha \boldsymbol{I}_i + \sqrt{3J_2} - k)(\alpha[P] / \boldsymbol{I}_1 + \sqrt{3}[Q] / 2\sqrt{J_2})\boldsymbol{\sigma} \tag{12.40}$$

式中有关符号见文献[20]的 1.10.4 节。

由上述可知，当 $t \to \infty$ 时，黏塑性应变向量 $\boldsymbol{\varepsilon}^{vp}$ 趋于塑性应变向量 $\boldsymbol{\varepsilon}^{p}$。因此，结构弹黏塑性问题的稳定解就是相应的弹塑性问题解。由此可知，可以利用弹黏塑性理论来求解结构的弹塑性问题。

12.2.2　平面层状地基分析的总应力 QR 法

1. 位移函数

图 12.1 是一层状地基，它的位移函数采用式（12.7）的形式。

2. 单元的总势能泛函

如果将地基划分为 M 个单元（图 12.2），则每个单元的总势能泛函为

$$\Pi_e = \frac{1}{2}\{\delta\}^{\mathrm{T}}[G]_e\{\delta\} - \{\delta\}^{\mathrm{T}}(\{F\}_e + \{F^{vp}\}_e) \tag{12.41}$$

式中：$[G]_e$ 及 $\{F\}_e$ 与式（12.16）相同，而

$$\{F^{vp}\}_e = [N]_e^{\mathrm{T}}[T]^{\mathrm{T}}\{f^{vp}\}_e \tag{12.42}$$

3. 地基总势能泛函

整个地基的总势能泛函为

$$\Pi_e = \frac{1}{2}\{\delta\}^{\mathrm{T}}[G]\{\delta\} - \{\delta\}^{\mathrm{T}}(\{f\}_e + \{f^{vp}\}_e) \tag{12.43}$$

式中 $[G]$ 及 $\{f\}_e$ 与式（12.18）相同，而

$$\{f^{vp}\}_e = \sum_{e=1}^{M}\{F^{vp}\}_e \tag{12.44}$$

4. 地基弹黏塑性刚度方程

利用变分原理可得地基弹黏塑性刚度方程为

$$[G]\{\delta\} = \{f\} + \{f^{vp}\} \tag{12.45}$$

由上述可知，利用上述计算公式可以求解地基的弹黏塑性问题。这种分析地基弹黏塑性的方法称为地基弹黏塑性分析的总应力——QR 法。

上述为弹黏塑性的传统本构关系，对弹塑性及弹黏塑性的研究、应用有一定推动作用，但其存在诸多缺陷。

1985 年以来，作者创立了弹塑性应变理论及弹黏塑性应变理论，提出了弹塑性及弹黏塑性的新本构关系，避免了上述传统本构关系带来的困难及缺陷，为结构工程、岩土工程弹塑性及弹黏塑性分析开拓了新途径，详见第二章。

12.2.3　时间步长的限制条件

为了使计算结果满足收敛稳定条件，一般采用限制时间步长 Δt 的做法。现在按下列方法确定 Δt 的限制条件[8]。由上述可知

$$\begin{cases}\boldsymbol{\sigma}=[D][A]\{\delta\}-[D]\boldsymbol{\varepsilon}^{vp}\\ [G]\{\delta\}-\int_{\Omega}[A]^{\mathrm{T}}[D]\boldsymbol{\varepsilon}^{vp}\mathrm{d}\Omega-\{P\}=\{0\}\end{cases} \tag{12.46}$$

对式（12.46）两边时间求导可得

$$\begin{cases}\dot{\boldsymbol{\sigma}}=[D][A]\{\dot{\delta}\}-[D]\dot{\boldsymbol{\varepsilon}}^{vp}\\ \{\dot{\delta}\}=[G]^{-1}\left(\int_{\Omega}[A]^{\mathrm{T}}[D]\dot{\boldsymbol{\varepsilon}}^{vp}\mathrm{d}\Omega+\{\dot{P}\}\right)\end{cases} \tag{12.47}$$

由上式消去 $\{\dot{\delta}\}$ 可得

$$\dot{\boldsymbol{\sigma}}=[D][A][G]^{-1}\left(\int_{\Omega}[A]^{\mathrm{T}}[D]\dot{\boldsymbol{\varepsilon}}^{vp}\mathrm{d}\Omega+\{\dot{P}\}\right)-[D]\dot{\boldsymbol{\varepsilon}}^{vp} \tag{12.48}$$

由于 $\dot{\boldsymbol{\varepsilon}}^{vp}$ 只是 $\boldsymbol{\sigma}$ 的函数，$\{\dot{P}\}$ 是时间 t 的函数，则式（12.48）可变为

$$\dot{\boldsymbol{\sigma}}=f(\boldsymbol{\sigma},t) \tag{12.49}$$

这是一阶非线性偏微方程组。Cormeau 导出了这类微分方程组数值解的一般稳定条件。对于 Drucker-Prager 条件有

$$\begin{cases}\Delta t_{\max}\leqslant 4(1+\mu)F_0\sqrt{3J_2}\,/\,3\gamma EF\\ \Delta t_{\max}\leqslant \alpha(1+\mu)(1-2\mu)F_0\,/\,\gamma E\end{cases} \tag{12.50}$$

式中

$$\alpha=\frac{(3-\sin\varphi)^2}{\frac{3}{4}(1-2\mu)(3-\sin\varphi)^2+6(1+\mu)\sin^2\varphi} \tag{12.51}$$

规定取式（12.50）的小者为极限时间步长。对于 Mises 条件，只要令式（12.50）的 $\varphi=0$ 可得

$$\Delta t_{\max}\leqslant\frac{4(1+\mu)F_0}{3\gamma E} \tag{12.52}$$

对于莫尔-库仑条件可得

$$\Delta t_{\max}\leqslant\frac{(1+\mu)(1-2\mu)F_0}{\gamma E(1-2\mu+\sin^2\varphi)} \tag{12.53}$$

对于 Tresca 条件可得

$$\Delta t_{\max} \leqslant \frac{(1+\mu)F_0}{\gamma E} \tag{12.54}$$

式中：F 为屈服函数；F_0 为系数无量纲化的任意值。

12.2.4 岩土弹黏塑性问题的算法

在计算过程中，上述基本公式可写成

$$\{\delta\}_{n+1}^{j+1} = [G](\{f\}_{n+1} + \{f^{vp}\}_{n+1}^{j}) \tag{12.55}$$

$$\{\delta\}_{n+1}^{j+1} = [H](\{f\}_{n+1} + \{f^{vp}\}_{n+1}^{j}) - (\boldsymbol{\sigma}_0)_{n+1}^{j} \tag{12.56}$$

$$\{\varepsilon^{vp}\}_{n+1}^{j+1} = (\boldsymbol{\varepsilon}^{vp})_{n+1}^{j} + (\Delta\boldsymbol{\varepsilon}^{vp})_{n+1}^{j+1} \tag{12.57}$$

$$\{\sigma_0^{vp}\}_{n+1}^{j+1} = (\boldsymbol{\sigma}_0^{vp})_{n+1}^{j} + (\Delta\boldsymbol{\sigma}_0)_{n+1}^{j+1} \tag{12.58}$$

$$\{f^{vp}\}_{n+1}^{j+1} = \{f^{vp}\}_{n+1}^{j} + \{\Delta f\}_{n+1}^{j+1} \tag{12.59}$$

式中：下标 n 为时间步；$\{f\}_{n+1}$ 为瞬时 t_{n+1} 的荷载向量；上标 j 为每一时间步的迭代次数。

弹黏塑性问题的求解必须从 $t=0$ 的已知初始条件开始。在 $t=0$ 时，$\{\delta\}_0$、$\{\sigma\}_0$、$\{f\}_0$ 为已知值，而且 $\boldsymbol{\varepsilon}_0^{vp}=0$。因此，$(\boldsymbol{\sigma}_0)_0=\{f^{vp}\}_0=0$。如果 $t=t_n$ 时已求得 $\{\sigma\}_n$、$\boldsymbol{\sigma}_n$、$\boldsymbol{\varepsilon}_n^{vp}$、$(\sigma_0)_n$、$\{f\}_n$ 及 $\{f^{vp}\}_n$，则 $t=t_{n+1}$ 时的各个量可按下列步骤计算。

（1）如果荷载在时刻 t_{n+1} 有变化，则可利用式（12.56）求出应力向量 $\boldsymbol{\sigma}_{n+1}^{j+1}$。

（2）计算黏塑性应变率向量，即

$$(\dot{\boldsymbol{\varepsilon}}^{vp})_{n+1}^{j+1} = \gamma\Phi\langle(F)\rangle\left(\frac{\partial Q}{\partial\sigma}\right)_{n+1}^{j+1} \tag{12.60}$$

（3）计算黏塑性应变增量向量，即

$$(\Delta\boldsymbol{\varepsilon}^{vp})_{n+1}^{j+1} = (\Delta\dot{\boldsymbol{\varepsilon}}^{vp})_{n+1}^{j+1}\Delta t_{j+1} \tag{12.61}$$

其中

$$\Delta t_{j+1} = t_{j+1} - t_j$$

（4）计算黏塑性应力增量，即

$$(\Delta\boldsymbol{\sigma}_0)_{n+1}^{j+1} = [D](\Delta\boldsymbol{\varepsilon}^{vp})_{n+1}^{j+1} \tag{12.62}$$

（5）计算附加荷载增量向量，即

$$\begin{cases}\{\Delta f^{vp}\}_{n+1}^{j+1} = \sum\limits_{e=1}^{M}[N]_e^T(\{\Delta f^{vp}\}_e)_{n+1}^{j+1} \\ \{\Delta f\}_e = \int_e [B]_e^{\mathrm{T}}\Delta\boldsymbol{\sigma}_0\mathrm{d}\Omega\end{cases} \tag{12.63}$$

（6）利用式（12.57）～式（12.59）计算 $(\boldsymbol{\varepsilon}^{vp})_{n+1}^{j+1}$、$(\boldsymbol{\sigma}_0)_{n+1}^{j+1}$ 及 $\{f^{vp}\}_{n+1}^{j+1}$。

（7）重复步骤（1）～步骤（6）的计算，反复迭代到收敛为止。当这个时间步的迭代收敛后，即可利用式（12.55）计算位移向量。

（8）检查稳定条件。检查岩土每一点的黏塑性应变率 $(\dot{\boldsymbol{\varepsilon}}^{vp})_{n+1}^{j+1}$ 是否趋于零。因为黏塑性应变率为零是弹黏塑性问题的稳定条件，因此如果黏塑性应变率为零，则计算结果满足稳定条件，收敛于稳定状态解。在实际解题过程中，很难达到黏塑性应变率 $\dot{\boldsymbol{\varepsilon}}^{vp}$ 为零。

如果下列条件成立

$$(\dot{\boldsymbol{\varepsilon}}^{vp})_{n+1}^{j+1} \leqslant 0.01(\boldsymbol{\varepsilon}^{vp})_{n+1}^{1} \tag{12.64}$$

则可认为此时已达到稳定条件。

由上述可知，如果满足式（12.64）条件，则求解结束，即可得所求结果。如果不满足式（12.64）条件，则再增加一个时间步，重复步骤（1）～步骤（8），直到收敛于稳定条件为止，即可得所求的结果。

上述方法对任何二维及三维岩土工程都适用。

12.3　岩土弹塑性分析

因为岩土弹黏塑性问题的稳定解就是相应的弹塑性问题的解，因此可以利用弹黏塑性理论来求解岩土的弹塑性问题。本节以空间层状地基为例来论述岩土弹塑性分析的总应力 QR 法。

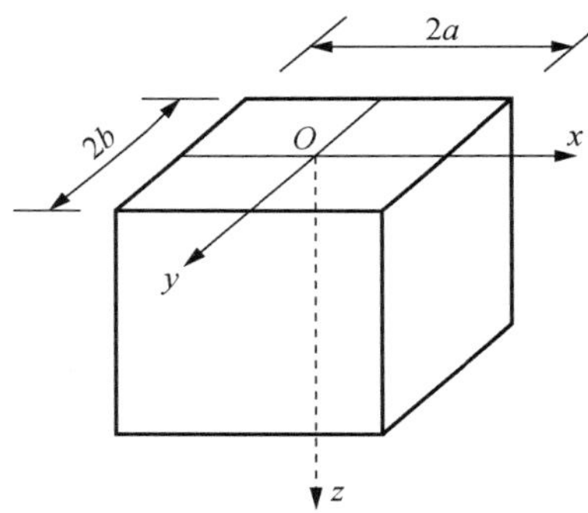

图 12.4　空间弹塑性地基计算模型

12.3.1　位移函数

图 12.4 是一个空间弹塑性地基的计算模型，它的位移函数[4,7]为

$$\begin{cases} u = \sum_{m=1}^{r}\sum_{n=1}^{s}[\phi]\{u\}_{mn}X_m X_n \\ v = \sum_{m=1}^{r}\sum_{n=1}^{s}[\phi]\{v\}_{mn}Y_m Y_n \\ w = \sum_{m=1}^{r}\sum_{n=1}^{s}[\phi]\{w\}_{mn}Z_m Z_n \end{cases} \tag{12.65}$$

其中

$$\begin{cases} [\phi] = [\phi_0 \quad \phi_1 \quad \phi_2 \quad \cdots \quad \phi_N] \\ \{u\}_{mn} = [u_0 \quad u_1 \quad \cdots \quad u_N]_{mn}^{\mathrm{T}} \\ \{v\}_{mn} = [v_0 \quad v_1 \quad \cdots \quad v_N]_{mn}^{\mathrm{T}} \\ \{w\}_{mn} = [w_0 \quad w_1 \quad \cdots \quad w_N]_{mn}^{\mathrm{T}} \end{cases}$$

由上述可知，ϕ、$\phi_i = \phi_i(z)$ 为样条基函数。对于水平荷载有

$$\begin{cases} X_m = \sin\dfrac{m\pi(x+a)}{2a} & X_n = \cos\dfrac{n\pi(y+b)}{2b} \\ Y_m = \cos\dfrac{m\pi(x+a)}{2a} & Y_n = \sin\dfrac{n\pi(y+b)}{2b} \\ Z_m = \sin\dfrac{m\pi(x+a)}{2a} & Z_n = \sin\dfrac{n\pi(y+b)}{2b} \end{cases} \tag{12.66a}$$

对于垂直荷载有

$$\begin{cases} X_m = \cos\dfrac{m\pi(x+a)}{2a} & X_n = \sin\dfrac{n\pi(y+b)}{2b} \\ Y_m = \cos\dfrac{m\pi(x+a)}{2a} & Y_n = \cos\dfrac{n\pi(y+b)}{2b} \\ Z_m = \sin\dfrac{m\pi(x+a)}{2a} & Z_n = \cos\dfrac{n\pi(y+b)}{2b} \end{cases} \tag{12.66b}$$

在式（12.65）中，$\phi_i(z)$ 满足下列条件：

$$\phi_i(z_k) = \delta_{ik} \tag{12.67}$$

也可以不满足式（12.67）所示条件。如果 $\phi_i(z)$ 满足式（12.67）所示条件，则

$$\begin{cases} u_i = \sum\limits_{m=1}^{r}\sum\limits_{n=1}^{s} u_{imn} X_m X_n \\ v_i = \sum\limits_{m=1}^{r}\sum\limits_{n=1}^{s} v_{imn} X_m X_n \\ w_i = \sum\limits_{m=1}^{r}\sum\limits_{n=1}^{s} w_{imn} X_m X_n \end{cases} \tag{12.68}$$

式中：u_i、v_i 及 w_i 为 $z = z_i$ 处的位移分量。由式（12.68）可得

$$\boldsymbol{V}_i = [N]_i\{\delta\} \tag{12.69}$$

其中

$$\begin{cases} \boldsymbol{V}_i = \begin{bmatrix} u_i & v_i & w_i \end{bmatrix}^{\mathrm{T}} \\ N_i = \mathrm{diag}(0,\cdots,[N^*]_i,0,\cdots) \\ [N^*]_i = \begin{bmatrix} [N]_{11} & [N]_{12} & \cdots & [N]_{1s} & \cdots & [N]_{r1} & \cdots & [N]_{rs} \end{bmatrix}_i \\ N_i = \mathrm{diag}(X_m X_n, Y_m Y_n, Z_m Z_n) \\ \{\delta\} = [\{\delta\}_0^{\mathrm{T}} \quad \{\delta\}_1^{\mathrm{T}} \quad \cdots \quad \{\delta\}_N^{\mathrm{T}}]^{\mathrm{T}} \\ \{\delta\}_i = [\{\delta\}_{11}^{\mathrm{T}} \quad \{\delta\}_{12}^{\mathrm{T}} \quad \cdots \quad \{\delta\}_{1s}^{\mathrm{T}} \quad \cdots \quad \{\delta\}_{r1}^{\mathrm{T}} \quad \cdots \quad \{\delta\}_{rs}^{\mathrm{T}}]^{\mathrm{T}} \end{cases} \tag{12.70}$$

$$\{\delta\}_{mm} = [u_{imn} \quad v_{imn} \quad w_{imn}]^{\mathrm{T}} \tag{12.71}$$

如果从式（12.68）出发，则可得

$$\boldsymbol{V} = [N]\{\delta\} \tag{12.72}$$

其中

$$\begin{cases} \boldsymbol{V} = \begin{bmatrix} u & v & w \end{bmatrix}^{\mathrm{T}} \\ [N] = \begin{bmatrix} [N]_{11} & [N]_{12} & \cdots & [N]_{1s} & \cdots & [N]_{r1} & \cdots & [N]_{rs} \end{bmatrix} \\ [N]_{mn} = [\phi_i[\Gamma]_{mn}] \\ [\Gamma]_{mn} = \mathrm{diag}(X_m X_n, Y_m Y_n, Z_m Z_n) \\ \{\delta\} = \begin{bmatrix} \{\delta\}_{11}^{\mathrm{T}} & \{\delta\}_{11}^{\mathrm{T}} & \cdots & \{\delta\}_{1s}^{\mathrm{T}} & \cdots & \{\delta\}_{r1}^{\mathrm{T}} & \cdots & \{\delta\}_{r1}^{\mathrm{T}} \end{bmatrix}^{\mathrm{T}} \\ \{\delta\}_{mn} = \begin{bmatrix} \{\delta\}_0^{\mathrm{T}} & \{\delta\}_1^{\mathrm{T}} & \cdots & \{\delta\}_0^{\mathrm{T}} \end{bmatrix}_{mm}^{\mathrm{T}} \\ \{\delta\}_{imn} = \begin{bmatrix} u_i & v_i & w_i \end{bmatrix}_{mm} \qquad i = 0,1,2,\cdots,z \end{cases} \tag{12.73}$$

由上述可知，$\phi_i(z)$ 可以是任意分划的样条基函数，也可以是均匀分划的样条基函数。由此可知，式（12.65）所示位移函数对任意分划都适用，式（12.68）是式（12.65）的特例，包括在式（12.65）之中。

12.3.2　总应力——QR 法

如果将地基划分为 M 个单元（图 12.5），则每个单元的总势能泛函为

$$\Pi_e = \frac{1}{2}\{\delta\}^{\mathrm{T}}[G]_e\{\delta\} - \{\delta\}^{\mathrm{T}}(\{F\}_e + \{F^p\}_e) \tag{12.74}$$

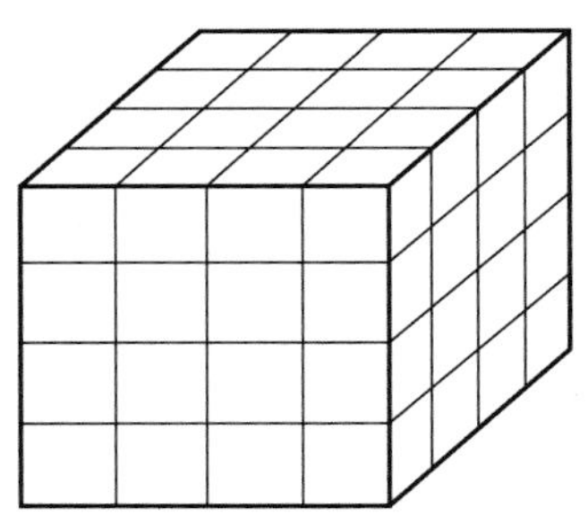

图 12.5　地基计算网格

其中

$$\begin{cases}[G]_e = [N]_e^{\mathrm{T}}[T]^{\mathrm{T}}[k]_e[T][N]_e \\ \{F\}_e = [N]_e^{\mathrm{T}}[T]^{\mathrm{T}}\{f\}_e \\ \{F^p\}_e = [N]_e^{\mathrm{T}}[T]^{\mathrm{T}}\{f^p\}_e\end{cases} \tag{12.75}$$

式中：$[k]_e$ 及 $\{f\}_e$ 分别为弹性单元的刚度矩阵及荷载向量；$\{f^p\}_e$ 为黏塑性变形引起的附加荷载向量，即

$$\{f^p\}_e = \int_e [B]_e^{\mathrm{T}}\boldsymbol{\sigma}_0 \mathrm{d}\Omega \tag{12.76}$$

式中：$[B]_e^{\mathrm{T}}$ 为单元的应变矩阵。

$\{F^p\}_e$ 也可按下列表达式确定，即

$$\{F^p\}_e = \int_e [A]^{\mathrm{T}}\boldsymbol{\sigma}_0 \mathrm{d}\Omega \tag{12.77}$$

式中：$[A]$ 采用下列表达式，即

$$\boldsymbol{\varepsilon} = [A]\{\delta\} \tag{12.78}$$

如果采用式（12.65）所示的位移函数，则

$$\begin{cases}[A] = \big[[A]_{11} \quad [A]_{12} \quad \cdots \quad [A]_{1s} \quad \cdots \quad [A]_{r1} \quad \cdots \quad [A]_{rs}\big] \\ [A]_{mn} = [([A]_{mn}^1)^{\mathrm{T}} \quad ([A]_{mn}^2)^{\mathrm{T}}] \\ [A]_{mn}^{-1} = \mathrm{diag}(\phi_i X_m' X_n,\ \phi_i Y_m Y_n',\ \phi_i' Z_m Z_n) \\ [A]_{mn}^2 = \begin{bmatrix}\phi_i X_m X_n' & \phi_i Y_m' Y_n & 0 \\ 0 & \phi_i' Y_m Y_n & \phi_i Z_m Z_n' \\ \phi_i' X_m X_n & 0 & \phi_i Z_m' Z_n\end{bmatrix}\end{cases} \tag{12.79}$$

将式（12.79）代入式（12.77）可得

$$\{F^p\}_e = \left[\{F^p\}_{11}^{\mathrm{T}} \quad \{F^p\}_{12}^{\mathrm{T}} \quad \cdots \quad \{F^p\}_{1s}^{\mathrm{T}} \quad \cdots \quad \{F^p\}_{r1}^{\mathrm{T}} \quad \cdots \quad \{F^p\}_{rs}^{\mathrm{T}}\right]$$

其中

$$\{F^p\}_{mn} = \int_e [A]_{Tmn}\boldsymbol{\sigma}_0 \mathrm{d}\Omega \tag{12.80}$$

如果地基划分为 M 个单元，则整个地基总势能泛函为

$$\Pi = \frac{1}{2}\{\delta\}^{\mathrm{T}}[G]_e\{\delta\} - \{\delta\}^{\mathrm{T}}(\{f\}_e + \{f^p\}_e) \tag{12.81}$$

其中

$$[G]=\sum_{e=1}^{M}[G]_e \qquad \{f\}_e=\sum_{e=1}^{M}[F]_e \qquad \{f^p\}_e=\sum_{e=1}^{M}[F^p]_e \tag{12.82}$$

利用变分原理可得

$$[G]\{\delta\}=\{f\}+\{f^p\} \tag{12.83}$$

这是整个地基的总刚度方程。

因为式（12.75）中含有各种空间单元及空间无限元，因此式（12.83）中也含有各种空间单元及空间无限元。如果单元为六面体，则

$$[N]_e=[[N]_1^{\mathrm{T}} \quad [N]_2^{\mathrm{T}} \quad \cdots \quad [N]_8^{\mathrm{T}}]^{\mathrm{T}}$$

如果单元为五面体，则

$$[N]_e=[[N]_1^{\mathrm{T}} \quad [N]_2^{\mathrm{T}} \quad \cdots \quad [N]_6^{\mathrm{T}}]^{\mathrm{T}} \tag{12.84}$$

单元任一点的应力向量为

$$\boldsymbol{\sigma}=[S]\{\delta\}-\boldsymbol{\sigma}_0 \tag{12.85}$$

其中

$$[S]=[D][B]_e[T][N]_e$$

或

$$[S]=[D][A] \tag{12.86}$$

利用上述基本方程可以求解地基的弹塑性问题。这种分析弹塑性地基的方法称为总应力——QR 法。

12.3.3　岩土弹塑性分析的算法

1. 第一种算法

在迭代过程中，上述基本方程可以写成

$$\{\delta\}_{n+1}^{j+1}=[G]^{-1}(\{f\}_{n+1}+\{f^p\}_{n+1}^{j}) \tag{12.87}$$

$$\{\sigma\}_{n+1}^{j+1}=[H]^{-1}(\{f\}_{n+1}+\{f^p\}_{n+1}^{j}-\{\sigma_0\}_{n+1}^{j}) \tag{12.88}$$

式中：下标 n 为第 n 次加载的荷载步；上标 j 为每个荷载步的迭代次数。如果已经加载 n 次，并获得 $\{\delta\}_n$、$(\boldsymbol{\sigma})_n$、$(\boldsymbol{\sigma}_0)_n$、$\{f\}_n$ 及 $\{f^p\}_n$，则第 $(n+1)$ 次加载可按下列步骤计算。

（1）加一级荷载增量，确定荷载向量，即

$$\{f\}_{n+1}=\{f\}_n+\{\Delta f\}_{n+1} \tag{12.89}$$

（2）利用式（12.88）计算各点的应力向量，式中 $\{f^p\}_{n+1}^{j}=\{f^p\}_n$。

（3）计算等效应力 $\boldsymbol{\sigma}_i$ 值，判断各点是否屈服。

（4）计算屈服点的黏塑性应变率，即

$$(\boldsymbol{\varepsilon}^{vp})_{n+1}^{j+1}=\gamma\langle\Phi(F)\rangle\left(\frac{\partial F}{\partial\boldsymbol{\sigma}}\right)_{n+1}^{j+1} \tag{12.90}$$

（5）计算黏塑性应变增量向量为

$$(\Delta\boldsymbol{\varepsilon}^{vp})_{n+1}^{j+1}=(\Delta\dot{\boldsymbol{\varepsilon}}^{vp})_{n+1}^{j+1}\Delta t \tag{12.91}$$

（6）计算黏塑性应力增量向量为

$$(\Delta\boldsymbol{\sigma}_0)_{n+1}^{j+1} = (1-m)[D](\Delta\boldsymbol{\varepsilon}^{vp})_{n+1}^{j+1} \tag{12.92}$$

式中：m 的意义见第八章。

（7）计算附加荷载增量向量有

$$\{f^p\}_{n+1}^{j+1} = \sum_{e=1}^{M}(\{\Delta F^p\}_e)_{n+1}^{j+1} \tag{12.93}$$

其中

$$(\{\Delta F^p\}_e)_{n+1}^{j+1} = [N]_e^{\mathrm{T}}\int_e [B]_e^{\mathrm{T}}(\Delta\boldsymbol{\sigma}_0)_{n+1}^{j+1}\mathrm{d}\Omega \tag{12.94}$$

或

$$(\{\Delta F^p\}_e)_{n+1}^{j+1} = [N]_e^{\mathrm{T}}\int_e [A]_e^{\mathrm{T}}(\Delta\boldsymbol{\sigma}_0)_{n+1}^{j+1}\mathrm{d}\Omega \tag{12.95}$$

（8）计算黏塑性应力向量：

$$\begin{cases}(\boldsymbol{\sigma}_0)_{n+1}^{j+1}=(\boldsymbol{\sigma}_0)_{n+1}^{j}+(\Delta\boldsymbol{\sigma}_0)_{n+1}^{j+1}\\(\boldsymbol{f}^p)_{n+1}^{j+1}=(\boldsymbol{f}^p)_{n+1}^{j}+(\Delta\boldsymbol{f}^p)_{n+1}^{j+1}\end{cases} \tag{12.96}$$

（9）重复步骤（2）～步骤（8）的计算，反复迭代到收敛为止。收敛的判断据为 $F/A\leqslant$ 0.05%～1%。位移计算不参加迭代，当迭代收敛后，可以利用式（12.87）一次算出这个荷载步的位移向量，也可以收敛后一次算出总位移向量。

（10）当所有点的计算收敛了，再加一级荷载，并重复步骤（1）～步骤（9），直到全部荷载加完并收敛或破坏为止，即可获岩土弹塑性解。

2. 第二种算法

在增量迭代法中，上述基本方程可写成

$$\{\delta\}_{n+1}^{j+1} = [G]^{-1}(\{\Delta f\}_{n+1} + \{\Delta f^p\}_{n+1}^{j}) \tag{12.97}$$

$$(\Delta\sigma)_{n+1}^{j+1} = [H](\{\Delta f\}_{n+1} + \{\Delta f^p\}_{n+1}^{j}) - (\Delta\boldsymbol{\sigma}_0)_{n+1}^{j} \tag{12.98}$$

如果已算出 n 次加载步的值，则第 $n+1$ 加载步按下列计算。

（1）增加一级荷载增量，算出荷载增量向量。

（2）利用式（12.98）计算应力增量向量，并求出各点的应力向量，即

$$(\boldsymbol{\sigma})_{n+1}^{j+1} = (\boldsymbol{\sigma})_{n+1}^{j} + (\Delta\boldsymbol{\sigma}_0)_{n+1}^{j+1} \tag{12.99}$$

（3）计算等效应加 $\boldsymbol{\sigma}_i$ 值，判断单元各点是否屈服。

（4）利用式（12.90）计算屈服点的黏塑性应变率。

（5）利用式（12.91）计算黏塑性应变增量向量。

（6）利用式（10.34）计算 m 值。

（7）利用式（12.92）计算黏塑性应力增量向量。

（8）利用式（12.93）计算附加荷载增量向量。

（9）利用式（12.96）计算黏塑性应力向量。

（10）重复步骤（2）～步骤（9）的计算，反复迭代到收敛为止。

（11）当迭代收敛后，利用式（12.97）一次算出这个荷载步的位移增量，并求出位

移向量，即

$$\{\delta\}_{n+1}^{j+1}=\{\delta\}_{n+1}^{j}+\{\Delta\delta\}_{n+1}^{j+1} \tag{12.100}$$

（12）当所有点的计算收敛了，再增加一级荷载，并重复步骤（1）～步骤（11），直到全部荷载加完并收敛或破坏为止，即得岩土弹塑性解。

由上述可知，如果利用弹黏塑性理论单纯地求解弹塑性问题，则黏性系数可以取任意值，时间步长仅起着迭代运算作用，这时没有任何物理意义。

利用弹黏性理论来求解弹塑问题，不仅程序简单，而且能适用于不相关联的流动法则，避开了烦琐的弹塑性矩阵 $[D]_{ep}$，为求解弹塑性问题提供了一个经济有效的方法。

12.4　岩土非线性分析

12.4.1　应力-应变关系

1. 受压状态

如果岩土处于全部受压状态，则岩土单元可能破坏于塑性屈服。当岩土进入塑性状态后，它的应力-应变关系为

$$\mathrm{d}\boldsymbol{\sigma}=[D]\mathrm{d}\boldsymbol{\varepsilon}-\mathrm{d}\boldsymbol{\sigma}_0 \tag{12.101}$$

其中

$$\mathrm{d}\boldsymbol{\sigma}_0=[D]\mathrm{d}\boldsymbol{\varepsilon}^p \quad \mathrm{d}\boldsymbol{\sigma}_0=[D]\mathrm{d}\boldsymbol{\varepsilon}^{vp} \tag{12.102}$$

式中：$\mathrm{d}\boldsymbol{\varepsilon}^p$ 及 $\mathrm{d}\boldsymbol{\varepsilon}^{vp}$ 分别为岩土的塑性应变增量向量及黏塑性应变增量向量，它们可以分别利用塑性流动法则理论、弹黏塑性理论来确定。本节利用弹塑性应变理论与 QR 法建立岩土弹塑性总应力分析法的新方法。

2. 受拉状态

如果岩土全部处于受拉状态，而且拉应力 σ_i 超过岩土的抗拉强度 $\boldsymbol{\sigma}_l$，则岩土单元便开裂。如果将开裂视为残余变形（或塑性变形），则应力增量与应变增量在 $x'y'$ 坐标系（图 12.6）中有下列关系：

$$\mathrm{d}\boldsymbol{\sigma}'=[D]\mathrm{d}\boldsymbol{\varepsilon}'-\mathrm{d}\boldsymbol{\sigma}_0' \tag{12.103}$$

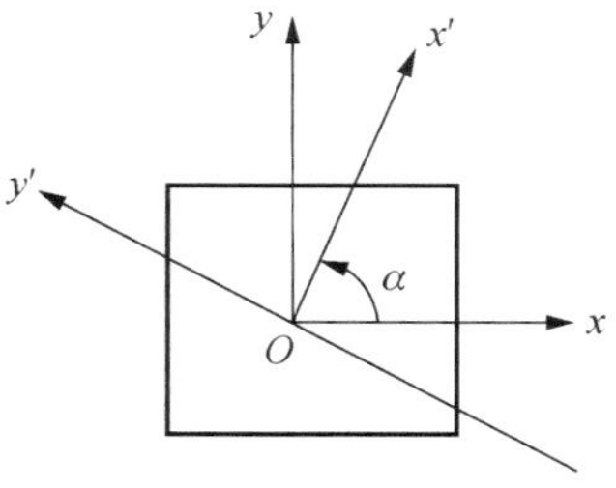

图 12.6　岩土拉裂单元

其中

$$\mathrm{d}\boldsymbol{\sigma}_0'=[D]\mathrm{d}\boldsymbol{\varepsilon}_\alpha^p \quad \mathrm{d}\boldsymbol{\varepsilon}_\alpha^p=[Q]_p\mathrm{d}\boldsymbol{\varepsilon}'$$

$$\mathrm{d}\boldsymbol{\sigma}_0'=[D]_p\mathrm{d}\boldsymbol{\varepsilon}' \quad [D]_p=[D][Q]_p$$

$$\begin{cases}\mathrm{d}\boldsymbol{\varepsilon}'=\begin{bmatrix}\mathrm{d}\varepsilon_1 & \mathrm{d}\varepsilon_1 & \mathrm{d}\gamma_{12}\end{bmatrix}^{\mathrm T}\\ \mathrm{d}\boldsymbol{\varepsilon}_\alpha^p=\begin{bmatrix}\mathrm{d}\varepsilon_1^p & \mathrm{d}\varepsilon_2^p & \mathrm{d}\gamma_{12}^p\end{bmatrix}^{\mathrm T}\end{cases} \tag{12.104}$$

如果将上述各式统一至整体坐标系 Oxy 中，则

$$\begin{cases} \mathrm{d}\boldsymbol{\varepsilon}' = [T]\mathrm{d}\boldsymbol{\varepsilon} \qquad \mathrm{d}\boldsymbol{\sigma}_0 = [T]^{\mathrm{T}}\mathrm{d}\boldsymbol{\varepsilon}'_0 \\ \mathrm{d}\boldsymbol{\sigma} = [T]^{\mathrm{T}}\mathrm{d}\boldsymbol{\sigma}' \end{cases} \tag{12.105}$$

式中：$[T]$为转换矩阵。将式（12.105）代入式（12.103）可得

$$\mathrm{d}\boldsymbol{\sigma} = [D^*]\mathrm{d}\varepsilon - \mathrm{d}\boldsymbol{\sigma}_0 \tag{12.106}$$

或

$$\mathrm{d}\boldsymbol{\sigma} = [D^*]_{ep}\mathrm{d}\boldsymbol{\varepsilon} \tag{12.107}$$

其中

$$\mathrm{d}\boldsymbol{\sigma}_0 = [D^*]_p\mathrm{d}\boldsymbol{\varepsilon} \tag{12.108}$$

$$\begin{cases} [D^*]_{ep} = [D^*] - [D^*]_p \\ [D^*] = [T]^{\mathrm{T}}[D][T] \qquad [D^*]_p = [T]^{\mathrm{T}}[D]_p[T] \end{cases} \tag{12.109}$$

由上述可得下列结果。

（1）如果$\boldsymbol{\sigma}_1 < \boldsymbol{\sigma}_l$，$\boldsymbol{\sigma}_2 < \boldsymbol{\sigma}_l$，则岩土无拉裂，因此$\mathrm{d}\boldsymbol{\varepsilon}_\alpha^p = 0$，$\mathrm{d}\boldsymbol{\sigma}'_0 = 0$。

（2）如果$\boldsymbol{\sigma}_1 \geqslant \boldsymbol{\sigma}_l$，$\boldsymbol{\sigma}_2 \geqslant \boldsymbol{\sigma}_l$，则岩土在$\boldsymbol{\sigma}_1$方向单向拉裂，因此$\mathrm{d}\boldsymbol{\varepsilon}_1^p > 0$，$\mathrm{d}\boldsymbol{\varepsilon}_2^p > \mathrm{d}\boldsymbol{\gamma}_{12}^p = 0$。因为$\boldsymbol{\sigma}_1 \geqslant \boldsymbol{\sigma}_l$，因此

$$\boldsymbol{\varepsilon}_1 - \frac{\mu}{1-\mu}\boldsymbol{\varepsilon}_2 \geqslant 0$$

故

$$\begin{Bmatrix} \mathrm{d}\varepsilon_1^p \\ \mathrm{d}\varepsilon_2^p \\ \mathrm{d}\gamma_{12}^p \end{Bmatrix} = \begin{bmatrix} 1 & \mu' & 0 \\ 0 & 0 & 0 \\ 0 & 0 & 0 \end{bmatrix} \begin{Bmatrix} \mathrm{d}\varepsilon_1^p \\ \mathrm{d}\varepsilon_2^p \\ \mathrm{d}\gamma_{12}^p \end{Bmatrix} \tag{12.110}$$

将式（12.110）与式（12.104）中的$\mathrm{d}\boldsymbol{\varepsilon}_\alpha^p = [Q]_p\mathrm{d}\boldsymbol{\varepsilon}_1$比较可得

$$[Q]_p = \begin{bmatrix} 1 & \mu' & 0 \\ 对 & 0 & 0 \\ 称 & 0 & 0 \end{bmatrix} \qquad \mu' = \mu/(1-\mu) \tag{12.111}$$

式中：μ为岩土的泊松比。

（3）如果$\boldsymbol{\sigma}_1 \geqslant \boldsymbol{\sigma}_l$，$\boldsymbol{\sigma}_2 \geqslant \boldsymbol{\sigma}_l$，则岩土为双向拉裂，因此$\mathrm{d}\boldsymbol{\varepsilon}_1^p \geqslant 0$，$\mathrm{d}\boldsymbol{\varepsilon}_2^p \geqslant 0$，$\mathrm{d}\boldsymbol{\gamma}_{12}^p \geqslant 0$。在这种情况下，应力全部释放，相当于无应力状态，故$[Q]_p = \mathrm{diag}(1,\ 1,\ 1)$。

3. 拉压状态

如果$\boldsymbol{\sigma}_1 > 0$，$\boldsymbol{\sigma}_2 < 0$时，则岩土单元处于一向受拉一向受压状态。因为岩土的抗拉强度远小于抗压强度，因此假设岩土在这种情况先拉裂，应力-应变关系与式（12.106）相同。由上述可得下列结果。

（1）如果$\boldsymbol{\sigma}_1 < \dfrac{\boldsymbol{\sigma}_l}{\boldsymbol{\sigma}_c}\boldsymbol{\sigma}_2 + \boldsymbol{\sigma}_l$，$\boldsymbol{\sigma}_2 < \boldsymbol{\sigma}_c$，则岩土无拉裂，因此$\mathrm{d}\boldsymbol{\varepsilon}_\alpha^p = 0$，$\mathrm{d}\boldsymbol{\sigma}'_0 = 0$。

（2）如果$\boldsymbol{\sigma}_1 \geqslant \dfrac{\boldsymbol{\sigma}_l}{\boldsymbol{\sigma}_c}\boldsymbol{\sigma}_2 + \boldsymbol{\sigma}_l$，$\boldsymbol{\sigma}_2 < \boldsymbol{\sigma}_c$，则岩土在$\sigma_1$方向单向拉裂，因此$\mathrm{d}\boldsymbol{\varepsilon}_1^p \geqslant 0$，

$d\boldsymbol{\varepsilon}_2^p = d\boldsymbol{\gamma}_{12}^p = 0$。由此可知，$[Q]_p$ 与式（12.111）相同；$d\boldsymbol{\sigma}_0'$ 由式（12.104）确定。

（3）如果 $\boldsymbol{\sigma}_1 \geqslant \frac{\boldsymbol{\sigma}_l}{\boldsymbol{\sigma}_c}\boldsymbol{\sigma}_2 + \boldsymbol{\sigma}_l$，$\boldsymbol{\sigma}_2 \geqslant \boldsymbol{\sigma}_c$，则岩土全部破坏。在这种情况下，应力全部释放，相当无应力状态，故 $[Q]_p = \mathrm{diag}(1,\ 1,\ 1)$。

12.4.2 总应力分析方法

1. *总应力——QR 法*

岩土非线性分析方法，可采用有限元法及 QR 法，本节采用总应力——QR 法分析岩土非线性问题。

2. *岩土不连续性的分析方法*[8]

（1）无张力岩体。岩土无张力分析是假设岩体不能承受拉力，在岩体的拉应力区中，节理可以不受限制地张开，使得这部分岩体不再承受应力的作用，同时岩体中将产生应力重新分布。无张力分析与岩体拉裂破坏的分析相同。这种分析方法，对节理发育、节理分布大致均匀及节理面没有胶结的岩体，非常适合。

（2）非抗张节理系。非抗张节理系的分析方法与抗裂的分析方法相类似，但带有明确的方向性。通常只限于平面应变问题进行分析。

（3）当围岩处于受压时，岩体还可能发生剪切破坏。

（4）软弱夹层及节理裂隙。当软弱夹层比较宽时，可以像岩体一样划分为平面单元进行计算。一般的软弱夹层都比较窄，节理及裂隙宽度几乎接近于零，这时可采用节理单元[8]，也可见文献[20]。

12.5 地下结构非线性分析

地下结构的用途很广泛。国内外对地下结构分析做过许多研究[8]，取得了不少的新成果。秦荣在这方面做过一些研究，创立一些分析地下结构的新方法[6]。本节主要介绍地下结构分析的新方法。

（1）样条半解析边界元——能量配点法[10,11]。这个方法的原理是：①利用样条能量配点法建立地下结构的控制方程；②利用样条半解析边界元法建立周围岩土介质的控制方程；③建立地下结构与周围岩土介质耦合体系的控制方程；④分析耦合体系的位移及应力。

（2）样条半解析边界元——QR 法[11]。这个方法的原理是：①利用 QR 法建立地下结构的控制方程；②利用样条半解析法建立周围岩土介质的控制方程；③建立地下结构与周围岩土介质耦合体系的控制方程；④分析耦合体系的位移及内力。

（3）样条无限元——QR 法[5,6]。这个方法的原理是：①利用 QR 法建立地下结构及其周围岩土介质近场的控制方程；②利用样条无限元法建立岩土介质远场的控制方程；③建立地下结构与周围岩土介质耦合体系的控制方程；④分析耦合体系的位移及应力。

上述方法是秦荣提出来的，相关文章已在国内外公开发表。利用这些方法分析耦合体系，不仅计算简便，而且精度高。利用弹塑性应变理论与上述新方法结合起来，可以创立新理论新方法。

12.6 计算例题

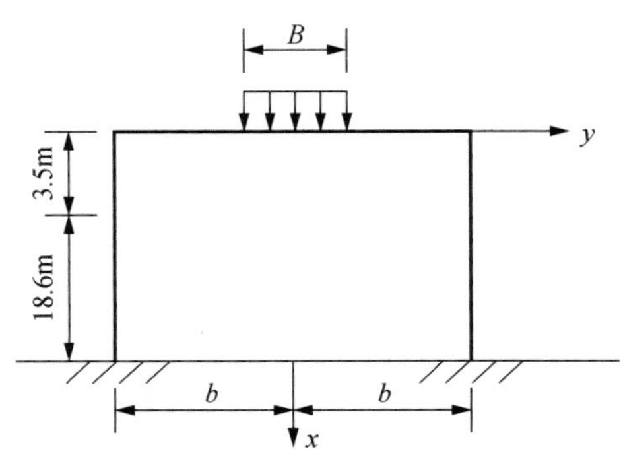

图 12.7　双层地基

（1）图 12.7 为双层地基，受局部分布荷载 $q = 200\text{kPa}, B = 1.4\text{m}$，求下列问题的弹塑性问题。

① 上层坚硬，下层软弱，即上剪切模量 $G_1 = 18\,400\text{kPa}$，泊松比 $\mu_1 = 0.2$，下层剪切模量 $G_2 = 2300\text{kPa}$，泊松比 $\mu_2 = 0.35$。

② 上层弱，下层坚硬，故 $G_1 = 2300\text{kPa}$、$\mu_1 = 0.235$、$G_2 = 18\,400\text{kPa}$、$\mu_2 = 0.20$。

利用本章的 QR 法算出的结果比较有限元法算出的结果，不但精度高，而且计算非常简便。

图 12.8（a）为上弱、下弱两层地基竖向应力 σ_x 沿 x 方向的分布情况，图 12.8（b）为上弱、下硬两层地基竖向应力 σ_x 沿 $x = 1.4\text{m}$ 水平面上的分布情况。

图 12.9（a）为上弱、下硬两层地基竖向应力 σ_x 沿 x 方向的分布情况，图 12.9（b）为其竖向应力 σ_x 沿 $x = 1.4\text{m}$ 水平面上的分布情况。

图中虚线为均质地基相应的应力分布情况。

① 当地基中有软的下卧层时，其承载能力要降低。

② 当地基中有硬的下卧层时，其承载能力要提高。

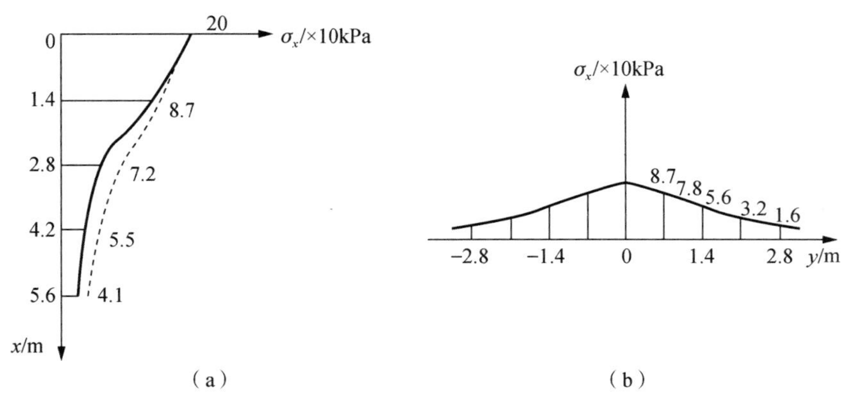

图 12.8　上硬、下弱地基应力分布

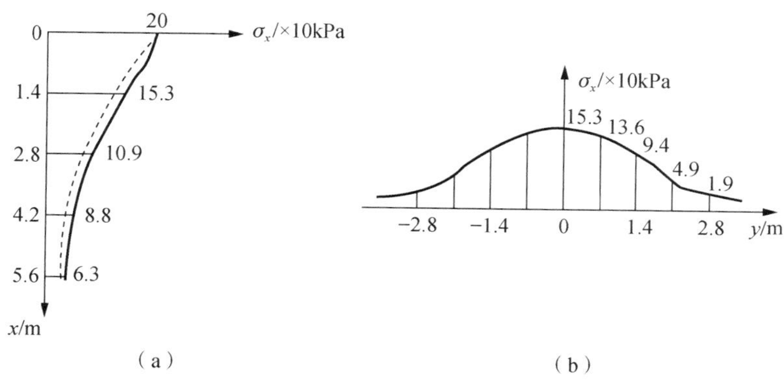

图 12.9　上弱下硬地基应力分布

（2）结果与分析。

利用上述新理论新方法研究了岩土弹塑性问题，并用 Fortran 语言编制了有关程序，计算了诸多例题，效果很好。例如，文献[12]利用 QR 法分析了层状地基弹塑性问题；文献[13]利用 QR 法分析了结构与地基相互作用；文献[15]利用样条有限点法及样条子域法分析了符拉索夫地基上板壳，并用 Fortran 语言编制了有关程序，计算了诸多例题，取得了很好的结果。

12.7　岩土有效应力分析

12.1 节～12.6 节专门介绍了岩土总应力分析法的新方法。本节拟简介一下岩土有效应力分析法的新方法。

1. 土体有效应力原理

在饱和土中，任一点的总应力为该点的有效应力及孔隙水压力之和，这个结论称为土体有效应力原理，即

$$\sigma_i = \sigma_i' + p \qquad i = x, y, z \tag{12.112}$$

式中：σ_i 为土体的总应力；σ_i' 为土体的有效应力，它是土体骨架的应力；p 为土体的孔隙水压力，简称孔压。

因为流体不能承受剪应力，因此有效剪应力值与总剪应力值相等。在非饱和土中，任一点的总应力为

$$\sigma_i = \sigma_i' + u_a - c(u_a - u_w) \tag{12.113}$$

式中：u_a 为孔隙气压，u_w 为孔隙水压，c 是一个与饱和度有关的参数。对于饱和土，$c=1$；对于干土，$c=0$；对于非饱和土，$1>c>0$。

2. 本构关系

如果土体为强化弹塑性模型，则

$$\boldsymbol{\sigma}' = [D]\boldsymbol{\varepsilon} - \sigma_0 \tag{12.114}$$

其中

$$\boldsymbol{\sigma}' = [\sigma_x' \quad \sigma_y' \quad \sigma_z' \quad \tau_{xy} \quad \tau_{yz} \quad \tau_{zx}]^{\mathrm{T}}$$

$$\boldsymbol{\varepsilon} = [\varepsilon_x \quad \varepsilon_y \quad \varepsilon_z \quad \gamma_{xy} \quad \gamma_{yz} \quad \gamma_{zx}]^{\mathrm{T}}$$

式中：$[D]$为弹性矩阵；σ_0为塑性变形产生的应力，即$\sigma_0 = [D]\varepsilon^p$，其中$\varepsilon^p$为土体塑性应变。

3. 广义胡克定律

在有效应力分析法中，岩土广义胡克定律为

$$\varepsilon = [C]\sigma' \tag{12.115}$$

式中：$[C]$为土体弹性柔度矩阵。对于各向同性体，由式（12.115）可得

$$\begin{cases} \sigma_{ij}' = E\varepsilon_{ij}^e + \mu(\sigma_x' \quad \sigma_y' \quad \sigma_z' - \sigma_{ij}') & i = j \\ \sigma_{ij}' = G\varepsilon_{ij}^e = G\gamma_{ij}^e & i \neq j \end{cases} \tag{12.116}$$

式中：$i, j = x, y, z$，$\sigma_{xx}' = \sigma_x'$，$\sigma_{yy}' = \sigma_y'$，$\sigma_{zz}' = \sigma_z'$。

4. 土体塑性应变理论

由第十一章可得

$$\mathrm{d}\sigma_{ij}' = \mathrm{d}\sigma_{ij}^s + H_{ij}'\mathrm{d}\varepsilon_{ij}^p - \alpha\mathrm{d}I_1 \tag{12.117}$$

式中：$\mathrm{d}I_1 = \mathrm{d}\sigma_x' + \mathrm{d}\sigma_y' + \mathrm{d}\sigma_z'$；$H_{ij}' = \mathrm{d}\sigma_{ij}' / \mathrm{d}\varepsilon_{ij}^p$。

由上述可得

$$\mathrm{d}\varepsilon^p = [1 + kB]^{-1} kB(\mathrm{d}\varepsilon - \mathrm{d}\varepsilon^s) \tag{12.118}$$

这是土体弹塑性应变增量理论，由此可以建立新的本构关系。式中有关符号，详见第十一章。

5. 饱和土分析的新方法

在饱和土有效应力分析法中，基本未知量是土体任一点的位移$\boldsymbol{u}$、$\boldsymbol{v}$、$\boldsymbol{w}$及孔压p。本书作者采用单样条模式表达这些未知量，其形式与式（12.65）相同。在饱和土应力分析中，本书作者利用变分原理及样条加权残数法，创立了有效应力——QR 法、有效应力——样条有限点法、有效应力——样条子域法、有效应力——样条加权残数法及有效应力——样条无网格法，其中样条加权残数法还包括样条配点法、样条伽辽金配点法、样条最小二乘配点法及样条能配点法。

6. 初始屈服极限的确定

岩土初始屈服极限、岩土初始弹性极限、岩土的破坏应力及极限值由实验确定，详见文献[9]的 1.2.2 节及 1.2.3 节，也可以参考文献[20]的 10.5 节的方法确定。

参 考 文 献

[1] 秦荣，许英姿．弹塑性层状地基分析的样条子域法[J]．工程力学，1994，11（增刊）：244-251．
[2] 秦荣，许英姿．岩工工程中的弹黏塑性随机样条函数方法[J]．工程力学，1994，11（增刊）：100-107．
[3] 秦荣，许英姿．工程力学的理论及应用[M]．南宁：广西科学技术出版社，1992．
[4] 秦荣，何昌如．弹性地基薄板的静力及动力分析[J]．土木工程学报，1988，21（3）：71-80．
[5] 秦荣，何昌如．样条有限点法分析弹性地基扁壳[J]．广西大学学报，1988，13（3）：52-59．
[6] 秦荣．计算结构非线性力学[M]．南宁：广西科学技术出版社，1999．
[7] 秦荣．样条无限元——QR 法及其应用[J]．工程力学，1997，14（增刊）：135-139．
[8] 孙钧．地下结构有限元法解析[M]．上海：同济大学出版社，1988．
[9] 郑颖人，沈珠江，龚晓南．岩土塑性力学原理[M]．北京：中国建筑工业出版社，2002．
[10] 秦荣．样条边界元法[M]．南宁：广西科学技术出版社，1988．
[11] 秦荣．计算结构动力学[M]．桂林：广西师范大学出版社，1997．
[12] 许英姿．层状地基弹塑性分析的样条函数方法[D]．南宁：广西大学，1998．
[13] 邹万杰．结构与地基相互作用分析的 QR 法[D]．南宁：广西大学，2002．
[14] 李革．单桩与土相互作用的分析方法[D]．南宁：广西大学，1995．
[15] 何昌如．符拉索夫地基上结构物的样条函数方法[D]．南宁：广西大学，1985．
[16] 秦荣．水-拱坝-地基耦合体系分析的新方法[M]//曹志远．结构与介质相互作用原理及其应用．南京：河海大学出版社，1993．
[17] 谢康和，周健．岩土工程有限元分析与应用[M]．北京：科学出版社，2002．
[18] 朱伯芳．有限单元法原理与应用[M]．北京：水利电力出版社，1979．
[19] 秦荣．样条无网格法[M]．北京：科学出版社，2012．
[20] 秦荣．结构塑性力学[M]．北京：科学出版社，2016．

第十三章　结构与岩土工程不确定性分析的样条函数方法

在自然科学及社会科学中，都存在大量的不确定性问题，许多工程中也存在不确定性问题，特别是在结构与岩土工程中，存在不少的不确定性问题。对不确定性问题的研究是现今科学界的重大研究方向之一。这个研究，不仅是长远之计，而且也是当务之急。长期以来，国内外在这方面做过大量的研究，获得很多成果。1986 年以来，本书作者致力于研究结构与岩土工程不确定性分析，提出了结构与岩土工程分析的新理论新方法。

本章主要介绍结构不确定性分析的新理论新方法，作为深入研究岩土工程不确定性分析的基础[1-12]。

13.1　不确定性变量

工程问题都具有不确定性，它包含随机性、模糊性及未确知性，这是一切工程问题的固有特性，它们的物理性质、几何参数、受力情况及边界条件都具有不确定性[1]。

设 A 为确定性变量，$\boldsymbol{A}$ 为 A 的不确定性变量；A^0 为 A 的主值，它与 A 相同，即

$$A - A^0 = \gamma A^0 \tag{13.1}$$

由此可得

$$A = A^0 + \gamma A^0 \tag{13.2}$$

式中：γ 为一个不确定性的小参数，即

$$\gamma = \alpha + \beta + \xi \tag{13.3}$$

式中：α 为随机小参数；β 为模糊小参数；ξ 为未确知性小参数。

随机性、模糊性及未确知性是三个不同的概念。随机性主要是指物理性质、几何参数、受力情况及边界条件的时空分散性；模糊性主要是指它们没有明确的外延，亦此亦彼；未确知性主要指认识不清的信息。人们经过研究，认为可以将随机性及模糊性视为强不确定性，将未确知性视为弱不确定性。未确知性既无随机性又无模糊性，但可以利用随机性或模糊性的手段来描述，在实际工程中，可将未确知性合并到随机性或模糊性中一起进行考虑。由此可知，经过这样的处理，不确定性问题便简化为随机模糊性问题，在数学表达式中只含有随机性及模糊性，使计算得到极大简化，故式（13.3）可变为

$$\gamma = \alpha + \beta \tag{13.4}$$

实际上，任何一个工程都是一个随机模糊系统或者是一个灰色系统[1]。随机性的研究及处理采用概率论，模糊性的研究及处理采用模糊数学。概率论的产生，把数学的应用范围从必然现象扩大到偶然现象的领域，模糊数学的产生把数学的应用范围从精确现

象扩大到模糊现象领域，二者都属于不确定性数学，它们之间有深刻的联系，但又有本质的不同，它们不能互相代替，但却可以互相渗透，可以在随机性中引入模糊性，也可以在模糊性中引入随机性。

如果采用 L-R 型模糊数[10]描述模糊变量 A，则

$$A=(A^0, A_{\rm L}, A_{\rm R}) \tag{13.5}$$

式中：A^0 为 A 的主值；$A_{\rm L}$ 及 $A_{\rm R}$ 分别称为 A 的左展开及右展开（图 13.1）。由上述可得

$$\boldsymbol{\gamma}=(0,\ A_{\rm L}/A^0,\ A_{\rm R}/A^0) \tag{13.6}$$

由上述可知

$$E[\gamma]=E[\alpha]+E[\beta] \tag{13.7}$$

因为 $E[\alpha]=0$， $E[\beta]=0$，因此 $E[\gamma]=0$ 。

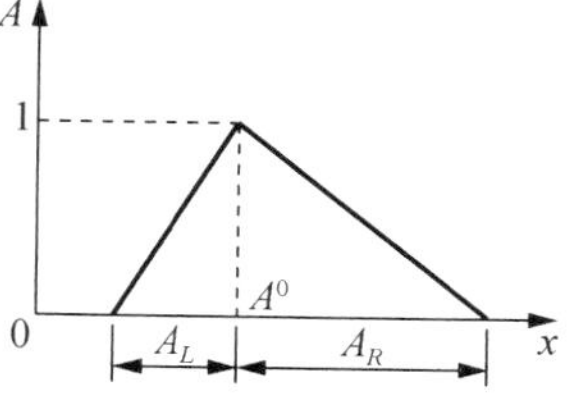

图 13.1　L-R 型模糊数

13.2　不确定性本构关系

在结构不确定性力学中，不确定性本构关系为

$$\boldsymbol{\sigma}=\boldsymbol{D\varepsilon}-\boldsymbol{\sigma}^p \tag{13.8}$$

式中：$\boldsymbol{\sigma}$ 、$\boldsymbol{D}$ 、$\boldsymbol{\varepsilon}$ 及 $\boldsymbol{\sigma}^p$ 都是不确定性变量向量，即

$$\begin{cases}\boldsymbol{\sigma}=\{\sigma_1,\ \sigma_2,\ \cdots,\ \sigma_n\} & \boldsymbol{\varepsilon}=\{\varepsilon_1,\ \varepsilon_2,\ \cdots,\ \varepsilon_n\}\\ \boldsymbol{D}=\{D_1,\ D_2,\ \cdots,\ D_n\} & \boldsymbol{\sigma}^p=\{\sigma_1^p,\ \sigma_2^p,\ \cdots,\ \sigma_n^p\}\end{cases} \tag{13.9}$$

式中：$\boldsymbol{\sigma}$ 为不确定性应力向量；$\boldsymbol{\varepsilon}$ 为不确定性应变向量；$\boldsymbol{\sigma}^p$ 为不确定性塑性变形引起的不确定性塑性应力向量，即

$$\boldsymbol{\varepsilon}=\boldsymbol{\varepsilon}^e+\boldsymbol{\varepsilon}^p \qquad \boldsymbol{\sigma}^p=\boldsymbol{D}\boldsymbol{\varepsilon}^p \tag{13.10}$$

式中：$\boldsymbol{\varepsilon}^e$ 及 $\boldsymbol{\varepsilon}^p$ 分别为不确定性弹性应变向量及不确定性塑性应变向量；$\boldsymbol{D}$ 为不确定性弹性矩阵，例如，平面应力问题的不确定性弹性矩阵为

$$\boldsymbol{D}=\begin{bmatrix} d_{11} & d_{12} & 0\\ d_{21} & d_{22} & 0\\ 0 & 0 & d_{33}\end{bmatrix} \tag{13.11}$$

如果在实验室得到 n 组不同的试验结果，则由上式可得不确定性弹性矩阵[7]为

$$\boldsymbol{D}=\{D_1,\ D_2,\ \cdots,\ D_n\} \tag{13.12}$$

由上述可知，求解结构不确定性塑性应力向量关键在于求解结构不确定性塑性应变向量 $\boldsymbol{\varepsilon}^p$ 。不确定性塑性应变向量 $\boldsymbol{\varepsilon}^p$ 的求解，可以采用不确定性塑性流动法则、不确定性黏塑性理论及不确定性弹塑性应变理论。这些理论在文献[1]中有详细介绍，见文献[1]的第十四章。如果采用不确定性弹塑性应变理论，则

$$\boldsymbol{\varepsilon}^p=(\boldsymbol{I}+k^*\boldsymbol{D})^{-1}k^*\boldsymbol{D}(\boldsymbol{\varepsilon}-\boldsymbol{\varepsilon}^s) \tag{13.13}$$

有关符号见文献[1]。如果采用增量理论，则

$$\mathrm{d}\boldsymbol{\sigma}=\boldsymbol{D}\mathrm{d}\boldsymbol{\varepsilon}-\mathrm{d}\boldsymbol{\sigma}^p \tag{13.14}$$

其中

$$\begin{cases} \mathrm{d}\boldsymbol{\varepsilon}=\mathrm{d}\boldsymbol{\varepsilon}^{e}+\mathrm{d}\boldsymbol{\varepsilon}^{p} \quad \mathrm{d}\boldsymbol{\sigma}^{p}=\boldsymbol{D}\mathrm{d}\boldsymbol{\varepsilon}^{p} \\ \mathrm{d}\boldsymbol{\varepsilon}^{p}=(\boldsymbol{I}+k^{*}\boldsymbol{D})^{-1}k^{*}\boldsymbol{D}(\mathrm{d}\boldsymbol{\varepsilon}-\mathrm{d}\boldsymbol{\varepsilon}^{s}) \end{cases} \tag{13.15}$$

式中：$\boldsymbol{\varepsilon}^{s}$ 为不确定性屈服应变或不确定性后继屈服应变向量；$\mathrm{d}\boldsymbol{\varepsilon}^{s}$ 为 $\boldsymbol{\varepsilon}^{s}$ 的增量向量，它们都可以用下列公式确定：

$$\boldsymbol{\varepsilon}^{s}=\boldsymbol{D}^{-1}\boldsymbol{\sigma} \qquad \mathrm{d}\boldsymbol{\varepsilon}^{s}=\boldsymbol{D}^{-1}\mathrm{d}\boldsymbol{\sigma} \tag{13.16}$$

13.3　结构与岩土工程不确定性非线性变分原理

在实际工程中，结构不仅具有不确定性，而且还具有非线性，因此研究结构不确定性非线性力学及其应用，不仅有重要的理论意义，而且也具有重要的实用价值。为了简化计算工作，本书作者将结构不确定性非线性问题简化为结构随机模糊非线性问题，并于 1986 年利用加权残数法及随机模糊变量的特性提出了随机模糊弹性变分原理及随机模糊弹性广义变分原理[1]；1990 年利用加权残数法提出了随机模糊非线性变分原理及随机模糊非线性广义变分原理[1]。本章主要介绍结构不确定性非线性变分原理。

利用加权残数法可得 $\delta\Pi=0$。由此可得[1]

$$\begin{aligned} \delta\Pi=&\int_{\Omega}[(\delta\boldsymbol{\varepsilon}^{L})^{\mathrm{T}}\boldsymbol{D}(\boldsymbol{\varepsilon}^{L}+\boldsymbol{\varepsilon}^{N})+(\delta\boldsymbol{\varepsilon}^{N})^{\mathrm{T}}\boldsymbol{D}(\boldsymbol{\varepsilon}^{L}+\boldsymbol{\varepsilon}^{N})-(\delta\boldsymbol{\varepsilon}^{L}+\delta\boldsymbol{\varepsilon}^{N})\boldsymbol{D}\boldsymbol{\varepsilon}^{p}]\,\mathrm{d}\Omega \\ &-\int_{\Omega}\delta\boldsymbol{V}^{\mathrm{T}}\boldsymbol{f}\mathrm{d}\Omega-\int_{\Gamma_p}\delta\boldsymbol{V}^{\mathrm{T}}\overline{\boldsymbol{p}}\,\mathrm{d}\Gamma=0 \end{aligned} \tag{13.17}$$

式中：$\delta\boldsymbol{V}^{\mathrm{T}}$ 为不确定性位移向量；$\boldsymbol{f}$ 为不确定性体力向量；$\overline{\boldsymbol{p}}$ 为不确定性已知面力向量；$\boldsymbol{\varepsilon}^{L}$ 及 $\boldsymbol{\varepsilon}^{N}$ 分别为不确定性应变向量的线性部分及几何非线性部分，即

$$\boldsymbol{\varepsilon}=\boldsymbol{\varepsilon}^{L}+\boldsymbol{\varepsilon}^{N} \tag{13.18}$$

对于结构不确定性非线性力学，可以建立确定性的线性递推方程组及非线性递推方程组。本章设法建立确定性的线性递推方程组。

如果以 $\boldsymbol{A}$ 代表不确定性变量，则

$$\boldsymbol{A}=A^{0}+\sum_{k=0}^{N}\gamma_{k}A_{k}'+\frac{1}{2}\sum_{k=0}^{N}\sum_{l=0}^{N}\gamma_{k}\gamma_{l}A_{kl}''+\cdots \tag{13.19}$$

$$\boldsymbol{\varepsilon}^{N}=\gamma_{k}\left[(\boldsymbol{\varepsilon}^{N})^{0}+\sum_{k=0}^{N}\gamma_{k}(\boldsymbol{\varepsilon}^{N})_{k}'+\frac{1}{2}\sum_{k=0}^{N}\sum_{l=0}^{N}\gamma_{k}\gamma_{l}(\boldsymbol{\varepsilon}^{N})_{kl}''+\cdots\right] \tag{13.20}$$

$$\boldsymbol{\varepsilon}^{p}=\gamma_{k}\left[(\boldsymbol{\varepsilon}^{p})^{0}+\sum_{k=0}^{N}\gamma_{k}(\boldsymbol{\varepsilon}^{p})_{k}'+\frac{1}{2}\sum_{k=0}^{N}\sum_{l=0}^{N}\gamma_{k}\gamma_{l}(\boldsymbol{\varepsilon}^{p})_{kl}''+\cdots\right] \tag{13.21}$$

如果只考虑二次摄动展开，则将式（13.19）、式（13.20）代入式（13.17）可得

$$\int_{\Omega}(\delta\boldsymbol{\varepsilon}_{0}^{L})^{\mathrm{T}}\boldsymbol{D}^{0}\boldsymbol{\varepsilon}_{0}^{L}\mathrm{d}\Omega=\int_{\Omega}\delta\boldsymbol{V}_{0}^{\mathrm{T}}\boldsymbol{f}^{0}\mathrm{d}\Omega+\int_{\Gamma_p}\delta\boldsymbol{V}_{0}^{\mathrm{T}}\overline{\boldsymbol{p}}^{0}\mathrm{d}\Gamma \tag{13.22}$$

$$
\begin{aligned}
&\int_{\Omega}(\delta\boldsymbol{\varepsilon}_0^L)^{\mathrm{T}}\boldsymbol{D}^0(\boldsymbol{\varepsilon}^L)'_k\mathrm{d}\Omega\\
&=\int_{\Omega}[(\delta\boldsymbol{V}'_k)^{\mathrm{T}}\boldsymbol{f}^0+\delta\boldsymbol{V}_0^{\mathrm{T}}\boldsymbol{f}'_k]\mathrm{d}\Omega\\
&\quad+\int_{\Gamma^p}[(\delta\boldsymbol{V}'_k)^{\mathrm{T}}\overline{\boldsymbol{p}}^0+\delta\boldsymbol{V}_0^T\boldsymbol{p}'_k]\mathrm{d}\Gamma+\int_{\Omega}(\delta\boldsymbol{\varepsilon}_0^L)^{\mathrm{T}}\boldsymbol{D}^0\boldsymbol{\varepsilon}_0^p\mathrm{d}\Omega\\
&\quad+\int_{\Omega}[(\delta\boldsymbol{\varepsilon}_0^L)^{\mathrm{T}}\boldsymbol{D}'_k\boldsymbol{\varepsilon}_0^L+(\delta\boldsymbol{\varepsilon}_0^L)^{\mathrm{T}}\boldsymbol{D}^0\boldsymbol{\varepsilon}_0^N+(\delta\boldsymbol{\varepsilon}_0^N)^{\mathrm{T}}\boldsymbol{D}^0\boldsymbol{\varepsilon}_0^L+(\delta\boldsymbol{\varepsilon}_1^L)_k^{\mathrm{T}}\boldsymbol{D}^0\boldsymbol{\varepsilon}_0^L]\mathrm{d}\Omega
\end{aligned}
\tag{13.23}
$$

$$
\begin{aligned}
&\int_{\Omega}(\delta\boldsymbol{\varepsilon}_0^L)^{\mathrm{T}}\boldsymbol{D}^0(\boldsymbol{\varepsilon}^L)''_{kl}\mathrm{d}\Omega\\
&=\int_{\Omega}[(\delta\boldsymbol{V}''_{kl})^{\mathrm{T}}\boldsymbol{f}^0+(\delta\boldsymbol{V}'_k)^{\mathrm{T}}\boldsymbol{f}'_l+(\delta\boldsymbol{V}'_l)^{\mathrm{T}}\boldsymbol{f}'_k+\delta\boldsymbol{V}_0^{\mathrm{T}}\boldsymbol{f}''_{kl}]\mathrm{d}\Omega\\
&\quad+\int_{\Gamma^p}[(\delta\boldsymbol{V}''_{kl})^{\mathrm{T}}\overline{\boldsymbol{p}}^0+(\delta\boldsymbol{V}'_k)^{\mathrm{T}}\overline{\boldsymbol{p}}'_l+(\delta\boldsymbol{V}'_l)^{\mathrm{T}}\overline{\boldsymbol{p}}'_k+\delta\boldsymbol{V}_0^{\mathrm{T}}\boldsymbol{p}''_{kl}]\mathrm{d}\Gamma\\
&\quad+2\int_{\Omega}[(\delta\boldsymbol{\varepsilon}_0^L)^{\mathrm{T}}\boldsymbol{D}'_k\boldsymbol{\varepsilon}_0^p+(\delta\boldsymbol{\varepsilon}_1^L)_k^{\mathrm{T}}\boldsymbol{D}^0\boldsymbol{\varepsilon}_0^p+(\delta\boldsymbol{\varepsilon}_0^L)^{\mathrm{T}}\boldsymbol{D}^0(\boldsymbol{\varepsilon}^p)'_k+(\delta\boldsymbol{\varepsilon}_0^N)^{\mathrm{T}}\boldsymbol{D}^0\boldsymbol{\varepsilon}_0^p]\mathrm{d}\Omega\\
&\quad-\int_{\Omega}[(\delta\boldsymbol{\varepsilon}_0^L)^{\mathrm{T}}(\boldsymbol{D}''_{kl}\boldsymbol{\varepsilon}_0^L+\boldsymbol{D}'_k(\boldsymbol{\varepsilon}^L)'_l+\boldsymbol{D}'_l(\boldsymbol{\varepsilon}^L)'_k]+(\delta\boldsymbol{\varepsilon}_1^L)_k^{\mathrm{T}}(\boldsymbol{D}'_l\boldsymbol{\varepsilon}_0^L+\boldsymbol{D}^0(\boldsymbol{\varepsilon}^L)'_l)\\
&\quad+(\delta\boldsymbol{\varepsilon}_1^L)_l^{\mathrm{T}}(\boldsymbol{D}'_k\boldsymbol{\varepsilon}_0^L+\boldsymbol{D}^0(\boldsymbol{\varepsilon}^L)'_k)+(\delta\boldsymbol{\varepsilon}_2^L)_{kl}^{\mathrm{T}}\boldsymbol{D}^0\boldsymbol{\varepsilon}_0^L]\mathrm{d}\Omega\\
&\quad-2\int_{\Omega}[(\delta\boldsymbol{\varepsilon}_0^L)^{\mathrm{T}}(\boldsymbol{D}'_k\boldsymbol{\varepsilon}_0^N+\boldsymbol{D}^0(\boldsymbol{\varepsilon}^N)'_k]+(\delta\boldsymbol{\varepsilon}_1^L)_k^{\mathrm{T}}\boldsymbol{D}^0\boldsymbol{\varepsilon}_0^N\\
&\quad+(\delta\boldsymbol{\varepsilon}_0^N)^{\mathrm{T}}(\boldsymbol{D}'_k\boldsymbol{\varepsilon}_0^L+\boldsymbol{D}^0(\boldsymbol{\varepsilon}^L)'_k)+(\delta\boldsymbol{\varepsilon}_1^N)_k^{\mathrm{T}}\boldsymbol{D}^0\boldsymbol{\varepsilon}_0^L+(\delta\boldsymbol{\varepsilon}_0^N)^{\mathrm{T}}\boldsymbol{D}^0\boldsymbol{\varepsilon}^N]\mathrm{d}\Omega
\end{aligned}
\tag{13.24}
$$

这是递推的线性变分方程，有

$$
\begin{cases}
A_0=A^0 & \boldsymbol{\varepsilon}_0^L=(\boldsymbol{\varepsilon}^L)^0 \quad \boldsymbol{\varepsilon}_0^N=(\boldsymbol{\varepsilon}^N)^0\\
A_1=A' & (\boldsymbol{\varepsilon}_1^L)_k=(\boldsymbol{\varepsilon}^L)'_k \quad (\boldsymbol{\varepsilon}_1^N)_k=(\boldsymbol{\varepsilon}^N)'_k\\
A_2=A'' & (\boldsymbol{\varepsilon}_2^L)_{kl}=(\boldsymbol{\varepsilon}^L)''_{kl} \quad (\boldsymbol{\varepsilon}_2^N)_{kl}=(\boldsymbol{\varepsilon}^N)''_{kl}
\end{cases}
\tag{13.25}
$$

由上述可知，式（13.22）～式（13.24）可以把不确定性非线性变分原理转化为确定性的线性变分原理，它们为递推的线性方程，称为结构不确定性非线性问题的线性摄动变分原理。同理，也可以把不确定性非线性变分原理转化为确定性的非线性变分原理，它们为递推的非线性方程，称为结构不确定性非线性问题的非线性摄动变分原理。

由式（13.17）可知，这个变分原理是一个不确定性双重非线性变分原理，可以退化为不确定性材料非线性变分原理、不确定性几何非线性变分原理、不确定性线性变分原理，还可以退化为随机模糊非线性变分原理、模糊非线性变分原理及随机非线性变分原理。

关于结构不确定性非线性广义变分原理及其摄动变分原理，详见文献[1]。如果利用总应力分析法来分析岩土工程不确定性问题，则完全与结构不确定性分析相同。因此，上述变分原理，对岩土不确定性分析也可以采用。

13.4　结构与岩土工程不确定性样条函数方法

1986年以来，本书作者致力于研究结构不确定性力学及其应用，将不确定性变分原理与样条离散化结合起来，创立了结构不确定性样条函数方法，包括随机样条函数方法、模糊样条函数方法及随机模糊样条函数方法，详见文献[1]。本节主要介绍结构不确定性样条函数方法。

13.4.1 样条离散化

如果将结构进行样条离散化，则

$$\begin{cases} \boldsymbol{V}^0 = \boldsymbol{N}\boldsymbol{a}^0 \quad \boldsymbol{V}'_k = \boldsymbol{N}\boldsymbol{a}'_k \\ \boldsymbol{V}''_{kl} = \boldsymbol{N}\boldsymbol{a}''_{kl} \quad k,\ l = 0,\ 1,\ 2,\ \cdots,\ N \end{cases} \tag{13.26}$$

由此可得

$$\begin{cases} \boldsymbol{\varepsilon}_0^L = \boldsymbol{B}^L\boldsymbol{a}^0 \quad \boldsymbol{\varepsilon}_1^L = (\boldsymbol{\varepsilon}^L)'_k = \boldsymbol{B}^L\boldsymbol{a}'_k \quad \boldsymbol{\varepsilon}_2^L = (\boldsymbol{\varepsilon}^L)''_{kl} = \boldsymbol{B}^L\boldsymbol{a}''_{kl} \\ \boldsymbol{\varepsilon}_0^N = \boldsymbol{B}^N\boldsymbol{a}^0 \quad \boldsymbol{\varepsilon}_1^N = (\boldsymbol{\varepsilon}^N)'_k = (\boldsymbol{B}^N)'_k\boldsymbol{a}^0 + \boldsymbol{B}_0^N\boldsymbol{a}'_k \\ \boldsymbol{\varepsilon}_2^N = (\boldsymbol{\varepsilon}^N)''_{kl} = (\boldsymbol{B}^N)''_{kl}\boldsymbol{a}^0 + (\boldsymbol{B}^N)'_k\boldsymbol{a}'_l + (\boldsymbol{B}^N)'_l\boldsymbol{a}'_k + \boldsymbol{B}_0^N\boldsymbol{a}''_{kl} \end{cases} \tag{13.27}$$

及

$$\begin{cases} \delta\boldsymbol{\varepsilon}_0^N = 2\boldsymbol{B}_0^N\boldsymbol{a}^0 \quad \delta\boldsymbol{\varepsilon}_1^N = 2[(\boldsymbol{B}^N)'_k\boldsymbol{a}^0 + \boldsymbol{B}_0^N\boldsymbol{a}'_k] \\ \delta\boldsymbol{\varepsilon}_2^N = 2[(\boldsymbol{B}^N)''_{kl}\boldsymbol{a}^0 + (\boldsymbol{B}^N)'_k\boldsymbol{a}'_l + (\boldsymbol{B}^N)'_l\boldsymbol{a}'_k + \boldsymbol{B}_0^N\boldsymbol{a}''_{kl}] \end{cases} \tag{13.28}$$

13.4.2 建立样条刚度方程

将式（13.26）及式（13.27）代入式（13.22）、式（13.23）及式（13.24），可得

$$\begin{cases} \boldsymbol{K}\boldsymbol{a}^0 = \boldsymbol{F}^0 \\ \boldsymbol{K}\boldsymbol{a}'_k = \boldsymbol{F}'_k + \boldsymbol{F}_0^p - (\boldsymbol{K}'_k + \boldsymbol{K}_0^N)\boldsymbol{a}^0 \qquad k = 1,\ 2,\ \cdots,\ N \\ \boldsymbol{K}\boldsymbol{a}''_{kl} = \boldsymbol{F}''_{kl} + \boldsymbol{F}_1^p - (\boldsymbol{K}''_{kl} + \boldsymbol{K}_{01}^N)\boldsymbol{a}^0 - \boldsymbol{K}'_k\boldsymbol{a}'_l - \boldsymbol{K}'_l\boldsymbol{a}'_k - \boldsymbol{K}_1^N\boldsymbol{a}'_k \qquad k,\ l = 0,\ 1,\ 2,\ \cdots,\ N \end{cases} \tag{13.29}$$

其中

$$\begin{cases} \boldsymbol{F}^0 = \int_\Omega \boldsymbol{N}^{\mathrm T}\boldsymbol{f}^0\mathrm{d}\Omega + \int_{\Gamma^p} \boldsymbol{N}^{\mathrm T}\overline{\boldsymbol{p}}^0\mathrm{d}\Gamma \quad \boldsymbol{F}'_k = \int_\Omega \boldsymbol{N}^{\mathrm T}\boldsymbol{f}'_k\mathrm{d}\Omega + \int_{\Gamma^p} \boldsymbol{N}^{\mathrm T}\overline{\boldsymbol{p}}'_k\mathrm{d}\Gamma \\ \boldsymbol{F}''_{kl} = \int_\Omega \boldsymbol{N}^{\mathrm T}\boldsymbol{f}''_{kl}\mathrm{d}\Omega + \int_{\Gamma^p} \boldsymbol{N}^{\mathrm T}\overline{\boldsymbol{p}}''_{kl}\mathrm{d}\Gamma \quad \boldsymbol{F}_0^p = \int_\Omega (\boldsymbol{B}^L)^{\mathrm T}\boldsymbol{D}^0\boldsymbol{\varepsilon}_0^p\mathrm{d}\Omega \\ \boldsymbol{F}_1^p = \int_\Omega (\boldsymbol{B}^L)^{\mathrm T}(\boldsymbol{D}'_k\boldsymbol{\varepsilon}_0^p + \boldsymbol{D}_0(\boldsymbol{\varepsilon}^p)'_k)\mathrm{d}\Omega \\ \boldsymbol{K} = \int_\Omega (\boldsymbol{B}^L)^{\mathrm T}\boldsymbol{D}^0\boldsymbol{B}^L\mathrm{d}\Omega \quad \boldsymbol{K}'_k = \int_\Omega (\boldsymbol{B}^L)^{\mathrm T}\boldsymbol{D}'_k\boldsymbol{B}^L\mathrm{d}\Omega \\ \boldsymbol{K}'_l = \int_\Omega (\boldsymbol{B}^L)^{\mathrm T}\boldsymbol{D}'_l\boldsymbol{B}^L\mathrm{d}\Omega \quad \boldsymbol{K}''_{kl} = \int_\Omega (\boldsymbol{B}^L)^{\mathrm T}\boldsymbol{D}''_{kl}\boldsymbol{B}^L\mathrm{d}\Omega \end{cases} \tag{13.30}$$

$$\begin{cases} \boldsymbol{F}_0^N = \int_\Omega [(\boldsymbol{B}^L)^{\mathrm T}\boldsymbol{D}^0\boldsymbol{B}_0^N + 2(\boldsymbol{B}_0^N)^{\mathrm T}\boldsymbol{D}^0\boldsymbol{B}^L]\mathrm{d}\Omega \\ \boldsymbol{F}_1^N = 2\int_\Omega [(\boldsymbol{B}^L)^{\mathrm T}\boldsymbol{D}^0\boldsymbol{B}_0^N + 2(\boldsymbol{B}_0^N)^{\mathrm T}\boldsymbol{D}^0\boldsymbol{B}^L]\mathrm{d}\Omega \\ \boldsymbol{F}_{01}^N = 2\int_\Omega [(\boldsymbol{B}^L)^{\mathrm T}\boldsymbol{D}'_k\boldsymbol{B}_0^N + (\boldsymbol{B}^L)^{\mathrm T}\boldsymbol{D}^0\boldsymbol{B}_1^N + (\boldsymbol{B}_0^N)^{\mathrm T}\boldsymbol{D}'_k\boldsymbol{B}^L \\ \qquad + 2(\boldsymbol{B}_1^N)^{\mathrm T}\boldsymbol{D}^0\boldsymbol{B}^L + 2(\boldsymbol{B}_0^N)^{\mathrm T}\boldsymbol{D}^0\boldsymbol{B}_0^N]\mathrm{d}\Omega \end{cases} \tag{13.31}$$

其中

$$\boldsymbol{B}_0^N = \boldsymbol{B}^N(\boldsymbol{a}^0) \quad \boldsymbol{B}_1^N = \boldsymbol{B}^N(\boldsymbol{a}_k') \tag{13.32}$$

由此可知，如果$\boldsymbol{a}_k'$、$\boldsymbol{a}^0$及$\boldsymbol{a}_{kl}''$为已知，则$\boldsymbol{B}_0^N$、$\boldsymbol{B}_1^N$及$\boldsymbol{B}_2^N$也为已知，故式（13.29）～式（13.32）为递推的摄动线性代数方程组。

13.4.3 计算不确定量

利用式（13.29）～式（13.32）求出$\boldsymbol{a}_k'$、$\boldsymbol{a}^0$及$\boldsymbol{a}_{kl}''$后，即可利用式（13.19）求出结构及岩土的不确定性位移向量、不确定性应力向量及其统计量，详见文献[1]。如果利用总应力分析法分析岩土不确定性问题，则完全与结构不确定性分析相同。因此上述新方法对岩土不确定性分析也可采用。

13.5 结　　语

本章主要介绍结构与岩土工程不确定性力学，即利用加权残数法及不确定性变量的特性，建立结构不确定性双重非线性变分原理，并利用这个变分原理与样条离散化结合起来，建立结构不确定性非线性样条函数方法，这就是样条无网格法。这种方法对解决结构与岩土工程不确定性的线性、几何非线性、材料非线性及双重非线性的计算问题都适用。

参 考 文 献

[1] 秦荣．工程结构非线性[M]．北京：科学出版社，2006.
[2] 秦荣．结构随机模糊力学及其应用[J]．工程力学，1997，14（增刊）：66-71.
[3] 秦荣．板壳概率变分原理[J]．工程力学，1989，6（4）：9-17.
[4] 秦荣．梁板壳概率变分原理[J]．广西大学学报，1989，14（4）：45-52.
[5] 秦荣．梁板壳的摄动变分原理[J]．广西大学学报，1990，15（3）：1-9.
[6] 秦荣．岩土工程中的弹黏塑性随机样条函数方法[J]．工程力学，1994，10（增刊）：100-107.
[7] 秦荣．计算结构动力学[M]．桂林：广西师范大学出版社，1997.
[8] 秦荣．计算结构非线性力学[M]．南宁：广西科学技术出版社，2001.
[9] 秦荣．计算结构力学[M]．北京：科学出版社，2001.
[10] D. 杜布瓦，H. 普哈德．模糊集与模糊系统——理论和应用[M]．江苏省模糊数学专业委员会，译．南京：江苏科学技术出版社，1987.
[11] 林育梁．岩土与结构工程中不确定性问题及其分析方法[M]．北京：科学出版社，2009.
[12] 秦荣．板壳静力分析的有限点法[J]．固体力学学报，1984（2）：269-281.

第十四章　结构与地基相互作用分析的 QR 法

结构与地基相互作用是结构工程的一个重要问题，它直接影响结构工程的安全可靠性，因此，国内外许多科技人员致力于这方面的研究。20 世纪 80 年代以来，作者致力于研究结构与地基的相互作用，获得一些成果，创立了结构与地基相互作用的新方法，如 QR 法、样条边界元——QR 法、样条边界元——能量配点法、样条无限元——QR 法、样条有限点法、样条子域法、样条子域——QR 法。本章主要介绍本书作者创立的 QR 法，即以弹性结构与弹性地基为例来介绍结构与地基相互作用的 QR 法[1-9]。

14.1　结构与有限地基相互作用分析的总应力——QR 法

在上部结构与地基相互作用分析中，如果计算模型如图 14.1 所示或者类似如该模型，则可沿 z 方向进行样条离散，而另外两个方向取满足于边界条件的正交函数。

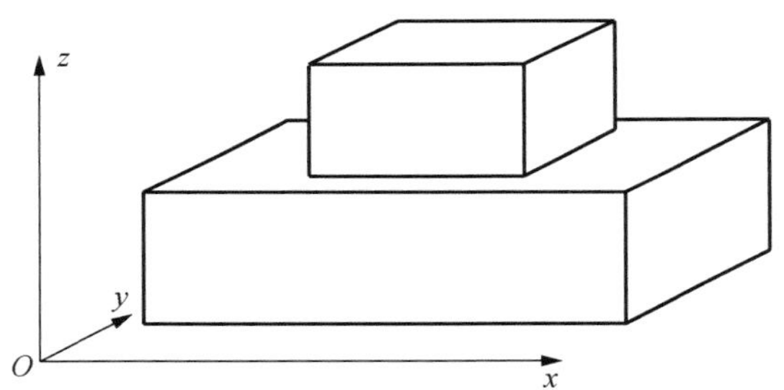

图 14.1　结构与有限地基相互作用模型

首先，由 QR 法建立上部结构的刚度方程，由式（6-12）可得关于上部结构的刚度方程

$$[K]_A \{\delta\}_A = \{F\}_A \tag{14.1}$$

按与地基接触点分离，式（14.1）可变为

$$\begin{pmatrix} [K]_{11} & [K]_{12} \\ [K]_{21} & [K]_{22} \end{pmatrix}_A \begin{Bmatrix} \{\delta\}_1 \\ \{\delta\}_2 \end{Bmatrix}_A = \begin{Bmatrix} \{F\}_1 \\ \{F\}_2 \end{Bmatrix}_A \tag{14.2}$$

上述式中：$\{\delta\}_{2A}$ 为上部结构与地基接触点的位移向量；$\{\delta\}_{1A}$ 为非接触点位移向量；$\{F\}_{2A}$ 为与地基接触点的荷载向量；$[K]_A$ 中的分离是与 $\{\delta\}_{1A}$、$\{\delta\}_{2A}$ 相对应的。

其次，由第六章总应力——QR 法建立地基的刚度控制方程，由式（6.12）可得地基的刚度方程为

$$[K]_B\{\delta\}_B=\{F\}_B \tag{14.3}$$

按地基与上部结构的接触点分离，式（14.3）变为

$$\begin{pmatrix}[K]_{33} & [K]_{34}\\ [K]_{43} & [K]_{44}\end{pmatrix}_B\begin{Bmatrix}\{\delta\}_3\\ \{\delta\}_4\end{Bmatrix}_B=\begin{Bmatrix}\{F\}_3\\ \{F\}_4\end{Bmatrix}_B \tag{14.4}$$

式中：$\{\delta\}_{3B}$、$\{F\}_{3B}$ 分别为接触点的样条结点位移向量及荷载向量；$\{\delta\}_{4B}$、$\{F\}_{4B}$ 分别为下面非接触点样条结点位移向量及荷载向量；$[G]_B$ 中的分离也是与 $\{\delta\}_{3B}$、$\{\delta\}_{4B}$ 相对应的。

根据接触点的力的平衡条件和变形协调条件，应满足下列条件：

$$\{\delta\}_{2A}=\{\delta\}_{3B}\quad \{F\}_{2A}=-\{F\}_{3B} \tag{14.5}$$

由式（14.2）、式（14.4）及式（14.5）可得

$$\begin{pmatrix}[K]_{11A} & [K]_{12A} & [0]\\ [K]_{21A} & [K]_{22A}+[K]_{33B} & [K_{34}]\\ [0] & [K]_{43B} & [K]_{44B}\end{pmatrix}\begin{Bmatrix}\{\delta\}_{1A}\\ \{\delta\}_{2A}\\ \{\delta\}_{4B}\end{Bmatrix}=\begin{Bmatrix}\{F\}_{1A}\\ \{F\}_{2A}+\{F\}_{3B}\\ \{F\}_{3B}\end{Bmatrix}=\begin{Bmatrix}\{F\}_{1A}\\ 0\\ \{F\}_{3B}\end{Bmatrix} \tag{14.6}$$

此式即为结构与地基相互作用的刚度控制方程，解此方程即可得到样条结点位移 $\{\delta\}$，然后再由式（6.1）可求出整个结构的位移，再由式（6.13）即可求出内力。

14.2　结构与无限地基相互作用分析的总应力——QR 法

在岩土工程有限元分析中，经常会遇到无限域或半无限域问题，用有限元解决无限连续介质的问题时，要准确描述远场位移及应力的变化是很困难的，通常采用的办法是将一定大的无限区域变为有限区域，并在边界上施加人为的条件。但是，对于如何恰当截取计算区域范围和合理地选取及简化边界条件等问题，则没有明确的解答，况且离散范围大，会导致单元、节点数目大量的增加，尤其是对于三维问题，计算的数据准备工作量及费用太大，是很不经济的。

自从 1977 年 Ungless 和 Bettess 等提出无限元概念后，发展起来的无限元是解决这些问题的有效途径之一。无限元按其方法的不同可分为衰减无限元和映射无限元。前者是利用 Lagrange 插值函数与反映位移衰减特征函数之乘积来构造函数。后者由 Zienkiewicz 等提出，其特点是坐标和位移采用不同的插值函数，无限元的几何描述由一组映射函数来实现，位移函数采用与普通等参元相同的形函数插值逼近。

如果上部基础或坝体是建立在无限地基上，则基础或坝体及其附近地基划分为有限元网格，远处地基划分为无限元，如图 14.2 所示。

利用三维弹性体力学及最小势能原理可以建立坝体及其地基的各类单元，包括有限元和无限元的刚度矩阵、质量矩阵、阻尼矩阵及荷载向量。此时，可以按照坝体与有限地基相互作用分析的原理来分析其与无限地基的相互作用。

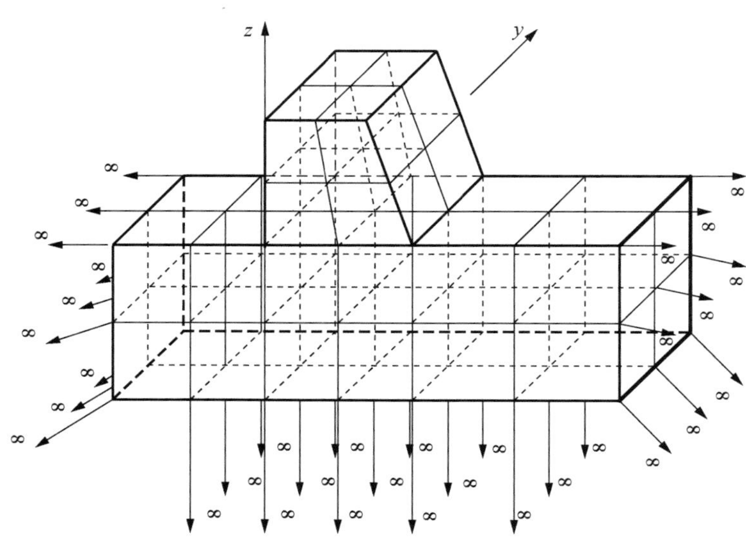

图 14.2　结构与无限地基离散图

14.3　结构与地基相互作用分析的有效应力——QR 法

如果图 14.1 的地基为饱和土，则首先按第六章的有效应力——QR 法建立地基刚度方程，按 QR 法建立上部结构刚度方程，然后仿照式（14.6）建立结构与地基耦合体系的刚度方程。由此可求出结构与饱和土相互作用的位移及内力值。

14.4　计 算 例 题

1986 年以来，本书作者指导的博士生及硕士生研究及分析了结构与岩土的相互作用，用 Fortran 语言编制了有关计算程序，计算不少例题。例题表明：这些新方法分析结构与地基相互作用，不仅计算工作比有限元法简捷，而且精度也比有限元法好[6-9]，如文献[6]利用 QR 法分析了土体弹性地基，分析结构与地基相互作用，编制有关程序；文献[7]利用有限元-映射无限元法分析了结构与岩土介质相互作用（包括线性问题，非线性问题及动力问题）；文献[8]利用样条有限点法及样条子域法分析了弹性地基梁板壳；文献[9]利用样条子域法和 QR 法分析了箱形基础和弹性地基相互作用问题等。

为了验证本章所做的按三维弹性体用 QR 法分析结构与地基相互作用的正确性，本节介绍文献[6]中的几个例题。

例 14.1　弹性地基问题。

如图 14.3 所示，有限厚土层受局部均布荷载作用，土层厚 12m、宽 8m，受宽度 B=4m

的均布局部荷载 q=2kPa，土的弹性模量 E=400kPa，泊松比 $\mu = 0.3$，求地基的压缩位移及应力分布。

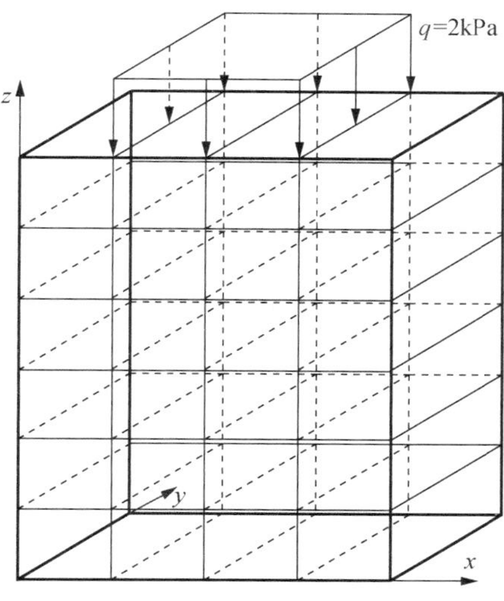

图 14.3　网格划分图

为进一步验证本章方法在编程上的正确性与可靠性，特用它来计算这一例题，并与有限元法计算结果作比较，在本章的所有算例中，都采用了同模型、同尺寸的有限元法作比较，有限元法采用国际上通用的 ADINA（自动动态增量非线性分析）程序。计算网格的划分如图 14.3 所示。

在计算中，沿 x 方向作样条离散，共划分为 N=8 等分，z 方向取一端固定一端自由的板条函数，把整个结构划分为 24 个单元。QR 法与 ADINA 的计算结果如表 14.1 所示。

表 14.1　弹性地基压缩位移　　（单位：cm）

方法	坐标						
	(4,0,0)	(4,0,1)	(4,0,2)	(4,0,3)	(4,0,4)	(4,0,5)	(4,0,6)
ADINA	0	−0.208	−0.446	−0.692	−0.942	−1.216	−1.498
QR	0	−0.209	−0.447	−0.703	−0.967	−1.232	−1.489
方法	坐标						
	(4,0,7)	(4,0,8)	(4,0,9)	(4,0,10)	(4,0,11)	(4,0,12)	—
ADINA	−1.794	−2.121	−2.497	−2.932	−3.377	−3.828	—
QR	−1.732	−2.076	−2.376	−2.818	−3.231	−3.682	—

地基的压缩曲线及弹性地基应力如图 14.4 及表 14.2 所示。

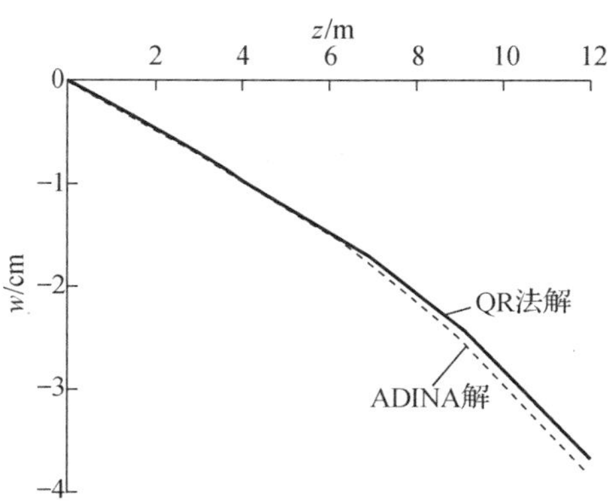

图 14.4　地基压缩位移曲线

表 14.2　弹性地基应力　　（单位：kPa）

应力点坐标			计算方法	σ_z
x	y	z		
3.5773	0.4226	1.5773	ADINA	−1.021
			QR	−1.026
3.5773	0.4226	3.5773	ADINA	−1.033
			QR	−1.031
3.5773	0.4226	5.5773	ADINA	−1.083
			QR	−1.053
3.5773	0.4226	7.5773	ADINA	−1.233
			QR	−1.228
3.5773	0.4226	9.5773	ADINA	−1.600
			QR	−1.615
3.5773	0.4226	11.5773	ADINA	−2.090
			QR	−2.061

本例用 QR 法分析，其未知量仅有 27 个，而用有限元法分析，未知量却有 663 个，这将使得有限元法计算量大为增加，而且两者计算结果很接近，相差比较小。

例 14.2　剪力墙问题。

该问题的计算模型尺寸与图 14.3 一样。剪力墙弹模 E=400kPa，泊松比 $\mu = 0.2$，左侧作用有 q=100kPa 的均布荷载。

在建立结构的位移函数和单元的划分时，所采用的样条离散和所取的正交函数均与前例相同，计算结果如表 14.3 和图 14.5 所示。

表 14.3　剪力墙位移　　（单位：cm）

方法	坐标						
	(0,0,0)	(0,0,1)	(0,0,2)	(0,0,3)	(0,0,4)	(0,0,5)	(0,0,6)
ADINA	0	0.3365	0.6676	1.0315	1.3936	1.7750	2.1693
QR	0	0.3426	0.7320	1.1507	1.5207	2.0164	2.4372

续表

方法	坐标						
	(0,0,7)	(0,0,8)	(0,0,9)	(0,0,10)	(0,0,11)	(0,0,12)	—
ADINA	2.5695	2.9682	3.3609	3.7444	4.1162	4.4826	—
QR	2.8354	3.2019	3.5293	3.8120	4.1452	4.4286	—

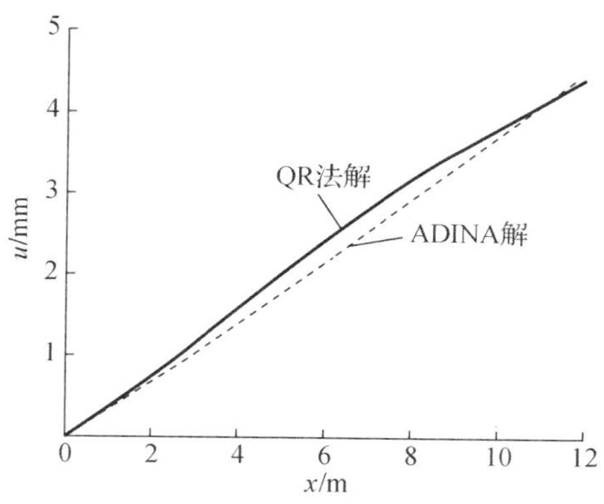

图 14.5　剪力墙位移曲线

本例用 QR 法分析，其未知量也是 27 个，而用有限元法分析，未知量也是 663 个，其计算量远比用 QR 法的大，而且从表 14.3 和图 14.5 可以看出，两者计算结果基本一致。

例 14.3　弹性基础与地基相互作用分析。

如图 14.6 所示一弹性基础与地基构成的整体结构，其参数如下。

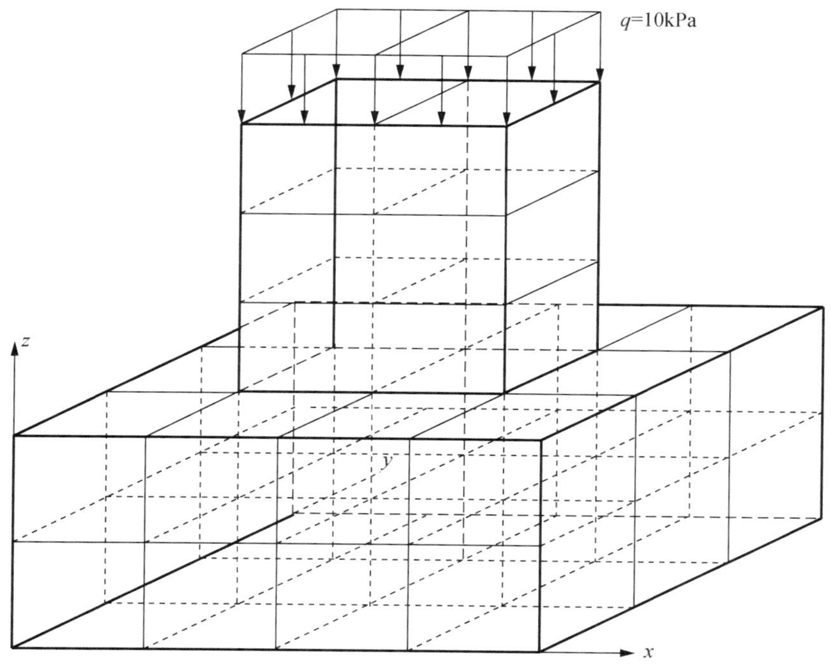

图 14.6　整体结构有限元离散网格

基础高 6m、宽 2m、长 4m，弹性模量 E_1=2200kPa，泊松比 $\mu_1 = 0.18$；地基长 8m、宽 6m、高 4m，弹性模量 E_2=1800kPa，泊松比 $\mu_2 = 0.24$，地基五面刚性固定，基础在地基上面正中间，在基础的上面作用有垂直向下的均布荷载 q=10kPa，求基础及地基的压缩位移与应力分布。

在计算中将基础划分为 6 个单元，而地基划分为 24 个单元，在构造位移函数时，将整个结构沿 z 轴进行样条离散，一共划分为 N=10 等分，并且在地基与基础接触的边界有公共样条节点，在地基的 x 和 y 方向的正交函数均取为两端固定的梁的振形函数，而上部基础的这两个方向的正交函数取两端自由的梁的振形函数。用 QR 法及有限元法所计算得结果如表 14.4 和图 14.7 所示。

表 14.4　基础压缩位移　（单位：cm）

方法	坐标						
	(4,2,4)	(4,2,5)	(4,2,6)	(4,2,7)	(4,2,8)	(4,2,9)	(4,2,10)
ADINA	−0.685	−1.132	−1.668	−2.072	−2.488	−2.966	−3.442
QR	−0.725	−1.152	−1.578	−2.005	−2.432	−2.859	−3.286

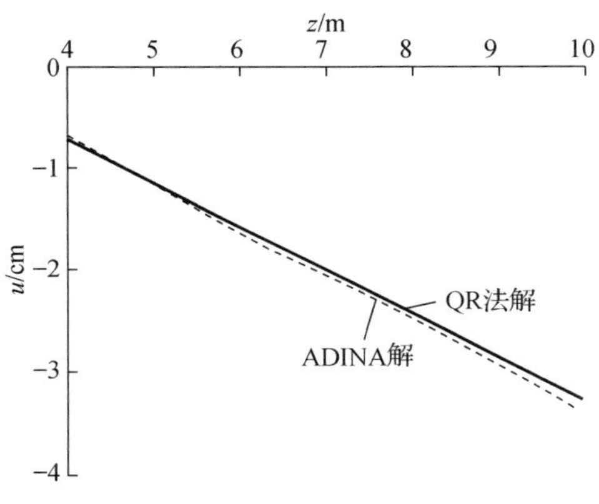

图 14.7　基础压缩位移曲线

基础与地基的应力：由于基础的应力变化不大，在此只给出其中一个高斯点的应力，如表 14.5 和表 14.6 所示。

表 14.5　基础的应力　（单位：$\times 10^4$kPa）

应力点坐标			计算方法	σ_x	σ_y	σ_z	τ_{xy}	τ_{yz}	τ_{zx}
x	y	z							
3.577	2.422	2.422	ADINA	0.0061	−0.132	−10.01	−0.0026	−0.0246	−0.0268
			QR	−0.582	−0.173	−9.091	0	0	0

表 14.6 地基应力 （单位：$\times10^4$Pa）

应力点坐标			计算方法	σ_x	σ_y	σ_z	τ_{xy}	τ_{yz}	τ_{zx}
x	y	z							
3.577	0.422	1.577	ADINA	−0.4523	−0.1257	−1.077	−0.0811	−0.6035	−0.8496
			QR	−0.1696	−0.1696	−0.9089	0	−0.8294	−0.0118
3.577	1.577	1.577	ADINA	−0.2384	−0.2606	−2.151	−0.0564	−1.120	−0.5637
			QR	−0.3805	−0.3805	−2.3417	0	−1.926	−0.302
3.577	2.422	1.577	ADINA	−0.321	−0.252	−2.838	−0.015	−1.619	0.3688
			QR	−0.180	−0.180	−3.540	0	−1.464	0.717
3.577	3.577	1.577	ADINA	−0.321	−0.252	−2.838	−0.155	−1.619	0.3688
			QR	−0.180	−0.180	−3.540	0	−1.464	0.717
3.577	4.422	1.577	ADINA	−0.238	−0.260	−2.151	−0.056	−1.210	0.563
			QR	−0.169	−0.169	−1.508	0	−1.629	−0.011
3.577	5.577	1.577	ADINA	−0.452	−1.257	−1.707	−0.081	−0.603	0.849
			QR	−0.780	−0.780	−2.341	0	−0.926	−0.302
3.577	0.422	3.577	ADINA	0.150	0.339	0.365	−0.043	−0.159	−0.569
			QR	0.478	0.478	0.436	0	−0.134	−0.024
3.577	1.577	3.577	ADINA	−1.112	−1.753	−3.124	−0.014	0.173	−0.225
			QR	−1.339	−1.339	−4.019	0	0.615	−0.585
3.577	2.422	3.577	ADINA	−1.479	−1.363	−5.911	−0.016	0	−0.525
			QR	−1.679	−1.679	−7.309	0	−0.800	−0.380
3.577	3.577	3.577	ADINA	−1.479	−1.363	−5.911	−0.016	0	0.525
			QR	−1.679	−1.679	−7.309	0	−0.800	−0.380
3.577	4.422	3.577	ADINA	−1.112	−1.753	−3.124	−0.014	0.173	2.254
			QR	−1.339	−1.339	−4.019	0	0.615	1.585
3.577	5.577	3.577	ADINA	0.150	0.339	0.365	−0.015	−0.187	−0.163
			QR	0.478	0.478	0.436	0	0.134	−0.024

计算量及计算结果分析如下。

在用QR法计算基础与地基所组成的整体结构时，未知量共有33个，而用有限元法计算时，未知量却有750个。从表14.4～表14.6和图14.7可以看出，这两种方法所计算出来的基础的压缩位移相当吻合，而主要方向（z方向）的应力也基本一致。至于地基的应力，在z方向的σ_z也相差不大，只是在靠近边界的应力点才出现稍大的差值，这通常是由有限元法在应力分析对靠近边界点的应力容易产生较大的误差引起的。

例 14.4 重力坝计算。

一重力坝坝高39m，坝长30m，坝顶宽10m，坝底宽30m；库水位与坝顶平齐，坝体弹性模量$E_1=2.0\times10^{10}$Pa，泊松比$\mu_1=0.16$，坝体混凝土容重为2.4t/m^3；地基岩石弹性模量$E_2=1.5\times10^{10}$Pa，泊松比$\mu_2=0.25$。在做坝体与地基相互作用分析时，地基岩石取长90m，宽度则与坝段长一致，为30m，深度取45m。

现分别采用有限元法与QR法对坝体与地基所组成的整体结构做计算分析，网格划分如图14.8所示，在计算中将坝体划分为12个单元，地基划分为36个段元，在构造整个结构的位移函数时，对坝体与地基沿 z 轴方向作样条离散，其中坝体划分为 N=6 等分，而地基也是划分为 N=6 等分，并且在坝体与地基交接的地方有共同的样条节点。在取另外两个方向的正交函数时，地基的 x 方向取梁端固定的梁的振型函数，y 方向取两端自由的梁的振型函数；而坝体的这两个方向均取梁端自由的梁的振型函数。所得的计算结果见表 14.7～表 14.10，以及图 14.9 和图 14.10。

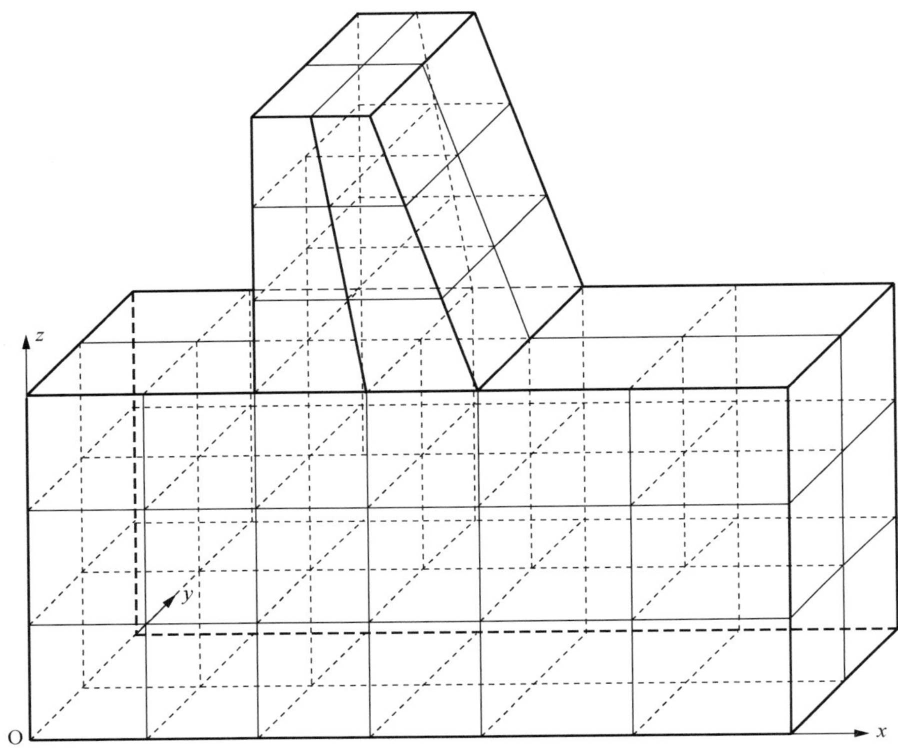

图 14.8 单元网格划分图

表 14.7 上游坝面在水压和自重力作用下水平位移 （单位：mm）

方法	坐标						
	（30,0,45）	（30,0,51.5）	（30,0,58）	（30,0,64.5）	（30,0,71）	（30,0,77.5）	（30,0,84）
ADINA	0.5703	0.9627	1.1671	1.3202	1.4296	1.5167	1.5369
QR	0.6719	0.9324	1.1298	1.2685	1.3525	1.3900	1.3963

表 14.8 上游坝面在水压和自重力作用下竖向位移 （单位：mm）

方法	坐标						
	（30,0,45）	（30,0,51.5）	（30,0,58）	（30,0,64.5）	（30,0,71）	（30,0,77.5）	（30,0,84）
ADINA	−0.7232	−0.9692	−1.2277	−1.3494	−1.4779	−1.5892	−1.6916
QR	−0.9013	−1.0989	−1.2538	−1.3852	−1.5118	−1.6505	−1.7323

表 14.9　水压和自重力作用下坝体应力　（单位：×10⁴Pa）

应力点坐标			计算方法	σ_x	σ_y	σ_z	τ_{xy}	τ_{yz}	τ_{zx}
x	y	z							
33.02	11.83	47.74	ADINA	−14.83	−1.898	−45.52	0.2256	0.3060	4.716
			QR	−11.32	−1.331	−48.93	0	0	4.562
32.61	11.83	55.25	ADINA	−17.40	−1.517	−34.95	0.406	0.2820	−4.838
			QR	−15.68	−1.098	−37.36	0	0	−3.561
32.31	11.83	60.74	ADINA	−10.04	−0.2064	−30.75	0.3607	0.3462	5.381
			QR	−8.449	−0.9213	−32.85	0	0	7.950
31.90	11.83	68.25	ADINA	−6.273	−1.217	−27.73	0.2549	−0.1028	4.906
			QR	−4.958	−0.9655	−4.45	0	0	6.574
31.61	11.83	73.74	ADINA	−5.139	−0.1202	−17.19	0.1098	0.2450	5.518
			QR	−4.232	−0.4618	−16.97	0	0	5.299
31.20	11.83	81.25	ADINA	−0.2711	−0.2480	−11.14	0.1750	−0.7153	4.029
			QR	−0.9818	−0.1402	−9.155	0	0	3.508

表 14.10　水压和自重力作用下地基应力　（单位：×10⁴Pa）

应力点坐标			计算方法	σ_x	σ_y	σ_z	τ_{xy}	τ_{yz}	τ_{zx}
x	y	z							
33.02	11.83	47.74	ADINA	−1.395	−0.520	−14.13	0	−1.815	−0.037
			QR	−1.378	−0.336	−15.26	0.224	−1.418	−0.130
32.61	11.83	55.25	ADINA	−0.690	−0.529	−17.11	0	−0.162	−0.061
			QR	−0.743	−1.670	−18.57	0.153	−0.199	−0.970
32.31	11.83	60.74	ADINA	0.121	0.213	−17.87	−0.058	−2.886	0.038
			QR	0.962	−0.552	−14.17	0.124	−1.138	−0.782
31.90	11.83	68.25	ADINA	1.221	0.498	−20.31	−0.229	−3.716	0.183
			QR	1.8158	0.131	−18.54	0.098	−2.088	0.830
31.61	11.83	73.74	ADINA	2.437	−0.374	−25.47	−0.337	−5.118	−0.334
			QR	3.084	−0.318	−22.36	−0.086	−3.052	−0.532
31.20	11.83	81.25	ADINA	0.389	0.262	−30.38	−0.170	−1.979	−0.847
			QR	0.880	0.939	−27.64	−0.078	−0.815	−0.938

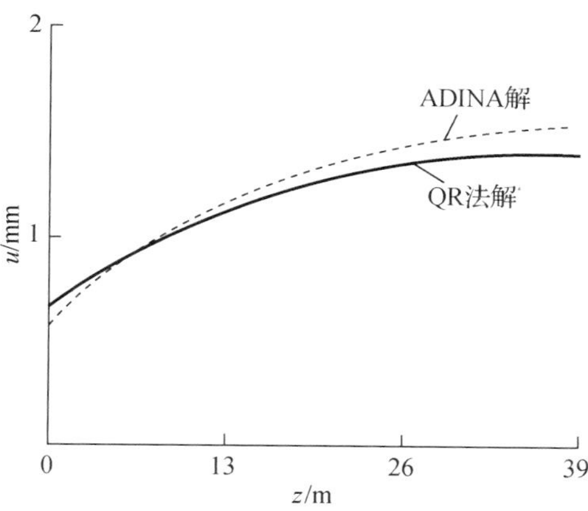

图 14.9　上游坝面在水压和自重力作用下水平位移曲线

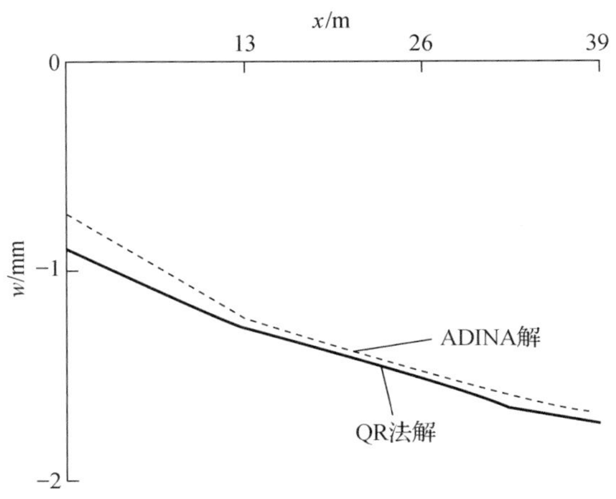

图 14.10　上游坝面在水压和自重力作用下竖向位移曲线

计算结果及算例分析如下。

本算例用 QR 法来分析，未知量仅有 39 个，而用有限元来分析，未知量有 1095 个，其计算量是很可观的。从图 14.9 和图 14.10 可以看出，用 ADINA 和 QR 法计算出来的坝体的上游坝面在水压和自重力作用下的水平位移是相当一致的，两者基本上不超过 10%，而上游坝面的竖向位移也基本一致。对于坝体应力，两种方法计算出来的主要方向的应力（水平方向 σ_x 和竖直方向 σ_z ）的变化规律是一样的，数值相差也不大。对地基应力而言，竖直方向的应力基本上也是一致的。

根据大量的时间经验，用有限元法分析坝体的应力时，有时应力会产生较大的误差，尤其是在靠近边界的应力点，这种误差会更加明显，而在本算例中，正是在靠近边界的地方两者的应力相差相对比较大。而 QR 法由于采用的是协调元和逼近性很好的样条函数来构造位移函数，因而可以达到很好的精度。因此，它的计算结果是很可靠的，这表明本章的力学模型和计算方法对分析坝体与地基的相互作用是可行、有效的。

参 考 文 献

[1] 秦荣．弹性地基薄板的静力和动力分析[J]．土木工程学报，1988，21（3）：71-80．
[2] 秦荣，何昌如．样条有限点法分析弹性地基扁壳[J]．广西大学学报，1988，13（3）：52-59．
[3] 秦荣．工程力学的理论及应用[M]．南宁：广西科学技术出版社，1992．
[4] 秦荣．许英姿，层状地基弹塑性分析的样条子域法[J]．工程力学，1994，11（增刊）：244-251．
[5] 秦荣．样条无限元-QR 法及其应用[J]．工程力学，1997，14（增刊）：135-139．
[6] 邹万杰．结构与地基相互作用分析的 QR 法[D]．南宁：广西大学，1998．
[7] 燕柳斌．结构与岩土介质相互作用分析方法及其应用[D]．南宁：广西大学，2004．
[8] 何昌如．符拉索夫地基上结构物样条函数方法[D]．南宁：广西大学，1985．
[9] 李秀梅．箱形基础分析的新方法[D]．南宁：广西大学，1996．

第十五章　桥梁结构与地基相互作用分析的 QR 法

如第十四章所述，结构与地基相互作用是结构工程的一个重要问题，它直接影响着结构工程的安全及可靠性，因此国内外许多学者致力于这方面的研究。本章主要介绍本书作者在桥梁结构与地基相互作用分析方面所取得的一些成果[1-21]。

15.1　结构与地基相互作用分析的样条子域法

图 15.1 为结构与地基的耦合体系，它的分析可以采用样条子域法。本节以图 15.1 为例，简介结构与地基相互作用分析的样条子域法，它的计算步骤如下（以弹性体系为例）。

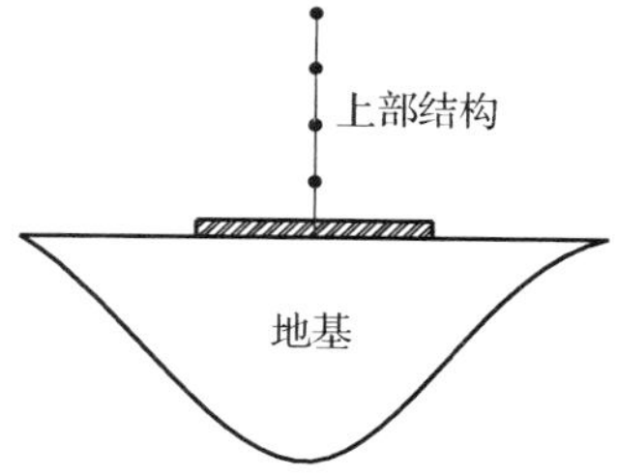

图 15.1　结构与地基的耦合体系

（1）划分子域。为计算方便，将图 15.1 划分为两个子域，即一个是上部结构，另一个是地基，见图 15.2。

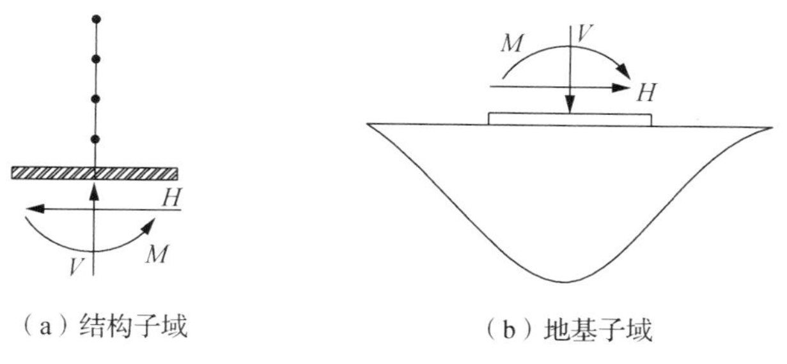

图 15.2　划分子域

（2）建立样条子域。关于建立样条子域，作者在文献[3]～[6]有详细介绍。对于地基样条子域，作者建立了有限样条子域及无限样条子域，对于结构作者建立了有限样条子域，见文献[3]及文献[4]，本节只做简介。

利用变分原理可以分别建立结构及地基的样条子域。结构样条子域及地基样条子域

的总势能泛函为

$$\boldsymbol{\Pi}_s=\frac{1}{2}\{V\}_s^{\mathrm{T}}[K]_s\{V\}_s+\{V\}_s^{\mathrm{T}}[C]_s\{\dot{V}\}_s+\{V\}_s^{\mathrm{T}}[M]_s\{\ddot{V}\}-\{V\}_s^{\mathrm{T}}\{f\}_s \tag{15.1}$$

$$\boldsymbol{\Pi}_b=\frac{1}{2}\{V\}_b^{\mathrm{T}}[K]_b\{V\}_b+\{V\}_b^{\mathrm{T}}[C]_s\{\dot{V}\}_b+\{V\}_b^{\mathrm{T}}[M]_b\{\ddot{V}\}_b-\{V\}_b^{\mathrm{T}}\{f\}_b \tag{15.2}$$

式中：s代表结构样条子域；b代表地基样条子域。利用变分原理可得各样条子域的刚度方程为

$$[M]_s\{\ddot{V}\}_s+[C]_s\{\dot{V}\}_s+[K]_s\{V\}_s=\{f\}_s \tag{15.3}$$

$$[M]_b\{\ddot{V}\}_b+[C]_b\{\dot{V}\}_b+[K]_b\{V\}_b=\{f\}_b \tag{15.4}$$

（3）建立耦合体系总刚度方程。如果结构及地基的样条子域建立后，则可利用结构与地基的接触条件建立耦合体系的刚度方程

$$[M]\{\ddot{V}\}+[C]\{\dot{V}\}+[K]\{V\}=\{f\} \tag{15.5}$$

其中

$$\begin{cases}\{V\}_s=[V_1 \quad V_2]_s^{\mathrm{T}} & \{V\}_b=[V_1 \quad V_2]_b^{\mathrm{T}}\\ \{f\}_s=[f_1 \quad f_2]_s^{\mathrm{T}} & \{f\}_b=[f_1 \quad f_2]_b^{\mathrm{T}}\end{cases} \tag{15.6}$$

式中：$\boldsymbol{V}_{2s}$、$\boldsymbol{V}_{1b}$分别为结构及地基接触边界的位移向量；$\boldsymbol{f}_{2s}$、$\boldsymbol{f}_{1b}$分别为结构及地基接触边界的边界力向量。结构与地基的接触条件为

$$\boldsymbol{V}_{2s}=\boldsymbol{V}_{1b} \qquad \dot{\boldsymbol{V}}_{2s}=\dot{\boldsymbol{V}}_{1b} \qquad \ddot{\boldsymbol{V}}_{2s}=\ddot{\boldsymbol{V}}_{1b} \qquad \boldsymbol{f}_{2s}=-\boldsymbol{f}_{1b} \tag{15.7}$$

对于静力问题，式（15.5）可变为

$$[K]\{V\}=\{f\} \tag{15.8}$$

利用式（15.5）及式（15.8）可以分析结构与地基耦合体系的相互作用问题。

上述分析结构与地基相互作用的方法，称为样条子域法。

15.2　桩与土相互作用分析的 QR 法

1986年以来，本书作者利用样条函数方法及QR法对桩与土相互作用做过一些研究，取得了一些成果。QR 法针对有限元法及有限条法的缺点，创造性地集有限元法、有限条法、无限元法及样条函数方法的优点于一体，成功地克服了有限元法及有限条法的缺点，使其得到广泛应用。利用 QR 法分析桩与土相互作用，不仅计算简便而且精度也高，可以在计算机上分析复杂问题。本节主要介绍本书作者提出的桩与土相互作用分析的 QR 法[3]。

15.2.1　平面问题

图 15.3 为单桩与土相互作用的计算简图。如果桩很长，则可作为一维梁与半无限土体相互作用进行分析（图 15.3）。本节以图 15.3 为例来介绍桩与土相互作用分析的 QR 法。

1. 样条离散化

设图 15.3 是一个平面问题。如果沿 z 方向进行单样条离散化（图 15.4），即

$$\begin{cases} 0 = z_0 < z_1 < z_2 < \cdots < z_N = H \\ z_i = z_0 + ih \quad h = z_{i+1} - z_i = \dfrac{H}{N} \end{cases} \tag{15.9}$$

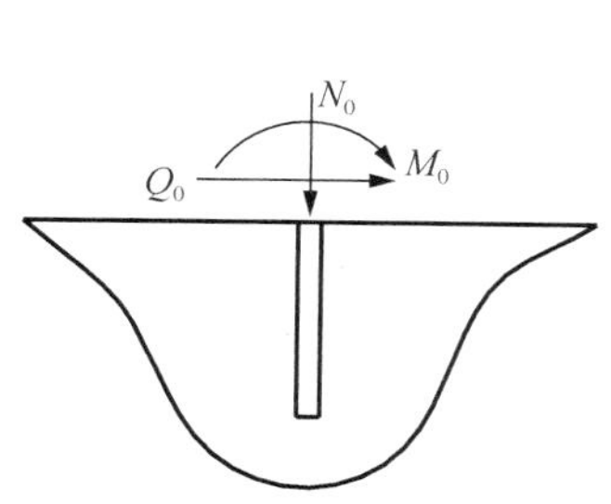

图 15.3　桩与土相互作用

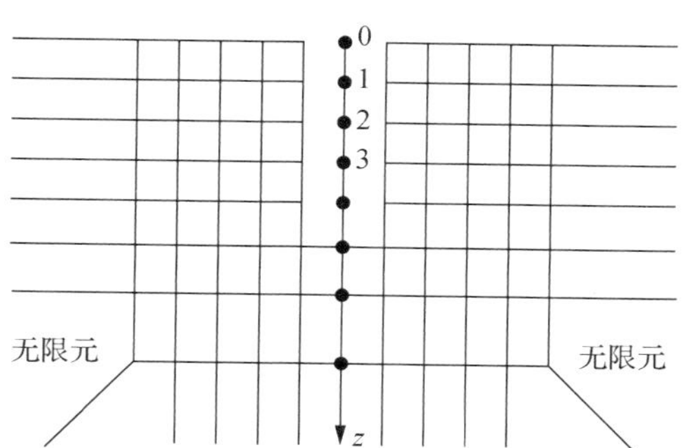

图 15.4　样条离散化及网格划分

则它的位移函数为

$$\begin{cases} \boldsymbol{u} = \sum\limits_{m=1}^{r} [\phi] X_m(x) \{u\}_m \\ \boldsymbol{w} = \sum\limits_{m=1}^{r} [\phi] Z_m(x) \{w\}_m \\ \boldsymbol{\theta} = \sum\limits_{m=1}^{r} [\phi] \Theta_m(x) \{\theta\}_m \end{cases} \tag{15.10}$$

其中

$$\begin{cases} \{u\}_m = [u_0 \quad u_1 \quad u_2 \quad \cdots \quad u_N]_m^{\mathrm{T}} \quad \{w\}_m = [w_0 \quad w_1 \quad w_2 \quad \cdots \quad w_N]_m^{\mathrm{T}} \\ \{\theta\}_m = [\theta_0 \quad \theta_1 \quad \theta_2 \quad \cdots \quad \theta_N]_m^{\mathrm{T}} \quad [\phi] = [\phi_0 \quad \phi_1 \quad \phi_2 \cdots \phi_N] \end{cases} \tag{15.11}$$

式中：$\boldsymbol{u}$ 及 $\boldsymbol{w}$ 分别为 x 及 z 方向的位移分量向量，θ 为 xz 平面内的转角；X_m、Z_m 及 Θ_m 为正交函数或正交多项式，即

$$\phi_i(z) = \frac{10}{3}\phi_3\left(\frac{z}{h} - i\right) - \frac{4}{3}\phi_3\left(\frac{z}{h} - i - \frac{1}{2}\right) - \frac{4}{3}\phi_3\left(\frac{z}{h} - i + \frac{1}{2}\right) + \frac{1}{6}\phi_3\left(\frac{z}{h} - i + 1\right) + \frac{1}{6}\phi_3\left(\frac{z}{h} - i - 1\right) \tag{15.12}$$

由式（15.10）可得

$$\boldsymbol{V} = [N]\{V\} \tag{15.13}$$

其中

$$\begin{cases} \boldsymbol{V} = [u \quad w \quad \theta]^{\mathrm{T}} \quad \{V\} = [\{V\}_0^{\mathrm{T}} \quad \{V\}_1^{\mathrm{T}} \quad \cdots \quad \{V\}_N^{\mathrm{T}}]^{\mathrm{T}} \\ [N] = [\ [N]_0 \quad [N]_1 \quad \cdots \quad [N]_N] \end{cases} \tag{15.14}$$

可推导得

$$\begin{cases}[N]_i=[N_{i1}\quad N_{i2}\quad \cdots\quad N_{ir}] & \{V\}_i=[V_{i1}^{\mathrm{T}}\quad V_{i2}^{\mathrm{T}}\quad \cdots\quad V_{ir}^{\mathrm{T}}]^{\mathrm{T}}\\ \boldsymbol{N}_{im}=\mathrm{diag}(\phi_i X_m,\phi_i Z_m,\phi_i \Theta_m) & \boldsymbol{V}_{im}=[u_{im}\quad w_{im}\quad \theta_{im}]^{\mathrm{T}}\end{cases} \tag{15.15}$$

式中：$\{V\}$为结构样条结点位移向量。

2. 建立$\{V\}_e$与$\{V\}$的关系

如果将图 15.3 划分网格，则可建立单元结点位移向量与耦合体系样条结点位移向量的关系，即

$$\{V\}_e=[T][N]_e\{V\} \tag{15.16}$$

式中：$\{V\}_e$为单元结点位移向量；$\{V\}$为结构样条结点位移向量；$[T]$为坐标变换矩阵；$[N]_e$为单元形函数矩阵。如果单元为 2 结点梁单元，则

$$\{V\}_e=[\{V\}_A^{\mathrm{T}}\quad \{V\}_B^{\mathrm{T}}]^{\mathrm{T}}\qquad [N]_e=[\ [N]_A^{\mathrm{T}}\quad [N]_B^{\mathrm{T}}]^{\mathrm{T}} \tag{15.17}$$

如果单元为 4 结点矩形单元，则

$$\begin{cases}\{V\}_e=[\{V\}_A^{\mathrm{T}}\quad \{V\}_B^{\mathrm{T}}\quad \{V\}_C^{\mathrm{T}}\quad \{V\}_D^{\mathrm{T}}]^{\mathrm{T}}\\ [N]_e=[\ [N]_A^{\mathrm{T}}\quad [N]_B^{\mathrm{T}}\quad [N]_C^{\mathrm{T}}\quad [N]_D^{\mathrm{T}}]^{\mathrm{T}}\end{cases} \tag{15.18}$$

其中

$$\{V\}_e=[u_A\quad w_A\quad \theta_A]^{\mathrm{T}}\qquad\qquad A=A,B,C,D \tag{15.19}$$

式中：$[N]_A$为$[N]$在 A 点的矩阵，由式（15.14）确定。

3. 建立单元的样条离散化泛函

单元的泛函为

$$\Pi_e=\frac{1}{2}\{V\}_e^{\mathrm{T}}[k]_e\{V\}_e-\{V\}_e^{\mathrm{T}}(\{f\}_e-[c]_e\{\dot{V}\}_e-[m]_e\{\ddot{V}\}_e) \tag{15.20}$$

式中：$[k]_e$、$[c]_e$、$[m]_e$及$\{f\}_e$分别为单元的刚度矩阵、阻尼矩阵、质量矩阵及荷载向量；$\{V\}_e$、$\{\dot{V}\}_e$及$\{\ddot{V}\}_e$分别为单元结点的位移向量、速度向量及加速度向量。将式（15.16）代入式（15.20）可得

$$\Pi_e=\frac{1}{2}\{V\}^{\mathrm{T}}[K]_e\{V\}-\{V\}^{\mathrm{T}}(\{F\}_e-[C]_e\{\dot{V}\}-[M]_e\{\ddot{V}\}) \tag{15.21}$$

其中

$$\begin{cases}[K]_e=[N]_e^{\mathrm{T}}([T]^{\mathrm{T}}[k]_e[T])[N]_e\\ [C]_e=[N]_e^{\mathrm{T}}([T]^{\mathrm{T}}[c]_e[T])[N]_e\\ [M]_e=[N]_e^{\mathrm{T}}([T]^{\mathrm{T}}[m]_e[T])[N]_e\\ \{F\}_e=[N]_e^{\mathrm{T}}([T]^{\mathrm{T}}\{f\}_e)\end{cases} \tag{15.22}$$

式中：$[T]$为坐标变换矩阵，式中包括梁单元、平面矩形单元、平面三角形单元及平面无限元。

4. 建立耦合体系的总样条离散化泛函

如果将图 15.3 划分为 M 个单元，则

$$\Pi = \sum_{e=1}^{M} \Pi_e \tag{15.23}$$

将式（15.21）代入式（15.23）可得

$$\Pi = \frac{1}{2}\{V\}^{\mathrm{T}}[K]\{V\} - \{V\}^{\mathrm{T}}(\{f\} - [C]\{\dot{V}\} - [M]\{\ddot{V}\}) \tag{15.24}$$

其中

$$\begin{cases} [M] = \sum_{e=1}^{M}[M]_e \quad [C] = \sum_{e=1}^{M}[C]_e \\ [K] = \sum_{e=1}^{M}[K]_e \quad \{f\} = \sum_{e=1}^{M}\{F\}_e \end{cases} \tag{15.25}$$

5. 建立动力方程

利用变分原理可得

$$[M]\{\ddot{V}\} + [C]\{\dot{V}\} + [K]\{V\} = \{f\} \tag{15.26}$$

式中：$[M]$、$[C]$及$[K]$分别为耦合体系的质量矩阵、阻尼矩阵及刚度矩阵；$\{V\}$、$\{\dot{V}\}$、$\{\ddot{V}\}$及$\{f\}$分别为耦合体系样条结点的位移向量、速度向量、加速度向量及荷载向量，它们都是时间的函数。

如果结构处于静力状态，则式（15.26）可变为

$$[K]\{V\} = \{f\} \tag{15.27}$$

这是耦合体系的静力刚度方程，式中$\{f\}$为静力荷载向量。

6. 求耦合体系的动力反应

利用样条加权残数法求解动力方程可得耦合体系的动力反应。

7. 求耦合体系的静力问题

利用式（15.27）可求出耦合体系的静力问题：位移及内力。

上述分析桩与土相互作用的方法，称为样条无限元——QR 法，简称 QR 法。

$X_m(x)$、$Z_m(x)$及$\Theta_m(x)$的具体形式有多种。例如，对于水平荷载有

$$\begin{cases} X_m(x) = \sin\dfrac{m\pi(x+a)}{2a} \\ Z_m(x) = \cos\dfrac{m\pi(x+a)}{2a} \\ \Theta_m(x) = \cos\dfrac{m\pi(x+a)}{2a} \end{cases} \tag{15.28}$$

对于竖向荷载有

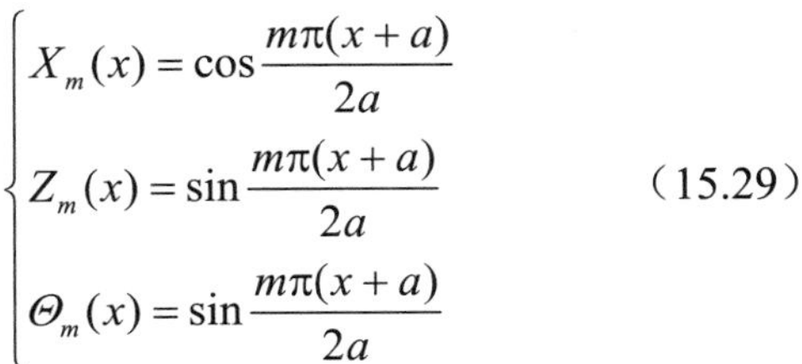

$$
\begin{cases}
X_m(x)=\cos\dfrac{m\pi(x+a)}{2a}\\
Z_m(x)=\sin\dfrac{m\pi(x+a)}{2a}\\
\Theta_m(x)=\sin\dfrac{m\pi(x+a)}{2a}
\end{cases}
\tag{15.29}
$$

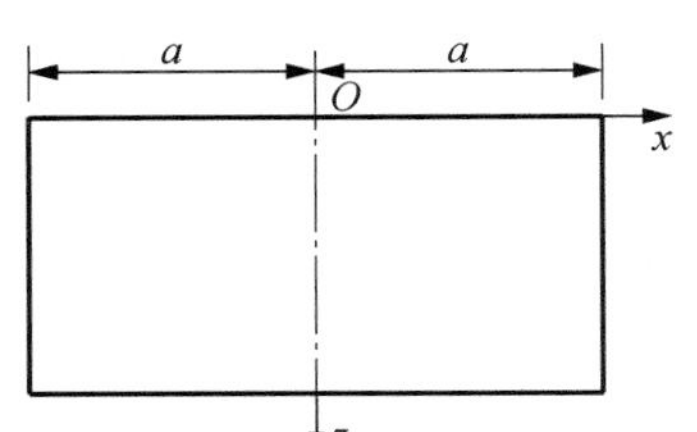

图 15.5　耦合体系计算宽度

式中：a 如图 15.5 所示。

15.2.2　空间问题

图 15.6 为单桩与土相互作用的计算简图。如果桩很长，则可作为一维梁与半无限土体相互作用进行分析（图 15.6）。本节以图 15.6 为例来介绍桩与土相互作用分析的 QR 法。

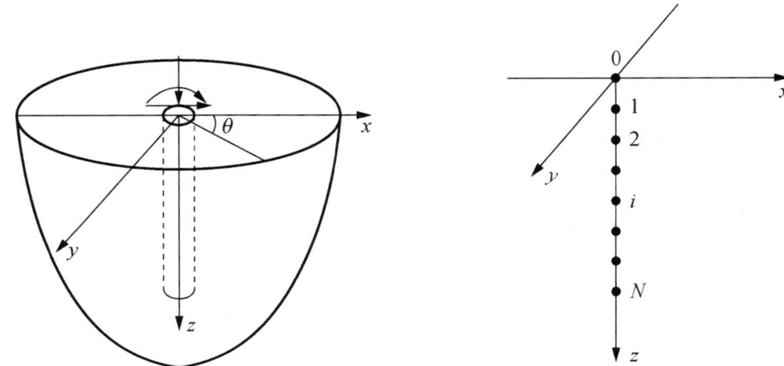

图 15.6　单桩与土相互作用的计算简图

1. 样条离散化

如果沿 z 方向进行单样条离散化（图 15.6），则它的位移函数为

$$
\begin{cases}
u=\sum\limits_{m=1}^{r}[\phi]\{u\}_m X_m(x)X_m(y) & \theta_x=\sum\limits_{m=1}^{r}[\phi]\{\theta_x\}_m \Theta_m(x)\Theta_m(y)\\
v=\sum\limits_{m=1}^{r}[\phi]\{v\}_m Y_m(x)Y_m(y) & \theta_y=\sum\limits_{m=1}^{r}[\phi]\{\theta_y\}_m S_m(x)S_m(y)\\
w=\sum\limits_{m=1}^{r}[\phi]\{w\}_m Z_m(x)Z_m(y) & \theta_z=\sum\limits_{m=1}^{r}[\phi]\{\theta_z\}_m T_m(x)T_m(y)
\end{cases}
\tag{15.30}
$$

其中

$$
\{u\}_m=[u_0\ \ u_1\ \ u_2\ \ \cdots\ \ u_N]_m^{\mathrm{T}}
$$

$$
[\phi]=[\phi_0\ \ \phi_1\ \ \phi_2\ \ \cdots\ \ \phi_N]
$$

上述式中：u、v、w 分别为沿 x、y、z 方向的位移；θ_x、θ_y、θ_z 分别为绕 x、y、z 轴的转角；X_m、Y_m、Z_m、Θ_m、S_m、T_m 为正交函数。对于水平荷载有

$$
\begin{cases}
X_m(x)=\sin\dfrac{m\pi(x+a)}{2a} & X_m(y)=\cos\dfrac{m\pi(y+b)}{2b}\\
Y_m(x)=\cos\dfrac{m\pi(x+a)}{2a} & Y_m(y)=\sin\dfrac{m\pi(y+b)}{2b}\\
Z_m(x)=\cos\dfrac{m\pi(x+a)}{2a} & Z_m(y)=\cos\dfrac{m\pi(y+b)}{2b}\\
\Theta_m(x)=\cos\dfrac{m\pi(x+a)}{2a} & \Theta_m(y)=\cos\dfrac{m\pi(y+b)}{2b}\\
S_m(x)=\cos\dfrac{m\pi(x+a)}{2a} & S_m(y)=\cos\dfrac{m\pi(y+b)}{2b}\\
T_m(x)=\sin\dfrac{m\pi(x+a)}{2a} & T_m(y)=\sin\dfrac{m\pi(y+b)}{2b}
\end{cases}
\tag{15.31}
$$

式中：a 及 b 如图 15.7 所示。

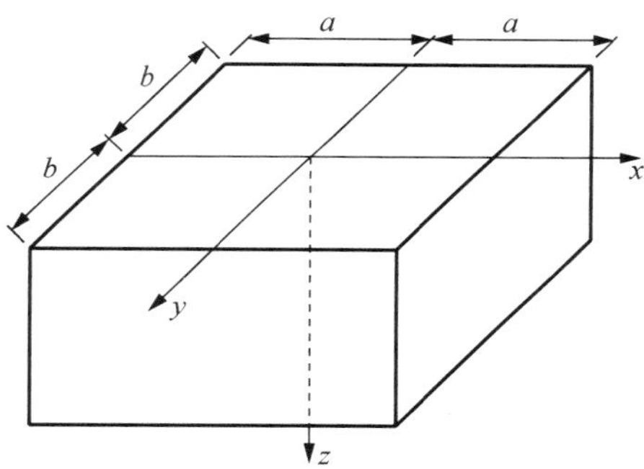

图 15.7　耦合体系计算宽度

对于竖向荷载有

$$
\begin{cases}
X_m(x)=\cos\dfrac{m\pi(x+a)}{2a} & X_m(y)=\sin\dfrac{m\pi(y+b)}{2b}\\
Y_m(x)=\sin\dfrac{m\pi(x+a)}{2a} & Y_m(y)=\cos\dfrac{m\pi(y+b)}{2b}\\
Z_m(x)=\sin\dfrac{m\pi(x+a)}{2a} & Z_m(y)=\sin\dfrac{m\pi(y+b)}{2b}\\
\Theta_m(x)=\sin\dfrac{m\pi(x+a)}{2a} & \Theta_m(y)=\sin\dfrac{m\pi(y+b)}{2b}\\
S_m(x)=\sin\dfrac{m\pi(x+a)}{2a} & S_m(y)=\sin\dfrac{m\pi(y+b)}{2b}\\
T_m(x)=\cos\dfrac{m\pi(x+a)}{2a} & T_m(y)=\cos\dfrac{m\pi(y+b)}{2b}
\end{cases}
\tag{15.32}
$$

由式（15.30）可得

$$
\boldsymbol{V}=[N]\{V\}
\tag{15.33}
$$

其中

$$\begin{cases} \boldsymbol{V} = [u \quad v \quad w \quad \theta_x \quad \theta_y \quad \theta_z]^{\mathrm{T}} \\ \{V\} = [\{V\}_0^{\mathrm{T}} \quad \{V\}_1^{\mathrm{T}} \quad \{V\}_2^{\mathrm{T}} \quad \cdots \quad \{V\}_N^{\mathrm{T}}]^{\mathrm{T}} \\ [N] = [\ [N]_0 \quad [N]_1 \quad [N]_2 \quad \cdots \quad [N]_N] \end{cases} \tag{15.34}$$

推导可得

$$\begin{cases} [N]_i = [N_{i1} \quad N_{i2} \quad N_{i3} \quad \cdots \quad N_{ir}] \\ \{V\}_i = [V_{i1}^{\mathrm{T}} \quad V_{i2}^{\mathrm{T}} \quad V_{i3}^{\mathrm{T}} \quad \cdots \quad V_{ir}^{\mathrm{T}}]^{\mathrm{T}} \\ N_{im} = \phi_i(z)\mathrm{diag}[X_m(x)X_m(y), Y_m(x)Y_m(y), \cdots, T_m(x)T_m(y)] \\ V_{im} = [u_{im} \quad v_{im} \quad w_{im} \quad \theta_{xim} \quad \theta_{yim} \quad \theta_{zim}]^{\mathrm{T}} \end{cases} \tag{15.35}$$

2. 建立 $\{V\}_e$ 与 $\{V\}$ 的关系

如果将图 15.6 划分网格（图 15.8），则可建立单元结点位移向量与耦合体系样条结点位移向量的关系，即

$$\{V\}_e = [T][N]_e\{V\} \tag{15.36}$$

式中：$\{V\}_e$ 为单元结点位移向量；$\{V\}$ 为耦合体系样条结点位移向量。如果单元为 2 结点空间梁单元，则

$$\{V\}_e = [\{V\}_A^{\mathrm{T}} \quad \{V\}_B^{\mathrm{T}}]^{\mathrm{T}} \qquad [N]_e = [\ [N]_A^{\mathrm{T}} \quad [N]_B^{\mathrm{T}}]^{\mathrm{T}} \tag{15.37}$$

如果单元为 8 结点立方体单元，则

$$\begin{cases} \{V\}_e = [\{V\}_1^{\mathrm{T}} \quad \{V\}_2^{\mathrm{T}} \quad \cdots \quad \{V\}_8^{\mathrm{T}}]^{\mathrm{T}} \\ [N]_e = [\ [N]_1^{\mathrm{T}} \quad [N]_2^{\mathrm{T}} \quad \cdots \quad [N]_8^{\mathrm{T}}]^{\mathrm{T}} \end{cases} \tag{15.38}$$

在图 15.8 中包括空间梁单元、立方体单元和空间无限元。

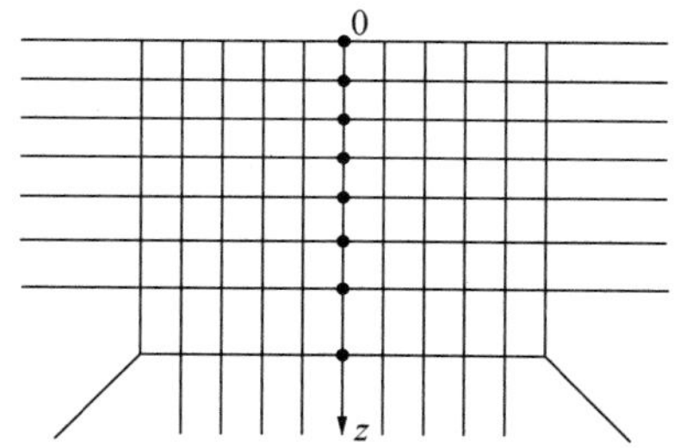

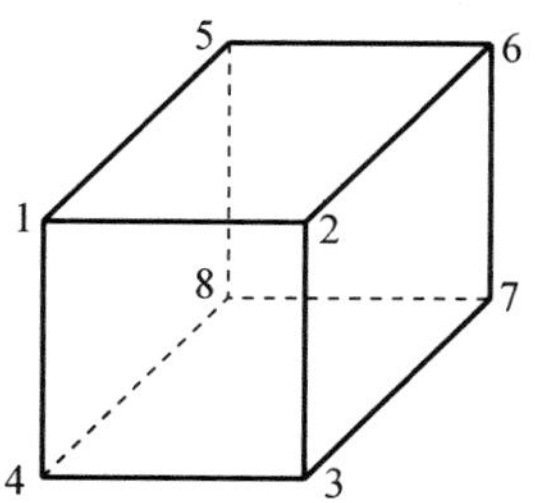

图 15.8　样条离散化及网格划分

3. 建立单元的样条离散化泛函

单元的泛函为

$$\varPi_e = \frac{1}{2}\{V\}_e^{\mathrm{T}}[k]_e\{V\}_e - \{V\}_e^{\mathrm{T}}(\{f\}_e - [c]_e\{\dot{V}\}_e - [m]_e\{\ddot{V}\}_e) \tag{15.39}$$

将式（15.36）代入上式可得

$$\varPi_e = \frac{1}{2}\{V\}^{\mathrm{T}}[K]_e\{V\} - \{V\}^{\mathrm{T}}(\{F\}_e - [C]_e\{\dot{V}\} - [M]_e\{\ddot{V}\}) \tag{15.40}$$

其中

$$\begin{cases}[K]_e=[N]_e^{\mathrm{T}}([T]^{\mathrm{T}}[k]_e[T])[N]_e & [C]_e=[N]_e^{\mathrm{T}}([T]^{\mathrm{T}}[c]_e[T])[N]_e \\ [M]_e=[N]_e^{\mathrm{T}}([T]^{\mathrm{T}}[m]_e[T])[N]_e & \{F\}_e=[N]_e^{\mathrm{T}}([T]^{\mathrm{T}}\{f\}_e)\end{cases} \tag{15.41}$$

式中包括各种单元，例如空间梁单元、立方体单元、空间无限元。

4. 建立耦合体系的总样条离散化泛函

如果将耦合体系划分为 M 个单元，则耦合体系的总样条离散化泛函为

$$\Pi=\frac{1}{2}\{V\}^{\mathrm{T}}[K]\{V\}-\{V\}^{\mathrm{T}}(\{f\}-[C]\{\dot{V}\}-[M]\{\ddot{V}\}) \tag{15.42}$$

其中

$$\begin{cases}[M]=\sum\limits_{e=1}^{M}[M]_e & [C]=\sum\limits_{e=1}^{M}[C]_e \\ [K]=\sum\limits_{e=1}^{M}[K]_e & \{f\}=\sum\limits_{e=1}^{M}\{F\}_e\end{cases} \tag{15.43}$$

5. 建立动力方程

利用变分原理可得耦合体系的动力方程为

$$[M]\{\ddot{V}\}+[C]\{\dot{V}\}+[K]\{V\}=\{f\} \tag{15.44}$$

式中：$\{V\}$、$\{\dot{V}\}$、$\{\ddot{V}\}$ 分别为耦合体系样条结点的位移向量、速度向量及加速度向量。

6. 求耦合体系的动力反应

利用样条加权残数法求解动力方程可得耦合体系的动力反应。算法与做法见文献[1]第十二章。

7. 求解耦合体系的静力问题

如果耦合体系为静力问题，则式（15.44）可变为

$$[K]\{V\}=\{f\} \tag{15.45}$$

由此可求出耦合体系静力问题的位移及内力。

上述分析桩与土相互作用的方法，称为样条无限元 QR 法，简称 QR 法。

15.3 桩与桩相互作用分析的 QR 法

在群桩中，桩与桩相互作用是一个复杂的三维空间问题，计算很困难。近年来作者致力于研究桩与桩相互作用分析的新方法，提出了桩与桩相互作用分析的 QR 法。

利用 QR 法分析桩与桩相互作用，不仅计算简便，而且精度也高。利用 QR 法分析桩与桩相互作用，其与利用 QR 法分析桩与土相互作用的原理及方法相同，只是在具体

分析中要分析桩与桩的影响。因为桩与土相互作用分析的QR法在15.2节已详细介绍了，因此本节对桩与桩相互作用分析的QR法不再赘述，可按15.2节分析桩与桩相互作用。

15.4　结构与地基相互作用分析的QR法

图 15.9 为连续刚构桥的简图，本节以此为例来介绍桥梁结构与地基相互作用分析的QR法。考虑地基的影响，可以采用有限地基或半无限地基。本节采用半无限地基，图 15.10 为半无限地基网格划分。

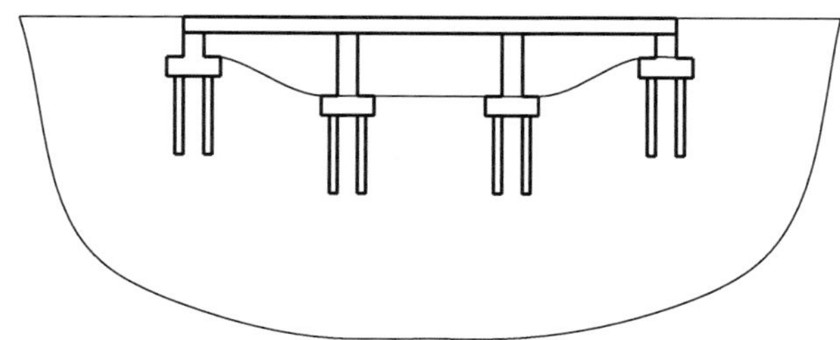

图 15.9　连续刚构桥的简图

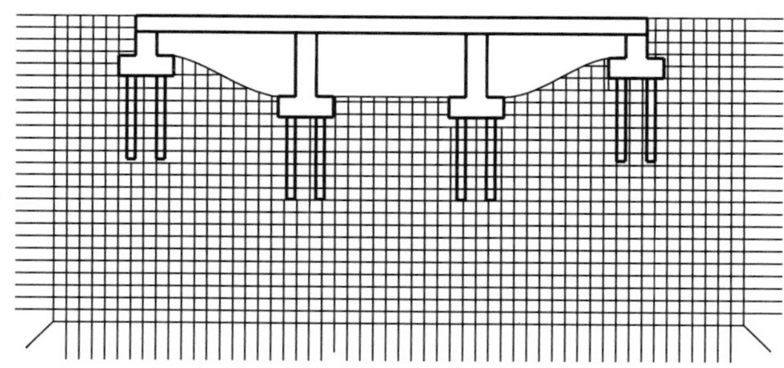

图 15.10　半无限地基网格划分

1. 平面问题

（1）样条离散化。设图 15.9 为桥梁结构与半无限地基相互作用的平面问题。如果沿 x 方向进行单样条离散化（图 15.11），则它的位移函数为

$$\begin{cases} u = \sum_{m=1}^{r} [\phi] X_m(z) \{u\}_m \\ w = \sum_{m=1}^{r} [\phi] Z_m(z) \{w\}_m \\ \theta = \sum_{m=1}^{r} [\phi]\, \Theta_m(z) \{\theta\}_m \end{cases} \tag{15.46}$$

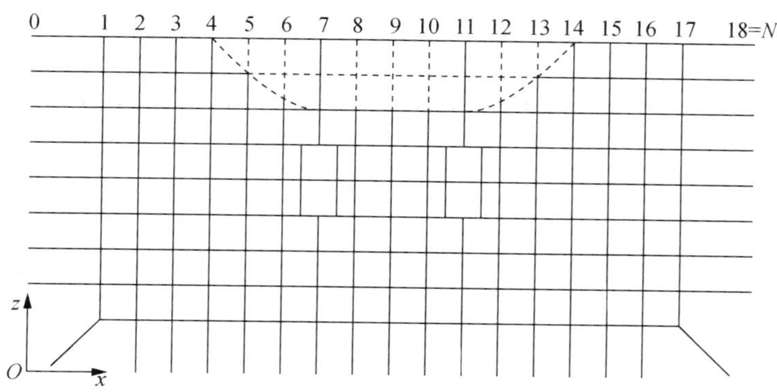

图 15.11　样条离散化及网格划分

由此可得

$$V=[N]\{V\} \tag{15.47}$$

上述式中：$\phi_i(x)$ 的形式与式（15.12）相同，只要用 x 代替 z 即可；X_m、Z_m 及 Θ_m 为正交函数或正交多项式，例如

$$\begin{cases} X_m=\sum_{n=1}^{m}(-1)^{n-1}\dfrac{(m+n)!n}{(m-n)!(n+1)!(n-1)!}\left(\dfrac{z}{H}\right)^{n-1} \\ Y_m=\Theta_m=X_m \end{cases} \tag{15.48}$$

（2）建立 $\{V\}_e$ 与 $\{V\}$ 的关系为

$$\{V\}_e=[T][N]_e\{V\} \tag{15.49}$$

（3）建立单元的样条离散化泛函为

$$\Pi_e=\frac{1}{2}\{V\}^{\mathrm{T}}[K]_e\{V\}-\{V\}^{\mathrm{T}}(\{F\}_e-[C]_e\{\dot{V}\}-[M]\{\ddot{V}\}) \tag{15.50}$$

（4）建立耦合体系的总样条离散化泛函为

$$\Pi=\frac{1}{2}\{V\}^{\mathrm{T}}[K]\{V\}-\{V\}^{\mathrm{T}}(\{f\}-[C]\{\dot{V}\}-[M]\{\ddot{V}\}) \tag{15.51}$$

（5）建立耦合体系动力方程为

$$[M]\{\ddot{V}\}+[C]\{\dot{V}\}+[K]\{V\}=\{f\} \tag{15.52}$$

（6）求耦合体系的动力反应。

（7）求耦合体系的静力问题。

上述分析桥梁结构与半无限地基相互作用的方法，称为样条无限元 QR 法，简称 QR 法。

2. 空间问题

设图 15.9 为桥梁结构与半无限地基相互作用的空间问题。如果沿 x 方向进行单样条离散化（图 15.12），则它的位移函数为

$$\begin{cases} u = \sum_{m=1}^{r}\sum_{m=1}^{r}[\phi]X_m(y)X_m(z)\{u\}_m & \theta_x = \sum_{m=1}^{r}\sum_{m=1}^{r}[\phi]\Theta_m(y)\Theta_m(z)\{\theta_x\}_m \\ v = \sum_{m=1}^{r}\sum_{m=1}^{r}[\phi]Y_m(y)Y_m(z)\{v\}_m & \theta_y = \sum_{m=1}^{r}\sum_{m=1}^{r}[\phi]S_m(y)S_m(z)\{\theta_y\}_m \\ w = \sum_{m=1}^{r}\sum_{m=1}^{r}[\phi]Z_m(y)Z_m(z)\{w\}_m & \theta_z = \sum_{m=1}^{r}\sum_{m=1}^{r}[\phi]T_m(y)T_m(z)\{\theta_z\}_m \end{cases} \tag{15.53}$$

式中：$\phi_i(x)$ 采用式（15.12）的形式；X_m、Y_m、Z_m、Θ_m、S_m、T_m 为正交函数或正交多项式，可以根据边界条件选择。例如，$X_m(y)$、$Y_m(y)$、…、$T_m(y)$ 及 $X_m(z)$、…、$T_m(z)$ 可以采用两端自由梁的振型函数为

$$\begin{cases} X_1(z)=1 \quad X_2(z)=1-2\left(\dfrac{z}{H}\right) \\ X_m = \sin\dfrac{\mu_m z}{H} + \text{sh}\dfrac{\mu_m z}{H} - \alpha_m\left(\cos\dfrac{\mu_m z}{H} + \text{ch}\dfrac{\mu_m z}{H}\right) \end{cases} \tag{15.54}$$

其中

$$\begin{cases} \mu_m = 4.730, 7.8532, 10.996, \cdots, (2m-1)\pi/2 \\ \alpha_m = (\sin\mu_m - \text{sh}\mu_m)/(\cos\mu_m - \text{ch}\mu_m) \quad m=3,4,\cdots,r \end{cases} \tag{15.55}$$

及

$$X_1(y)=1 \qquad \begin{cases} X_2(y)=1-2\left(\dfrac{y}{b}\right) \\ X_m(y) = \sin\dfrac{\mu_m y}{b} + \text{sh}\dfrac{\mu_m y}{b} - \alpha_m\left(\cos\dfrac{\mu_m y}{b} + \text{ch}\dfrac{\mu_m y}{b}\right) \end{cases} \tag{15.56}$$

也可以采用下列形式：

$$X_m(y) = \sum_{n=1}^{m}(-1)^{n-1}\frac{(m+n)!n}{(m-n)!(n+1)!(n-1)!}\left(\frac{y}{b}\right)^{n-1} \tag{15.57}$$

及

$$X_m(z) = \sum_{n=1}^{m}(-1)^{n-1}\frac{(m+n)!n}{(m-n)!(n+1)!(n-1)!}\left(\frac{z}{H}\right)^{n-1} \tag{15.58}$$

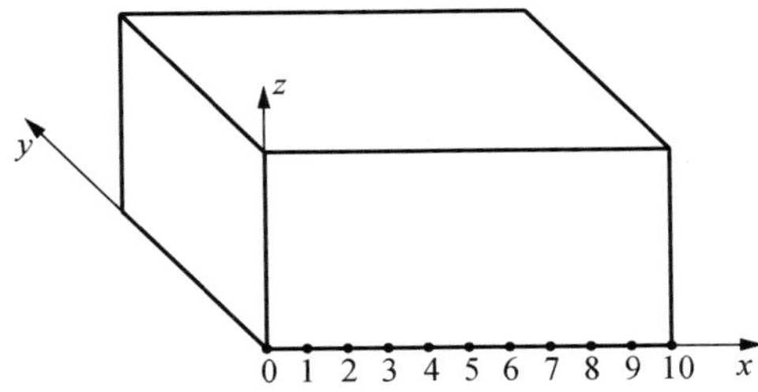

图 15.12　样条离散化

由上述可得

$$\boldsymbol{V} = [N]\{V\} \tag{15.59}$$

利用 QR 法可以建立空间耦合体系的动力方程

$$[M]\{\ddot{V}\}+[C]\{\dot{V}\}+[K]\{V\}=\{f\} \tag{15.60}$$

利用样条加权残数法求解式（15.60）可得空间耦合体系的动力问题。

上述分析桥梁结构与半无限地基相互作用的方法，称为样条无限元——QR 法，简称为 QR 法。

上述计算格式是在 z 轴由底向上的基础上建立，也可以在 z 轴由顶向下的基础上建立，形式相同，但 X_m、Y_m、Z_m、Θ_m、S_m、T_m 的形式有所改变。

15.5　结构与地基相互作用非线性分析的 QR 法

15.5.1　建立新模型

1. 第一种格式

利用 QR 法可以建立桥梁结构与半无限地基相互作用双重非线性分析模型为

$$[K]\{V\}=\{f\}-[C]\{\dot{V}\}-[M]\{\ddot{V}\} \tag{15.61}$$

这是第一种格式，式中

$$[K]=[K_0]+[K_1]+[K_2] \tag{15.62}$$

有关符号可参考文献[1]第十六章。

2. 第二种格式

利用 QR 法可以建立桥梁结构与半无限地基相互作用双重非线性分析模型为

$$^0[K]\{\Delta V\}={}^0\{\Delta f\}-[C]\{\dot{V}\}-[M]\{\ddot{V}\} \tag{15.63}$$

这是第二种格式，式中

$$^0[K]={}^0[K_0]+{}^0[K_1]+{}^0[K_2] \tag{15.64}$$

有关符号可参考文献[1]第十六章。

3. 第三种格式

利用 QR 法可以建立桥梁结构与半无限地基相互作用双重非线性分析模型为

$$^t[K]\{\Delta V\}={}^t\{\Delta f\}-[C]\{\dot{V}\}-[M]\{\ddot{V}\} \tag{15.65}$$

这是第三种格式，式中

$$^t[K]={}^t[K_0]+{}^t[K_1]+{}^t[K_2] \tag{15.66}$$

式中有关符号可参考文献[1]第十六章。

由上述可知，三种计算格式可以退化为几何非线性、材料非线性及线性问题。由此可知，利用式（15.61）、式（15.63）及式（15.65）可以分析桥梁结构与地基相互作用的线性问题、几何非线性问题、材料非线性问题及双重非线性问题。

在建模过程中，用到岩土本构关系可参考有关岩土力学方面的专著，例如文献[2]。

本书采用文献[2]中的有关本构关系的论述。

15.5.2 新算法

结构动力反应的算法很多，各有优缺点。作者自 1981 年以来，致力于研究结构动力问题，利用样条加权残数法创立了结构动力反应分析的一些新算法，见文献[1]第十二章。

15.6 结　语

本书作者指导的研究生利用 QR 法及 Fortran 语言、C 语言编制有关计算程序，分析了结构与地基相互作用，计算过许多例题，效果很好，比有限元法优越，如文献[7]分析结构与地基相互作用；文献[10]及文献[7]分析桩与土相互作用；文献[13]分析结构与地基相互作用；文献[9]分析结构与地基相互作用；文献[20]分析大跨度钢管混凝土拱桥与地基相互作用等。

参 考 文 献

[1] 秦荣．大跨度桥梁结构[M]．北京：科学出版社，2008．
[2] 郑颖人，沈珠江，龚晓南．岩土塑性力学原理[M]．北京：中国建筑工业出版社，2002．
[3] 秦荣．计算结构力学[M]．北京：科学出版社，2001．
[4] 秦荣．高层与超高层建筑结构[M]．北京：科学出版社，2007．
[5] 秦荣．样条边界元法[M]．南宁：广西科学技术出版社，1988．
[6] 秦荣．大跨度桥梁结构[R]．广西：广西大学，2001．
[7] 燕柳斌．结构与岩土介质相互作用分析方法及其应用[D]．南宁：广西大学，2004．
[8] 唐春海．QR 法在土与结构相互作用分析中的应用[D]．南宁：广西大学，2005．
[9] 梁汉吉．高层建筑结构与地基基础共同作用分析的新方法[D]．南宁：广西大学，1993．
[10] 李革．单桩与土相互作用于的分析方法[D]．南宁：广西大学，1995．
[11] 何昌如．Валасов 地基上的结构物的样条函数方法[D]．南宁：广西大学，1998．
[12] 许英姿．层状地基弹塑性分析的样条函数方法[D]．南宁：广西大学，1994．
[13] 邹万杰．结构与地基相互作用分析的 QR 法[D]．南宁：广西大学，2002．
[14] 秦荣，许英姿．弹塑性层状地基的样条子域法[J]．工程力学，1994，11（增刊）：244-251．
[15] 秦荣．水-拱坝-地基耦合体系分析的新方法[M]//曹志远．结构与介质相互作用理论及其应用．南京：河海大学出版社，1993．
[16] 秦荣．桩与土相互作用分析的 QR 法[J]．工程力学，1995，12（增刊）：1417-1422．
[17] 陈向明．侧向受荷单桩与土相互作用的样条函数方法[D]．南宁：广西大学，1993．
[18] 李秀梅．箱型基础分析的新方法[D]．南宁：广西大学，1996．
[19] 韦斌凝．Валасов 地基上厚板的样条子域法[D]．南宁：广西大学，1996．
[20] 谢开仲．大跨度钢管混凝土拱桥非线性地震反应分析与研究[D]．南宁：广西大学，2005．
[21] 秦荣．无条件稳定的动力样条加权残数法[J]．工程力学，1990，7（1）：1-7．

第十六章　高层建筑结构-基础-地基耦合体系分析的样条耦合法

高层建筑结构-基础-地基的相互作用是结构工程的一个重要问题，它直接影响着高层建筑结构的安全。因此，国内外许多学者致力于这方面的研究，而且取得了许多有益的成果。近 30 年来，本书作者在这方面做过不少研究，也取得了许多成果。本章主要介绍高层建筑结构-基础-地基耦合体系分析的新方法[1-18]。

16.1　基 本 概 念

高层建筑结构由三部分组成，即上部结构、基础及地基，三者构成一个整体。作用在上部结构体系上的外荷载及自重力直接传递到基础，基础又将荷载的作用传递到地基。基础在高层建筑结构体系中起着“承上启下”的作用，支撑结构传递荷载。建筑物的这种组成形式及传力方式决定了建筑结构体系的受力反应；外荷载作用引起上部结构产生变形及内力，通过与基础接触面作用于基础，基础产生变形和内力，基础的变形又反过来影响上部结构的变形及内力，同时基础传递的荷载在地基中产生变形及应力。由于荷载的集中效应，地基产生不均匀变形（沉陷），而地基的这种不均匀变形必然会引起基础的局部变形，从而也将使上部结构产生次应力。

这种效应又会影响基础及地基，反复到平衡，由此形成了高层建筑上部结构、基础及地基的受力机理，即相互制约、相互影响、相互作用，协调地共同工作。

高层建筑的上部结构可采用框架结构体系、框剪结构体系、剪力墙结构体系、筒体结构体系及复杂结构体系。

高层建筑的基础种类很多，例如箱形基础、筏形基础、交叉梁式基础、桩基础、联合基础（桩基础与箱形基础联合，桩基础与筏基础联合，桩台基础）。

地基很复杂，目前常用均质弹性地基。实际上，地基不是均质的，也不是完全弹性的，根据不同的实际情况，可以采用下列几种地基模型：①均质的理想弹性地基；②不均质的弹性地基；③层状弹性地基；④均质的弹塑性地基；⑤层状弹塑性地基；⑥均质的黏弹性地基；⑦层状的黏弹性地基；⑧均质的弹黏塑性地基；⑨层状的弹黏塑性地基；⑩非均质的弹黏塑性地基；⑪均质的黏弹塑性地基；⑫非均质的黏弹塑性地基。

图 16.1 为甘肃省图书馆所采用的筏形基础。图 16.2 为北京翠微园住宅所采用的箱形基础。图 16.3 为河南省国际饭店所采用的筏形基础。

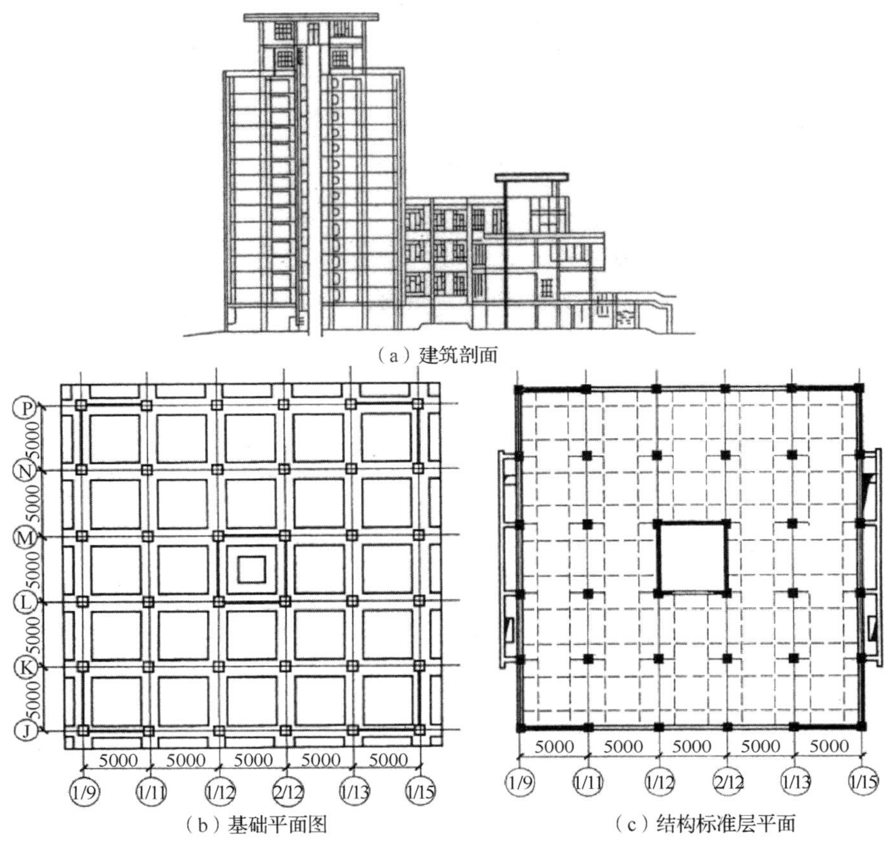

（a）建筑剖面

（b）基础平面图　　（c）结构标准层平面

图 16.1　甘肃省图书馆（单位：mm）

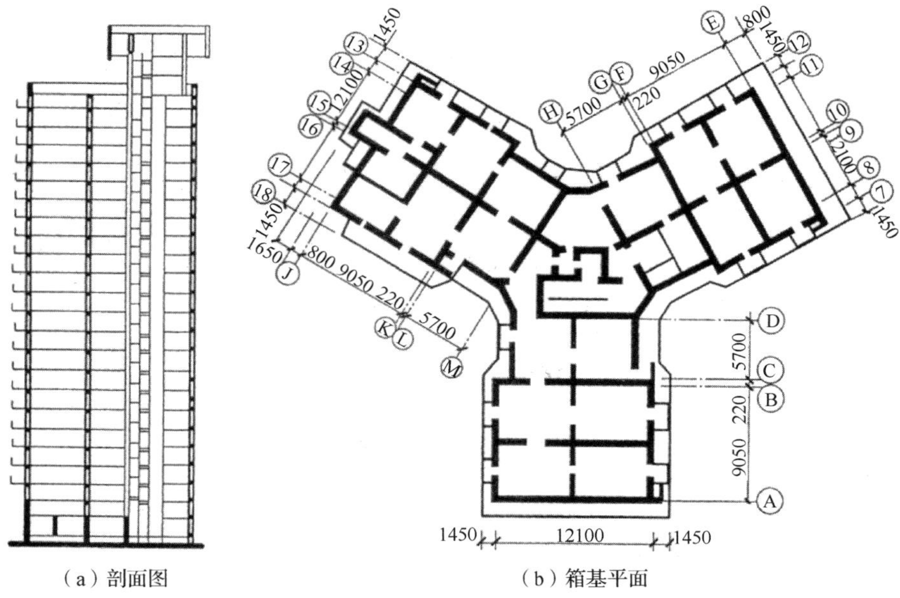

（a）剖面图　　（b）箱基平面

图 16.2　北京翠微园住宅（单位：mm）

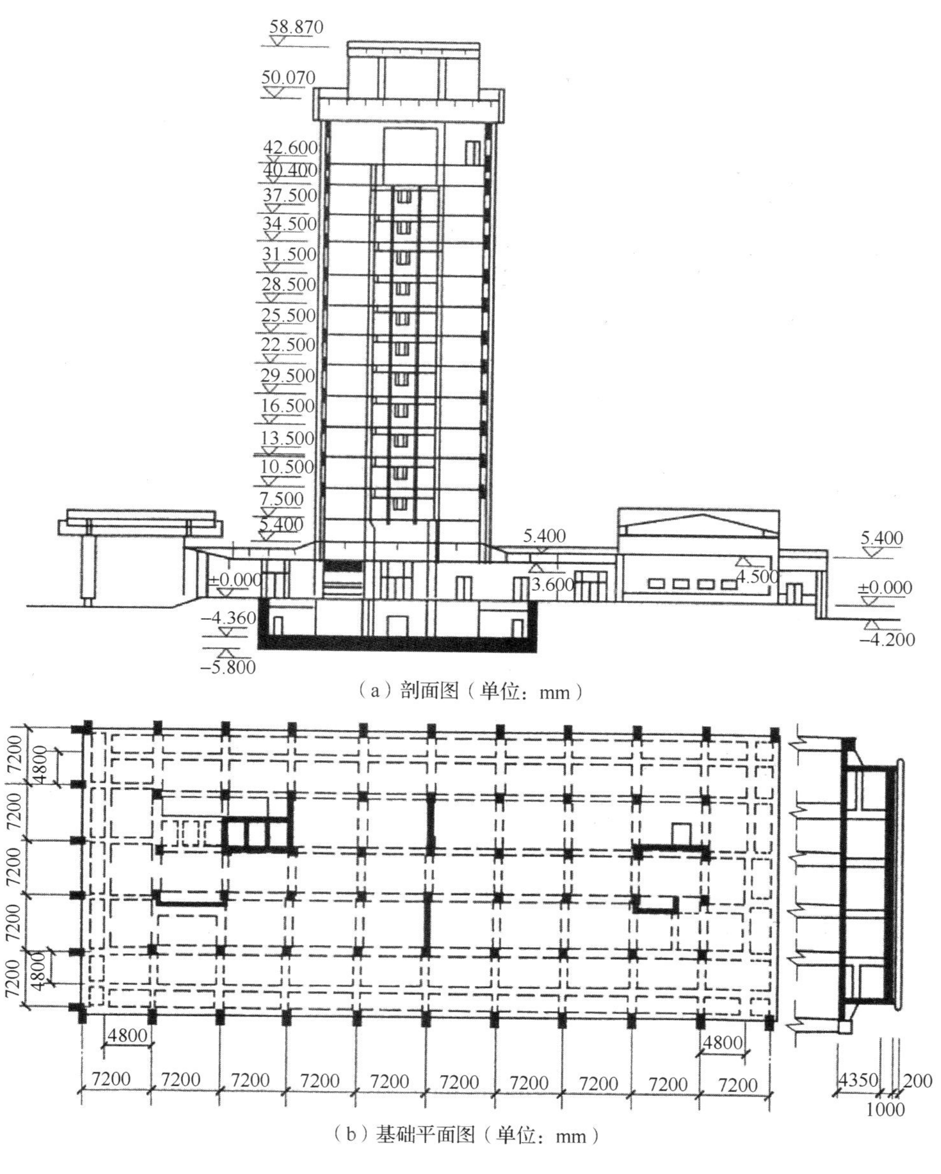

（a）剖面图（单位：mm）

（b）基础平面图（单位：mm）

图 16.3　河南省国际饭店

16.2　结构-基础-地基耦合体系分析

16.2.1　计算简图

图 16.4 为高层建筑结构体系的计算简图，包括三部分，即上部结构、基础及地基。本节采用下列方案分析高层建筑结构-基础-地基耦合体系，首先用样条子域法（或

QR 法）建立上部结构的控制方程，其次用样条子域法或（或 QR 法或样条有限点法）建立基础的控制方程，再次用样条子域法（或 QR 法）建立地基的控制方程，最后利用交界面上的协调关系将上部结构、基础及地基的控制方程耦合起来求解。这种分析方法称为高层建筑结构-基础-地基耦合体系分析的样条子域法。本节以高层建筑结构-基础-地基耦合体系的静力分析为例来介绍这种分析方法。

16.2.2　建立上部结构的刚度方程

本节利用样条子域法建立上部结构的刚度方程。利用样条子域法建立上部结构刚度方程时，首先将结构分成几个部分，每一个部分称为一个子域，其次作子域分析，最后作结构整体分析，建立结构的刚度方程。

1. 选择子域的位移函数

如果子域是一个框架（图 16.5），则它的位移函数可以采用的形式为

$$\begin{cases} u=[\phi]\{u\}_0+\sum_{m=1}^{r}[\phi]\{u\}_m X_m(y) & \theta_x=[\phi]\{\theta_x\}_0+\sum_{m=1}^{r}[\phi]\{\theta_x\}_m X_m^*(y) \\ v=[\phi]\{v\}_0+\sum_{m=1}^{r}[\phi]\{v\}_m Y_m(y) & \theta_y=[\phi]\{\theta_y\}_0+\sum_{m=1}^{r}[\phi]\{\theta_y\}_m Y_m^*(y) \\ w=[\phi]\{w\}_0+\sum_{m=1}^{r}[\phi]\{w\}_m Z_m(y) & \theta_z=[\phi]\{\theta_z\}_0+\sum_{m=1}^{r}[\phi]\{\theta_z\}_m Z_m^*(y) \end{cases} \tag{16.1}$$

式中：$\boldsymbol{u}$、$\boldsymbol{v}$ 及 $\boldsymbol{w}$ 分别为 x、y 及 z 方向的位移分量；θ_x、θ_y 及 θ_z 分别为绕 x、y 及 z 轴的转角；X_m、Y_m、Z_m 及 X_m^*、Y_m^*、Z_m^* 为板条函数或正交函数；$\{u\}_0$、$\{v\}_0$ 及 $\{w\}_0$ 是上部结构与基础连接处的位移向量；$\{\theta_x\}_0$、$\{\theta_y\}_0$ 及 $\{\theta_z\}_0$ 是上部结构与基础连接处的转角向量。

$$[\phi]=[\phi_0\quad \phi_1\quad \phi_2\quad \cdots\quad \phi_N] \qquad \{A\}=[A_0\quad A_1\quad A_2\quad \cdots\quad A_N]^{\mathrm{T}} \tag{16.2}$$

如果子域是连续体（包括开孔），则可由式（16.1）的前三式确定位移函数。对于其他情况，也可利用式（16.1）确定位移函数，但可根据具体情况进行简化处理。

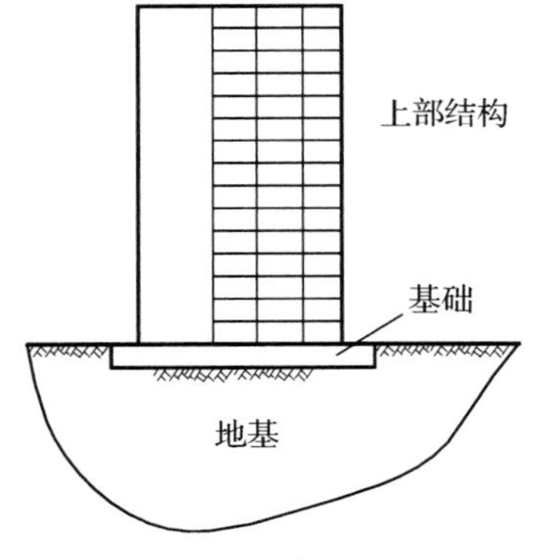

图 16.4　高层建筑结构耦合体系

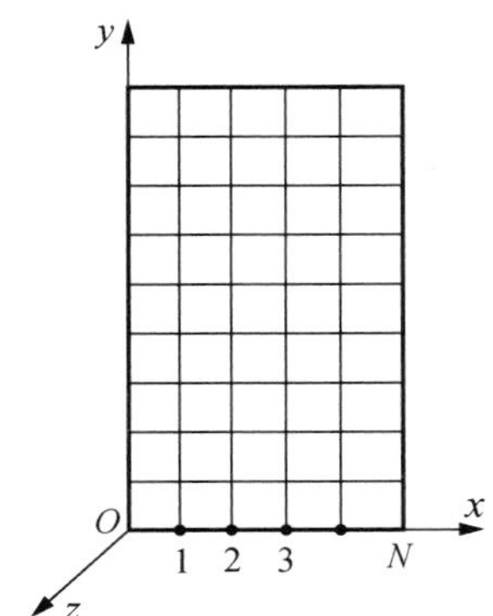

图 16.5　样条框架子域

2. 子域分析

高层建筑的上部结构是由若干个子结构组成的，我们把这些子结构称为子域，包括框架、剪力墙、框剪结构、框筒结构、筒中筒及各种组合结构体系。我们可以把联系密切的有关部分作为一个子域。最基本的子域是框架、剪力墙、独立杆及连系梁，由它们可以构成各种各样的混合子域。建立基本子域的方法可以采用样条有限点法、样条有限元法及 QR 法，本节采用 QR 法。利用 QR 法即可建立第 k 个子域的样条离散化总势能泛函

$$\Pi_k = \frac{1}{2}\{V\}_k^{\mathrm{T}}[G]_k\{V\}_k - \{V\}_k^{\mathrm{T}}\{f\}_k \tag{16.3}$$

式中：$[G]_k$ 及 $\{f\}_k$ 分别为第 k 个样条子域的刚度矩阵及荷载向量；$\{V\}_k$ 为第 k 个样条子域的位移向量。

3. 整体分析

当样条子域的样条离散总势能泛函建立后，即可得整个上部结构的样条离散总势能泛函

$$\Pi = \sum_{k=1}^{K}\Pi_k \tag{16.4}$$

将式（16.3）代入式（16.4）可得

$$\Pi = \frac{1}{2}\{V\}_A^{\mathrm{T}}[G]_A\{V\}_A - \{V\}_A^{\mathrm{T}}\{f\}_A \tag{16.5}$$

利用变分原理可得上部结构刚度方程

$$[G]_A\{V\}_A = \{f\}_A \tag{16.6}$$

式中：$[G]_A$、$\{V\}_A$ 及 $\{f\}_A$ 分别为上部结构的刚度矩阵、位移向量及荷载向量，即

$$[G]_A = \sum_{k=1}^{K}[G]_k \qquad \{f\}_A = \sum_{k=1}^{K}\{f\}_k \tag{16.7}$$

利用式（16.7）确定上部结构的刚度矩阵 $[G]_A$ 及荷载向量 $\{f\}_A$ 时可以直接相加，不需要扩张后叠加的手续。由上述可知，式（16.6）中的未知量的个数很少。

16.2.3 建立基础的刚度方程

高层建筑结构的基础种类很多，可以根据不同的情况分别采用样条有限点法、样条有限元法、样条子域法及 QR 法建立基础的刚度方程

$$[G]_B\{V\}_B = \{f\}_B \tag{16.8}$$

式中：$[G]_B$、$\{f\}_B$ 及 $\{V\}_B$ 分别为基础的刚度矩阵、荷载向量及位移向量。

16.2.4 建立地基的刚度方程

地基是很复杂的，可以利用样条子域法或 QR 法进行分析。本节利用 QR 法建立地基的刚度方程。

1. 位移函数

图 16.6 是一个有限地基模型。如果我们对地基按空间问题进行分析，则整个地基的位移函数可以采用的形式为

$$\begin{cases} u=\sum_{m=1}^{r}\sum_{n=1}^{s}[\phi]\{u\}_{mn}X_m(x)X_n(y) \\ v=\sum_{m=1}^{r}\sum_{n=1}^{s}[\phi]\{v\}_{mn}Y_m(x)Y_n(y) \\ w=\sum_{m=1}^{r}\sum_{n=1}^{s}[\phi]\{w\}_{mn}Z_m(x)Z_n(y) \end{cases} \tag{16.9}$$

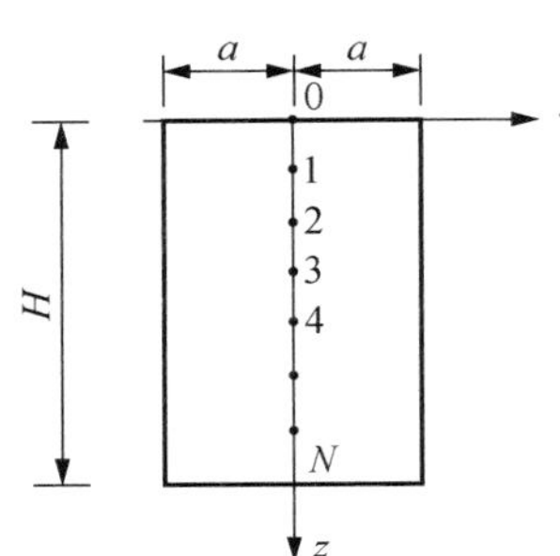

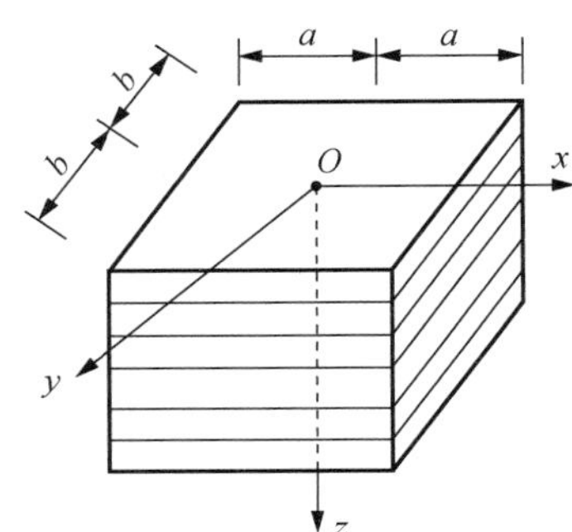

图 16.6　地基计算模型

式中：X_m、Y_m、Z_m 及 X_n、Y_n、Z_n 的具体形式可采用文献[1]的式（16.29）及式（16.30）所示的形式，而且

$$[\phi]=[\phi_0 \quad \phi_1 \quad \phi_2 \quad \cdots \quad \phi_N] \qquad \{A\}_{mn}=[A_0 \quad A_1 \quad A_2 \quad \cdots \quad A_N]_{mn}^{\mathrm{T}}$$

$$\boldsymbol{V}=\sum_{m=1}^{r}\sum_{n=1}^{s}[N]_{mn}\{V\}_{mn}=[N]\{V\}_e \tag{16.10}$$

其中

$$\begin{cases} [N]=[[N]_{11} \quad [N]_{12} \quad \cdots \quad [N]_{1s} \quad \cdots \quad [N]_{r1} \quad [N]_{r2} \quad \cdots \quad [N]_{rs}] \\ [N]_{mn}=[\phi_i[\varGamma]_{mn}] \quad [\varGamma]_{mn}=\mathrm{diag}(X_{mn},Y_{mn},Z_{mn}) \\ X_{mn}=X_mX_n \qquad Y_{mn}=Y_mY_n \qquad Z_{mn}=Z_mZ_n \end{cases} \tag{16.11}$$

$$\begin{cases} \{V\}_e=[\{V\}_{11}^{\mathrm{T}} \quad \{V\}_{12}^{\mathrm{T}} \quad \cdots \quad \{V\}_{1s}^{\mathrm{T}} \quad \cdots \quad \{V\}_{r1}^{\mathrm{T}} \quad \{V\}_{r2}^{\mathrm{T}} \quad \cdots \quad \{V\}_{rs}^{\mathrm{T}}]^{\mathrm{T}} \\ \{V\}_{mn}=[\{V\}_0^{\mathrm{T}} \quad \{V\}_1^{\mathrm{T}} \quad \{V\}_2^{\mathrm{T}} \quad \cdots \quad \{V\}_N^{\mathrm{T}}]_{mn}^{\mathrm{T}} \\ \{V\}_{imn}=[u_i \quad v_i \quad w_i]_{mn}^{\mathrm{T}} \quad i=0,\ 1,\ 2,\ \cdots,\ N \end{cases} \tag{16.12}$$

2. 本构关系

如果考虑地基的黏塑性变形，则地基的应力-应变关系可写成

$$\boldsymbol{\sigma}=[R]\boldsymbol{\varepsilon}-\boldsymbol{\sigma}_0 \tag{16.13}$$

式中：$[R]$为地基弹性矩阵[4]；$\boldsymbol{\varepsilon}$ 及 $\boldsymbol{\sigma}$ 分别为地基的应变向量及应力向量，即

$$\boldsymbol{\varepsilon}=[\varepsilon_x \quad \varepsilon_y \quad \varepsilon_z \quad \gamma_{xy} \quad \gamma_{yz} \quad \gamma_{zx}]^{\mathrm{T}} \qquad \boldsymbol{\sigma}=[\sigma_x \quad \sigma_y \quad \sigma_z \quad \tau_{xy} \quad \tau_{yz} \quad \tau_{zx}]^{\mathrm{T}}$$

为地基的黏塑性变形引起的应力向量，即

$$\boldsymbol{\sigma}_0=[R]\boldsymbol{\varepsilon}^{vp} \tag{16.14}$$

式中：$\boldsymbol{\varepsilon}^{vp}$ 为黏塑性应变向量，它的增量可由下列公式确定：

$$\Delta\boldsymbol{\varepsilon}^{vp}=\dot{\boldsymbol{\varepsilon}}^{vp}\Delta t \tag{16.15}$$

式中：Δt 为时间步长；$\dot{\boldsymbol{\varepsilon}}^{vp}$ 为黏塑性应变率向量，即

$$\dot{\boldsymbol{\varepsilon}}^{vp}=\gamma\langle\Phi(F)\rangle\frac{\partial F}{\partial\boldsymbol{\sigma}} \tag{16.16}$$

式中：γ 为流动参数；F 为屈服函数或加载函数，即

$$F=f(\boldsymbol{\sigma},k)-A=0 \tag{16.17}$$

$\langle\Phi(F)\rangle$ 的定义为

$$\langle\Phi(F)\rangle=\begin{cases}0 & F\leqslant 0\\ \Phi(F) & F>0\end{cases} \tag{16.18}$$

式中：$\Phi(F)$ 有多种形式，一般采用下列形式：

$$\Phi(F)=(F/A)^n \tag{16.19}$$

在实际中，常令 $n=1$。黏塑性应力向量的增量为

$$\Delta\boldsymbol{\sigma}_0=[R]\Delta\boldsymbol{\varepsilon}^{vp} \tag{16.20}$$

地基的应变向量可以写成

$$\boldsymbol{\varepsilon}=\sum_{m=1}^{r}\sum_{n=1}^{s}[A]_{mn}\{V\}_{mn}=[A]\{V\}_c \tag{16.21}$$

其中

$$\begin{cases}[A]=[[A]_{11} \quad [A]_{12} \quad \cdots \quad [A]_{1s} \quad \cdots \quad [A]_{r1} \quad [A]_{r2} \quad \cdots \quad [A]_{rs}]\\ [A]_{mn}=[([A]_{mn}^1)^{\mathrm{T}} \quad ([A]_{mn}^2)^{\mathrm{T}}]\\ [A]_{mn}^1=\operatorname{diag}(\phi_i X_m' X_n, \phi_i Y_m Y_n', \phi_i' Z_m Z_n)\\ [A]_{mn}^2=\begin{bmatrix}\phi_i X_m X_n' & \phi_i Y_m' Y_n & 0\\ 0 & \phi_i' Y_m Y_n & \phi_i Z_m Z_n'\\ \phi_i' X_m X_n & 0 & \phi_i Z_m' Z_n\end{bmatrix}\end{cases} \tag{16.22}$$

式中：ϕ' 为 $\phi(t)$ 对 t 的一阶导数。将式（16.21）代入式（16.13）可得

$$\boldsymbol{\sigma}=[R][A]\{V\}_c-\boldsymbol{\sigma}_0 \tag{16.23}$$

3. 地基分析

如果整个地基划分为图 16.7 所示的网格，每个单元的总势能泛函为

$$\Pi_e=\frac{1}{2}\{V\}_e^{\mathrm{T}}[K]_e\{V\}_e-\{V\}_A^{\mathrm{T}}\{f\}_e-\int_e\boldsymbol{\varepsilon}^{\mathrm{T}}\boldsymbol{\sigma}_0\mathrm{d}\Omega \tag{16.24}$$

式中：$[K]_e$ 及 $\{f\}_e$ 分别为六面体的刚度矩阵及荷载向量，与弹性状态相同（见弹性力学有限元法）。对每个六面体单元，则

$$\{V\}_e=[N]_e\{V\}_c \tag{16.25}$$

其中

$$\begin{cases}\{V\}_e = [V_A^{\mathrm{T}} \quad V_B^{\mathrm{T}} \quad V_C^{\mathrm{T}} \quad V_D^{\mathrm{T}} \quad V_E^{\mathrm{T}} \quad V_F^{\mathrm{T}} \quad V_G^{\mathrm{T}} \quad V_H^{\mathrm{T}}]^{\mathrm{T}} \\ [N]_e = [[N]_A^{\mathrm{T}} \quad [N]_B^{\mathrm{T}} \quad [N]_C^{\mathrm{T}} \quad [N]_D^{\mathrm{T}} \quad [N]_E^{\mathrm{T}} \quad [N]_F^{\mathrm{T}} \quad [N]_G^{\mathrm{T}} \quad [N]_H^{\mathrm{T}}]^{\mathrm{T}}\end{cases} \tag{16.26}$$

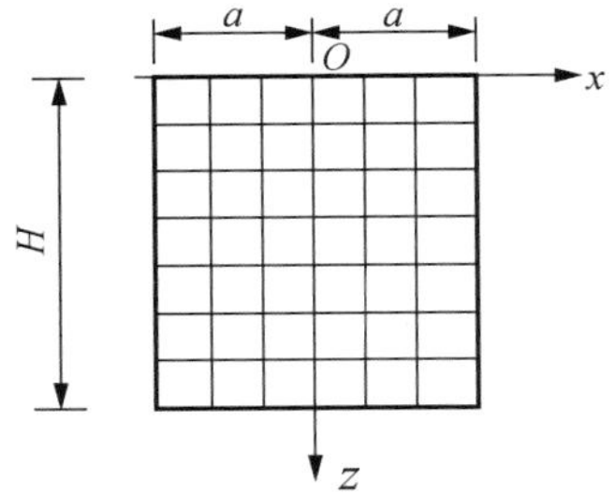

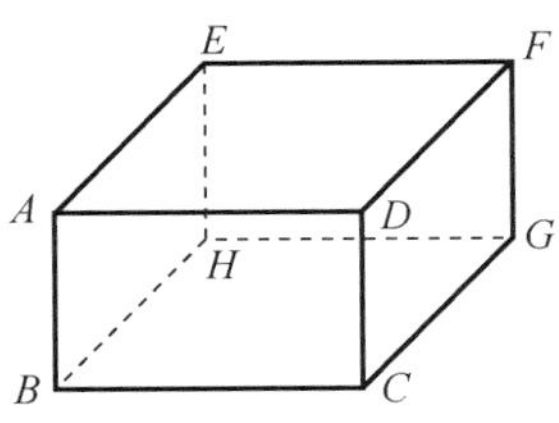

图 16.7　地基网格划分

将式（16.21）及式（16.25）代入式（16.24）可得

$$\Pi_e = \frac{1}{2}\{V\}_c^{\mathrm{T}}[G]_e\{V\}_c - \{V\}_c^{\mathrm{T}}(\{F\}_e + \{F^p\}_e) \tag{16.27}$$

其中

$$[G]_e = [N]_e^{\mathrm{T}}[k]_e[N]_e \quad \{F\}_e = [N]_e^{\mathrm{T}}[f]_e \tag{16.28}$$

$$\{F^p\}_e = [N]_e^{\mathrm{T}}\{f^p\}_e \tag{16.29}$$

整个地基的总势能泛函为

$$\Pi = \sum_{e=1}^{M}\Pi_e \tag{16.30}$$

将式（16.27）代入式（16.30）可得

$$\Pi = \frac{1}{2}\{V\}_C^{\mathrm{T}}[G]_C\{V\}_C - \{V\}_C^{\mathrm{T}}(\{f\}_C + \{f^p\}_C) \tag{16.31}$$

其中

$$\begin{cases}[G]_C = \sum_{e=1}^{M}[G]_e \\ \{f\}_C = \sum_{e=1}^{M}\{F\}_e \\ \{f^p\}_C = \sum_{e=1}^{M}\{F^p\}_e\end{cases} \tag{16.32}$$

利用变分原理可得地基刚度方程

$$[G]_C\{V\}_C = \{f\}_C + \{f^p\}_C \tag{16.33}$$

式中：$[G]_C$ 及 $\{f\}_C$ 分别为地基的刚度矩阵及荷载向量，与弹性状态相同，$\{f^p\}_C$ 为塑性变形或黏塑性变形引起的附加荷载向量。当 $\{f^p\}_C = \{0\}$，式（16.33）便为弹性地基的刚度方程。如果 $\boldsymbol{\sigma}_0 = \mathbf{0}$，则 $\{f^p\}_C = \{0\}$。如果地基带有地下洞，则可令属于这部分的单元刚度矩阵、荷载向量及附加荷载向量为零。由此可知，式（16.33）对任何复杂结构都适用。

由上述可知，虽然地基按有限元网格划分，但采用了三次 B 样条函数把它们转化，因此整个地基的基本未知量的个数与有限元网格划分无关，只与 z 方向的 B 样条函数的结点及 mn 有关，故式（16.33）中的未知量的数目很少。同时式（16.32）及式（16.32）不需要先扩张后叠加，而是直接相加，计算非常简便。如果 X_m、Y_m 及 Z_m 采用无限板条函数，则 $m=1$，$n=1$，计算大大简化。

如果采用正交函数，则可以利用正交函数式（16.33）进行简化。如果地基是无限地基，则可采用样条子域及样条无限子域建立无限地基模型，详见文献[1]的 3.13 节。

16.2.5　建立耦合体系的刚度方程

当上部结构、基础及地基的刚度方程建立后，利用上部结构、基础及地基交界面协调关系，即可建立耦合体系的刚度方程。为此将式（16.6）、式（16.8）及式（16.33）按上部结构、基础及地基三者的接触点与非接触点分离，即

$$\begin{bmatrix} G_{11} & G_{12} \\ G_{21} & G_{22} \end{bmatrix}_A \begin{Bmatrix} V_1 \\ V_2 \end{Bmatrix}_A = \begin{Bmatrix} f_1 \\ f_2 \end{Bmatrix}_A + \begin{Bmatrix} 0 \\ 0 \end{Bmatrix}_A \tag{16.34}$$

$$\begin{bmatrix} G_{11} & G_{12} & G_{13} \\ G_{21} & G_{22} & G_{23} \\ G_{31} & G_{32} & G_{33} \end{bmatrix}_B \begin{Bmatrix} V_1 \\ V_2 \\ V_3 \end{Bmatrix}_B = \begin{Bmatrix} f_1 \\ f_2 \\ f_3 \end{Bmatrix}_B + \begin{Bmatrix} 0 \\ 0 \\ 0 \end{Bmatrix}_B \tag{16.35}$$

$$\begin{bmatrix} G_{11} & G_{12} \\ G_{21} & G_{22} \end{bmatrix}_C \begin{Bmatrix} V_1 \\ V_2 \end{Bmatrix}_C = \begin{Bmatrix} f_1 \\ f_2 \end{Bmatrix}_C + \begin{Bmatrix} f_1^p \\ f_2^p \end{Bmatrix}_C \tag{16.36}$$

式中：$\boldsymbol{V}_{2A}$、$\boldsymbol{V}_{1B}$、$\boldsymbol{V}_{3B}$ 及 $\boldsymbol{V}_{1C}$ 分别为上部结构、基础及地基接触边界点的位移向量；$\boldsymbol{f}_{2A}$、$\boldsymbol{f}_{1B}$、$\boldsymbol{f}_{3B}$ 及 $\boldsymbol{f}_{1C}$ 分别为上部结构、基础及地基接触边界的边界力向量。它们满足条件

$$\begin{cases} \boldsymbol{V}_{2A} = \boldsymbol{V}_{1B} & \boldsymbol{f}_{2A} = -\boldsymbol{f}_{1B} & \text{在}\,\Gamma_1\text{上} \\ \boldsymbol{V}_{3B} = \boldsymbol{V}_{1C} & \boldsymbol{f}_{3B} = -\boldsymbol{f}_{1C} & \text{在}\,\Gamma_2\text{上} \end{cases} \tag{16.37}$$

利用式（16.39）的协调条件，可以将式（16.34）、式（16.35）及式（16.36）耦合起来，建立一个耦合体系的刚度方程

$$[G]\{V\} = \{f\} + \{f^p\} \tag{16.38}$$

利用式（16.38）可以求解高层建筑结构-基础-地基耦合体系的相互作用问题。

由上述可得如下结论。

（1）本节介绍的方法，对于高层建筑结构-基础-地基耦合体系的分析，不论如何复杂，地基不论是弹性、弹塑性、黏弹塑性，还是层状、非均质、带孔洞的，都是行之有效的分析方法，计算非常方便。

（2）地基刚度方程中的单元刚度矩阵可以包含无限元的刚度矩阵。

（3）考虑地基的塑性变形，计算结果与实测值吻合较好，整个耦合体系的应力分布更加合理。

（4）实践证明，此法不仅计算简便，而且精度也高，能满足工程上的精度要求。

16.2.6　上部结构-基础-地基耦合体系分析的 QR 法

可以把整个耦合体系利用 QR 法来分析，见文献[14]第四章。

16.3　相邻结构相互作用分析

在高层建筑群中，相邻建筑结构会相互作用。由此可知，分析建筑群中的高层建筑结构，不仅要考虑结构-基础-地基相互作用，而且还要考虑相邻结构相互作用（图 16.8）。本节以平面问题为例来介绍相邻结构相互作用分析的新方法。

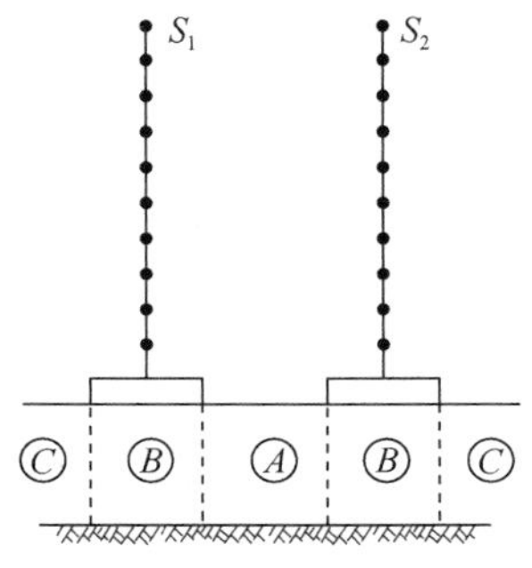

图 16.8　相邻结构-上部结构-土相互作用体系

16.3.1　建立样条地基子域

地基分析可以采用 QR 法、样条子域法及样条边界元法，因此建立样条地基子域也可采用各种各样的方法。本节采用下列方法建立样条地基子域。

1. 建立有限域的样条地基子域

在图 16.9 中，A 区及 B 区的地基为有限域，它们可以划分为三个子域（A 域、B_1 域及 B_2 域），也可以将 A 区及 B 区合起来视为一个子域。如果地基是分层地基，则每一层视为一个子域。

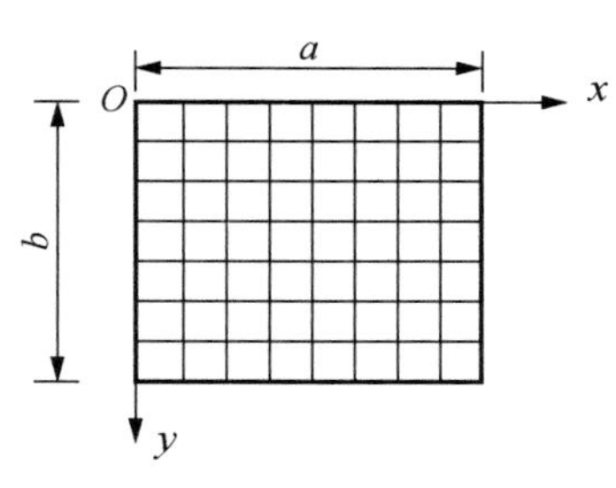

图 16.9　样条有限子域

如果对子域进行单样条离散化，则可建立单样条子域；如果对子域进行双样条离散化，则可建立双样条子域；如果对子域进行双向单样条离散化，则可建立双向单样条子域。本节只介绍双样条地基子域。

（1）样条离散化。如果对地基子域进行双样条离散化（图 16.9），则

$$u=\sum_{i=-1}^{N+1}\sum_{j=-1}^{M+1}u_{ij}\phi_i(x)\psi_j(z) \tag{16.39}$$

式中：$u=u,v$，也可采用形式

$$u=\sum_{i=0}^{N}\sum_{j=0}^{M}u_{ij}\phi_i(x)\psi_j(z) \tag{16.40}$$

式中：$\phi_i(x)$ 及 $\psi_j(z)$ 为 3 次样条基函数，它们满足条件为

$$\phi_i(x_k)=\delta_{ik} \qquad \psi_j(z_l)=\delta_{jl} \tag{16.41}$$

式中：δ_{ik} 及 δ_{jl} 为 Kronecker 符号

$$\delta_{ik}=\begin{cases}1 & i=k\\ 0 & i\neq k\end{cases} \tag{16.42}$$

$\phi_i(x)$ 及 $\psi_j(z)$ 的具体形式可由文献[16]第一章选用，例如可选用形式

$$\begin{aligned}\phi_i(x)=&\frac{10}{3}\phi_3\left(\frac{x}{h}-i\right)-\frac{4}{3}\phi_3\left(\frac{x}{h}-i-\frac{1}{2}\right)-\frac{4}{3}\phi_3\left(\frac{x}{h}-i+\frac{1}{2}\right)\\&+\frac{1}{6}\phi_3\left(\frac{x}{h}-i-1\right)+\frac{1}{6}\phi_3\left(\frac{x}{h}-i+1\right)\end{aligned} \tag{16.43}$$

由上述可得

$$\boldsymbol{u}=([\psi]\otimes[\phi])\{u\} \qquad \boldsymbol{v}=([\psi]\otimes[\phi])\{v\} \tag{16.44}$$

其中

$$\begin{gathered}[\phi]=[\phi_0 \quad \phi_1 \quad \phi_2 \quad \cdots \quad \phi_N]\\ [\psi]=[\psi_0 \quad \psi_1 \quad \psi_2 \quad \cdots \quad \psi_M]\\ \{u\}=[\{u\}_0^{\mathrm{T}} \quad \{u\}_1^{\mathrm{T}} \quad \{u\}_2^{\mathrm{T}} \quad \cdots \quad \{u\}_M^{\mathrm{T}}]^{\mathrm{T}}\\ \boldsymbol{u}=\boldsymbol{u},\boldsymbol{v} \qquad \boldsymbol{u}_j=[u_0 \quad u_1 \quad u_2 \quad \cdots \quad u_N]^{\mathrm{T}}\end{gathered}$$

由上述可得

$$\boldsymbol{V}=[N]\{\delta\}_e \qquad \boldsymbol{\varepsilon}=[B]\{\delta\}_e \tag{16.45}$$

其中

$$\begin{cases}\boldsymbol{V}=[u \quad v]^{\mathrm{T}} \quad \boldsymbol{\varepsilon}=[\varepsilon_x \quad \varepsilon_y \quad \gamma_{xy}]^{\mathrm{T}}\\ \{\delta\}_e=[\{\delta\}_0^{\mathrm{T}} \quad \{\delta\}_1^{\mathrm{T}} \quad \cdots \quad \{\delta\}_M^{\mathrm{T}}]^{\mathrm{T}} \quad \{\delta\}_j=[\delta_0^{\mathrm{T}} \quad \delta_1^{\mathrm{T}} \quad \cdots \quad \delta_N^{\mathrm{T}}]_j^{\mathrm{T}}\\ [N]=[[N]_0 \quad [N]_1 \quad \cdots \quad [N]_M] \quad [N]_j=[N_0 \quad N_1 \quad \cdots \quad N_N]_j\\ [B]=[[B]_0 \quad [B]_1 \quad \cdots \quad [B]_M]^{\mathrm{T}} \quad [B]_j=[B_0 \quad B_1 \quad \cdots \quad B_N]_j\end{cases} \tag{16.46}$$

$$\begin{aligned}&\boldsymbol{\delta}_{ij}=[u_i \quad v_i]_j^{\mathrm{T}}\\ &\boldsymbol{N}_{ij}=\mathrm{diag}(\phi_i\psi_j,\phi_i\psi_j)\end{aligned} \qquad [B]=\begin{bmatrix}\phi_i'\psi_j & 0 & \phi_i\psi_j'\\ 0 & \phi_i\psi_j' & \phi_i'\psi_j\end{bmatrix}^{\mathrm{T}} \tag{16.47}$$

（2）建立双样条子域总势能泛函。利用瞬时最小势能原理可以建立双样条子域总势能泛函。如果不计阻尼，则

$$\Pi_e=\frac{1}{2}(\{\delta\}_e^{\mathrm{T}}[k]_e\{\delta\}_e+\{\delta\}_e^{\mathrm{T}}[m]_e\{\ddot{\delta}\}_e)-\{\delta\}_e^{\mathrm{T}}\{f\}_e \tag{16.48}$$

其中

$$\begin{cases}[k]_e=\int_\Omega [B]^{\mathrm{T}}\boldsymbol{D}[B]\mathrm{d}\Omega\\ [m]_e=\int_\Omega \boldsymbol{\rho}[N]^{\mathrm{T}}[N]\mathrm{d}\Omega\\ \{f\}_e=\int_\Omega [N]^{\mathrm{T}}\boldsymbol{q}\mathrm{d}\Omega+\int_\Gamma [N]^{\mathrm{T}}\boldsymbol{p}\mathrm{d}\Gamma\end{cases} \tag{16.49}$$

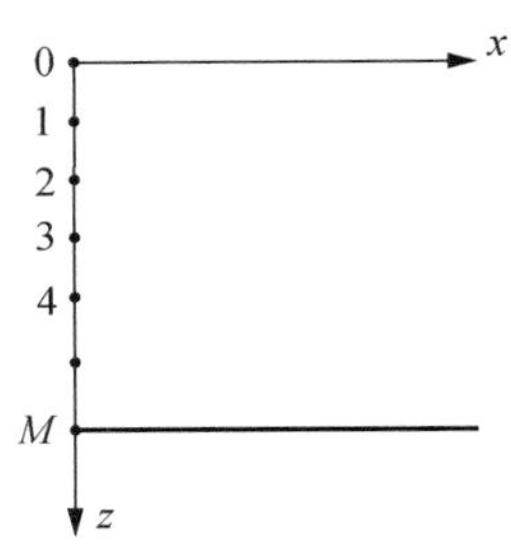

图 16.10　样条无限子域

2. 建立无限域的样条地基无限子域

在图 16.8 中，C 区的地基为无限域，可以当作一个地基子域。如果地基是分层地基，则每一层是一个无限子域（图 16.10）。

如果对无限子域竖向进行样条离散化，则

$$u=\sum_{j=0}^{M}\boldsymbol{u}_{0j}\psi_j(z)f(\bar{x})\qquad v=\sum_{j=0}^{M}\boldsymbol{v}_{0j}\psi_j(z)f(\bar{x})\tag{16.50}$$

式中：$f(\bar{x})$ 为衰减函数，可采用形式

$$f(\bar{x})=\begin{cases}\mathrm{e}^{-n\bar{x}} & x\geqslant 0\\ \mathrm{e}^{n\bar{x}} & x\leqslant 0\end{cases}\tag{16.51}$$

式中：$\bar{x}=x/B$，B 为基础宽度。由上述可得

$$\boldsymbol{V}=[N]\{\delta\}_e\qquad \boldsymbol{\varepsilon}=[B]\{\delta\}_e\tag{16.52}$$

其中

$$\begin{cases}\{\delta\}_e=[\{\delta\}_0^{\mathrm{T}}\quad \{\delta\}_1^{\mathrm{T}}\quad \cdots\quad \{\delta\}_M^{\mathrm{T}}]^{\mathrm{T}}\\ [N]=[[N]_0\quad [N]_1\quad \cdots\quad [N]_M]\\ [B]=[[B]_0\quad [B]_1\quad \cdots\quad [B]_M]\end{cases}\tag{16.53}$$

$$\begin{cases}\{\delta\}_j=[u_0\quad v_0]_j^{\mathrm{T}}\\ \boldsymbol{N}_j=\mathrm{diag}(f(\bar{x})\psi_j,f(\bar{x})\psi_j)\\ [B]=\begin{bmatrix}f'(\bar{x})\psi_j & 0 & f(\bar{x})\psi_j'\\ 0 & f(\bar{x})\psi_j' & f'(\bar{x})\psi_j\end{bmatrix}^{\mathrm{T}}\end{cases}\tag{16.54}$$

利用瞬时最小势能原理可以建立样条无限子域总势能泛函。如果不计阻尼，则

$$\varPi_e=\frac{1}{2}(\{\delta\}_e^{\mathrm{T}}[k]_e\{\delta\}_e+\{\delta\}_e^{\mathrm{T}}[m]_e\{\ddot{\delta}\}_e)-\{\delta\}_e^{\mathrm{T}}\{f\}_e\tag{16.55}$$

其中

$$\begin{cases}[k]_e=\int_{\varOmega}[B]^{\mathrm{T}}D[B]\mathrm{d}\varOmega\\ [m]_e=\int_{\varOmega}\rho[N]^{\mathrm{T}}[N]\mathrm{d}\varOmega\\ \{f\}_e=\int_{\varOmega}[N]^{\mathrm{T}}q\mathrm{d}\varOmega+\int_{\varGamma}[N]^{\mathrm{T}}p\mathrm{d}\varGamma\end{cases}\tag{16.56}$$

如果$[k]_e$、$[m]_e$及$\{f\}_e$是属于$\bar{x}\geqslant 0$的样条无限子域，则$\bar{x}\leqslant 0$的样条无限子域应有

$$[\bar{k}]_e=[T]^{\mathrm{T}}[k]_e[T]\qquad [\bar{m}]_e=[T]^{\mathrm{T}}[m]_e[T]\qquad \{\bar{f}\}_e=[T]^{\mathrm{T}}\{f\}_e\tag{16.57}$$

式中：$[T]$为转换矩阵，即

$$[T]=\mathrm{diag}([\lambda]_0,[\lambda]_1,\cdots,[\lambda]_M)\tag{16.58}$$

其中

$$[\lambda]_j=\mathrm{diag}(-1,\ 1)\qquad j=0,\ 1,\ 2,\ \cdots,\ M$$

3. 建立样条地基总势能泛函

如果地基的样条有限子域及样条无限子域建立，则利用样条子域之间的变形协调条件即可建立样条地基总势能泛函

$$\Pi=\sum_{e=1}^{M}\Pi_e \tag{16.59}$$

将式（16.48）及式（16.55）代入式（16.59）可得

$$\Pi_b=\frac{1}{2}(\{\delta\}_b^{\mathrm{T}}[k]_b\{\delta\}_b+\{\delta\}_b^{\mathrm{T}}[m]_b\{\ddot{\delta}\}_b)-\{\delta\}_b^{\mathrm{T}}\{f\}_b \tag{16.60}$$

其中

$$[k]_b=\sum_{e=1}^{M}[k]_e^A \qquad [m]_b=\sum_{e=1}^{M}[m]_e^A \qquad \{f\}_b=\sum_{e=1}^{M}\{f\}_e^A \tag{16.61}$$

式中：$\{\delta\}_b$ 为整个地基样条结点位移向量。如果 $\{\delta\}_b$ 为 n 的向量，则 $\{f\}_e^A$ 为 $\{f\}_e$ 扩大的 n 的向量，$[k]_e^A$ 及 $[m]_e^A$ 分别为 $[k]_b$ 及 $[m]_b$ 扩大的 $n\times n$ 阶矩阵。由式（16.61）可知，整个地基的 $[k]_b$、$[m]_b$ 及 $\{f\}_e$ 均可由先扩张后叠加的办法建立。

16.3.2 建立结构样条子域

结构分析可以采用 QR 法、样条子域法及样条有限点法。因此，建立结构样条子域也可以采用各种各样的方法。本节利用 QR 法建立结构样条结构子域，它的势能泛函为

$$\Pi_s=\frac{1}{2}(\{\delta\}_s^{\mathrm{T}}[k]_s\{\delta\}_s+\{\delta\}_s^{\mathrm{T}}[m_s]\{\ddot{\delta}\}_s)-\{\delta\}_s^{\mathrm{T}}\{f\}_s \tag{16.62}$$

16.3.3 建立整个结构耦合体系控制方程

利用变分原理可得地基及结构的控制方程

$$[m]_s\{\ddot{\delta}\}_s+[k]_s\{\delta\}_s=\{f\}_s \qquad [m]_b\{\ddot{\delta}\}_b+[k]_b\{\delta\}_b=\{f\}_b \tag{16.63}$$

利用上部结构与地基交界面的协调条件，即可建立整个耦合体系控制方程

$$[M]\{\ddot{\delta}\}+[K]\{\delta\}=\{f\} \tag{16.64}$$

16.3.4 相邻结构相互作用

利用式（16.63）可以分析相邻结构的相互作用，包括静力及动力的影响。计算结果如下所述。

（1）当相邻结构相距较远时，有 $L\geqslant 2.5B$，相邻结构相互作用影响很小，式中 L 为相邻结构间距，B 为结构基础宽度。当 $L\leqslant B$ 时，相邻结构相互作用有明显影响；当 $L\leqslant 0.1B$ 时，影响更显著，尤其是剪力最大时，比 $L=2.5B$ 时增加 33%。由此可知，当相邻结构较近时，要考虑相邻结构相互作用的影响。

（2）考虑地面差动后，结构最大位移、最大弹性位移及基底最大剪力一般均比不考虑地面差动的要小。由此可知，采用不考虑地面差动的结果偏于安全。

（3）在基底输入地震波时，不考虑地震波的相对位差对结构响应的影响不大，可以

不考虑相位差的影响。

（4）基岩上较软的土层会起到放大地震波的作用，无限地基辐射阻尼会降低相邻结构相互作用的影响。

16.3.5　相邻结构相互作用分析的 QR 法

可以把整个相邻结构用 QR 法来分析，见文献[14]第四章。

16.4　地下工程分析的样条无限元——QR 法

地下结构与周围岩土介质相互作用分析是一个重要问题，但精确分析很困难，因此只得采用数值方法分析地下结构与岩土介质相互作用。如果采用有限元法，则计算也非常困难。为此，作者提出了样条无限元 QR 法分析地下结构与岩土介质相互作用。这是一种新方法，原理如下。①利用 QR 法建立地下结构及其近场岩土介质的控制方程；②利用样条无限元法建立远场岩土介质的控制方程；③建立地下结构及岩土介质耦合体系的控制方程；④分析耦合体系的位移及应力。这种方法具有样条有限元法及样条无限元法的优点，突破了传统方法。本节介绍样条无限元 QR 法及其在地下工程中的应用。

16.4.1　利用 QR 法建立地下结构控制方程

图 16.11 是地下结构。如果对地下结构及其近场岩土介质网格划分（图 16.12），则可利用 QR 法建立地下结构及其近场岩土介质的控制方程

$$\Pi_A = \frac{1}{2}\{\delta\}_A^{\mathrm{T}}[K]_A\{\delta\}_A - \{\delta\}_A^{\mathrm{T}}\{f\}_A \tag{16.65}$$

利用变分原理可得

$$[K]_A\{\delta\}_A = \{f\}_A \tag{16.66}$$

具体做法与文献[1]的式（16.215）～式（16.164）相同。

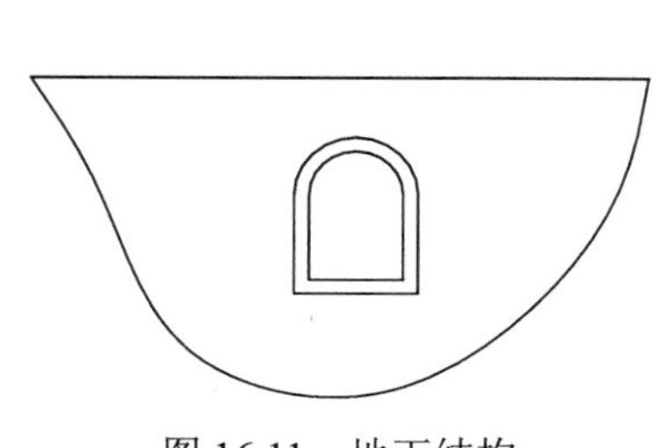

图 16.11　地下结构

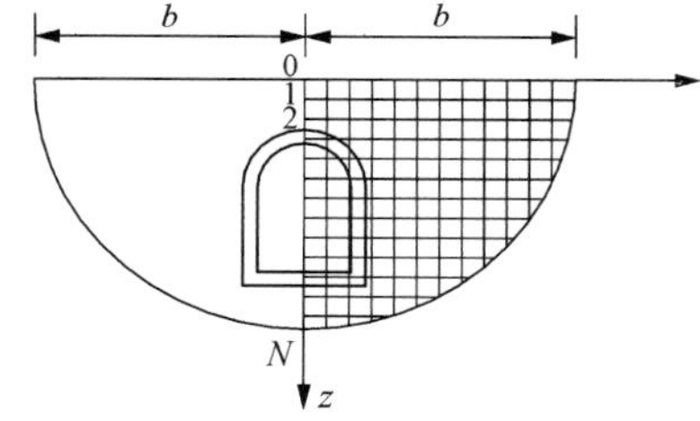

图 16.12　网格划分

16.4.2　利用样条无限元法建立远场岩土介质控制方程

如果对远场岩土介质进行圆弧样条离散化（图 16.13），则

$$u_r = \sum_{j=0}^{P} u_{rj} \phi_j(\theta) f(r) \qquad u_\theta = \sum_{j=0}^{P} u_{\theta j} \phi_j(\theta) f(r) \tag{16.67}$$

式中：$f(r)$为衰减函数，即

$$f(r) = (r / R)^{-n} \qquad r \geqslant R \tag{16.68}$$

$\phi_j(\theta)$为三次样条基函数，它的形式为

$$\begin{aligned}\phi_j(\theta) = &\frac{10}{3}\phi_3\left(\frac{\theta}{h} - j\right) - \frac{4}{3}\phi_3\left(\frac{\theta}{h} - j - \frac{1}{2}\right) - \frac{1}{3}\phi_3\left(\frac{\theta}{h} - j + \frac{1}{2}\right) \\ &+ \frac{1}{6}\phi_3\left(\frac{\theta}{h} - j - 1\right) + \frac{1}{6}\phi_3\left(\frac{\theta}{h} - j + 1\right)\end{aligned} \tag{16.69}$$

利用样条无限元法可以建立远场岩土介质的控制方程

$$\Pi_b = \frac{1}{2}\{\delta\}_B^{\mathrm{T}}[K]_B\{\delta\}_B - \{\delta\}_B^{\mathrm{T}}\{f\}_B \tag{16.70}$$

利用变分法可得

$$[K]_B\{\delta\}_B = \{f\}_B \tag{16.71}$$

具体做法与文献[1]的式（16.166）～式（16.236）相同。

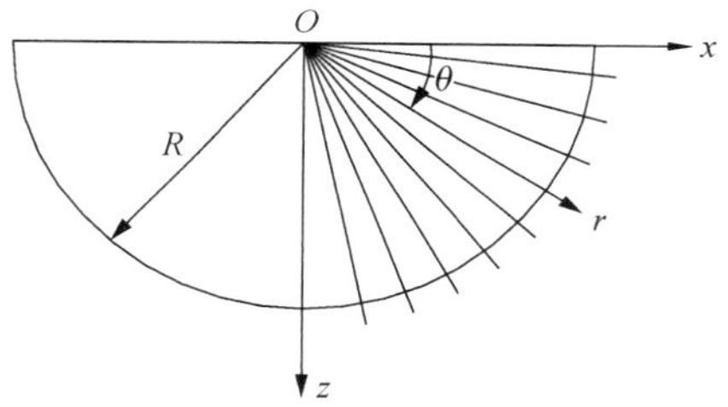

图 16.13　远场岩土介质样条离散化

16.4.3　建立耦合体系控制方程

利用远场及近场之间的连续条件可得

$$\Pi = \frac{1}{2}\{\delta\}^{\mathrm{T}}[K]\{\delta\} - \{\delta\}^{\mathrm{T}}\{f\} \tag{16.72}$$

利用变分原理可得

$$[K]\{\delta\} = \{f\} \tag{16.73}$$

具体做法与文献[1]的式（16.237）～式（16.244）相同。

16.4.4　分析地下结构

利用式（16.73）求出$\{\delta\}$后，即可利用相应的公式求地下结构及其周围岩土介质的位移及应力。

上述分析地下结构的方法称为样条无限元——QR 法。它集有限元法、无限元法、QR 法及样条函数方法的优点于一体，是一个经济有效的新方法。

16.4.5　地下工程分析的 QR 法

可以把整个地下工程用 QR 法来分析，见文献[14]第四章。这个方法集有限元法、

无限元法及样条函数方法的优点于一体，突破了传统方法。

16.5 计 算 例 题

例 16.1　图 16.14 为 10 层框架结构，已知柱截面为 0.5m×0.5m，底层弹性模量为 3000MPa，其余层弹性模量为 2600MPa；梁截面为 0.22m×0.60m，弹性模量为 2600MPa，每层梁上都有均布荷载 5.33kN/m 作用；基础梁的抗弯刚度为 450MPa；地基的弹性模量为 1000kN/m^2。框架、基础及地基相互作用的计算结果见图 16.15 及表 16.1。

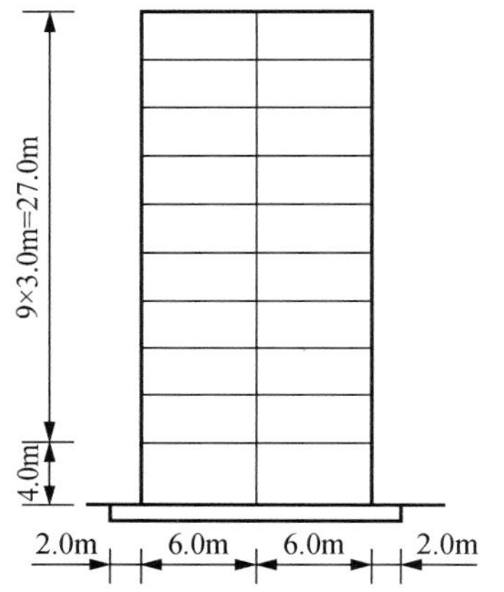

图 16.14　框架-基础梁-地基耦合体系

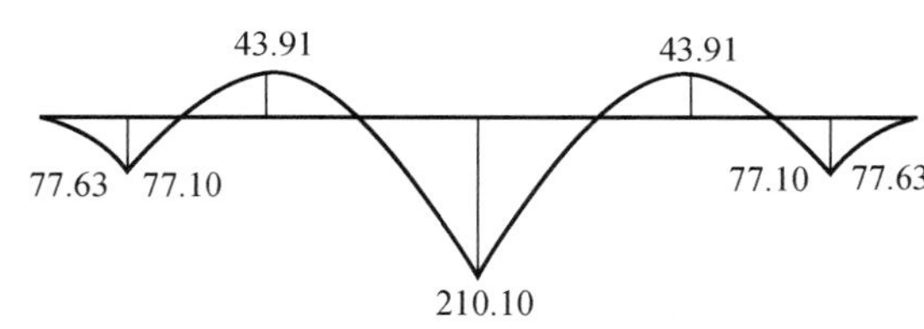

图 16.15　基础梁弯矩图（单位：kN · m）

表 16.1　框架的弯矩值值　　（单位：kN · m）

楼层		1	2	3	4	5	6	7	8	9	10
第一跨梁	$M_左$	17.51	18.50	19.26	19.69	19.96	20.33	20.91	21.43	16.84	18.03
	$M_右$	13.14	12.25	11.51	10.98	10.60	10.20	9.74	9.35	9.65	10.91
第一列柱	$M_上$	8.02	9.47	9.59	10.13	9.72	10.17	10.60	10.73	10.80	18.03
	$M_下$	7.52	9.49	9.03	9.07	9.56	10.26	10.22	10.31	10.70	12.04

例 16.2　图 16.16 是一个结构与地基相互作用问题。结构为 12 层框架，层高 3.2m，各层楼面质量 $m_r = 9.8 \times 10^3 \text{kg}$，各层水平侧移刚度 $k_r = 12.93 \times 10^7 \text{N/m}^2$，刚性承台质量 $m_0 = 5.0 \times 10^3 \text{kg}$，高度 $h_0 = 2\text{m}$，宽度 $B = 10\text{m}$，地基为层状地基，各层特性参数如表 16.2 所示。土及结构阻尼比分别为 0.2 及 0.04。地表面（承台底面）输入 EL-Centro 波（1940，S-N）。

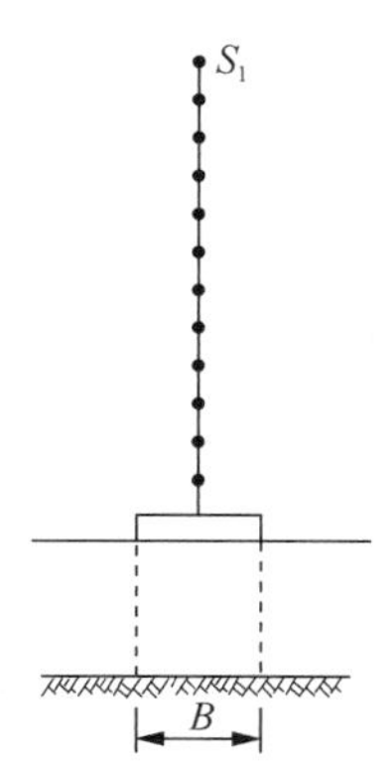

图 16.16　结构与地基的相互作用

本例利用样条无限元——QR 法分析，所得结果列在表 16.3 及表 16.4 中。从表 16.4 可知，考虑相互作用后结构的顶点位移要比刚性基础（不考虑相互作用）时的位移大，而顶点位移、基底总剪力要比刚性基础时的小。影响相互作用效果的主要因素与结构及地基的相对刚度有关。

表 16.2　各层地质资料数据

土层名称	E/（N/m^2）	μ	ρ/（kg/m^3）	厚度/m	计算分层
黏土	2.365×10^3	0.49	1930	6	二层
细砂	2.042×10^3	0.47	1860	3	一层
中粒砂	2.721×10^3	0.49	2060	3	一层

表 16.3　自振频率

自振频率		ω_1	ω_2	ω_3	ω_4	ω_5
不考虑相互作用	文献[18]	14.4248	43.0470	70.9902	97.8139	123.0951
	本书方法	14.4259	43.0542	71.8158	97.8158	123.0972
考虑相互作用	文献[18]	10.3229	28.3886	34.3130	40.1496	49.3553
	本书方法	10.3234	28.3874	34.3138	40.1506	49.3576

表 16.4　最大位移及剪力值

	不考虑相互作用体系			考虑相互作用体系		
位移及剪力	u_t/cm	u_e/cm	Q/kN	u_t/cm	u_e/cm	Q/kN
文献[18]	4.2381	4.2381	737.89	9.4770	4.0122	508.37
本书方法	4.2396	4.2396	737.96	9.4782	4.0131	508.41

注：表中 u_t 及 u_e 分别为结构顶层最大总位移及最大弹性位移，Q 为底层最大剪力。

例 16.3　图 16.17 是一个相邻结构相互作用问题。相邻结构均为 12 层，层高 3.2m，各层楼面质量 $m_r=9.8\times10^3\text{kg}$，各层水平侧移刚度 $k_r=12.93\times10^7\text{N}/\text{m}^2$，刚性承台质量 $m_0=5.0\times10^3\text{kg}$，高度 $h_0=2\text{m}$，宽度 $B_1=B_2=10\text{m}$，各层特性参数与表 16.2 的相同，其余数据与例 16.2 相同，$A=20\text{m}$。

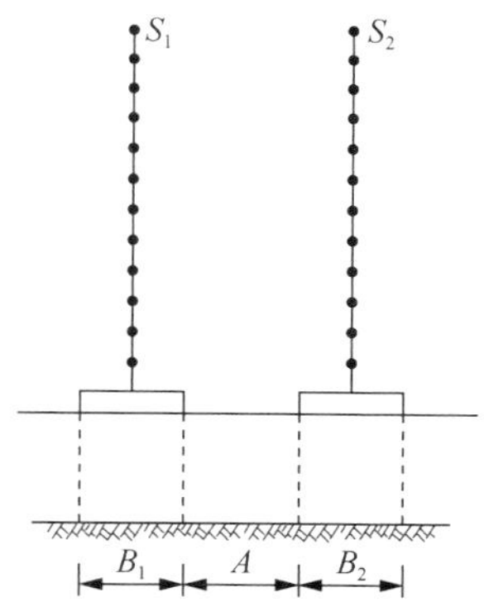

图 16.17　相邻结构相互作用

利用样条无限元 QR 法分析，所得结果列在表 16.5 及表 16.6 中。由此可知，当 $A/B\geqslant2.5$ 时，相邻结构之间相互作用的影响很小。

表 16.5　自振频率

自振频率		ω_1	ω_2	ω_3	ω_4	ω_5
不考虑相互作用体系	文献[18]	14.4248	43.0470	70.9902	97.8139	123.0951
	本书方法	14.4246	43.0542	70.9942	97.8158	123.0972
考虑相互作用体系	文献[18]	9.5402	25.9186	32.2525	40.8944	40.9619
	本书方法	9.5391	25.9178	32.2513	40.8936	40.9621

表 16.6　相邻结构相互作用的位移及剪力值

间距	A 与 B 之比	结构 S_1（结构 S_2）					
A	A/B	u_t/cm		u_e/cm		Q/kN	
		文献[18]	本书	文献[18]	本书	文献[18]	本书
1	0.1	9.5071	9.5075	5.0158	5.0162	734.46	734.48
3	0.3	9.7104	9.7112	4.4630	4.4636	637.23	637.26
5	0.5	9.7393	9.7406	4.3578	4.3582	590.70	590.74
10	1.0	9.7021	9.7042	4.0832	4.0841	552.25	552.28
15	1.5	9.6480	9.6484	4.0254	4.0285	547.87	548.00
20	2.0	9.6268	9.6273	4.0166	4.0172	549.88	549.96
25	2.5	9.6104	9.6112	4.0112	4.0114	552.87	552.92
30	3.0	9.6101	9.6111	4.0101	4.0109	551.94	552.99

例 16.4　图 16.18 是一个地下防护工程问题。设有一个抛物线形山体中横穿一马蹄形山洞，在顶部传来爆炸波。地下结构：$E_s = 2.1\times10^{11}\text{N/m}^2$，$\rho_s = 7840\text{kg/m}^3$，$\mu_s = 0.25$，壳厚 $d = 0.22\text{m}$。岩土介质：$E_0 = 6.2\times10^{10}\text{N/m}^2$，$\rho_0 = 7840\text{kg/m}^3$，$\mu_0 = 0.25$。$A$ 点至地面的距离为 $2a$。这是一个三维动力学问题，可以利用样条无限元——QR 法进行分析。图 16.19 给出山洞中部截面上 A 点的位移波形，其中 t 为时间，c_1 为波速，G 为介质剪切模量，u 为 A 点的竖向位移。

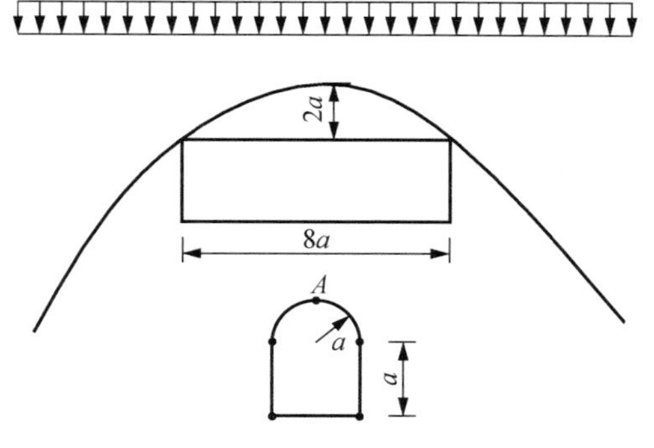

图 16.18　地下防护结构

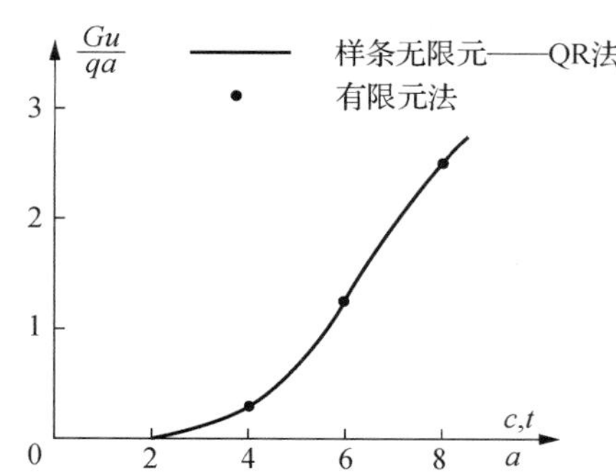

图 16.19　A 点径向位移响应

1982 年以来，作者的研究生对结构与地基相互作用的分析做过许多研究，编制了有关程序，计算了不少例题，效果很好，证明了这些新方法比有限元法优越，详见文献[9]～[15]。

参 考 文 献

[1] 秦荣．计算结构力学[M]．北京：科学出版社，2001．
[2] 秦荣．工程结构非线性[M]．北京：科学出版社，2006．
[3] 秦荣．水-拱坝-地基耦合体系分析的新方法[M]//曹志远．结构与介质相互作用理论及其应用．南京：河海大学出版社，1993．
[4] 秦荣，许英姿．弹塑性层状地基的样条子域法[J]．工程力学，1994，11（增刊）：244-251．
[5] 秦荣．桩与土相互作用分析的 QR 法[J]．工程力学，1995，12（增刊）：1417-1422．
[6] 秦荣．桩与桩相互作用分析的 QR 法[J]．工程力学，1997，14（增刊）：481-485．
[7] 燕柳斌．结构与岩土介质相互作用分析方法及其应用[D]．南宁：广西大学，2004．
[8] 唐春海．QR 法在土与结构相互作用分析中的应用[D]．南宁：广西大学，2005．
[9] 梁汉吉．高层建筑结构与地基基础共同作用分析的新方法[D]．南宁：广西大学，1993．
[10] 李革．单桩与土相互作用的分析方法[D]．南宁：广西大学，1995．
[11] 何昌如．Власов 地基上的结构物的样条函数方法[D]．南宁：广西大学，1985．
[12] 许英姿．层状地基弹塑性分析的样条函数方法[D]．南宁：广西大学，1994．
[13] 邹万杰．结构与地基相互作用分析的 QR 法[D]．南宁：广西大学，1998．
[14] 秦荣．高层与超高层建筑结构[M]．北京：科学出版社，2007．
[15] 秦荣．高层建筑结构弹塑性分析的新方法[J]．土木工程学报，1994，27（6）：3-10．
[16] 秦荣．计算结构非线性力学[M]．南宁：广西科学技术出版社，1999．
[17] 秦荣，何昌如．弹性地基薄板的静力及动力分析[J]．土木工程学报，1988，21（3）：71-80．
[18] 秦荣．能量配点法及其应用[J]．工程力学，1984，1（1）：24-50．

第十七章　地基极限分析的弹性调整 QR 法

地基及其结构的极限分析是求地基及其结构破坏时的承载能力。地基及其结构在一定荷载作用下才能被破坏，它们破坏时承受的荷载称为地基及其结构的极限荷载。由此可知，地基及其结构的极限分析，主要任务是求它们的极限荷载。

在结构工程、桥梁工程、水利工程、地下工程及岩土工程设计中，其是一个重要问题，因此国内外许多学者在这方面做过研究。1985 年以来，作者致力于研究结构及岩土极限分析的新理论新方法，1989 年创立了塑性铰模型 QR 法，1992 年创立了弹性调整 QR 法，为结构及其岩土极限分析开辟了一条新途径。本章主要介绍结构及其地基极限分析的新方法[1-15]。

17.1　结构分析的 QR 法

QR 法是秦荣教授于 1984 年创立的[1]，对任意复杂结构的分析都适用。本节以图 17.1 所示的框架结构为例，可建立结构非线性分析的 QR 法三种计算格式[1]。本书只介绍第一种格式。

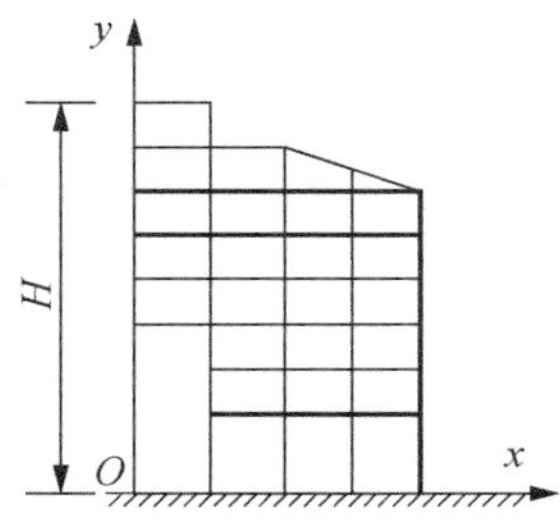

图 17.1　高层平面框架

17.1.1　样条离散化

图 17.1 是一个高层平面框架。如果对框架沿 x 方向进行单样条离散化（图 17.2），则它的位移函数可以采用的形式为

$$
\begin{cases}
u = \sum_{m=1}^{r} [\phi]\{u\}_m X_m(y) \\
v = \sum_{m=1}^{r} [\phi]\{v\}_m Y_m(y) \\
\theta = \sum_{m=1}^{r} [\phi]\{\theta\}_m \Theta_m(y)
\end{cases}
\tag{17.1}
$$

式中：X_m、Y_m、Θ_m 为正交函数或正交多项式，也可以采用板条函数或任意函数。本节采用

$$
\phi_i(x) = \frac{10}{3}\varphi_3\left(\frac{x}{h}-i\right) - \frac{4}{3}\varphi_3\left(\frac{x}{h}-i+\frac{1}{2}\right) - \frac{4}{3}\varphi_3\left(\frac{x}{h}-i-\frac{1}{2}\right) + \frac{1}{6}\varphi_3\left(\frac{x}{h}-i+1\right) + \frac{1}{6}\varphi_3\left(\frac{x}{h}-i-1\right)
\tag{17.2}
$$

式中：$\phi_i(x)$ 为样条基函数。

$$\begin{cases} X_m(y) = \sum_{n=1}^{m} (-1)^{n-1} \dfrac{(m+n)!n}{(m-n)!(n+1)!(n-1)!} \left(\dfrac{y}{H}\right)^{n-1} \\ Y_m = \Theta_m = X_m \end{cases} \tag{17.3}$$

$$\begin{cases} \{u\}_m = [u_0 \quad u_1 \quad \cdots \quad u_N]_m^{\mathrm{T}} & \{v\}_m = [v_0 \quad v_1 \quad \cdots \quad v_N]_m^{\mathrm{T}} \\ \{\theta\}_m = [\theta_0 \quad \theta_1 \quad \cdots \quad \theta_N]_m^{\mathrm{T}} & [\phi] = [\phi_0 \quad \phi_1 \quad \cdots \quad \phi_N] \end{cases} \tag{17.4}$$

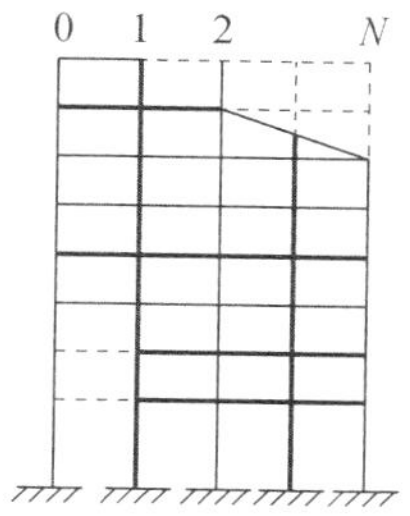

图 17.2　高层框架样条离散化

由式（17.1）可得

$$\boldsymbol{V} = [N]\{V\} \tag{17.5}$$

其中

$$\begin{cases} \boldsymbol{V} = [u \quad v \quad \theta]^{\mathrm{T}} \\ \{V\} = [\{V\}_0^{\mathrm{T}} \quad \{V\}_1^{\mathrm{T}} \quad \cdots \quad \{V\}_N^{\mathrm{T}}]^{\mathrm{T}} \\ [N] = [[N]_0 \quad [N]_1 \quad \cdots \quad [N]_N] \end{cases} \tag{17.6}$$

$$\begin{cases} [N]_i = [N_{i1} \quad N_{i2} \quad \cdots \quad N_{ir}] & \{V\}_i = [V_{i1}^{\mathrm{T}} \quad V_{i2}^{\mathrm{T}} \quad \cdots \quad V_{ir}^{\mathrm{T}}]^{\mathrm{T}} \\ V_{im} = [u_{im} \quad v_{im} \quad \theta_{im}]^{\mathrm{T}} & \boldsymbol{N}_{im} = \mathrm{diag}(\phi_i X_m, \phi_i Y_m, \phi_i \Theta_m) \end{cases} \tag{17.7}$$

17.1.2　建立单元结点位移向量与整个框架样条结点位移向量的转化关系

如果将框架分为若干根杆，则任一根杆称为一个梁单元。如果梁单元为二结点单元，则它的结点位移向量（图 17.2）可写成

$$\{V\}_e = [T][N]_e\{V\} \tag{17.8}$$

其中

$$\{V\}_e = [\{V\}_A^{\mathrm{T}} \quad \{V\}_B^{\mathrm{T}}]^{\mathrm{T}} \qquad [N]_e = [[N]_A^{\mathrm{T}} \quad [N]_B^{\mathrm{T}}]^{\mathrm{T}} \tag{17.9}$$

式中：$[N]_A$ 为 $[N]$ 在 A 点的矩阵，可以利用式（17.6）中的 $[N]$ 确定；$[T]$ 为坐标变换矩阵。

17.1.3　建立单元的样条离散化变分方程

利用变分原理可得

$$\delta\Pi_e = \delta\{V\}_e^{\mathrm{T}}[k]_e\{V\}_e - \delta\{V\}_e^{\mathrm{T}}\{f\}_e = 0 \tag{17.10}$$

将式（17.8）代入上式可得

$$\delta\Pi_e = \delta\{V\}^{\mathrm{T}}([K]_e\{V\} - \{F\}_e) = 0 \tag{17.11}$$

这是单元样条离散化变分方程，式中

$$[K]_e = [N]_e^{\mathrm{T}}[T]^{\mathrm{T}}[k]_e[T][N]_e \qquad \{F\}_e = [N]_e^{\mathrm{T}}[T]^{\mathrm{T}}\{f\}_e \tag{17.12}$$

式中：$[k]_e$ 及 $\{f\}_e$ 分别为梁单元的刚度矩阵及荷载向量，即

$$[k]_e = [k_0]_e + [k_1]_e + [k_2]_e \qquad \{f\}_e = \{\bar{R}\}_e + \int_0^a [\bar{N}]_e^{\mathrm{T}} q \mathrm{d}x \tag{17.13}$$

式中：$[\bar{N}]_e$ 为梁单元的形函数矩阵；$\{\bar{R}\}_e$ 为梁单元的集中荷载向量；q 为梁单元的分布

荷载；$[k_0]_e$、$[k_1]_e$ 及 $[k_2]_e$ 分别为

$$\begin{cases}[k_0]_e=\int_0^a[B_0]_e^{\mathrm{T}}[D][B_0]_e\mathrm{d}x \quad [k_2]_e=\dfrac{1}{2}\int_0^a[J]_e^{\mathrm{T}}[\sigma][J]_e\mathrm{d}x\\ [k_1]_e=\int_0^a([B_0]_e^{\mathrm{T}}[D][B_1]_e+[B_1]_e^{\mathrm{T}}[D][B_0]_e+[B_1]_e^{\mathrm{T}}[D][B_1]_e)\mathrm{d}x\end{cases} \tag{17.14}$$

其中

$$[B_0]_e=\begin{bmatrix}\bar{N}_1' & 0 & 0 & \bar{N}_4' & 0 & 0\\ 0 & \bar{N}_2'' & \bar{N}_3'' & 0 & \bar{N}_5'' & \bar{N}_6''\end{bmatrix}$$

$$[J]_e=\begin{bmatrix}0 & \bar{N}_2' & \bar{N}_3' & 0 & \bar{N}_5' & \bar{N}_6'\\ 0 & 0 & 0 & 0 & 0 & 0\end{bmatrix}$$

$$[\bar{N}]_e=\begin{bmatrix}\bar{N}_1 & 0 & 0 & \bar{N}_4 & 0 & 0\\ 0 & \bar{N}_2 & \bar{N}_3 & 0 & \bar{N}_5 & \bar{N}_6\end{bmatrix}$$

$$[D]=\mathrm{diag}(EA,EI) \qquad [B_1]_e=[H][J] \qquad [H]=\mathrm{diag}\left(\frac{\mathrm{d}w}{\mathrm{d}x},0\right) \tag{17.15}$$

上述式中：$[D]$ 为梁单元的弹性矩阵；$[E]$ 为弹性模量向量；$[A]$ 及 $[I]$ 分别为梁的横截面面积及惯性矩；$\bar{\boldsymbol{N}}_1$、$\bar{\boldsymbol{N}}_2$、…、$\bar{\boldsymbol{N}}_6$ 分别为

$$\begin{cases}\bar{\boldsymbol{N}}_1=1-\dfrac{x}{a} \quad \bar{\boldsymbol{N}}_2=1-\left(\dfrac{x}{a}\right)^2+3\left(\dfrac{x}{a}\right)^3 \quad \bar{\boldsymbol{N}}_3=-x+2\dfrac{x^2}{a}-\dfrac{x^3}{a^2}\\ \bar{\boldsymbol{N}}_4=\dfrac{x}{a} \quad \bar{\boldsymbol{N}}_5=3\left(\dfrac{x}{a}\right)^2-2\left(\dfrac{x}{a}\right)^3 \quad \bar{\boldsymbol{N}}_6=\dfrac{x^2}{a}-\dfrac{x^3}{a^2}\end{cases} \tag{17.16}$$

式（17.14）的形式不是唯一的，可以建立不同的形式。

17.1.4　高层框架样条离散化刚度方程

如果高层框架划分为 M 个单元，则它的总势能泛函为

$$\varPi=\sum_{e=1}^{M}\varPi_e \tag{17.17}$$

利用变分原理可得

$$\delta\varPi=\sum_{e=1}^{M}\delta\varPi_e=\delta\{V\}^{\mathrm{T}}([K]\{V\}-\{f\})=0 \tag{17.18}$$

由此可得结构几何非线性样条离散化刚度方程

$$[K]\{V\}=\{f\} \tag{17.19}$$

其中

$$[K]=[K_0]+[K_1]+[K_2] \qquad \{f\}=\sum_{e=1}^{M}[N]_e^{\mathrm{T}}[T]^{\mathrm{T}}\{f\}_e \tag{17.20}$$

$$\begin{cases}[K_0]=\sum_{e=1}^{M}[N]_e^{\mathrm{T}}[T]^{\mathrm{T}}[k_0]_e[T][N]_e \\ [K_1]=\sum_{e=1}^{M}[N]_e^{\mathrm{T}}[T]^{\mathrm{T}}[k_1]_e[T][N]_e \\ [K_2]=\sum_{e=1}^{M}[N]_e^{\mathrm{T}}[T]^{\mathrm{T}}[k_2]_e[T][N]_e\end{cases} \tag{17.21}$$

由此得出

$$\begin{cases}[\sigma]=[\sigma_0]+[\sigma_1] \quad [\sigma]=\mathrm{diag}(N,M) \quad \{\sigma\}=\{\sigma_0\}+\{\sigma_1\} \\ \{\sigma_0\}=[D]\{\varepsilon_0\}=[D][B]_e\{V\}_e \quad \{\sigma_1\}=[D]\{\varepsilon_1\}=[D][B_1]\{V\}_e\end{cases} \tag{17.22}$$

17.1.5　求结构的位移及内力

式（17.19）是一个非线性方程组，它的解法可采用下列算法，即 Newton-Raphson 法、修正 Newton-Raphson 法、增量迭代法及新算法。利用式（17.19）求出$\{V\}$后，即可利用相应的公式求出结构的位移及内力。

上述分析结构的方法称为非线性 QR 法，这是本书作者 1984 年创立的新方法。由上述可知，QR 法虽然也划分有限元网格，但与有限元法不同，其特点如下所述。

（1）利用 QR 法建立的刚度方程及动力方程，其中未知量的数目与单元多少无关，只与样条结点及 r 有关，故刚度方程及动力方程中的未知量数目很少。

（2）QR 法建立刚度矩阵及荷载向量时，可以利用式（17.21）直接相加，不需要用先扩张后叠加的方法。

（3）QR 法对任意复杂的结构都适用，因此，式（17.21）可以包括各类单元的刚度矩阵及荷载向量。

（4）如果单元是一个洞，则这个单元称为洞单元，它是一个虚单元，它的刚度矩阵及荷载向量都为零。

（5）各类单元可以采用样条子域。

（6）如果$[K_1]$及$[K_2]$为 0，则式（17.19）可退化为线性刚度方程。

由上述可知，QR 法是一个样条半解析法，集有限元法、有限条法及样条函数方法的优点于一体，可以将二维问题及三维问题降为一维问题进行计算的方法。其不仅计算简便，而且精度高。由此可知，利用 QR 法分析大型复杂结构比有限元法及有限条法都优越，突破了它们的局限性。

17.2　结构塑性极限分析的弹性调整 QR 法

结构塑性极限分析的任务是求解结构的塑性极限荷载。结构塑性极限分析有几种不同的方法。本节只介绍秦荣于 1992 年创立的弹性调整 QR 法[5]。这种方法集弹性补偿法[11]、修正弹性补偿法[12,13]、弹性调整法[5]及 QR 法的优点于一体，不仅计算简便而且精度也高，对任何结构都适用。它是大型复杂结构体系塑性极限分析的经济有效的新方法。弹性调整 QR 法可分为一阶弹性调整 QR 法及二阶弹性调整 QR 法。一阶弹性调整 QR 法只考虑塑性效应，不考虑几何非线性效应，也称为弹性调整线弹性 QR 法。二阶弹性调整 QR 法同时考虑塑性效应及几何非线性效应，也称为弹性调整几何非线性 QR 法。

17.2.1　一阶弹性调整 QR 法

1. 计算原理

弹性调整 QR 法可采用塑性极限分析的上、下限定理来进行结构塑性极限分析，为了保证结构具有足够的安全储备，本节采用下限定理来分析结构塑性极限荷载。下限定理指出：在所有与静力容许应力场对应的荷载中，最大的荷载为塑性极限荷载下限。

由上述可知，一阶弹性调整 QR 法的计算原理可叙述如下：利用 QR 法对结构进行一系列的线弹性分析及弹性调整，从中得到结构一系列的许可应力场，进而可得最优的塑性极限荷载下限。在每次弹性分析中有策略地调整单元的弹性模量（图 17.3），从而引起结构内力重分布及塑性变形的发展，经过反复求解若干次后即可获得结构的极限荷载（图 17.4）。由上述可知：弹性调整 QR 法可以通过有策略地调整单元的弹性模量来模拟结构的塑性失效行为。经过一系列的线弹性分析和弹性调整，可以获得不同的许可应力场，从而可获得结构塑性极限荷载。

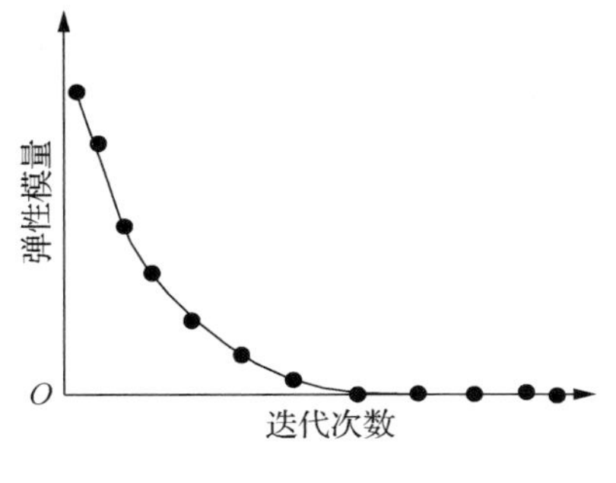

图 17.3　迭代次数-弹性模量

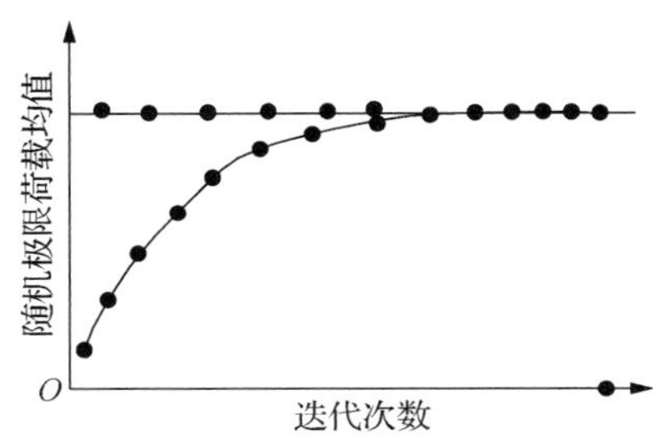

图 17.4　迭代次数-极限荷载均值

（1）弹性分析。如果对满足假定条件的既定结构任意施加荷载 P_n，则利用 QR 法可建立结构的线弹性刚度方程

$$[K]\{V\}=\{f\} \tag{17.23}$$

求解上述线弹性刚度方程式，可得出结构样条结点的位移 $\{V\}$。利用 $\{V\}$ 即可求出结构各单元的应力场。

（2）单元弹性模量调整。利用 QR 法对结构进行一系列的弹性分析，在每一次弹性分析中，根据名义应力 s_n 与等效力的相对大小有策略地调整单元的弹性模量，即

$$E_{i+1}^e=\begin{cases} E_i^e\dfrac{s_n}{s_i^e} & s_i^e>s_n \\ E_i^e & s_i^e\leqslant s_n \end{cases} \tag{17.24}$$

式中：E_i^e、E_{i+1}^e 分别为第 i 及 $i+1$ 次弹性分析中的单元弹性模量；s_n 为结构名义应力值；

s_i^e 为第 i 次弹性分析中的单元截面上最大等效应力值。

由上述可知，对 $s_i^e > s_n$ 的单元才进行弹性调整，高应力单元的弹性模量会被调整降低，对 $s_i^e \leqslant s_n$ 的单元则不需要进行弹性调整。

（3）单元等效应力。单元的等效应力指的是单元多个应力的复合，对于受力复杂的空间杆系结构，梁单元等效应力 s_i^e 可以采用 Gendy 与 Saleeb 提出的上、下限广义屈服准则来确定[6]，空间梁单元如图 17.5 所示。

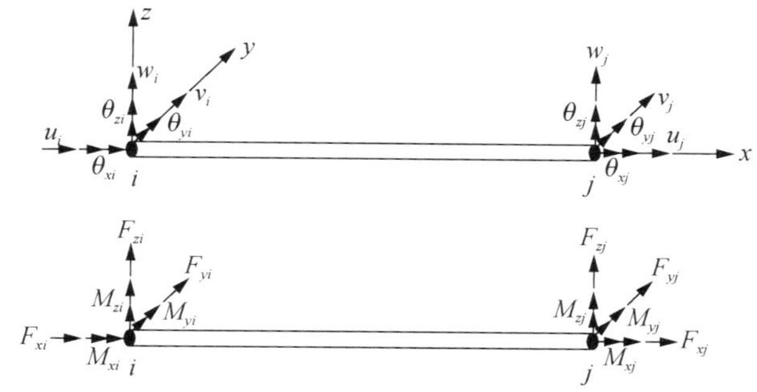

图 17.5　空间梁单元

上限屈服准则：

$$s_i^e = (1 + f_1)\sigma_s \tag{17.25}$$

下限屈服准则：

$$s_i^e = (1 + f_2)\sigma_s \tag{17.26}$$

式中：σ_s 为材料的屈服极限；f_1、f_2 为上、下限屈服函数。上限屈服函数 f_1 为

$$f_1 = f_x^{\ 2} + f_y^{\ 2} + f_z^{\ 2} + \frac{1}{\lambda_y} m_y^2 + \frac{1}{\lambda_z} m_y^2 + m_x^2 + m_\omega^2 - 1 \leqslant 0 \tag{17.27}$$

下限屈服函数 f_2 为

$$f_2 = f_x + f_y + f_z + \frac{1}{\eta_y} m_y + \frac{1}{\eta_z} m_z + m_x + m_\omega - 1 \leqslant 0 \tag{17.28}$$

其中

$$\begin{cases} f_x = F_x / F_{Px} \quad f_y = F_y / F_{Py} \quad f_z = F_z / F_{Pz} \\ m_y = M_y / M_{Py} \quad m_z = M_z / M_{Pz} \quad m_x = M_x / M_{Px} \quad m_\omega = M_\omega / M_{P\omega} \end{cases} \tag{17.29}$$

式中：F_x、F_{Px} 分别为梁单元沿 x 向的轴力和截面塑性极限轴力；F_y、F_{Py} 分别为梁单元沿 y 向的剪力和截面塑性极限剪力；F_z、F_{Pz} 分别为梁单元沿 z 向的剪力和截面塑性极限剪力；M_y、M_{Py} 分别为梁单元绕 y 向的弯矩和截面塑性极限弯矩；M_z、M_{Pz} 分别为梁单元绕 z 向的弯矩和截面塑性极限弯矩；M_x、M_{Px} 分别为梁单元绕 x 向的扭矩和截面塑性极限扭矩；M_ω、$M_{\omega X}$ 分别为梁单元的翘曲弯矩和截面塑性极限弯矩。

对于矩形截面梁，式（17.29）的具体形式为

$$\begin{cases} F_{Px}=bh\sigma_s \quad F_{Py}=F_{Pz}=\dfrac{1}{\sqrt{3}}bh\sigma_s \quad M_{Px}=\dfrac{1}{4}bh^2\sigma_s \\ M_{Py}=\dfrac{1}{4}b^2h\sigma_s \quad M_{Pz}=\dfrac{1}{2\sqrt{3}}b^2\left(h-\dfrac{b}{3}\right)\sigma_s \\ \eta_y=\eta_z=1+f_x \quad \lambda_y=\lambda_z=1-f_x^2 \end{cases} \tag{17.30}$$

式中：b 为矩形梁截面的宽度；h 为矩形梁截面的高度。

对于工字形截面梁，式（17.29）的具体形式为

$$\begin{cases} F_{Px}=A_f(2+\beta)\sigma_s \quad F_{Py}=\dfrac{2}{\sqrt{3}}A_f\sigma_s \quad F_{Pz}=\dfrac{1}{\sqrt{3}}A_w\sigma_s \\ M_{Px}=\dfrac{1}{\sqrt{3}}A_f\left(\dfrac{t_f+\beta t_w}{4}\right)\sigma_s \quad M_{Py}=\dfrac{1}{2}A_fb_f\sigma_s \\ M_{Pz}=A_fh\left(\dfrac{1+\beta}{4}\right)\sigma_s \quad M_{P\omega}=\dfrac{1}{4}A_fb_fd\sigma_s \\ \lambda_y=1+f_x \quad \lambda_z=1-1.1f_x^{7\beta} \\ \eta_y=1+0.3f_x^{0.75} \quad \eta_z=1+(1.1+\beta)f_x^{(1.1+0.4\beta)} \end{cases} \tag{17.31}$$

式中：b_f 、t_f 分别为工字形梁翼板的宽度和厚度；d 为工字钢截面高度，t_w 、h 分别为工字形梁腹板厚度和截面高度；$\beta=A_w/A_f$ ，为腹板截面面积与翼板截面面积之比。

对于平面应力状态，等效应力为

$$s_i^e=(\sigma_x^2-\sigma_x\sigma_y+\sigma_y^2+3\tau_{xy}^2)^{\frac{1}{2}} \tag{17.32}$$

对于空间应力状态，等效应力为

$$s_i^e=\frac{\sqrt{2}}{2}[(\sigma_x-\sigma_y)^2+(\sigma_y-\sigma_z)^2+(\sigma_z-\sigma_x)^2+6(\tau_{xy}^2+\tau_{yz}^2+\tau_{zx}^2)]^{\frac{1}{2}} \tag{17.33}$$

式中：σ_x 、σ_y 、σ_z 及 τ_{xy} 、τ_{yz} 、τ_{zx} 分别为正应力分量及剪应力分量。

对于薄板，s_i^e 为

$$s_i^e=(M_x^2-M_xM_y+M_y^2+3M_{xy}^2)^{\frac{1}{2}} \tag{17.34}$$

对于平板壳，s_i^e 为

$$\begin{aligned} s_i^e=&\frac{\sqrt{2}}{2}[(M_x-M_y)+(M_y-M_z)^2+(M_z-M_x)^2+6(M_{xy}^2+M_{yz}^2+M_{zx}^2)]^{\frac{1}{2}} \\ &+\frac{\sqrt{2}}{2}[(N_x-N_y)^2+(N_y-N_z)^2+(N_z-N_x)^2+6(N_{xy}^2+N_{yz}^2+N_{zx}^2)]^{\frac{1}{2}} \end{aligned} \tag{17.35}$$

式中：M_x 、M_y 、M_z 及 M_{xy} 、M_{yz} 、M_{zx} 分别为平板壳的弯矩及扭矩；N_x 、N_y 、N_z 及 N_{xy} 、N_{yz} 、N_{zx} 分别为平板壳的轴力及剪力。

（4）结构名义应力。名义应力 s_n 是结构应力情况的综合度量，在外部荷载很大的情况下，可选用材料的屈服应力。一般情况可以采用下列形式：

$$s_n = \min(\overline{s}_i^e) + [\max(\overline{s}_i^e) - \min(\overline{s}_i^e)] \cdot \gamma_i \qquad \gamma_i \in [0,1) \tag{17.36}$$

$$s_n = \max(\overline{s}_i^e) - [\max(\overline{s}_i^e) - \min(\overline{s}_i^e)] \cdot \gamma_i \qquad \gamma_i \in (0,1] \tag{17.37}$$

式中：$\min(\overline{s}_i^e)$为结构所有单元平均最小等效应力；$\max(\overline{s}_i^e)$为结构所有单元平均最大等效应力；γ_i为结构名义应力调整因子。γ_i的选取关系到计算效率和精度。

由式（17.26）可得

$$\lambda_i^e = (1 + f_2) = s_i^e / \sigma_s \tag{17.38}$$

将式（17.38）代入式（17.36），两边同时除以σ_s可得

$$\lambda_i = s_n / \sigma_s = \min(\overline{\lambda}_i^e) + [\max(\overline{\lambda}_i^e) - \min(\overline{\lambda}_i^e)] \cdot \gamma_i \tag{17.39}$$

式中γ_i可选择下列形式：

$$\gamma_i = \frac{\min(\overline{\lambda}_i^e)}{\max(\overline{\lambda}_i^e)} \tag{17.40}$$

式中：$\min(\overline{\lambda}_i^e)$为结构所有单元平均最小等效应力系数；$\max(\overline{\lambda}_i^e)$为结构所有单元平均最大等效应力系数；$\lambda_i = s_n / \sigma_s$，为结构名义应力系数。

将式（17.38）代入式（17.37），两边同时除以σ_s可得

$$\lambda_i = s_n / \sigma_s = \max(\overline{\lambda}_i^e) - [\max(\overline{\lambda}_i^e) - \min(\overline{\lambda}_i^e)] \cdot \gamma_i \tag{17.41}$$

式中γ_i可选择下列形式：

$$\gamma_i = \frac{\overline{\lambda}_i + \min(\overline{\lambda}_i^e)}{\overline{\lambda}_i + \max(\overline{\lambda}_i^e)} \tag{17.42}$$

式中：$\overline{\lambda}_i$为所有单元平均有效应力系数，即

$$\overline{\lambda}_i = \frac{1}{2N} \sum_{e=1}^{N} (\min \lambda_i^e + \max \lambda_i^e) \tag{17.43}$$

若将式（17.38）、式（17.39）或式（17.38）、式（17.41）代入式（17.24），可得

$$E_{i+1}^e = \begin{cases} E_i^e \dfrac{\lambda_i}{\lambda_i^e} & \lambda_i^e > \lambda_i \\ E_i^e & \lambda_i^e \leqslant \lambda_i \end{cases} \tag{17.44}$$

（5）求解结构的塑性极限荷载。在结构弹性分析中，由于解是线弹性的，第i次迭代求得的单元最大等效应力值$\max(S_i^e)$与结构施加的外荷载P_n成正比，当结构达到塑性极限状态时，结构的塑性极限荷载P_{ui}与结构构件（单元）抗力 R 也成正比，而且两者比值相等，即

$$\frac{P_{ui}}{R} = \frac{P_n}{\max(s_i^e)} \tag{17.45}$$

由此可得

$$P_{ui} = \frac{R \cdot P_n}{\max(s_i^e)} = \alpha_{ui} P_n \tag{17.46}$$

式中：P_{ui}为第i次迭代求得的塑性极限荷载；$R = \sigma_s$，为结构构件（单元）的屈服应力或强度极限应力（屈服弯矩或极限弯矩）；$\max(s_i^e)$为第i次迭代中所有单元中的最大等

效应力值；α_{ui} 为第 i 次迭代求得的极限荷载系数，即

$$\alpha_{ui}=\frac{R}{\max(s_i^e)} \tag{17.47}$$

若 α_{ui} 及 $\alpha_{u,i+1}$ 非常接近时，则停止运算，因此 $\alpha_{u,i+1}$ 即为最终的塑性极限荷载系数 α_u，故结构塑性极限荷载为

$$P_u=\alpha_u P_n \tag{17.48}$$

2. 计算步骤

由上述计算原理可知，利用一阶弹性调整 QR 法求结构塑性极限荷载可按下列步骤实施。

（1）设原结构承受 $F=P_n$ 的外荷载，利用 QR 法对结构进行初始的弹性分析求得结构的初始弹性应力场，将此结果作为第一次迭代的解。

（2）利用式（17.47）及式（17.48）求结构塑性极限荷载的第一次迭代值，即

$$P_{u1}=a_{u1}P_n$$

（3）利用式（17.44）对结构单元的弹性模量进行第二次调整，即

$$E_2^e=\begin{cases}E_1^e\dfrac{\lambda_1}{\lambda_1^e} & \lambda_1^e>\lambda_1\\ E_1^e & \lambda_1^e\leqslant\lambda_1\end{cases}$$

式中：$E_1^e=E$，其中 E 为初始弹性模量。

（4）利用 QR 法及 E_2^e 对结构进行第二次弹性分析，将求得结构的弹性应力场作为第二次迭代的解。

（5）利用式（17.47）及式（17.48）求结构塑性极限荷载的第二次迭代值，即

$$P_{u2}=a_{u2}P_n$$

（6）利用式（17.44）对结构单元的弹性模量进行第三次调整，即

$$E_3^e=\begin{cases}E_2^e\dfrac{\lambda_2}{\lambda_2^e} & \lambda_2^e>\lambda_2\\ E_2^e & \lambda_2^e\leqslant\lambda_2\end{cases}$$

（7）利用 QR 法及 E_3^e 对结构进行第三次弹性分析，将求得结构的弹性应力场作为第三次迭代的解。

（8）利用式（17.47）及式（17.48）求结构塑性极限荷载的第三次迭代值，即

$$P_{u3}=a_{u3}P_n$$

（9）利用式（17.44）对结构单元的弹性模量进行第四次调整，即

$$E_4^e=\begin{cases}E_3^e\dfrac{\lambda_3}{\lambda_3^e} & \lambda_3^e>\lambda_3\\ E_3^e & \lambda_3^e\leqslant\lambda_3\end{cases}$$

（10）利用 QR 法及 E_4^e 对结构进行第四次弹性分析。

（11）利用式（17.47）及式（17.48）求结构塑性极限荷载 P_{u4}。

（12）重复步骤（7）～步骤（9），直到 α_{ui} 及 $\alpha_{u,i+1}$ 非常接近，停止迭代，即可求出结构塑性极限荷载 $P_u = a_u P_n$。

17.2.2　二阶弹性调整 QR 法

1. 计算原理

本节采用塑性极限分析的下限定理。利用 QR 法对结构进行一系列的几何非线性弹性分析，在分析中不断调整单元的弹性模量（图 17.3），从而获得相应的应力场，在这一系列的应力场中寻找最优的塑性极限荷载下限，经过反复求解若干次后即可获得结构最优极限荷载（图 17.4）。由此可知，二阶弹性调整 QR 法同时考虑材料塑性及几何非线性效应。

2. 计算步骤

由上述计算原理可知，二阶弹性调整 QR 法可归结为下列计算步骤。

（1）设原结构受 $P = P_n$ 作用，利用 QR 法对结构进行初始的弹性分析或几何非线性弹性分析，求出初始应力场，将这个结果作为第一次迭代的解。

（2）利用式（17.47）及式（17.48）求结构塑性极限荷载的第一次迭代值。

（3）利用式（17.44）对每个的弹性模量进行第二次调整。

（4）利用 QR 法及 E_2^e 对结构进行第二次弹性分析，按几何非线性分析方法，求出结构的弹性应力场，将这个结果作为第二次迭代的解。

（5）利用式（17.47）及式（17.48）求结构塑性极限荷载的第二次迭代值。

（6）利用式（17.44）对单元的弹性模量进行第三次调整。

（7）利用 QR 法及 E_3^e 对结构进行第三次弹性分析，按几何非线性分析方法，求出结构的弹性应力场，将这个结果作为第三次迭代的解。

（8）利用式（17.47）及式（17.48）求结构塑性极限荷载的第三次迭代值。

（9）利用式（17.44）对单元的弹性模量进行第四次调整。

（10）重复步骤（7）～步骤（9），直到 α_{ui} 及 $\alpha_{u,i+1}$ 相差很小，则停止迭代，即可求出结构塑性极限荷载 $P_u = a_u P_n$。

上述结构极限分析的弹性调整 QR 法，突破了以往的传统方法及有限元法，从而为结构极限分析开辟了一条新途径。

17.3　土体极限分析的新方法

土体分析可以采用总应力法，它与一般固体力学的分析方法相同。由此可知，土体极限分析可采用本章的方法。

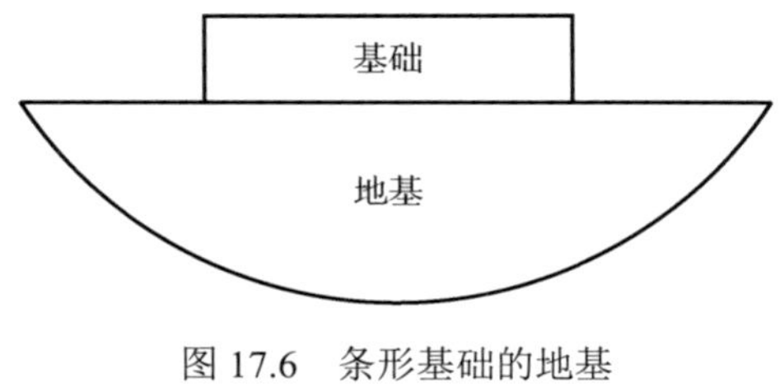

图 17.6　条形基础的地基

图 17.6 为条形基础的地基，用途很广。国内外许多学者对它的极限分析做过许多研究，取得一些成果。本书作者也对地基的极限分析做了一些研究，提出几种求解地基极限荷载的新方法。因此，本节对地基极限分析采用弹性调整 QR 法。

17.3.1　一阶弹性调整 QR 法

1．计算原理

土体地基极限分析可采用一阶弹性调整 QR 法，本节以图 17.7 为例简介地基极限分析的弹性调整 QR 法的计算原理（详见 17.2.1 节）。

（1）弹性分析。如果地基在外力 $F=P_n$ 作用下处于弹性状态，则可以利用 QR 法按弹性力学建立地基弹性刚度方程[2,3]为

$$[K]\{V\}=\{f\} \tag{17.49}$$

式中有关符号见 6.1 节。由式（17.49）求出地基样条结点位移向量后，即可按弹性力学的有关公式求出地基各单元的应力场。如果地基是平面问题，则单元采用三角形单元或矩形单元（图 17.8）。如果地基为空间问题，则单元可采用六面体 8 结点单元。

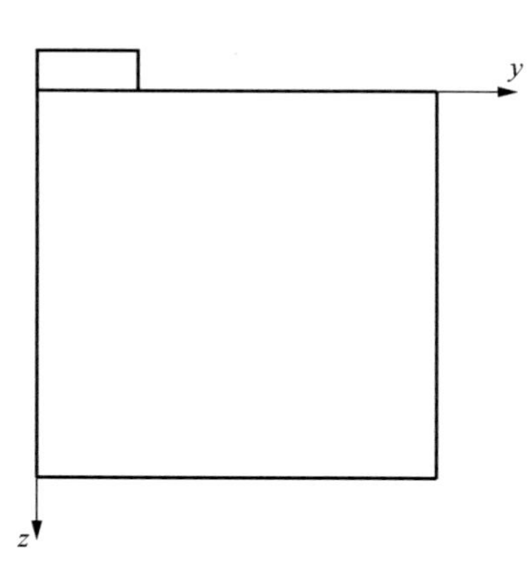

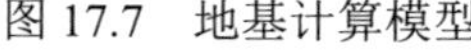

图 17.7　地基计算模型

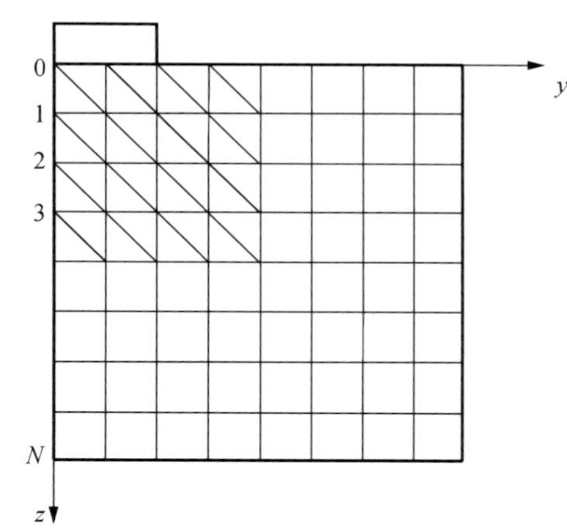

图 17.8　样条离散化及网格

（2）单元弹性模量调整。利用 QR 法对地基（图 17.7 及图 17.8）进行一系列弹性分析，在每一次弹性分析中，根据名义应力 s_n 与等效应力 s_i^e 的相对大小有策略地调整单元的弹性模量，详见式（17.24）。

（3）单元等效应力。对于地基平面问题，单元等效应力 s_i^e 采用式（17.32）计算。对地基空间问题，单元等效应力 s_i^e 采用式（17.33）计算。

（4）结构名义应力，详见式（17.36）～式（17.44）。

（5）求地基塑性极限荷载，详见式（17.45）～式（17.48）。

由上述可知，岩土地基极限分析的一阶弹性调整 QR 法的计算原理与结构极限分析的一阶弹性调整 QR 法的计算原理相同，详见 17.2.1 节。

2. 计算步骤

由上述可知，岩土地基极限分析的一阶弹性调整 QR 法的计算步骤与 17.2.1 节相同，但本节弹性分析采用式（17.49）计算，单元等效应力 s_i^e 采用式（17.32）或式（17.33）计算。

由上述可知，弹性调整 QR 法不仅可以用于结构极限分析，而且可以用于岩土极限分析。

17.3.2　二阶弹性调整 QR 法

二阶弹性调整 QR 法的计算原理及计算步骤与 17.2.2 节相同，但本节弹性分析采用地基几何非线性弹性分析，地基几何非线性刚度方程利用 QR 法按非线性弹性力学建立。

17.3.3　土体极限分析的有效应力法

本法先利用 6.2 节的方法对土体进行弹性分析，然后利用第十七章弹性调整 QR 法的思路进行土体极限分析，具体分析方法应遵守有效应力法的基本原理及基本方法。

17.4　结　　语

2005 年以来本书作者指导的硕士生及博士生对结构极限分析进行诸多研究，如利用 QR 法，塑性铰模型 QR 法、弹性调整 QR 法分析结构工程及岩土工程，利用 Fortran 语言及 C 语言编制了有关程序，计算了不少例题，效果很好[9-12]，比有限元法优越。

参 考 文 献

[1] 秦荣．高层结构几何非线性分析的 QR 法[J]．工程力学，1996,13（1）：8-15.

[2] 秦荣．计算结构力学[M]．北京：科学出版社，2001.

[3] 秦荣．计算结构非线性力学[M]．南宁：广西科学技术出版社，1999.

[4] 秦荣．工程结构非线性[M]．北京：科学出版社，2006.

[5] 秦荣．大型复杂结构体系可靠度分析的弹性调整 QR 法[J]．中国科学学报，2007，4（10）：20-24.

[6] 梁汉吉，秦荣，李秀梅．高层建筑结构体系弹性调整 QR 法[J]．工程力学，2009，26（9）：74-79.

[7] 潘春宇．高层框架结构体系可靠度的新方法研究[D]．南宁：广西大学，2009.

[8] 周小全．高层空间钢框架结构体系可靠度分析的新方法研究[D]．南宁：广西大学，2010.

[9] 梁汉吉．超限高层建筑结构分析及其体系可靠度分析的新方法研究[D]．南宁：广西大学，2008.

[10] 李秀梅．高层框架分析的新方法研究[D]．南宁：广西大学，2008.

[11] PLANCQ D, BERTON M N. Limit analysis based on elastic compensation method of branch pipe tee connection under internal pressure and out-of-plane moment loading[J]. International Journal of Pressure Vessels and Piping, 1998, 75(11): 819-825.

[12] MACKENZIE D, BOYLE J T, HAMILTON R. The elastic compensation method for limit and shakedown analysis: A review[J]. The Journal of Strain Analysis for Engineering Design, 2000, 35(3): 171-188.

[13] YANG P, Liu Y, OHTAKE Y, et al. Limit analysis based on a modified elastic compensation method for nozzle-to-cylinder junctions[J]. International Journal of Pressure Vessels and Piping, 2005, 82(10): 770-776.

[14] GENDY A S, SALEEB A F. On the finite element analysis of the spatial response of curved beams with arbitrary thin-walled sections[J]. Computers and Structures, 1992, 44(3): 639-652.

[15] 王飞，陈钢，刘应华，等．极限分析的弹性补偿法及其应用[J]．应用力学学报，2004，21（4）：147-150.

第十八章　岩土工程体系可靠度分析的弹性调整与塑性极限荷载法

岩土可靠度是岩土可靠性的概率度量。因此，岩土工程体系的可靠度分析是一个非常重要的问题。目前，国内外对结构工程体系及岩土工程体系的可靠度分析主要采用失效模式法，故存在两大难点，即如何寻找失效模式和计算失效概率。国内外许多学者在这方面做过不少研究，提出了多种计算方法，但失效模式法还存在很多问题，例如：①结构体系及岩土工程体系有很多失效模式，但很难确定它们的全部失效模式，对于大型复杂结构体系及大型复杂岩土工程体系，即使确定主要失效模式也很难进一步确定其全部失效模式；②各失效模式之间有相关性，如果考虑这些相关性的影响，则计算结构及岩土工程失效概率会非常复杂；③上述各种方法未能考虑结构及岩土几何非线性的影响，从而会过高估计可靠度，影响结构及岩土可靠性。

为了克服上述失效模式法存在的问题，1998 年以来，作者致力于研究结构可靠度分析，提出从结构整体极限承载力出发来分析结构可靠度，创立了结构可靠度分析的新方法[1,2]，这种新方法可称为极限荷载法，即只寻找结构极限荷载，避免了寻找失效模式的困难，简化了计算结构失效概率工作，突破了失效模式法的局限性，为结构体系及岩土工程体系的可靠度分析开辟了新途径[1-9]。

18.1　结构体系可靠度与塑性极限荷载的关系

结构体系可靠度与结构塑性极限荷载有密切关系[1,2]。如果已知结构塑性极限荷载，不仅可知结构体系的安全度，而且也可确定结构体系的可靠度。1998 年，本书作者证明：结构塑性极限荷载对应的结构失效模式，与结构体系最小可靠指标相对应的结构失效模式相同。作者在文献[3]中有详细介绍。由此可知，可以从结构体系塑性极限承载力出发来分析结构体系可靠度。1999 年，本书作者在此基础上创立了结构体系可靠度分析的新理论新方法。这种新方法被称为塑性极限荷载法。

18.2　岩土工程体系可靠度分析计算原理及方法

18.2.1　计算原理

如果已知结构体系的塑性极限荷载，则可建立结构体系的极限状态方程为

$$Z = P_u - P = 0 \tag{18.1}$$

式中：P_u 为结构体系的随机塑性极限荷载；P 为结构体系的随机外荷载。这种分析结构体系可靠度的方法，称为塑性极限荷载 QR 法。式中塑性极限荷载 P_u 由第十七章的弹性调整 QR 法确定。由式（18.1）可求出结构体系可靠度。这种分析结构体系可靠度的方法，称为塑性极限荷载法。

如果 $Z = P_u - P > 0$，则结构体系可靠，如果 $Z = P_u - P < 0$，则结构体系失效。因为结构体系的可靠及失效是两个对立的事件，因此失效概率与可靠概率互补，即

$$P_f + P_s = 1 \tag{18.2}$$

由此可得

$$P_s = 1 - P_f \tag{18.3}$$

式中：P_f 为结构体系的失效概率；P_s 为结构体系的可靠度。详见文献[1]的第一章。如果已知结构功能函数 Z 的概率密度分布函数 $f_z(z)$，则结构可靠度及失效概率分别为

$$P_s = P(Z > 0) = \int_0^{\infty} f_z(z)\,\mathrm{d}z \tag{18.4}$$

$$P_f = P(Z < 0) = \int_{-\infty}^{0} f_z(z)\,\mathrm{d}z \tag{18.5}$$

18.2.2　结构可靠指标

从统计的角度来说，如果结构功能函数 Z 服从正态分布，均值为 m_z，标准差为 σ_z，则其失效概率可表示为

$$P_f = \int_{-\infty}^{0} f_z(z)\,\mathrm{d}z = \int_{-\infty}^{0} \frac{1}{\sqrt{2\pi}} \mathrm{e}^{\frac{z-m_z}{2\sigma_z^2}}\,\mathrm{d}z \tag{18.6}$$

作变换 $z = m_z + \sigma_z t$，则 $\mathrm{d}z = \sigma_z \mathrm{d}t$。当 $z = 0$ 时，$t = -m_z / \sigma_z$，则式（18.6）可变为

$$P_f = \int_{-\infty} f_z(z)\,\mathrm{d}z = \int_{-\infty}^{\frac{m_z}{\sigma_z}} \frac{1}{\sqrt{2\pi}} \mathrm{e}^{-\frac{t^2}{2}}\mathrm{d}z = \varPhi\left(-\frac{m_z}{\sigma_z}\right) = \varPhi(-\beta) \tag{18.7}$$

式中：β 为可靠指标，是一个无量纲系数。结构失效概率 P_f 与可靠指标的对应关系如图 18.1 所示。图中阴影的面积为失效概率。由图 18.1 可知，若 β 越小，则结构失效概率 P_f 越大；若 β 越大，则结构失效概率 P_f 越小。由此可知，β 是结构可靠度的一个重要指标，且求解结构可靠度问题归结为求解结构体系可靠指标问题。

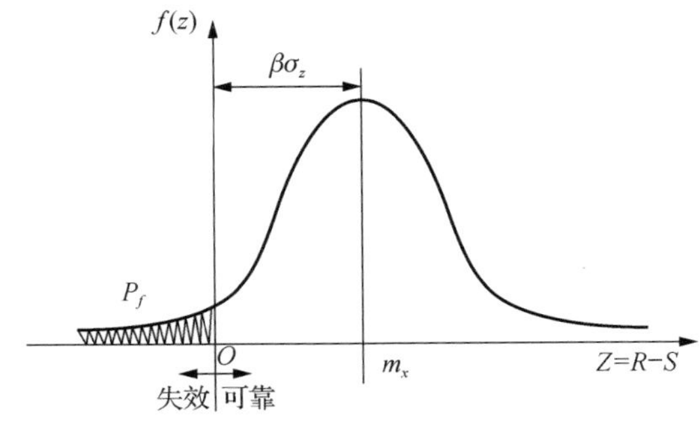

图 18.1　可靠指标与失效概率的关系

18.2.3　结构可靠指标的求法

如果功能函数 $Z = P_u - P$ 服从正态分布，则由式（18.8）可得可靠指标 β 的计算公式为

$$\beta = \frac{m_z}{\sigma_z} = \frac{m_{P_u} - m_P}{\sqrt{\sigma_{P_u}^2 + \sigma_P^2}} \tag{18.8}$$

式中：m_z 为 Z 的均值 $E[Z]$；σ_z 为 Z 的标准差 $\sqrt{D[Z]}$。这是结构可靠度分析的一个基本公式。

对于只有两个正态变量 P_u、P 的极限状态方程（18.1），可以利用式（18.8）求结构可靠指标。对于有 n+1 个正态变量的极限状态方程

$$Z = a_0 + \sum_{i=1}^{n} a_i X_i = 0 \tag{18.9}$$

可采用下列公式求结构可靠指标：

$$\beta = \frac{m_z}{\sigma_z} = \frac{a_0 + \sum_{i=1}^{n} a_i m_{X_i}}{\sqrt{\sum_{i=1}^{n} a_i^2 \sigma_{X_i}^2}} \tag{18.10}$$

如果变量之间存在相关性，设 X_i 和 X_j 的相关系数为 ρ_{ij}，则式（18.10）仍然成立，只需将计算标准差的公式另换为

$$\sigma_z = \sqrt{\sum_{i=1}^{n} a_i^2 \sigma_{X_i}^2 + \sum_{i=1,j=1}^{n} \sum_{i \neq j}^{n} \rho_{ij} a_i a_j \sigma_{X_i} \sigma_{X_j}} \tag{18.11}$$

式中：$i, j = 1,2,3,\cdots,n$。

18.2.4　计算步骤

（1）确定荷载及抗力的随机变量统计值。

（2）利用弹性调整 QR 法求出结构极限荷载 P_u。

$$P_u = \alpha_u P \tag{18.12}$$

（3）利用式（18.1）建立结构体系的极限状态方程。

（4）利用式（18.8）求结构体系可靠指标 β。式（18.8）中 m_P 及 σ_P 分别为结构体系外荷载 P 的均值及均方差；m_{P_u} 及 σ_{P_u} 分别为结构体系塑性极限荷载 P_u 的均值及均方差，即

$$m_{P_u} = \alpha_u m_P \qquad \sigma_{P_u} = \alpha_u \sigma_P \tag{18.13}$$

（5）计算结构可靠度。由式（18.3）及式（18.7）可得

$$P_s = \Phi(\beta) \tag{18.14}$$

$$P_f = 1 - \Phi(\beta) = \Phi(-\beta) \tag{18.15}$$

式中：$\Phi(\beta)$ 为标准化正态分布函数[1]。

由上述可知，塑性极限荷载 QR 法求结构体系可靠度只寻找结构塑性极限荷载，避

免了寻找结构体系失效模式的困难，简化了结构体系可靠度的计算工作，同时也可以考虑结构几何非线性，能保证结构的可靠性。

18.3　结　　语

2006 年以来，本书作者指导的硕士生及博士生，对结构及岩土工程可靠度进行了诸多研究，如利用塑性极限荷载-总应力 QR 法分析了结构及岩土可靠度，利用 Fortran 语言及 C 语言编写了有关计算程序，计算了大量的结构可靠度例题[6-9]，文献[9]还计算了一个实际工程（南宁国际大厦）。这些例题表明，利用塑性极限荷载 QR 法分析结构可靠度，不仅计算工作比失效模式-有限元法简便，而且精度也比失效模式-有限元法好，为结构及岩土工程体系可靠度分析开辟了新途径。

参 考 文 献

[1] 秦荣．大型复杂结构体系可靠度[M]．北京：科学出版社，2009．

[2] 秦荣．大型复杂结构体系可靠度分析的新理论新方法[D]．南宁：广西大学，2000．

[3] 秦荣．大型复杂结构体系可靠度分析的弹性调整 QR 法[J]．中国科学学报，2007，4（10）：20-24．

[4] 梁汉吉，秦荣，李秀梅．高层建筑结构体系可靠度分析的弹性调整 QR 法[J]．工程力学，2009，26（9）：74-79．

[5] 秦荣，梁汉吉，孙千伟．大型复杂结构体系可靠度分析的新方法[J]．广西大学学报，2008，33（1）：10-15．

[6] 孙千伟．基于 QR 法的框架结构可靠度分析[D]．南宁：广西大学，2008．

[7] 潘春宇．高层框架结构体系可靠度分析的新方法研究[D]．南宁：广西大学，2009．

[8] 周小全．高层空间钢框架结构体系可靠度分析的新方法研究[D]．南宁：广西大学，2010．

[9] 梁汉吉．超限高层建筑结构分析及其体系可靠度分析的新方法研究[D]．南宁：广西大学，2008．

第十九章　固体损伤分析的QR法

损伤力学是固体力学近30年来出现的一个新兴分支，它的发展为结构损伤分析提供了理论基础及分析手段。为了实现结构基于性能的结构设计，提高结构的使用性能及抗灾性能，必须精确把握结构的性能。发展结构损伤分析的新方法是正确把握结构性能的重要基础。本章主要介绍结构损伤分析的新方法，作为岩土损伤分析新方法研究的基础[1-17]。

19.1　基本概念

19.1.1　结构损伤

结构损伤主要是由材料损伤积累造成的，包括应力损伤及腐蚀损伤。应力损伤是结构应力引起的局部损伤及其积累；腐蚀损伤是由不利环境造成的损伤，也称环境损伤。

结构的应力损伤主要包括脆性损伤、弹性损伤、弹塑性损伤、弹黏塑性损伤、蠕变/徐变损伤、疲劳损伤及剥裂损伤。损伤和裂缝是两个不同的概念，损伤是材料及结构中存在的某一小区域中连续分布的缺陷，通常是肉眼看不见的，材料及结构在损伤区域仍然具有一定的承载能力。裂缝是结构中存在的间断的、肉眼可见的缺陷，裂缝区域已无承载能力，但损伤会导致结构破坏，例如脆性损伤会导致脆性断裂，疲劳损伤会导致破断，蠕变/徐变损伤会导致蠕变/徐变破坏。受损伤的结构称为损伤结构。

损伤与材料的微观结构的改变有密切关系，应利用细观或微观方法进行研究，但用这两种方法解决损伤问题困难很大，也不易用于实际工程。因此，人们通常采用宏观方法研究损伤，把内部缺陷用宏观变量来描述，引入一个损伤变量。本章研究结构损伤采用的就是这种宏观方法。

损伤包括各向同性损伤及各向异性损伤。在实际工程中，损伤一般是各向异性的，但各向异性损伤的演化方程难以得到，故人们往往将损伤简化为各向同性损伤进行分析，这时损伤变量是一个标量，演化方程也容易得到。实际上，有许多情况可以把损伤简化为各向同性损伤进行分析。本章主要研究各向同性损伤。

19.1.2　基本方程

结构损伤问题必须满足下列条件。

（1）运动方程。结构损伤非线性问题的运动方程为

$$[(\delta_{ij}+u_{i,k})\sigma_{kj}]_{,j}+f_i=\rho\ddot{u}_i \qquad \text{在}\ \Omega\ \text{内} \tag{19.1}$$

式中：ρ 为密度；$\ddot{u}_i$ 为加速度。

（2）几何方程

$$\varepsilon_{ij}=\frac{1}{2}(u_{i,j}+u_{j,i}+u_{k,i}u_{k,j})\qquad 在\ \Omega\ 内 \tag{19.2}$$

（3）本构方程

$$\frac{\partial A}{\partial \varepsilon_{ij}}=\sigma_{ij}\qquad 在\ \Omega\ 内 \tag{19.3}$$

$$\frac{\partial B}{\partial \sigma_{ij}}=\varepsilon_{ij}\qquad 在\ \Omega\ 内 \tag{19.4}$$

其中

$$\varepsilon_{ij}=\varepsilon_{ij}^{e}+\varepsilon_{ij}^{p}+\varepsilon_{ij}^{c} \tag{19.5}$$

式中：ε_{ij}^{e}、ε_{ij}^{p} 及 ε_{ij}^{c} 分别为弹性应变、塑性应变及蠕变应变，其中包括损伤变量 ω 及损演化方程。

（4）边界条件

$$u_i=\bar{u}_i(t)\qquad 在\ \Gamma_u\ 上 \tag{19.6}$$

$$\sigma_{ij}n_j=\bar{p}_i\qquad 在\ \Gamma_p\ 上 \tag{19.7}$$

（5）断裂临界条件。当结构的损伤达到材料断裂的临界值时，则损伤问题转化为断裂问题，即

$$\omega=\omega_c \tag{19.8}$$

式中：ω 为损伤变量；ω_c 为断裂临界值。

（6）初始条件。如果不考虑结构的初始损伤，即结构在未受荷载以前没有损伤，则初始条件为

$$\sigma_{ij}\big|_{t=0}=\sigma_{ij}^{0}\qquad \omega\big|_{t=0}=\omega_0 \tag{19.9}$$

式中：σ_{ij}^{0} 为初始应力值；ω_0 为损伤变量初始值。

由上述可知，式（19.1）～式（19.9）一起构成了损伤结构非线性定解问题。利用这些方程虽然可以求解损伤结构非线性问题，但很难实现，故利用数值方法求解损伤结构非线性问题。

19.1.3　损伤变量

1958 年 Kachanov 首先在蠕变问题中引入了损伤变量的概念，但他未采用不可逆热力学的方法。如何定义损伤材料的损伤变量有各种不同的方法，本章介绍两种直观的定义。

为了描述材料内部微细观结构的改变，可以在宏观上引入一个场变量来描述这个改变，这个场变量称之为损伤变量，即

$$\omega=\frac{V_d}{V}=\frac{V-V_n}{V}=1-\frac{V_n}{V} \tag{19.10}$$

式中：ω 为损伤变量；V 为材料总体积；V_d 为损伤区体积；$V_n=V-V_d$，为实际承担应力的体积。由上述可知，如果 $\omega=0$，则表明材料无损伤；如果 $\omega=1$，则表明材料完全破坏。

损伤变量也可以定义为

$$\omega=\frac{A_d}{A}=\frac{A-A_n}{A}=1-\frac{A_n}{A} \tag{19.11}$$

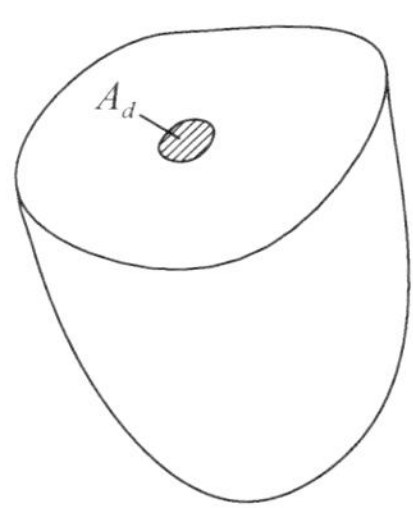

图 19.1　横截面损伤

式中：A 为材料横截面的总面积；A_d为横截面损伤区面积（图 19.1）；$A_n=A-A_d$，为横截面实际承受应力的面积。

19.1.4　应力-应变关系

如果材料横截面上应力为σ，由于损伤存在，则在未损伤面积部分的实际应力为

$$\sigma_n=\frac{P}{A_n}=\frac{P}{A(1-\omega)}=\frac{\sigma}{1-\omega} \tag{19.12}$$

式中：P 为横截面上的作用力；$\sigma=P/A$；σ_n为实际应力，常称有效应力；σ为名义应力。

若设损伤材料的应变是由实际应力产生的，损伤的扩展也取决于实际应力的大小，则损伤材料的应力-应变关系可采用未损伤材料的应力-应变关系

$$\sigma_n=E\varepsilon^e \tag{19.13}$$

由上述可得一维弹性损伤本构关系

$$\sigma=E_d\varepsilon^e \tag{19.14}$$

式中：ε^e为弹性应变；E_d为损伤材料的弹性模量，即

$$E_d=\begin{cases}(1-\omega)E & \sigma\geqslant 0\\(1-\alpha\omega)E & \sigma<0\end{cases} \tag{19.15}$$

式中：α为裂纹闭合系数，一般 $0\leqslant\alpha\leqslant 1$；$\omega$为损伤变量。

19.1.5　演化方程

为了完整地考虑损伤过程，还必须考虑损伤的演化方程

$$\dot{\omega}=\dot{\omega}(\sigma_{ij},D,\varepsilon_{ij}^p,\varepsilon_{ij}^c,T) \tag{19.16}$$

在单轴应力状态下，一个简单的演化方程是 Kachanov 提出的金属蠕变损伤模型为

$$\dot{\psi}=-B\left(\frac{\sigma}{\psi}\right)^{\alpha} \tag{19.17}$$

式中：B 及α为材料常数；ψ为连续性损伤变量，即

$$\psi=(1-\omega) \tag{19.18}$$

19.1.6　应力等效原理

由损伤力学可以得出一个结论：损伤材料（$\omega\neq 0$）在有效应力作用下产生的应变与同种材料在无损时（$\omega=0$）发生的应变等效。这个结论称为应变等效原理[2]。根据这个原理，受损材料（$\omega\neq 0$）的任何应变本构关系可以从无损（$\omega=0$）的本构关系导出来，但必须用损伤后的有效应力来代替无损材料本构关系中的名义应力。例如，一维弹性本构方程在无损时可以为$\varepsilon^e=\sigma/E$，如果用有效应力σ_n代替式中的名义应力即可

得到损伤后的一维弹性损伤本构方程为

$$\varepsilon^e = \frac{\sigma_n}{E} = \frac{\sigma}{(1-\omega)E} \tag{19.19}$$

由此可得

$$\sigma = E_d \varepsilon^e \tag{19.20}$$

其中

$$E_d = (1-\omega)E \tag{19.21}$$

由上述可知，如果无损伤本构关系为$\sigma = E\varepsilon^e$，只要用E_d代替E，则可得损伤本构关系，见式（19.20）。这个结论称为应力等效原理[1]。由式（19.20）可得

$$\begin{cases} \sigma = (1-\omega)E\varepsilon^e & \sigma \geqslant 0 \\ \sigma = (1-\alpha\omega)E\varepsilon^e & \sigma < 0 \end{cases} \tag{19.22}$$

式中：α为裂纹闭合系数，一般$0 \leqslant \alpha \leqslant 1$。

19.2　钢材损伤理论

1958年Kachanov提出损伤力学概念以来，国内外许多学者致力于研究损伤力学，取得了一些新成果[1-4]。本节主要介绍钢材损伤本构关系。

19.2.1　弹性各向同性损伤本构关系

建立在材料是均匀的、各向同性的及损伤也是各向同性的本构关系，称为各向同性损伤本构关系。对于各向同性的三维弹性力学问题，无损伤本构关系为

$$\boldsymbol{\sigma} = [D]\boldsymbol{\varepsilon}^e \tag{19.23}$$

式中：$[D]$为弹性矩阵；$\boldsymbol{\sigma}$及$\boldsymbol{\varepsilon}^e$分别为应力向量及弹性应变向量，即

$$\boldsymbol{\sigma} = [\sigma_x \quad \sigma_y \quad \sigma_z \quad \tau_{xy} \quad \tau_{yz} \quad \tau_{zx}]^{\mathrm{T}}$$

$$\boldsymbol{\varepsilon} = [\varepsilon_x \quad \varepsilon_y \quad \varepsilon_z \quad \gamma_{xy} \quad \gamma_{yz} \quad \gamma_{zx}]_e^{\mathrm{T}}$$

利用应力等效原理，用$[D]_d$代替$[D]$即可得弹性损伤本构关系，即

$$\boldsymbol{\sigma} = [D]_d \boldsymbol{\varepsilon}^e \tag{19.24}$$

式中：$[D]_d$为受损结构的损伤弹性矩阵，即

$$\begin{cases} [D]_d = (1-\omega)[D] & \boldsymbol{\sigma} \geqslant \mathbf{0} \\ [D]_d = (1-\alpha\omega)[D] & \boldsymbol{\sigma} < \mathbf{0} \end{cases} \tag{19.25}$$

式中：α为系数，表示微裂纹及微孔洞的闭合效应，取决于微缺陷的形状及密度，可认为是一个材料常数。由单轴受力状态可得

$$\alpha\omega = 1 - (1-\omega)\frac{E_d^c}{E_d^t} \tag{19.26}$$

式中：E_d^t为由拉伸损伤后测量得到的弹性模量；E_d^c为由压缩损伤后测量得到的弹性模量。由此可知，α可由式（19.26）确定。也可以由下列公式确定：

$$\alpha = \frac{E - E_d^c}{E - E_d^t} \tag{19.27}$$

有效应力向量可以写成

$$\boldsymbol{\sigma}_n = \frac{\langle \boldsymbol{\sigma} \rangle}{1-\omega} = \frac{\langle -\boldsymbol{\sigma} \rangle}{1-\alpha\omega} \tag{19.28}$$

式中：ω 为损伤变量。对于各向同性损伤，ω 是一个标量。$\langle \boldsymbol{\sigma} \rangle$ 定义为

$$\langle \boldsymbol{\sigma} \rangle = \begin{cases} \boldsymbol{\sigma} & \boldsymbol{\sigma} \geqslant \mathbf{0} \\ \mathbf{0} & \boldsymbol{\sigma} < \mathbf{0} \end{cases} \tag{19.29}$$

19.2.2　弹塑性各向同性损伤本构关系

对于弹塑性各向同性损伤材料，假设变形全过程的总应变向量 $\boldsymbol{\varepsilon}$ 为

$$\boldsymbol{\varepsilon} = \boldsymbol{\varepsilon}^e + \boldsymbol{\varepsilon}^p \tag{19.30}$$

式中：$\boldsymbol{\varepsilon}^e$ 为弹性应变向量；$\boldsymbol{\varepsilon}^p$ 为塑性应变向量。

由式（19.24）及式（19.30）可得

$$\boldsymbol{\sigma} = [D]_d \boldsymbol{\varepsilon} - \boldsymbol{\sigma}_0 \tag{19.31}$$

其中

$$\boldsymbol{\sigma}_0 = [D]_d \boldsymbol{\varepsilon}^p \tag{19.32}$$

如果采用增量形式，则式（19.31）可变为

$$\mathrm{d}\boldsymbol{\sigma} = [D]_d \mathrm{d}\boldsymbol{\varepsilon} - \mathrm{d}\boldsymbol{\sigma}_0 \tag{19.33}$$

其中

$$\mathrm{d}\boldsymbol{\sigma}_0 = [D]_d \mathrm{d}\boldsymbol{\varepsilon}^p \tag{19.34}$$

塑性应变向量 $\boldsymbol{\varepsilon}^p$ 的增量 $\mathrm{d}\boldsymbol{\varepsilon}^p$ 可以分别由弹塑性流动法则理论及弹塑性应变理论确定。

1. 弹塑性流动法则理论

由文献[17]第一章可得

$$\mathrm{d}\boldsymbol{\varepsilon}^p = \mathrm{d}\lambda \frac{\partial Q}{\partial \boldsymbol{\sigma}_n} m_d \tag{19.35}$$

式中：Q 为损伤材料的塑性耗散势函数，即

$$Q = Q(\boldsymbol{\sigma}_n, k) = 0 \tag{19.36}$$

式中：$\boldsymbol{\sigma}_n$ 为有效应力向量，即由式（19.12）可得 $\boldsymbol{\sigma}_n = m_d \boldsymbol{\sigma}$，$\mathrm{d}\boldsymbol{\sigma}_n = m_d \mathrm{d}\boldsymbol{\sigma}$，由此可得

$$\mathrm{d}Q = \left(\frac{\partial Q}{\partial \boldsymbol{\sigma}_n}\right)^{\mathrm{T}} m_d \mathrm{d}\boldsymbol{\sigma} + \frac{\partial Q}{\partial k} \mathrm{d}k = 0 \tag{19.37}$$

将式（19.33）两边乘以 $\left(\frac{\partial Q}{\partial \boldsymbol{\sigma}_n}\right)^{\mathrm{T}} m_d$ 可得

$$\left(\frac{\partial Q}{\partial \boldsymbol{\sigma}_n}\right)^{\mathrm{T}} m_d \mathrm{d}\boldsymbol{\sigma} = \left(\frac{\partial Q}{\partial \sigma_n}\right)^{\mathrm{T}} m_d [D]_d (\mathrm{d}\boldsymbol{\varepsilon} - \mathrm{d}\boldsymbol{\varepsilon}^p) \tag{19.38}$$

将式（19.38）代入式（19.37）可得

$$\left(\frac{\partial Q}{\partial \boldsymbol{\sigma}_n}\right)^{\mathrm{T}} m_d [D]_d (\mathrm{d}\boldsymbol{\varepsilon} - \mathrm{d}\boldsymbol{\varepsilon}^p) + \frac{\partial Q}{\partial k}\mathrm{d}k = 0 \tag{19.39}$$

将式（19.35）代入式（19.39）可得

$$\mathrm{d}\lambda = \frac{m_d \left(\dfrac{\partial Q}{\partial \boldsymbol{\sigma}_n}\right)^{\mathrm{T}} [D]_d}{A + m_d^2 \left(\dfrac{\partial Q}{\partial \boldsymbol{\sigma}_n}\right)^{\mathrm{T}} [D]_d \left(\dfrac{\partial Q}{\partial \boldsymbol{\sigma}_n}\right)} \mathrm{d}\varepsilon \tag{19.40}$$

其中

$$A = -\frac{1}{\mathrm{d}\lambda}\frac{\partial Q}{\partial k}\mathrm{d}k \qquad m_d = \frac{1}{1-\omega} \tag{19.41}$$

将式（19.40）代入式（19.35）可得

$$\mathrm{d}\boldsymbol{\varepsilon}^p = [Q]_{pd}\,\mathrm{d}\boldsymbol{\varepsilon} \tag{19.42}$$

将式（19.42）代入式（19.33）可得

$$\mathrm{d}\boldsymbol{\sigma} = [D]_{epd}\,\mathrm{d}\boldsymbol{\varepsilon} \tag{19.43}$$

其中

$$[D]_{epd} = [D]_e - [D]_{pd}$$

$$[D]_{pd} = \frac{m_d^2 [D]_d \left(\dfrac{\partial Q}{\partial \boldsymbol{\sigma}_n}\right)\left(\dfrac{\partial Q}{\partial \boldsymbol{\sigma}_n}\right)^{\mathrm{T}} [D]_d}{A + m_d^2 \left(\dfrac{\partial Q}{\partial \boldsymbol{\sigma}_n}\right)^{\mathrm{T}} [D]_d \left(\dfrac{\partial Q}{\partial \boldsymbol{\sigma}_n}\right)} = [D]_d [Q]_{pd} \tag{19.44}$$

$$\mathrm{d}\boldsymbol{\sigma}_0 = [D]_d\,\mathrm{d}\boldsymbol{\varepsilon}^p = [D]_{pd}\,\mathrm{d}\boldsymbol{\varepsilon} \tag{19.45}$$

式中：$[D]_d$ 为损伤材料的损伤弹性矩阵；$[D]_{pd}$ 为损伤材料的损伤塑性矩阵；$[D]_{epd}$ 为损伤弹塑性矩阵。

在等向强化模型理论中，设

$$Q = f(\boldsymbol{\sigma}_n) - k = 0 \tag{19.46}$$

式中：$k = k(\boldsymbol{\varepsilon}_n^p)$。若 f 为 Mises 屈服函数，则

$$f = \frac{1}{2}\bar{\boldsymbol{S}}_{ij}\bar{\boldsymbol{S}}_{ij} - \frac{1}{3}\bar{\boldsymbol{\sigma}}_s^2 \tag{19.47}$$

式中：$\bar{\boldsymbol{S}}_{ij}$ 为有效应力偏张量；$\bar{\boldsymbol{\sigma}}_s$ 为单向拉伸时的现时屈服应力向量，即

$$\bar{\boldsymbol{S}}_{ij} = \boldsymbol{S}_{ijn} = \boldsymbol{\sigma}_{ijn} - \boldsymbol{\delta}_{ij}\frac{\boldsymbol{\sigma}_{kkn}}{3} \qquad \bar{\boldsymbol{\sigma}}_s = \boldsymbol{\sigma}_{sn} = \boldsymbol{\sigma}_{sn}(\boldsymbol{\varepsilon}_n^p) \tag{19.48}$$

将式（19.46）分别代入式（19.35）及式（19.44），可得

$$\mathrm{d}\boldsymbol{\varepsilon}^p = \mathrm{d}\lambda \frac{\partial f}{\partial \boldsymbol{\sigma}_n} m_d \tag{19.49}$$

$$[D]_{pd} = \frac{m_d^2 [D]_d \left(\dfrac{\partial f}{\partial \boldsymbol{\sigma}_n}\right)\left(\dfrac{\partial f}{\partial \boldsymbol{\sigma}_n}\right)^{\mathrm{T}} [D]_d}{A + m_d^2 \left(\dfrac{\partial f}{\partial \boldsymbol{\sigma}_n}\right)^{\mathrm{T}} [D]_d \left(\dfrac{\partial f}{\partial \boldsymbol{\sigma}_n}\right)} \tag{19.50}$$

$$A = H'\frac{\mathrm{d}\boldsymbol{\varepsilon}_i^p}{\mathrm{d}\lambda} \tag{19.51}$$

将式（19.49）代入表达式

$$\mathrm{d}\boldsymbol{\varepsilon}_i^p = \left(\frac{2}{3}\mathrm{d}\boldsymbol{\varepsilon}_{ij}^p \mathrm{d}\boldsymbol{\varepsilon}_{ij}^p\right)^{\frac{1}{2}} \tag{19.52}$$

可得

$$\mathrm{d}\boldsymbol{\varepsilon}_i^p = \frac{2}{3}\mathrm{d}\lambda\boldsymbol{\sigma}_{in} \tag{19.53}$$

其中

$$\boldsymbol{\sigma}_{in} = \left(\frac{3}{2}\bar{\boldsymbol{S}}_{ij}\bar{\boldsymbol{S}}_{ij}\right)^{\frac{1}{2}} \tag{19.54}$$

将式（19.53）代入式（19.51）可得

$$A = \frac{2}{3}\boldsymbol{H}'\boldsymbol{\sigma}_{in} \tag{19.55}$$

式中：H' 为强化参数，即

$$H' = \frac{\mathrm{d}\boldsymbol{\sigma}}{\mathrm{d}\boldsymbol{\varepsilon}^p} \tag{19.56}$$

可以用 Margetson 公式确定

$$H' = \frac{\boldsymbol{\sigma}}{m}\left[\frac{(1-\boldsymbol{\omega})K}{\boldsymbol{\sigma}}\right]^m \tag{19.57}$$

式中：K 及 m 为材料常数[9]。

H' 也可以如下确定：如果设 $\boldsymbol{\sigma} = \phi(\boldsymbol{\varepsilon})$，$\boldsymbol{\varepsilon} = \boldsymbol{\varepsilon}^e + \boldsymbol{\varepsilon}^p$，则由 1.9.2 节可得

$$\mathrm{d}\boldsymbol{\sigma} = \phi'\mathrm{d}\boldsymbol{\varepsilon} = \phi'\mathrm{d}(\boldsymbol{\varepsilon}^e + \boldsymbol{\varepsilon}^p) \tag{19.58}$$

其中

$$\boldsymbol{\varepsilon}^e = \frac{\boldsymbol{\sigma}}{E_d} \tag{19.59}$$

将式（19.59）代入式（19.58）可得

$$H' = \frac{\mathrm{d}\boldsymbol{\sigma}}{\mathrm{d}\boldsymbol{\varepsilon}^p} = \frac{E_d\phi'}{E_d - \phi'} \tag{19.60}$$

这是作者于 1998 年提出来的[1]，式中

$$\phi' = \frac{\mathrm{d}\boldsymbol{\sigma}}{\mathrm{d}\boldsymbol{\varepsilon}} = (1-\omega)\frac{\mathrm{d}\boldsymbol{\sigma}_n}{\mathrm{d}\boldsymbol{\varepsilon}} = (1-\omega)E_t \tag{19.61}$$

式中：E_t 为切线模量。

由上述可知，上述导出的本构关系与用应变等效原理或应力等效原理导出的本构关系是相同的。应变等效原理对任何受损材料，不论是弹性、塑性、黏弹性、黏塑性，在单轴或多轴应力状态下都适用。这个原理在理论上未必完善，但简单、实用，因此应用广泛。

2. 损伤演化方程

如果知道损伤变量的损伤演化方程，则可利用原始材料的已知本构关系建立损伤材料的本构关系。损伤变量ω的表达式为

$$\omega = 1 - \mathrm{e}^{-(a\varepsilon_v + b\varepsilon_s)} \tag{19.62}$$

式中：$\boldsymbol{\varepsilon}_v$为体积应变向量，$\boldsymbol{\varepsilon}_v = \boldsymbol{\varepsilon}_1 + \boldsymbol{\varepsilon}_2 + \boldsymbol{\varepsilon}_3$；$\boldsymbol{\varepsilon}_s$为偏量应变向量，$\boldsymbol{\varepsilon}_s = [(\boldsymbol{\varepsilon}_1 - \boldsymbol{\varepsilon}_2)^2 + (\boldsymbol{\varepsilon}_2 - \boldsymbol{\varepsilon}_3)^2 + (\boldsymbol{\varepsilon}_3 - \boldsymbol{\varepsilon}_1)^2]^{1/2} / \sqrt{2}$；$a$、$b$为材料参数，可以通过有侧限及无侧限压缩试验确定。

有关损伤变量ω的演化方程，可根据损伤力学建立起来，见文献[1]～[4]。

19.2.3　各向同性损伤的弹塑性应变理论

由第二章可知

$$\mathrm{d}\boldsymbol{\sigma} = [D]_d \mathrm{d}\boldsymbol{\varepsilon} - \mathrm{d}\boldsymbol{\sigma}_0 \tag{19.63}$$

其中

$$\mathrm{d}\boldsymbol{\sigma}_0 = [D]_d \mathrm{d}\boldsymbol{\varepsilon}^p \tag{19.64}$$

塑性应变向量增量可由弹塑性应变理论确定。由第二章可得

$$\mathrm{d}\boldsymbol{\varepsilon}^p = [Q]_{pd}(\mathrm{d}\boldsymbol{\varepsilon} - \mathrm{d}\boldsymbol{\varepsilon}^s) \tag{19.65}$$

其中

$$[Q]_{pd} = (\boldsymbol{I} + k^*[D]_d)^{-1} k^*[D]_d \tag{19.66}$$

其余有关符号见第二章。将式（19.65）代入式（19.64）可得

$$\mathrm{d}\boldsymbol{\sigma}_0 = [D]_{pd}(\mathrm{d}\boldsymbol{\varepsilon} - \mathrm{d}\boldsymbol{\varepsilon}^s) \tag{19.67}$$

其中

$$[D]_{pd} = [D]_d [Q]_{pd} \tag{19.68}$$

将式（19.67）代入式（19.63）可得

$$\mathrm{d}\boldsymbol{\sigma} = [D]_{epd} \mathrm{d}\boldsymbol{\varepsilon} + [D]_{pd} \mathrm{d}\boldsymbol{\varepsilon}^s \tag{19.69}$$

其中

$$[D]_{epd} = [D]_d - [D]_{pd} \tag{19.70}$$

由第二章可知，利用弹塑性应变理论，可以建立各种各样的损伤本构关系。这是作者创立的新的损伤本构关系（损伤弹塑性应变理论）。

19.2.4　各向同性损伤的弹黏塑性理论

对于弹黏塑性各向同性损伤材料，假设变形全过程的总应变向量$\boldsymbol{\varepsilon}$为

$$\boldsymbol{\varepsilon} = \boldsymbol{\varepsilon}^e + \boldsymbol{\varepsilon}^{vp} \tag{19.71}$$

式中：$\boldsymbol{\varepsilon}^e$为弹性应变向量；$\boldsymbol{\varepsilon}^{vp}$为黏塑性应变向量。由式（19.24）及式（19.71）可得

$$\boldsymbol{\sigma} = [D]_d \boldsymbol{\varepsilon} - \boldsymbol{\sigma}_0 \tag{19.72}$$

其中

$$\boldsymbol{\sigma}_0 = [D]_d \boldsymbol{\varepsilon}^{vp} \tag{19.73}$$

$$\boldsymbol{\varepsilon}^{vp} = \boldsymbol{\varepsilon}_i^{vp} + \Delta\boldsymbol{\varepsilon}^{vp} \qquad \boldsymbol{\varepsilon}^{vp} = \dot{\boldsymbol{\varepsilon}}^{vp} \Delta t \tag{19.74}$$

式中：$\dot{\boldsymbol{\varepsilon}}^{vp}$ 为黏塑性应变率向量，即

$$\dot{\boldsymbol{\varepsilon}}^{vp}=\boldsymbol{\gamma}\langle\phi(F)\rangle\frac{\partial F}{\partial\boldsymbol{\sigma}} \tag{19.75}$$

式中有关符号见文献[17] 1.10.5 节，但屈服函数 F 用有效应力表示，损伤演化方程可采用式（19.62）的形式。

19.2.5　弹性各向异性损伤本构关系

不能用各向同性损伤模型描述的损伤状态称为各向异性损伤。如果把各向同性损伤模型的有效应力的概念推广到各向异性损伤，则有效应力为

$$\bar{\boldsymbol{\sigma}}=\boldsymbol{M}(\boldsymbol{\omega}):\boldsymbol{\sigma} \tag{19.76}$$

式中：$\bar{\boldsymbol{\sigma}}$ 为有效应力张量；$\boldsymbol{\sigma}$ 为 Cauchy 应力张量；: 为张量双点积；$\boldsymbol{M}(\boldsymbol{\omega})$ 为各向异性损伤张量。

如果损伤主轴与主应力坐标轴重合，则

$$\bar{\boldsymbol{\sigma}}_i=\frac{\boldsymbol{\sigma}_i}{1-\boldsymbol{\omega}_i}\qquad i=1,2,3 \tag{19.77}$$

由于有效应力张量为对称张量，且满足坐标转换规律，则

$$\bar{\boldsymbol{\sigma}}=[M(\omega)]\boldsymbol{\sigma} \tag{19.78}$$

其中

$$\begin{cases}\boldsymbol{\sigma}=[\sigma_{11}\quad\sigma_{22}\quad\sigma_{33}\quad\sigma_{12}\quad\sigma_{23}\quad\sigma_{31}]^{\mathrm{T}}\\ \bar{\boldsymbol{\sigma}}=[\bar{\sigma}_{11}\quad\bar{\sigma}_{22}\quad\bar{\sigma}_{33}\quad\bar{\sigma}_{12}\quad\bar{\sigma}_{23}\quad\bar{\sigma}_{31}]^{\mathrm{T}}\\ [M(\omega)]=[T][M'][T]^{-1}\end{cases} \tag{19.79}$$

$$\begin{cases}[M']=\operatorname{diag}\left(\dfrac{1}{\psi_{11}},\dfrac{1}{\psi_{22}},\dfrac{1}{\psi_{33}},\dfrac{1}{\psi_{12}},\dfrac{1}{\psi_{23}},\dfrac{1}{\psi_{31}}\right)\\ \psi_{11}=1-\omega_1\\ \psi_{12}=[(1-\omega_1)(1-\omega_2)]^{1/2}\\ \psi_{22}=1-\omega_2\\ \psi_{23}=[(1-\omega_2)(1-\omega_3)]^{1/2}\\ \psi_{33}=1-\omega_3\\ \psi_{31}=[(1-\omega_3)(1-\omega_1)]^{1/2}\end{cases} \tag{19.80}$$

式中：$[T]$ 为坐标转换矩阵；$[M(\omega)]$ 为局部坐标下的损伤矩阵；$[M']$ 为主应力坐标下各向异性损伤矩阵。对式（19.79）展开可得 $[M(\omega)]$ 各元素的具体表达式为

$$[M(\omega)]=\begin{bmatrix}M_{11}&M_{12}&\cdots&M_{16}\\ M_{21}&M_{22}&\cdots&M_{26}\\ \vdots&\vdots&&\vdots\\ M_{61}&M_{62}&\cdots&M_{66}\end{bmatrix}=[M_{ij}] \tag{19.81}$$

其中

$$M_{ij}=\frac{l_i^2 l_j^2}{\psi_{11}}+\frac{m_i^2 m_j^2}{\psi_{22}}+\frac{n_i^2 n_j^2}{\psi_{33}}+\frac{2m_i l_i m_j l_j}{\psi_{12}}+\frac{2m_i n_i m_j n_j}{\psi_{23}}+\frac{2n_i l_i n_j l_j}{\psi_{31}}\quad i,j=1,2,3 \tag{19.82}$$

$$\begin{aligned}M_{ii}=&\frac{2l_3^2 l_{(6-i)}^2}{\psi_{11}}+\frac{2m_3^2 m_{(6-i)}^2}{\psi_{22}}+\frac{2n_3^2 n_{(6-i)}^2}{\psi_{33}}+\frac{(l_3 m_{(6-i)}+m_3 l_{(6-i)})^2}{\psi_{12}}\\&+\frac{(m_3 n_{(6-i)}+n_3 m_{(6-i)})^2}{\psi_{23}}+\frac{(n_3 l_{(6-i)}+l_3 n_{(6-i)})^2}{\psi_{31}}\quad i=4,5\end{aligned} \tag{19.83}$$

$$\begin{aligned}M_{66}=&\frac{2l_1^2 l_2^2}{\psi_{11}}+\frac{2m_1^2 m_2^2}{\psi_{22}}+\frac{2n_1^2 n_2^2}{\psi_{33}}+\frac{(l_1 m_2+m_1 l_2)^2}{\psi_{12}}\\&+\frac{(m_1 n_2+n_1 m_2)^2}{\psi_{23}}+\frac{(n_1 l_2+l_1 n_2)^2}{\psi_{31}}\end{aligned} \tag{19.84}$$

$$\begin{aligned}M_{ij}=&\frac{l_3 l_{(6-i)}^2 l_j^2}{\psi_{11}}+\frac{m_3 m_{(6-i)}^2 m_j^2}{\psi_{22}}+\frac{n_3 n_{(6-i)}^2 n_j^2}{\psi_{33}}\\&+\frac{l_j m_j (l_3 m_{(6-i)}+m_3 l_{(6-i)})}{\psi_{12}}+\frac{m_j n_j (m_3 n_{(6-i)}+n_3 m_{(6-i)})}{\psi_{23}}\\&+\frac{n_j l_j (n_3 l_{(6-i)}+l_3 n_{(6-i)})}{\psi_{31}}\quad i=4,5\quad j=1,2,3\end{aligned} \tag{19.85}$$

$$\begin{aligned}M_{54}=&\frac{2l_1 l_2 l_3^2}{\psi_{11}}+\frac{2m_1 m_2 m_3^2}{\psi_{22}}+\frac{2n_1 n_2 n_3^2}{\psi_{33}}\\&+\frac{(l_2 m_3+l_3 m_2)(l_1 m_3+l_3 m_1)}{\psi_{12}}+\frac{(m_2 n_3+m_3 n_2)(m_1 n_3+m_3 n_1)}{\psi_{23}}\\&+\frac{(n_2 l_3+n_3 l_2)(n_1 l_3+n_3 l_1)}{\psi_{31}}\end{aligned} \tag{19.86}$$

$$\begin{aligned}M_{6j}=&\frac{l_1 l_2 l_j^2}{\psi_{11}}+\frac{m_1 m_2 m_j^2}{\psi_{22}}+\frac{n_1 n_2 n_j^2}{\psi_{33}}+\frac{l_j m_j (l_1 m_2+m_1 l_2)}{\psi_{12}}\frac{m_j n_j (m_1 n_2+n_1 m_2)}{\psi_{23}}\\&+\frac{n_j l_j (n_1 l_2+l_1 n_2)}{\psi_{31}}\quad j=1,2,3\end{aligned} \tag{19.87}$$

$$\begin{aligned}M_{6j}=&\frac{2l_1 l_2 l_3 l_{6-j}}{\psi_{11}}+\frac{2m_1 m_2 m_3 m_{6-j}}{\psi_{22}}+\frac{2n_1 n_2 n_3 n_{6-j}}{\psi_{33}}\\&+\frac{(l_3 m_{6-j}+m_3 l_{6-j})(l_1 m_2+m_1 l_2)}{\psi_{12}}+\frac{(m_3 n_{6-j}+n_3 m_{6-j})(m_1 n_2+n_1 m_2)}{\psi_{23}}\\&+\frac{(n_3 l_{6-j}+l_3 n_{6-j})(n_1 l_2+l_1 n_2)}{\psi_{31}}\quad j=4,5\end{aligned} \tag{19.88}$$

$$\begin{cases}M_{ji}=2M_{ij} & i=4,5,6\quad j=1,2,3\\ M_{ji}=M_{ij} & i=5,6\quad j=4,5\end{cases} \tag{19.89}$$

如果损伤变量 $\omega_1=\omega_2=\omega_3=\omega$，则 $M_{ji}=\delta_{ij}/(1-\omega)$，可退化为各向同性损伤理论。

根据热力学第二定律可得各向异性损伤本构关系

$$\mathrm{d}\boldsymbol{\sigma}=[D]_d\,\mathrm{d}\boldsymbol{\varepsilon} \tag{19.90}$$

其中

$$\begin{cases}\mathrm{d}\boldsymbol{\sigma}=[\mathrm{d}\boldsymbol{\sigma}_{11}\quad \mathrm{d}\boldsymbol{\sigma}_{22}\quad \mathrm{d}\boldsymbol{\sigma}_{33}\quad \mathrm{d}\boldsymbol{\sigma}_{12}\quad \mathrm{d}\boldsymbol{\sigma}_{23}\quad \mathrm{d}\boldsymbol{\sigma}_{31}]^{\mathrm{T}}\\ \mathrm{d}\boldsymbol{\varepsilon}=[\mathrm{d}\boldsymbol{\varepsilon}_{11}\quad \mathrm{d}\boldsymbol{\varepsilon}_{22}\quad \mathrm{d}\boldsymbol{\varepsilon}_{33}\quad \mathrm{d}\boldsymbol{\varepsilon}_{12}\quad \mathrm{d}\boldsymbol{\varepsilon}_{23}\quad \mathrm{d}\boldsymbol{\varepsilon}_{31}]^{\mathrm{T}}\\ [D]_d=[M]^{-1}[D]([M]^{-1})^{\mathrm{T}}\end{cases} \tag{19.91}$$

式中：$[D]$为无损伤材料的弹性矩阵。

式（19.82）～式（19.88）中的方向余弦l_i、m_i及n_i，见表 19.1。

表 19.1　主应力坐标与局部坐标之间的方向余弦

内容	x_1'	x_2'	x_3'
$\bar{x}_1$	l_1	m_1	n_1
$\bar{x}_2$	l_2	m_2	n_2
$\bar{x}_3$	l_3	m_3	n_3

注：x_1'、x_2'及x_3'为主应力坐标；$\bar{x}_1$、$\bar{x}_2$及$\bar{x}_3$为局部坐标。

19.2.6　弹塑性各向异性损伤本构关系

1. 小变形弹塑性各向异性损伤本构关系

在小变形弹性问题中，总应变向量的增量为

$$\mathrm{d}\boldsymbol{\varepsilon}=\mathrm{d}\boldsymbol{\varepsilon}^e+\mathrm{d}\boldsymbol{\varepsilon}^p \tag{19.92}$$

应力向量的增量为

$$\mathrm{d}\boldsymbol{\sigma}=[\tilde{D}]_d\,\mathrm{d}\boldsymbol{\varepsilon}^e \tag{19.93}$$

由式（19.92）可得

$$\mathrm{d}\boldsymbol{\varepsilon}^e=\mathrm{d}\boldsymbol{\varepsilon}-\mathrm{d}\boldsymbol{\varepsilon}^p \tag{19.94}$$

将式（19.94）代入式（19.92）可得小变形弹塑性各向异性损伤本构关系

$$\mathrm{d}\boldsymbol{\sigma}=[\tilde{D}]_d\,\mathrm{d}\boldsymbol{\varepsilon}-\mathrm{d}\boldsymbol{\sigma}_0 \tag{19.95}$$

其中

$$\mathrm{d}\boldsymbol{\sigma}_0=[\tilde{D}]_d\,\mathrm{d}\boldsymbol{\varepsilon}^p \tag{19.96}$$

根据流动法则可得

$$\mathrm{d}\boldsymbol{\varepsilon}^p=\mathrm{d}\boldsymbol{\lambda}\frac{\partial Q}{\partial\boldsymbol{\sigma}}=\mathrm{d}\boldsymbol{\lambda}[M]\left(\frac{\partial Q}{\partial\tilde{\boldsymbol{\sigma}}}\right) \tag{19.97}$$

其中

$$\begin{cases}\tilde{\boldsymbol{\sigma}}=[M]\boldsymbol{\sigma}\qquad [M]=[M(\omega)]\\ \mathrm{d}\boldsymbol{\lambda}=\dfrac{\left(\dfrac{\partial Q}{\partial\tilde{\boldsymbol{\sigma}}}\right)^{\mathrm{T}}[M]^{\mathrm{T}}[\tilde{D}]_d}{\boldsymbol{A}+\left(\dfrac{\partial Q}{\partial\tilde{\boldsymbol{\sigma}}}\right)^{\mathrm{T}}[M]^{\mathrm{T}}[\tilde{D}]_d[M]\left(\dfrac{\partial Q}{\partial\tilde{\boldsymbol{\sigma}}}\right)}\mathrm{d}\boldsymbol{\varepsilon}\end{cases} \tag{19.98}$$

将式（19.98）代入式（19.97）可得

$$\mathrm{d}\boldsymbol{\varepsilon}^p = [\tilde{Q}]_{pd}\,\mathrm{d}\boldsymbol{\varepsilon} \tag{19.99}$$

将式（19.99）代入式（19.96）可得

$$\mathrm{d}\boldsymbol{\sigma}_0 = [\tilde{D}]_{pd}\,\mathrm{d}\boldsymbol{\varepsilon} \tag{19.100}$$

将式（19.100）代入式（19.95）可得

$$\mathrm{d}\boldsymbol{\sigma} = [\tilde{D}]_{epd}\,\mathrm{d}\boldsymbol{\varepsilon} \tag{19.101}$$

这是小变形弹塑性各向异性损伤本构关系。式（19.101）中$[\tilde{D}]_{epd}$为弹塑性各向异性损伤矩阵，即

$$[\tilde{D}]_{epd} = [\tilde{D}]_d - [\tilde{D}]_{pd} \tag{19.102}$$

式中：$[\tilde{D}]_d$为弹性各向异性损伤矩阵；$[\tilde{D}]_{pd}$为塑性各向异性损伤矩阵，即

$$[\tilde{D}]_{pd} = \frac{[\tilde{D}]_d[M]\left(\dfrac{\partial Q}{\partial \tilde{\boldsymbol{\sigma}}}\right)\left(\dfrac{\partial Q}{\partial \tilde{\boldsymbol{\sigma}}}\right)^{\mathrm{T}}[M]^{\mathrm{T}}[\tilde{D}]_d}{\boldsymbol{A} + \left(\dfrac{\partial Q}{\partial \tilde{\boldsymbol{\sigma}}}\right)^{\mathrm{T}}[M]^{\mathrm{T}}[\tilde{D}]_d[M]\left(\dfrac{\partial Q}{\partial \tilde{\boldsymbol{\sigma}}}\right)} \tag{19.103}$$

其中

$$\boldsymbol{A} = -\frac{1}{\mathrm{d}\lambda}\frac{\partial Q}{\partial k}\mathrm{d}k \tag{19.104}$$

2. 弹塑性应变增量理论

由弹塑性应变增量理论可得

$$\mathrm{d}\boldsymbol{\sigma} = [\tilde{D}]_d\,\mathrm{d}\boldsymbol{\varepsilon} - \mathrm{d}\boldsymbol{\sigma}_0 \tag{19.105}$$

其中

$$\mathrm{d}\boldsymbol{\sigma}_0 = [\tilde{D}]_d\,\mathrm{d}\boldsymbol{\varepsilon}^p \tag{19.106}$$

由第二章可得

$$\mathrm{d}\boldsymbol{\varepsilon}^p = [\tilde{Q}]_{pd}(\mathrm{d}\boldsymbol{\varepsilon} - \mathrm{d}\boldsymbol{\varepsilon}^s) \tag{19.107}$$

其中

$$[\tilde{Q}]_{pd} = (I + k^*[\tilde{D}]_d)^{-1}k^*[\tilde{D}]_d \tag{19.108}$$

将式（19.107）代入式（19.106）可得

$$\mathrm{d}\boldsymbol{\sigma}_0 = [\tilde{D}]_{pd}(\mathrm{d}\boldsymbol{\varepsilon} - \mathrm{d}\boldsymbol{\varepsilon}^s) \tag{19.109}$$

其中

$$[\tilde{D}]_{pd} = [\tilde{D}]_d[\tilde{Q}]_{pd} \tag{19.110}$$

将式（19.109）代入式（19.106）可得

$$\mathrm{d}\boldsymbol{\sigma} = [\tilde{D}]_{epd}\,\mathrm{d}\boldsymbol{\varepsilon} - [\tilde{D}]_{pd}\,\mathrm{d}\boldsymbol{\varepsilon}^s \tag{19.111}$$

其中

$$[\tilde{D}]_{epd} = [\tilde{D}]_d - [\tilde{D}]_{pd} \tag{19.112}$$

由第二章可知，利用弹塑性应变增量理论，可以建立各种各样的损伤本构关系。上述

式中 $\mathrm{d}\boldsymbol{\varepsilon}^s$ 为屈服应变向量 $\boldsymbol{\varepsilon}^s$ 的增量或后继屈服应变向量的增量，$\boldsymbol{\varepsilon}^s$ 可由下列公式确定为：

$$\mathrm{d}\boldsymbol{\varepsilon}^s=[\tilde{D}]_d^{-1}\mathrm{d}\boldsymbol{\sigma} \tag{19.113}$$

这是作者创立的新成果。

3. 大变形弹塑性各向异性损伤本构关系

由式（7.132）可以建立大变形弹塑性各向异性损伤本构关系为

$$\mathrm{d}\boldsymbol{\sigma}=[\tilde{D}_b]_d\mathrm{d}\boldsymbol{\varepsilon}-[\tilde{D}]_{pd}\mathrm{d}\boldsymbol{\varepsilon}^s \tag{19.114}$$

其中

$$[\tilde{D}_b]_d=[\tilde{D}]_{epd}-[\tilde{D}]_{pd} \tag{19.115}$$

式（19.114）是基于弹塑性应变增量理论建立的。如果基于弹塑性流动法则理论建立式（19.114），则 $\mathrm{d}\boldsymbol{\varepsilon}^s=0$。这是作者创立的新的损伤本构关系。

19.2.7 损伤演化模型

损伤耗散势函数可采用下列形式[11]：

$$F_d=\bar{\sigma}_d-[B_0+B(\omega)] \tag{19.116}$$

式中：$\bar{\sigma}_d$ 为有效损伤等效应力；ω 为总损伤；B_0 为初始损伤强化阈值；$B(\omega)$ 为与总损伤 $\boldsymbol{\omega}$ 相对应的热力学广义力。

$$\bar{\boldsymbol{\sigma}}_d=\left(\frac{1}{2}\boldsymbol{\sigma}:\tilde{\boldsymbol{J}}:\boldsymbol{\sigma}\right)^{\frac{1}{2}} \tag{19.117}$$

其中

$$\tilde{\boldsymbol{J}}=\boldsymbol{M}^{\mathrm{T}}:\boldsymbol{J}:\boldsymbol{M} \tag{19.118}$$

式中：$\boldsymbol{M}$ 为损伤影响张量；$\boldsymbol{J}$ 为损伤特征张量，$\boldsymbol{J}$ 为

$$\boldsymbol{J}=\begin{bmatrix}1 & \alpha & \alpha & 0 & 0 & 0\\ & 1 & \alpha & 0 & 0 & 0\\ & & 1 & 0 & 0 & 0\\ & \text{对} & & 2(1-\alpha) & 0 & 0\\ & & \text{称} & & 2(1-\alpha) & 0\\ & & & & & 2(1-\alpha)\end{bmatrix} \tag{19.119}$$

式中：α 为材料常数，由 $\boldsymbol{J}$ 的半正定性，可以导出 $\alpha\in\left[-\frac{1}{2},1\right]$，且

$$\alpha=\frac{\omega_2\left(1-\frac{\omega_2}{2}\right)}{\omega_1\left(1-\frac{\omega_1}{2}\right)} \tag{19.120}$$

如果假设

$$F_d=\bar{\sigma}_d-[B_0+B(\omega)]=0 \tag{19.121}$$

则损伤演化方程为

$$\dot{\omega}=\frac{\lambda_d}{2\bar{\sigma}_d}\tilde{\boldsymbol{J}}:\boldsymbol{\sigma} \tag{19.122}$$

$$\dot{\omega}=\lambda_d\frac{\partial F}{\partial(-B)}=\lambda_d \tag{19.123}$$

由式（19.122）可得

$$\dot{\omega}=\lambda_d\left(\frac{\partial F_d}{\partial \boldsymbol{\sigma}}\right) \tag{19.124}$$

由式（19.121）可得

$$B=\bar{\sigma}_d-B_0 \tag{19.125}$$

由式（19.123）及式（19.124）可得

$$\mathrm{d}\omega=\left(\frac{\partial \boldsymbol{F}_d}{\partial \boldsymbol{\sigma}}\right)\mathrm{d}\omega \tag{19.126}$$

将上式两边左乘$\left(\frac{\partial F_d}{\partial \omega}\right)^{\mathrm{T}}$可得

$$\left(\frac{\partial F_d}{\partial \omega}\right)^{\mathrm{T}}\mathrm{d}\omega=\left(\frac{\partial F_d}{\partial \omega}\right)^{\mathrm{T}}\left(\frac{\partial F_d}{\partial \boldsymbol{\sigma}}\right)\mathrm{d}\omega \tag{19.127}$$

由$F_d=0$可得

$$\left(\frac{\partial F_d}{\partial \boldsymbol{\sigma}}\right)^{\mathrm{T}}\mathrm{d}\boldsymbol{\sigma}+\left(\frac{\partial F_d}{\partial \omega}\right)^{\mathrm{T}}\mathrm{d}\omega-\left(\frac{\partial B}{\partial \omega}\right)\mathrm{d}\boldsymbol{\omega}=0 \tag{19.128}$$

由式（19.127）及式（19.128）可得

$$\mathrm{d}\omega=\frac{\left(\frac{\partial F_d}{\partial \boldsymbol{\sigma}}\right)^{\mathrm{T}}\mathrm{d}\boldsymbol{\sigma}}{\frac{\partial B}{\partial \omega}-\left(\frac{\partial F_d}{\partial \omega}\right)^{T}\left(\frac{\partial F_d}{\partial \boldsymbol{\sigma}}\right)} \tag{19.129}$$

由式（19.129）及式（19.126）可得

$$\mathrm{d}\omega=\frac{\frac{\partial F_d}{\partial \boldsymbol{\sigma}}\left(\frac{\partial F_d}{\partial \boldsymbol{\sigma}}\right)^{\mathrm{T}}\mathrm{d}\boldsymbol{\sigma}}{\frac{\partial B}{\partial \omega}-\left(\frac{\partial F_d}{\partial \omega}\right)^{\mathrm{T}}\left(\frac{\partial F_d}{\partial \boldsymbol{\sigma}}\right)} \tag{19.130}$$

这是损伤与应力增量的关系。

19.3　混凝土损伤本构关系

混凝土是一种脆性材料，有弹性及非弹性性能，混凝土非弹性表现为塑性、黏塑性及徐变性能。由此可知，混凝土有弹性损伤、弹塑性损伤及徐变损伤。

19.3.1　混凝土弹性各向同性损伤本构关系

如果混凝土采用下列假定：①混凝土为脆弹性材料；②损伤是各向同性的，则混凝土损伤分析可采用弹性各向同性损伤本构关系，见式（14.24）。损伤演化方程可采用

$$\omega = 1 - \mathrm{e}^{-\alpha(\varepsilon-\varepsilon_0)} \tag{19.131}$$

其中

$$\alpha = 1/2\varepsilon_{\max} \tag{19.132}$$

式中：ε_0 为单轴应力状态时损伤应变阈值；$\varepsilon_{\max}$ 为极限应力对应的应变；α 为材料常数，可由试验确定。

19.3.2　混凝土弹塑性各向同性损伤本构关系

混凝土受力状态有两个阶段：强化阶段和软化阶段。在强化阶段中可以采用弹塑性强化损伤本构关系；在软化阶段中可以采用弹塑性软化损伤本构关系。

1. 强化阶段的损伤本构关系

在强化阶段中，对混凝土的损伤分析，可以采用弹塑性强化损伤本构关系，见式（19.33）、式（19.43）及式（14.69）。

2. 弹塑性软化损伤本构关系

在软化阶段中，混凝土的总应变向量 $\boldsymbol{\varepsilon}$ 的增量为

$$\mathrm{d}\boldsymbol{\varepsilon} = \mathrm{d}\boldsymbol{\varepsilon}^e + \mathrm{d}\boldsymbol{\varepsilon}^p + \mathrm{d}\boldsymbol{\varepsilon}^f \tag{19.133}$$

式中：$\mathrm{d}\boldsymbol{\varepsilon}^f$ 为裂纹位移引起的应变向量 $\boldsymbol{\varepsilon}^f$ 的增量。由上述可得

$$\mathrm{d}\boldsymbol{\sigma} = [D]_{df}(\mathrm{d}\boldsymbol{\varepsilon} - \mathrm{d}\boldsymbol{\varepsilon}^p - \mathrm{d}\boldsymbol{\varepsilon}^f) \tag{19.134}$$

式中：$[D]_{df}$ 为损伤变量为 ω_f 值时的损伤弹性矩阵，ω_f 为应力达到极限状态的损伤变量。如果 $\Phi(\boldsymbol{\sigma}_n, \boldsymbol{\varepsilon}^f) = 0$，则

$$\mathrm{d}\Phi = \left(\frac{\partial \Phi}{\partial \boldsymbol{\sigma}_n}\right)^{\mathrm{T}} \mathrm{d}\boldsymbol{\sigma}_n + \left(\frac{\partial \Phi}{\partial \boldsymbol{\varepsilon}^f}\right)^{\mathrm{T}} \mathrm{d}\boldsymbol{\varepsilon}^f = 0 \tag{19.135}$$

如果采用流动法则理论，则

$$\mathrm{d}\boldsymbol{\varepsilon}^f = \mathrm{d}\lambda \frac{\partial \Phi}{\partial \boldsymbol{\sigma}_n} m_d \tag{19.136}$$

式中：$\boldsymbol{\sigma}_n$ 为有效应力向量。将式（19.136）代入式（19.135）可得

$$\mathrm{d}\lambda = -\frac{\left(\dfrac{\partial \Phi}{\partial \boldsymbol{\sigma}_n}\right)^{\mathrm{T}} \mathrm{d}\boldsymbol{\sigma}}{\left(\dfrac{\partial \Phi}{\partial \boldsymbol{\varepsilon}^f}\right)^{\mathrm{T}} \left(\dfrac{\partial \Phi}{\partial \boldsymbol{\sigma}_n}\right)} \tag{19.137}$$

将式（19.137）代入式（19.136）可得

$$\mathrm{d}\boldsymbol{\varepsilon}^{f}=\frac{m_d}{\boldsymbol{A}_1}\left(\frac{\partial\Phi}{\partial\boldsymbol{\sigma}_n}\right)\left(\frac{\partial\Phi}{\partial\boldsymbol{\sigma}_n}\right)^{\mathrm{T}}\mathrm{d}\boldsymbol{\sigma} \tag{19.138}$$

其中

$$A_1=-\left(\frac{\partial\Phi}{\partial\boldsymbol{\varepsilon}^{f}}\right)^{\mathrm{T}}\left(\frac{\partial\Phi}{\partial\boldsymbol{\sigma}_n}\right) \tag{19.139}$$

将式（19.138）代入式（19.134）可得

$$\mathrm{d}\boldsymbol{\sigma}=[D]_{dk}(\mathrm{d}\boldsymbol{\varepsilon}-\mathrm{d}\boldsymbol{\varepsilon}^{p}) \tag{19.140}$$

式中：$[D]_{dk}$为混凝土损伤软化弹性矩阵，即

$$[D]_{dk}=\left([I]+[D]_{df}\frac{k}{A_1}m_d\left(\frac{\partial\Phi}{\partial\boldsymbol{\sigma}_n}\right)\left(\frac{\partial\Phi}{\partial\boldsymbol{\sigma}_n}\right)^{\mathrm{T}}\right)^{-1}[D]_{df} \tag{19.141}$$

式中：$[I]$为单位矩阵；k 为系数。当$k=0$时，$[D]_{dk}$为不含局部损伤的软化弹性矩阵；当$k=1$时，$[D]_{dk}$为含局部损伤的软化弹性矩阵。

3. 弹塑性损伤软化矩阵

由式（19.134）可得

$$\mathrm{d}\boldsymbol{\sigma}=[D]_{df}(\mathrm{d}\boldsymbol{\varepsilon}-\mathrm{d}\boldsymbol{\varepsilon}^{pf}) \tag{19.142}$$

式中：$\mathrm{d}\boldsymbol{\varepsilon}^{pf}$为塑性极限裂纹应变向量增量。如果采用流动法则，则

$$\mathrm{d}\boldsymbol{\varepsilon}^{pf}=\mathrm{d}\lambda\frac{\partial\Phi}{\partial\boldsymbol{\sigma}_n}m_d \tag{19.143}$$

式中：$\boldsymbol{\sigma}_n$为有效应力向量（下同）。如果$\Phi(\boldsymbol{\sigma}_n,\boldsymbol{\varepsilon}^{pf})=\mathbf{0}$，则

$$\mathrm{d}\Phi=\left(\frac{\partial\Phi}{\partial\boldsymbol{\sigma}_n}\right)^{\mathrm{T}}m_d\mathrm{d}\boldsymbol{\sigma}+\left(\frac{\partial\Phi}{\partial\boldsymbol{\varepsilon}^{pf}}\right)^{\mathrm{T}}\mathrm{d}\boldsymbol{\varepsilon}^{pf}=\mathbf{0} \tag{19.144}$$

将式（19.143）代入式（19.144）可得

$$\mathrm{d}\lambda=-\frac{\left(\dfrac{\partial\Phi}{\partial\boldsymbol{\sigma}_n}\right)^{\mathrm{T}}\mathrm{d}\boldsymbol{\sigma}}{\left(\dfrac{\partial\Phi}{\partial\boldsymbol{\varepsilon}^{pf}}\right)^{\mathrm{T}}\left(\dfrac{\partial\Phi}{\partial\boldsymbol{\sigma}_n}\right)} \tag{19.145}$$

将式（19.145）代入式（19.143）可得

$$\mathrm{d}\boldsymbol{\varepsilon}^{pf}=\frac{m_d}{\boldsymbol{A}_2}\left(\frac{\partial\Phi}{\partial\boldsymbol{\sigma}_n}\right)\left(\frac{\partial\Phi}{\partial\boldsymbol{\sigma}_n}\right)^{\mathrm{T}}\mathrm{d}\boldsymbol{\sigma} \tag{19.146}$$

其中

$$\boldsymbol{A}_2=-\left(\frac{\partial\Phi}{\partial\boldsymbol{\varepsilon}^{pf}}\right)\left(\frac{\partial\Phi}{\partial\boldsymbol{\sigma}_n}\right) \tag{19.147}$$

将式（19.146）代入式（19.142）可得

$$\mathrm{d}\boldsymbol{\sigma}=[D]_{epdk}\mathrm{d}\boldsymbol{\varepsilon} \tag{19.148}$$

式中：$[D]_{epdk}$ 为混凝土损伤软化弹塑性矩阵，即

$$[D]_{epdk} = \left([I] + m_d [D]_{df} \left(\frac{k}{A_2} + \frac{1-k}{A_3} \right) \left(\frac{\partial \Phi}{\partial \boldsymbol{\sigma}_n} \right) \left(\frac{\partial \Phi}{\partial \boldsymbol{\sigma}_n} \right)^{\mathrm{T}} \right)^{-1} [D]_{df} \tag{19.149}$$

其中

$$A_3 = -\left(\frac{\partial \Phi}{\partial \boldsymbol{\varepsilon}^p} \right) \left(\frac{\partial \Phi}{\partial \boldsymbol{\sigma}_n} \right) \tag{19.150}$$

式中：k 为系数，当 $k=0$ 时，$[D]_{epdk}$ 为不含局部损伤的弹塑性软化矩阵；当 $k=1$ 时，$[D]_{epdk}$ 为含局部损伤的弹塑性软化矩阵。

19.3.3 混凝土弹黏塑性各向同性损伤本构关系

因为弹黏塑性问题的稳定解就是相应的弹塑性问题的解，因此可以利用弹黏塑性理论来求解弹塑性问题。

1. 强化阶段的损伤本构关系

在强化阶段，对混凝土损伤分析，可以采用式（14.72）所示的本构关系。

2. 软化阶段的损伤本构关系

在软化阶中，混凝土的总应变向量为

$$\boldsymbol{\varepsilon} = \boldsymbol{\varepsilon}^e + \boldsymbol{\varepsilon}^{vp} + \boldsymbol{\varepsilon}^f \tag{19.151}$$

由上述可得

$$\boldsymbol{\sigma} = [D]_{df} (\boldsymbol{\varepsilon} - \boldsymbol{\varepsilon}^{vp} - \boldsymbol{\varepsilon}^f) \tag{19.152}$$

由式（19.152）可得

$$\boldsymbol{\sigma} = [D]_{dk} (\boldsymbol{\varepsilon} - \boldsymbol{\varepsilon}^{vp}) \tag{19.153}$$

式中：$[D]_{dk}$ 可由式（19.141）确定；$\boldsymbol{\varepsilon}^{vp}$ 由式（19.72）确定，但其中损伤变量取 ω_f 值，即 $\omega = \omega_f$。

19.3.4 各向同性损伤的弹塑性应变理论

1. 强化阶段的损伤本构关系

在强化阶段，对混凝土损伤分析，可以利用式（19.63）及式（19.69）所示的本构关系。

2. 软化阶段的损伤本构关系

在软化阶中，混凝土的总应变向量为

$$\boldsymbol{\varepsilon} = \boldsymbol{\varepsilon}^e + \boldsymbol{\varepsilon}^p + \boldsymbol{\varepsilon}^f \tag{19.154}$$

它的增量为

$$\mathrm{d}\boldsymbol{\varepsilon} = \mathrm{d}\boldsymbol{\varepsilon}^e + \mathrm{d}\boldsymbol{\varepsilon}^p + \mathrm{d}\boldsymbol{\varepsilon}^f \tag{19.155}$$

由上述可得

$$\mathrm{d}\boldsymbol{\sigma}=[D]_{df}(\mathrm{d}\boldsymbol{\varepsilon}-\mathrm{d}\boldsymbol{\varepsilon}^{p}-\mathrm{d}\boldsymbol{\varepsilon}^{f}) \tag{19.156}$$

式中：$\mathrm{d}\boldsymbol{\varepsilon}^{f}$ 为裂纹位移引起的应变向量 $\boldsymbol{\varepsilon}^{f}$ 的增量；$\mathrm{d}\boldsymbol{\varepsilon}^{e}$ 为弹性应变向量 $\boldsymbol{\varepsilon}^{e}$ 的增量；$\mathrm{d}\boldsymbol{\varepsilon}^{p}$ 为塑性应变向量 $\boldsymbol{\varepsilon}^{p}$ 的增量。由式（19.156）可得

$$\mathrm{d}\boldsymbol{\sigma}=[D]_{df}(\mathrm{d}\boldsymbol{\varepsilon}-\mathrm{d}\boldsymbol{\varepsilon}^{pf}) \tag{19.157}$$

式中：$\mathrm{d}\boldsymbol{\varepsilon}^{pf}$ 为塑性裂纹应变向量 $\boldsymbol{\varepsilon}^{pf}$ 的增量。

如果 $\boldsymbol{\sigma}=H_A(\boldsymbol{\varepsilon}^{pf})$，则

$$\mathrm{d}\boldsymbol{\sigma}=\boldsymbol{H}_A'\mathrm{d}\boldsymbol{\varepsilon}^{pf} \tag{19.158}$$

将式（19.158）代入式（19.157）可得含局部损伤的塑性裂纹应变向量增量，即

$$\mathrm{d}\boldsymbol{\varepsilon}^{pf}=([I]+k_A^*[D]_{df})^{-1}k_A^*[D]_{df}(\mathrm{d}\boldsymbol{\varepsilon}-\mathrm{d}\boldsymbol{\varepsilon}^{s}) \tag{19.159}$$

其中

$$k_A^*=\mathrm{diag}(k_x,k_y,k_z,k_{xy},k_{yz},k_{zx})_A \tag{19.160}$$

$$k_{xA}=1/\boldsymbol{H}_{xA}' \qquad k_{xyA}=1/H_{xyA}' \tag{19.161}$$

有关符号见第二章弹塑性应变理论。

如果 $\sigma=H_B(\varepsilon^{p})$，则

$$\mathrm{d}\boldsymbol{\sigma}=H_B'\mathrm{d}\boldsymbol{\varepsilon}^{p} \tag{19.162}$$

将式（19.162）代入式（19.157）可得不含局部损伤的塑性裂纹应变向量增量，即

$$\mathrm{d}\boldsymbol{\varepsilon}^{p}=([I]+k_B^*[D]_{df})^{-1}k_B^*[D]_{df}(\mathrm{d}\boldsymbol{\varepsilon}-\mathrm{d}\boldsymbol{\varepsilon}^{s}) \tag{19.163}$$

如果 $\sigma=H_B(\boldsymbol{\varepsilon}^{f})$，则

$$\mathrm{d}\boldsymbol{\sigma}=H_C'\mathrm{d}\boldsymbol{\varepsilon}^{p} \tag{19.164}$$

将式（19.164）代入式（19.157）可得含局部损伤区裂纹应变向量增量，即

$$\mathrm{d}\boldsymbol{\varepsilon}^{f}=([I]+k_C^*[D]_{df})^{-1}k_C^*[D]_{df}(\mathrm{d}\boldsymbol{\varepsilon}-\mathrm{d}\boldsymbol{\varepsilon}^{s}) \tag{19.165}$$

如果将式（19.159）代入式（19.157）可得

$$\mathrm{d}\boldsymbol{\sigma}=[D]_{epdk}\mathrm{d}\boldsymbol{\varepsilon}+[D]_{pdfk}\mathrm{d}\boldsymbol{\varepsilon}^{s} \tag{19.166}$$

式中：$[D]_{epdk}$ 为混凝土损伤软化弹塑性矩阵，即

$$[D]_{epdk}=[D]_{df}-[D]_{pdk} \tag{19.167}$$

其中

$$[D]_{pdk}=\frac{(1-k)(2-k)}{2}[D]_{pd0}+k(2-k)[D]_{pd1}+\frac{k(k-1)}{2}[D]_{pd2} \tag{19.168}$$

$$\begin{cases}[D]_{pd0}=[D]_{df}([I]+k_B^*[D]_{df})^{-1}k_B^*[D]_{df}\\ [D]_{pd1}=[D]_{df}([I]+k_A^*[D]_{df})^{-1}k_A^*[D]_{df}\\ [D]_{pd2}=[D]_{df}([I]+k_C^*[D]_{df})^{-1}k_C^*[D]_{df}\end{cases} \tag{19.169}$$

由上述可知，当 $k=0$ 时，$[D]_{epdk}$ 为不含局部损伤的软化弹塑性矩阵；当 $k=1$ 时，$[D]_{epdk}$ 为含局部损伤的软化弹塑性矩阵；当 $k=2$ 时，$[D]_{epdk}$ 为含局部损伤的软化弹性矩阵。

19.3.5　损伤演化方程

建立损伤演化方程是一个重要问题。国内外对这方面有不少研究，取得不少成果。目前，这方面的研究工作不够理想，还需要继续深入研究。有些文献对损伤演化方程已有不少介绍，很有参考价值，见文献[2]～[4]。

19.4　损伤变分原理

变分原理是结构分析的理论基础，也是损伤分析的理论基础。本节介绍损伤变分原理及损伤广义变分原理，重点介绍作者的新成果[1]。

19.4.1　变分原理

利用加权残数法可得损伤变分原理

$$\delta\Pi = 0 \tag{19.170}$$

式中：Π 为损伤结构的总势能泛函，即

$$\Pi = \frac{1}{2}\int_{\Omega}[(\boldsymbol{\varepsilon}-\boldsymbol{\varepsilon}^{pf})\boldsymbol{\sigma} - 2\boldsymbol{V}^{\mathrm{T}}\boldsymbol{f}]\mathrm{d}\Omega - \int_{\Omega}\boldsymbol{V}^{\mathrm{T}}\overline{\boldsymbol{p}}\mathrm{d}\Gamma \tag{19.171}$$

其中

$$\boldsymbol{\sigma} = [D]_d(\boldsymbol{\varepsilon}-\boldsymbol{\varepsilon}^{pf}) \tag{19.172}$$

将式（19.172）代入式（19.171）可得

$$\Pi = \frac{1}{2}\int_{\Omega}(\boldsymbol{\varepsilon}^{\mathrm{T}}[D]_d\boldsymbol{\varepsilon} - 2\boldsymbol{\varepsilon}^{\mathrm{T}}[D]_d\boldsymbol{\varepsilon}^{pf} - 2\boldsymbol{V}^{T}\boldsymbol{f})\mathrm{d}\Omega - \int_{\Omega}\boldsymbol{V}^{\mathrm{T}}\overline{\boldsymbol{p}}\mathrm{d}\Gamma \tag{19.173}$$

其中

$$[D]_d\boldsymbol{\varepsilon}^{pf} = \boldsymbol{\sigma}_0 \tag{19.174}$$

19.4.2　三类变量损伤广义变分原理

利用加权残数法可得三类变量损伤广义变分原理

$$\delta\Pi_3 = 0 \tag{19.175}$$

式中：Π_3 为三类变量总势能泛函，即

$$\begin{aligned}\Pi_3 = &\int_{\Omega}\left(\frac{1}{2}\boldsymbol{\varepsilon}^{\mathrm{T}}[D]_d\boldsymbol{\varepsilon} - \boldsymbol{\sigma}^{\mathrm{T}}(\boldsymbol{\varepsilon}-\boldsymbol{L}^{\mathrm{T}}\boldsymbol{V}) + (1+\alpha)\left(\frac{1}{2}\boldsymbol{\varepsilon}^{\mathrm{T}}[D]_d\boldsymbol{\varepsilon} + \frac{1}{2}\boldsymbol{\sigma}^{\mathrm{T}}[d]_d\boldsymbol{\sigma} - \boldsymbol{\sigma}^{\mathrm{T}}\boldsymbol{\varepsilon}\right)\right.\\ &\left.-(2+\alpha)(\boldsymbol{\varepsilon}^{\mathrm{T}}[D]_d\boldsymbol{\varepsilon}^{pf} - \frac{1}{2}(\boldsymbol{\varepsilon}^{pf})^{\mathrm{T}}[D]_d\boldsymbol{\varepsilon}^{pf}) + (1+\alpha)\boldsymbol{\sigma}^{\mathrm{T}}\boldsymbol{\varepsilon}^{pf} - \boldsymbol{V}^{\mathrm{T}}f\right)\mathrm{d}\Omega\\ &-\int_{\Gamma_p}\boldsymbol{V}^{\mathrm{T}}\overline{\boldsymbol{p}}\mathrm{d}\Gamma - \int_{\Gamma_u}(\boldsymbol{V}-\overline{\boldsymbol{V}})^{\mathrm{T}}[n]\boldsymbol{\sigma}\mathrm{d}\Gamma\end{aligned} \tag{19.176}$$

式中有关符号与本书第三章相同，但

$$[d]_d = (1-\boldsymbol{\omega})[D]^{-1} \qquad [D]_d = (1-\boldsymbol{\omega})[D] \tag{19.177}$$

19.4.3　二类变量损伤广义变分原理

基于上述三类变量广义变分原理，如果把自然边界条件变为变分约束条件，通过变量代换，则上述三类变量广义变分原理可退化为一系列二类变量广义变分原理，有

$$\delta \Pi_2 = 0 \tag{19.178}$$

其中

$$\begin{aligned}\Pi_2 = &\frac{1}{2}\int_{\Omega}[2\boldsymbol{\varepsilon}^{\mathrm{T}}[D]_d \boldsymbol{L}^{\mathrm{T}}\boldsymbol{V} - \boldsymbol{\varepsilon}^{\mathrm{T}}[D]_d \boldsymbol{\varepsilon} - 2(\boldsymbol{L}^{\mathrm{T}}\boldsymbol{V})^{\mathrm{T}}[D]_d \boldsymbol{\varepsilon}^{pf} - 2\boldsymbol{V}^{\mathrm{T}} f]\mathrm{d}\Omega \\ &- \int_{\Gamma_p} 2\boldsymbol{V}^{\mathrm{T}}\bar{\boldsymbol{p}}\mathrm{d}\Gamma - \int_{\Gamma_u}(\boldsymbol{V}-\bar{\boldsymbol{V}})^{\mathrm{T}}[n]\boldsymbol{\sigma}\mathrm{d}\Gamma\end{aligned} \tag{19.179}$$

$$\boldsymbol{\sigma} = [D]_d(\boldsymbol{\varepsilon} - \boldsymbol{\varepsilon}^{pf}) \tag{19.180}$$

19.5　结构损伤分析的新方法

在实际工程中，损伤是各向异性的，为便于分析，特将损伤简化为各向同性损伤进行分析，这时损伤变量是一个标量，损伤演化方程也容易建立。

损伤结构分析包括建模及算法。本书介绍损伤结构分析的新方法。

19.5.1　建新模

损伤结构分析的建模可采用有限元法、样条子域法、QR 法及样条无网格法。本书采用作者提出的 QR 法建模。由此可以建立以下三种模型（格式）。

1. 第一种格式

由文献[17]第七章可得

$$[K]\{V\} = \{f\} \tag{19.181}$$

这是损伤结构双重非线性分析的第一种格式。

2. 第二种格式

由文献[17]第七章可得

$${}^{0}[K]\{\Delta V\} = {}^{0}\{\Delta f\} \tag{19.182}$$

这是损伤结构双重非线性分析的第二种格式。

3. 第三种格式

由文献[17]第七章可得

$${}^{t}[K]\{\Delta V\} = {}^{t}\{\Delta f\} \tag{19.183}$$

这是损伤结构双重非线性分析的第三种格式。

上述三种格式的有关符号与文献[1]第七章相同。但在有关公式中应用$[D]_d$代替$[D]$，而局部坐标系中的$[D]_d$与整体坐标系中的$[D^*]_d$有关系，即

$$[D^*]_d = [T]^{\mathrm{T}}[D]_d[T] \tag{19.184}$$

式中：$[T]$为坐标变换矩阵。

上述三种格式对损伤结构几何非线性、材料非线性、双重非线性及线性分析都适用。

19.5.2　新算法

结构非线性算法很多，各有优缺点。本书第五章至第十章都有介绍，这里不重复介绍了，详见第五章～第十章。

本书作者指导的研究生研究过混凝土损伤问题，如下所述。

（1）文献[13]对废弃玻璃骨料混凝土损伤进行了试验及理论研究，利用样条有限点法及有限元法分析过模型损伤问题，编制过有关程序，计算过许多例题，效果很好，比有限元法优越。

（2）文献[14]～[16]，利用弹塑性 QR 法研究过混凝土弹塑性问题，分析混凝土裂缝，比有限元法优越。

19.6　岩土损伤分析

19.1 节～19.5 节介绍了结构损伤分析的新方法，现在此基础上简介一下岩土损伤分析的新方法，供读者研究时参考。

19.6.1　总应力分析法

如果采用总应力分析法分析岩土损伤问题，则岩土损伤分析方法与混凝土损伤分析相同，可采用本章损伤分析的方法分析岩土损伤问题。

（1）岩土总应力-损伤本构模型，可采用 19.3 节的有关形式。

（2）岩土损伤变分原理，详见 19.4 节有关的内容。

（3）计算模型及算法可详见 19.5 节。

19.6.2　有效应力分析法

对饱和土，可以利用有效应力分析法分析土体损伤问题。

（1）有效应力-本构模型，可以利用 11.7 节的新理论建立。

（2）有效应力-损伤本构模型利用本章的损伤力学建立。

（3）有效应力-变分原理利用第五章～第十章及第十九章的新理论建立。

（4）有效应力新方法利用第五章～第十章及第十九章的新方法建立。

（5）有关新算法见第五章～第十章。

这里的有效应力与固体损伤力学中的有效应力不同，固体损伤力学中的有效应力是固体的实际应力，详见 19.1.4 节。

参 考 文 献

[1] 秦荣．工程结构非线性[M]．北京：科学出版社，2006．

[2] 李兆霞．损伤力学及其应用[M]．北京：科学出版社，2002．

[3] 余寿文，冯西桥．损伤力学[M]．北京：清华大学出版社，1999．

[4] 杨光松．损伤力学与复合材料损伤[M]．北京：国防工业出版社，1995．

[5] 秦荣．计算结构非线性力学[M]．南宁：广西科学技术出版社，2001．

[6] 秦荣．计算结构力学[M]．北京：科学出版社，2001．

[7] 秦荣．板壳非线性分析的新理论新方法[J]．工程力学，2004，21（1）：9-14．

[8] 秦荣，智能结构力学[M]．北京：科学出版社，2005.

[9] MARGETSON J.Tensile stress strain characterization of nonlinear materials [J]. Journal of Strain Analysis,1987,16(2): 104-108.

[10] CORDEBOIS J，SIDOROFF F. Damage included elastic anisotry[J]. Euromech, 1979, 115: 761-774.

[11] CHOWC L,WANG J. An anisotropic theory of elasticity for continuum damage mechanics[J]. International Journal of Fracture,1987, 33:3-16.

[12] 秦荣．高层与超高层建筑结构[M]．北京：科学出版社，2007．

[13] 刘光焰．废弃玻璃混凝土性能的实验及理论研究[D]．南宁：广西大学，2010．

[14] 蒋卫刚．钢筋混凝土梁及剪土墙非线性分析的新方法[D]．南宁：广西大学，1993．

[15] 孙丹霞．钢筋混凝土框支剪力墙非线性分析的 QR 法[D]．南宁：广西大学，1994．

[16] 王青，钢筋混凝土剪力墙弹塑性分析的 QR 法[D]．南宁：广西大学，2006.

[17] 秦荣，结构塑性力学[M]．北京：科学出版社，2016．

第二十章　高拱坝与地基相互作用分析的样条函数方法

1982 年以来，本书作者结合水利工程的生产及科研任务，致力于高拱坝分析的研究，取得一些成果[1-19]，创立了高拱坝分析的新方法。本章主要介绍高拱坝与地基相互作用分析的新方法。

拱坝是一种变厚度、变曲率的空间壳体结构，可分为薄拱坝、中厚拱坝及厚拱坝[1]。本书作者按薄壳、厚壳及三维问题分析拱坝[3, 4]，同时用三维问题分析高拱坝。

高拱坝为混凝土拱坝，坝体裂缝危及拱坝的安全。由此可知，控制高拱坝的裂缝及其延展是一个重要问题。

20.1　拱坝与地基相互作用分析的 QR 法

拱坝一般分为单曲拱坝及双曲拱坝。拱坝的边界条件非常复杂，如何处理边界条件，一直是有关科技人员关心及研究的问题。

图 20.1 是一个拱坝地基耦合体系，它的分析可以采用有限元法及 QR 法。本节利用 QR 法分析拱坝与地基相互作用。这里按三维弹性体分析拱坝与地基相互作用[1,5]。

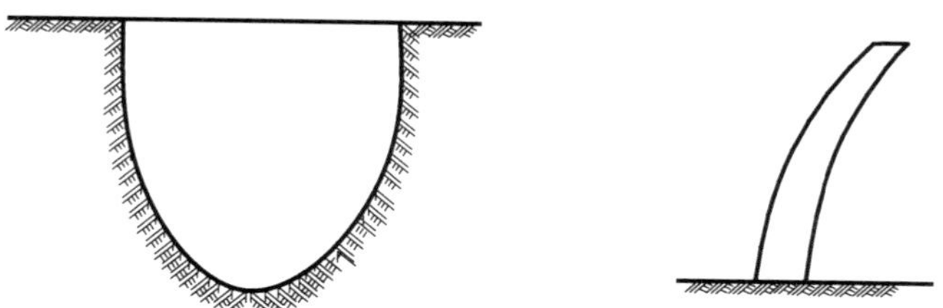

图 20.1　拱坝地基耦合体系

20.1.1　拱坝与有限地基相互作用分析的 QR 法

如果拱坝建立在有限地基上，则将拱坝及地基划分为有限元网格（图 20.2）。可采用六面体 8 结点等参元、四面体 4 结点等参元及五面体 6 结点等参元（三角形棱柱体单元）。

1. 样条离散化

如果沿 z 方向进行单样条离散化（图 20.2），则它的位移函数为

$$
\begin{cases}
u = \sum_{m=1}^{r} [\phi]\{u\}_m X_m(x) X_m(y) \\
v = \sum_{m=1}^{r} [\phi]\{v\}_m Y_m(x) Y_m(y) \\
w = \sum_{m=1}^{r} [\phi]\{w\}_m Z_m(x) Z_m(y)
\end{cases}
\tag{20.1}
$$

其中

$$\{u\}_m = [u_0 \quad u_1 \quad u_2 \quad \cdots \quad u_N]_m^{\mathrm{T}}$$

$$[\phi] = [\phi_0 \quad \phi_1 \quad \phi_2 \quad \cdots \quad \phi_N]$$

式中：u、v、w分别为沿x、y、z方向的位移；X_m、Y_m、Z_m为正交函数或正交多项式，它满足耦合体系x方向或y方向的边界条件。如果耦合体系对称（图 20.3），则对于水平荷载有

$$
\begin{cases}
X_m(x) = \sin\dfrac{m\pi(x+a)}{2a} & X_m(y) = \cos\dfrac{m\pi(y+b)}{2b} \\
Y_m(x) = \cos\dfrac{m\pi(x+a)}{2a} & Y_m(y) = \sin\dfrac{m\pi(y+b)}{2b} \\
Z_m(x) = \cos\dfrac{m\pi(x+a)}{2a} & Z_m(y) = \cos\dfrac{m\pi(y+b)}{2b}
\end{cases}
\tag{20.2}
$$

式中：a及b见图 20.3。

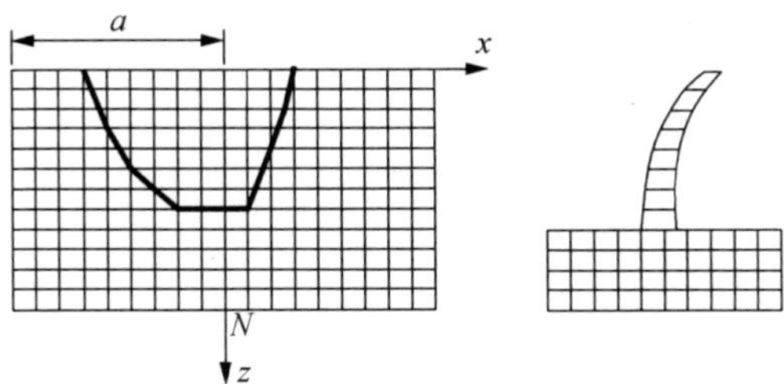

图 20.2　拱坝与有限地基耦合体系

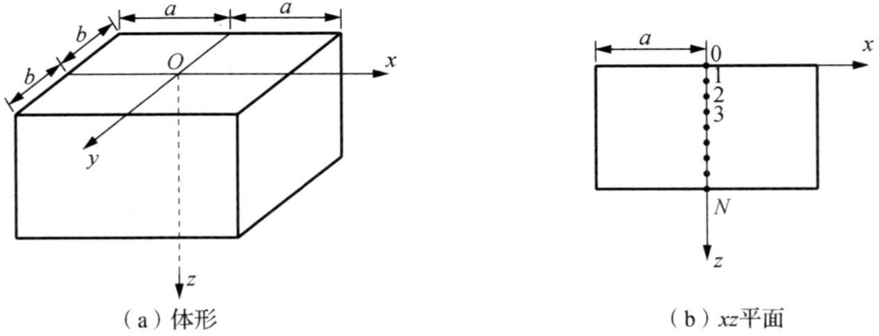

图 20.3　耦合体系计算宽度

对于竖向荷载有

$$\begin{cases} X_m(x)=\cos\dfrac{m\pi(x+a)}{2a} & X_m(y)=\sin\dfrac{m\pi(y+b)}{2b} \\ Y_m(x)=\sin\dfrac{m\pi(x+a)}{2a} & Y_m(y)=\cos\dfrac{m\pi(y+b)}{2b} \\ Z_m(x)=\sin\dfrac{m\pi(x+a)}{2a} & Z_m(y)=\sin\dfrac{m\pi(y+b)}{2b} \end{cases} \tag{20.3}$$

由式（20.1）可得

$$\boldsymbol{V}=[N]\{V\} \tag{20.4}$$

其中

$$\boldsymbol{V}=[u\quad w\quad w]^{\mathrm{T}}$$

$$\begin{cases} \{V\}=[\{V\}_0^{\mathrm{T}}\quad \{V\}_1^{\mathrm{T}}\quad \{V\}_2^{\mathrm{T}}\quad \cdots\quad \{V\}_N^{\mathrm{T}}]^{\mathrm{T}} \\ [N]=[\ [N]_0\quad [N]_1\quad [N]_2\quad \cdots\quad [N]_N\ ] \end{cases} \tag{20.5}$$

$$\begin{cases} [N]_i=[N_{i1}\quad N_{i2}\quad N_{i3}\quad \cdots\quad N_{ir}] \\ \{V\}_i=[V_{i1}^{\mathrm{T}}\quad V_{i2}^{\mathrm{T}}\quad V_{i3}^{\mathrm{T}}\quad \cdots\quad V_{ir}^{\mathrm{T}}]^{\mathrm{T}} \\ \boldsymbol{N}_{im}=\phi_i(z)\mathrm{diag}[X_m(x)X_m(y),Y_m(x)Y_m(y),Z_m(x)Z_m(y)] \\ \boldsymbol{V}_{im}=[u_{im}\quad v_{im}\quad w_{im}]^{\mathrm{T}} \end{cases} \tag{20.6}$$

如果耦合体系不对称，则按文献[3]第二十一章的思路及方法构造及选择正交函数及正交多项式。

2. 建立 $\{V\}_e$ 与 $\{V\}$ 的关系

如果将拱坝耦合体系划分网格（图 20.2），则可建立单元结点位移向量与耦合体系样条结点位移向量的关系，即

$$\{V\}_e=[T][N]_e\{V\} \tag{20.7}$$

式中：$\{V\}_e$ 为单元结点位移向量；$\{V\}$ 为耦合体系样条结点位移向量。如果单元为 2 结点空间梁单元，则

$$\{V\}_e=[\{V\}_A^{\mathrm{T}}\quad \{V\}_B^{\mathrm{T}}]^{\mathrm{T}}\qquad [N]_e=[\ [N]_A^{\mathrm{T}}\quad [N]_B^{\mathrm{T}}]^{\mathrm{T}} \tag{20.8}$$

如果单元为 8 结点六面体单元，则

$$\begin{cases} \{V\}_e=[\{V\}_1^{\mathrm{T}}\quad \{V\}_2^{\mathrm{T}}\quad \cdots\quad \{V\}_8^{\mathrm{T}}]^{\mathrm{T}} \\ [N]_e=[\ [N]_1^{\mathrm{T}}\quad [N]_2^{\mathrm{T}}\quad \cdots\quad [N]_8^{\mathrm{T}}]^{\mathrm{T}} \end{cases} \tag{20.9}$$

3. 建立单元的样条离散化泛函

单元的泛函为

$$\Pi_e=\frac{1}{2}\{V\}_e^{\mathrm{T}}[k]_e\{V\}_e-\{V\}_e^{\mathrm{T}}(\{f\}_e-[c]_e\{\dot{V}\}_e-[m]_e\{\ddot{V}\}_e) \tag{20.10}$$

将式（20.7）代入上式可得

$$\Pi_e = \frac{1}{2}\{V\}^{\mathrm{T}}[K]_e\{V\} - \{V\}^{T}(\{F\}_e - [C]_e\{\dot{V}\} - [M]_e\{\ddot{V}\}) \tag{20.11}$$

其中

$$\begin{cases}[K]_e = [N]_e^{\mathrm{T}}([T]^{\mathrm{T}}[k]_e[T])[N]_e & [C]_e = [N]_e^{\mathrm{T}}([T]^{\mathrm{T}}[c]_e[T])[N]_e \\ [M]_e = [N]_e^{\mathrm{T}}([T]^{\mathrm{T}}[m]_e[T])[N]_e & \{F\}_e = [N]_e^{\mathrm{T}}([T]^{\mathrm{T}}\{f\}_e)\end{cases} \tag{20.12}$$

4. 建立耦合体系的总样条离散化泛函

如果将耦合体系划分为 M 个单元，则耦合体系的总样条离散化泛函为

$$\Pi = \frac{1}{2}\{V\}^{\mathrm{T}}[K]\{V\} - \{V\}^{\mathrm{T}}(\{f\} - [C]\{\dot{V}\} - [M]\{\ddot{V}\}) \tag{20.13}$$

其中

$$\begin{cases}[M] = \sum_{e=1}^{M}[M]_e & [C] = \sum_{e=1}^{M}[C]_e \\ [K] = \sum_{e=1}^{M}[K]_e & \{f\} = \sum_{e=1}^{M}\{F\}_e\end{cases} \tag{20.14}$$

5. 建立动力方程

利用变分原理可得耦合体系的动力方程，即

$$[M]\{\ddot{V}\} + [C]\{\dot{V}\} + [K]\{V\} = \{f\} \tag{20.15}$$

式中：$\{V\}$、$\{\dot{V}\}$、$\{\ddot{V}\}$ 分别为耦合体系样条结点的位移向量、速度向量及加速度向量。

6. 求耦合体系的动力反应

利用样条加权残数法求解动力方程可得耦合体系的动力反应，其算法见第十章。

7. 求解耦合体系的静力问题

如果耦合体系为静力问题，则式（20.15）可变为

$$[K]\{V\} = \{f\} \tag{20.16}$$

由此可求出耦合体系静力问题的位移及内力。

上述分析拱坝与有限地基相互作用的方法，称为 QR 法。

20.1.2 拱坝与半无限地基相互作用分析的 QR 法

如果拱坝建在半无限地基上，则将拱坝及其附近地基划分为有限元网格，远处地基划分为无限元（图 20.4）。利用 QR 法分析拱坝与半无限地基相互作用的计算步骤与 20.1.1 节相同。

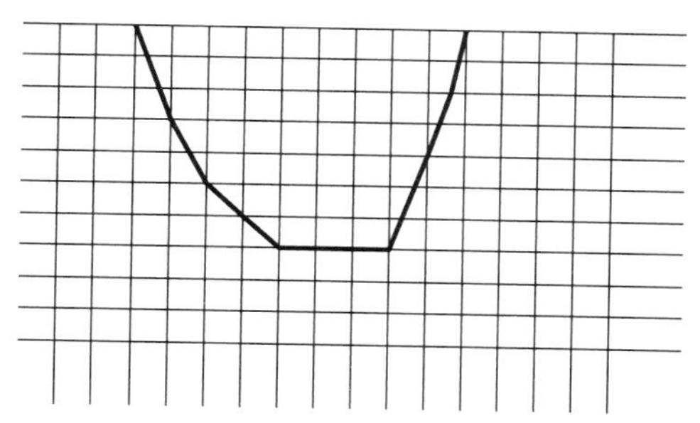

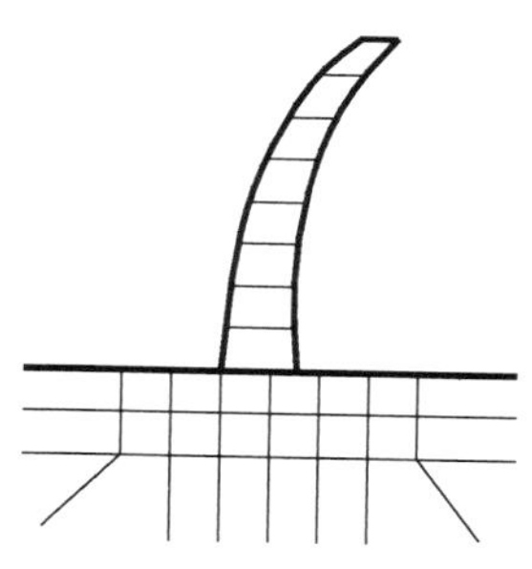

图 20.4　拱坝与半无限地基耦合体系

20.2　水-拱坝-地基耦合体系分析

在地震的激发下，库水对坝体产生动水压力。因此，在计算坝体的动力特性及地震反应时，必须考虑水与坝体的耦合作用。因为地基变形对坝体动力反应有很大的影响，因此考虑坝体与地基相互作用，对坝体的合理设计有重要意义。几十年来本书作者致力研究拱坝分析，获得一些新成果，创立了水-拱坝-地基耦合体系的新方法[4,9]，包括样条边界元——能量配点法（1982）、样条边界元——子域法（1984）及样条边界元——QR法（1986）。

20.2.1　样条边界元——能量配点法

利用样条边界元——能量配点法分析水-拱坝-地基耦合体系时，水体利用样条边界元法建模，拱坝利用样条能量配点法建模，地基利用样条能量配点法建模，将三者的控制方程耦合起来，可以建立水-拱坝-地基耦合体系的控制方程。

20.2.2　样条边界元——子域法

利用样条边界元——子域法分析水-拱坝-地基耦合体系时，水体利用样条边界元法建模，拱坝利用样条子域法建模，地基利用样条子域法建模，将三者的控制方程耦合起来，可以建立水-拱坝-地基耦合体系的控制方程。

20.2.3　样条边界元——QR 法

利用样条边界元——QR 法分析水-拱坝-地基耦合体系时，水体利用样条边界元法建模，拱坝利用 QR 法建模，地基利用 QR 法建模，将三者的控制方程耦合起来，可以建立水-拱坝-地基耦合体系的控制方程。

20.3　结　　语

1985 年以来，本书作者指导研究生和博士生利用有限元法、无限元法及样条函数方法研究、分析拱坝，利用 Fortran 语言及 C 语言，编制了有关计算程序，分析某些坝体，计算了不少例题。这些例题的计算结果证明，利用样条函数方法分析坝体，不仅计算工作比有限元法简捷，而且精度也比有限元法高，为坝体分析开辟了一条新路径，如文献[14]利用样条子域法分析薄拱坝，利用 Vogt 计算方法考虑地基变形对拱坝的影响；文献[15]利用样条边界元法分析空腹坝；文献[16]利用样条边界元-能量配点法分了过水-拱坝-地基耦合体系，利用 Vogt 计算方法考虑地基变形对坝体的作用；文献[17]利用 QR 法分析重力坝与地基相互作用；文献[18]利用有限元-映射无限元法分析拱坝与地基相互作用等。

参 考 文 献

[1] 秦荣．拱坝分析的样条有限点法[J]．水利学报，1999（4）：44-49．

[2] 秦荣，王战营．样条函数方法解坝体的地震动力响应[J]．水利学报，1990（3）：65-71．

[3] 秦荣．大型复杂结构非线性分析的新理论新方法[M]．北京：科学出版社，2011．

[4] 秦荣．计算结构力学[M]．北京：科学出版社，2001．

[5] 秦荣，王钢．工程力学的理论及应用[M]．南宁：广西科学技术出版社，1992．

[6] 秦荣．拱坝分析的样条子域法[M]//沈大荣．加权残数法最新进展及其应用．武汉：武汉工业大学出版社，1992．

[7] 秦荣，王钢．拱坝分析的能量配点法[J]．广西大学学报，1986（3）：47-53．

[8] 秦荣．水-拱坝-地基耦合体系分析的新方法[M]//曹志远．结构与介质相互作用理论及其应用．南京：河海大学出版社，1993．

[9] QIN RONG．样条边界元-能量配点法原理及其应用（英文版）[C]//Theory and Applications of BEM．北京：清华大学出版社，1988．

[10] 秦荣．样条边界元法[M]．南宁：广西科学技术出版社，1988．

[11] 秦荣．样条边界元：QR 法及其在工程中的应用[C]// 第三届全国工程中边界元法会议论文集．西安：西安交通大学出版社，1991．

[12] 秦荣．样条无限元 QR 法及其应用[J]．工程力学，1997，14（增刊）：135-139．

[13] 秦荣．结构力学的样条函数方法[M]．南宁：广西人民出版社，1985．

[14] 王钢．薄拱坝的样条子域法[D]．南宁：广西大学，1986．

[15] 王汉波．水利工程中的样条边界元法[D]．南宁：广西大学，1988．

[16] 王战营．水-坝-地基耦合体系分析的样条边界元-能量配点法[D]．南宁：广西大学，1988．

[17] 邹万杰．结构与地基相互作用分析的 QR 法[D]．南宁：广西大学，1998．

[18] 燕柳斌．结构与岩土介质相互作用的分析方法及其应用[D]．南宁，广西大学，2004．

[19] 秦荣，王汉波．工程力学的理论及应用[M]．南宁：广西科学技术出版社，1992．